ナノイオニクス
―最新技術とその展望―
Nanoionics―Recent Advances and Prospect―

《普及版／Popular Edition》

監修 山口 周

シーエムシー出版

はじめに

近年，ナノイオニクス (nanoionics)[1] と呼ばれる現象が固体イオニクスの分野で静かに，そして確実に浸透・発展してきている。このナノイオニクス現象は，「ナノスケールにおけるイオン移動の関与する界面・表面現象」と定義するのが一般的である。これまでは，限定的に「ヘテロ界面における異常に高いイオン移動現象」を指す場合が大半を占めていたが，これはナノイオニクス現象に関する研究が，Liang効果[2] と呼ばれる固体内イオン移動に関する特異なヘテロ界面効果を主な対象としていたためと考えられる。我々はより広義の概念である，「ヘテロ界面において形成されたナノスケールでおこる空間電荷層による間接的効果として生じる（イオンの動的/静的変調によって現われる）物理化学現象」と定義して，ヘテロ界面付近に生じると考えられるイオン欠陥や電子欠陥の濃度変調を積極的に利用した新しい界面機能設計の実現を目指している。また，我々の定義するナノイオニクス現象では，よく知られたナノサイズ効果そのものではなく，ヘテロ界面付近の数ナノメートル程度の範囲で起こっている界面現象をマクロな特性に反映させる方法に注目している点が特徴といえる。このナノイオニクスというヘテロ界面の広義の物理化学的機能を解明するとともに，機能設計を実現することがナノイオニクスの描く将来の［夢］である。この夢を実現するために，文部科学省科学研究費補助金特定領域研究「ナノイオニクス」が2004年から5カ年の計画でスタートし，約30研究グループがアクティブメンバーとして参画している。このプロジェクトでは本稿で紹介するように，基礎的視点を重視して，ナノイオニクス現象の本質を明らかにするとともに，基盤となる学理の確立とこれに基づいた応用展開を目標としている。この研究の目指すところとその着眼点をまとめるとともに，中間点である2006年度終了時点までに得られている結果やその方向性について紹介することが本書の目的である。

最後に，ご多忙の中，ご執筆をご快諾いただき，場合によっては原稿催促にもご対応いただいた著者の方々，また本書の刊行に辛抱強くご尽力くださったシーエムシー出版の江幡雅之氏に感謝いたします。

2008年1月

東京大学　山口　周

文　献

1) 例えば，J. Maier, "Physical Chemistry of Ionic Materials", John wiley & Sons, Ltd. (2004)
2) C. C. Liang, *J. Electrochem. Soc.*, **120**, 1289 (1973)

普及版の刊行にあたって

本書は2008年に『ナノイオニクス―最新技術とその展望―』として刊行されました。普及版の刊行にあたり，内容は当時のままであり加筆・訂正などの手は加えておりませんので，ご了承ください。

2013年5月

シーエムシー出版　編集部

執筆者一覧（執筆順）

山口　　　周	東京大学	大学院工学系研究科　マテリアル工学専攻　教授
下條　冬樹	熊本大学	大学院自然科学研究科　理学専攻　物理科学講座　准教授
渡邉　　　聡	東京大学	大学院工学系研究科　マテリアル工学専攻　教授
丸山　俊夫	東京工業大学	大学院理工学研究科　材料工学専攻　教授
上田　光敏	東京工業大学	大学院理工学研究科　材料工学専攻　助教
丹司　敬義	名古屋大学	エコトピア科学研究所　教授
鈴木　俊夫	東京大学	大学院工学系研究科　マテリアル工学専攻　教授
佐々木　勝寛	名古屋大学	大学院工学研究科　量子工学専攻　ナノ構造評価学研究グループ　准教授
黒田　光太郎	名古屋大学	大学院工学研究科　量子工学専攻　ナノ構造評価学研究グループ　教授
桑原　彰秀	京都大学	大学院工学研究科　材料工学専攻　助教
湯上　浩雄	東北大学	大学院工学研究科　機械システムデザイン工学専攻　教授
河村　純一	東北大学	多元物質科学研究所　物理機能解析分野　教授
神嶋　　　修	東北大学	多元物質科学研究所　物理機能解析分野　助教
前川　英己	東北大学	大学院工学研究科　金属フロンティア工学専攻　准教授
森　　利之	㈳物質・材料研究機構　燃料電池材料センター　副センター長　ナノイオニクス材料グループリーダー	
佐久間　隆	茨城大学	理工学研究科　教授
半那　純一	東京工業大学	大学院理工学研究科　教授
松本　広重	九州大学	大学院工学研究院　応用化学部門　未来化学創造センター　准教授
樋口　　　透	東京理科大学	理学部　応用物理学科　助教
尾山　由紀子	東京大学	大学院工学系研究科　マテリアル工学専攻　助教
三好　正悟	東京大学	大学院工学系研究科　マテリアル工学専攻　助教
川田　達也	東北大学	大学院環境科学研究科　環境科学専攻　教授

内本 喜晴	京都大学　大学院人間・環境学研究科　相関環境学専攻　教授
雨澤 浩史	東北大学　大学院環境科学研究科　都市環境・環境地理学講座　准教授
酒井 夏子	㈱産業技術総合研究所　エネルギー技術研究部門　主任研究員
松田 厚範	豊橋技術科学大学　工学部　物質工学系　教授
小俣 孝久	大阪大学　大学院工学研究科　マテリアル生産科学専攻　准教授
菊地 隆司	京都大学　大学院工学研究科　物質エネルギー化学専攻　准教授
石原 達己	九州大学　大学院工学研究院　応用化学部門　教授
水崎 純一郎	東北大学　多元物質科学研究所　教授
入山 恭寿	京都大学　大学院工学研究科　物質エネルギー化学専攻　助教
忠永 清治	大阪府立大学　大学院工学研究科　応用化学分野　准教授
長尾 征洋	名古屋大学　大学院環境学研究科　助教
日比野 高士	名古屋大学　大学院環境学研究科　教授
佐野 充	名古屋大学　大学院環境学研究科　教授
三浦 則雄	九州大学　産学連携センター　教授
上田 太郎	九州大学　大学院総合理工学府　博士後期課程
ブラシニツァ・ブラディミル	九州大学　産学連携センター　特任助教
寺部 一弥	㈱物質・材料研究機構　ナノシステム機能センター　主席研究員
長田 実	㈱物質・材料研究機構　ナノスケール物質センター　主幹研究員
長谷川 剛	㈱物質・材料研究機構　ナノシステム機能センター　アソシエートディレクター
栗田 典明	名古屋工業大学　大学院おもひ領域　准教授
鎌田 海	九州大学　大学院工学研究院　応用化学部門　助教
稲熊 宜之	学習院大学　理学部　化学科　教授
勝又 哲裕	学習院大学　理学部　化学科　助教
鶴井 隆雄	東北大学　金属材料研究所　産学官連携研究員

執筆者の所属表記は，2008年当時のものを使用しております。

目　次

序章　―高温ナノイオニクスが描く夢の技術―　　山口　周

1　ナノイオニクス現象とは何か？ ……… 1
2　ナノイオニクス研究の展開 …………… 3
3　ナノイオニクスが拓く「夢の技術」に向かって ………………………………… 7

【第Ⅰ編　基礎・現象・計測】

第1章　第一原理シミュレーションによるナノイオニクス現象の解明　　下條冬樹，渡邉　聡

1　はじめに ……………………………… 11
2　ペロブスカイト型酸化物表面における分子吸着過程およびプロトン吸収機構 … 12
3　Ag/Ag$_2$S/Ag接合系の電気特性 …… 16
4　今後の展望 …………………………… 18

第2章　化学ポテンシャル勾配下における金属酸化物の組織（組成）変化　　丸山俊夫，上田光敏

1　はじめに ……………………………… 21
2　酸素ポテンシャル勾配下におかれた2元系金属酸化物（MO） …………………… 21
3　酸素ポテンシャル勾配下におかれた3元系金属酸化物 ………………………… 22
4　イオン流束の発散による組織変化（ボイド生成） …………………………………… 23
4.1　計算方法 ………………………… 23
4.2　実験方法 ………………………… 27
4.3　実験結果および考察 …………… 27
5　おわりに ……………………………… 31

第3章　電子線ホログラフィによるヘテロ界面における内部電位その場観察　　丹司敬義

1　はじめに ……………………………… 32
2　電子線ホログラフィ ………………… 33

2.1	ホログラムの記録 …………… 34	2.4	微細磁気構造観察 …………… 35
2.2	ホログラムからの像再生 ……… 34	3	ヘテロ界面における内部電位の観察 … 36
2.3	内部電位で電子波の位相が変化する理由 …………………………… 34	4	今後の展開 …………………… 38

第4章　電気化学プロセスにおける組織形成シミュレーション　　鈴木俊夫

1	はじめに …………………… 40		程式 ………………………… 43
2	フェーズフィールドモデル …… 40	3	フェーズフィールド解析例 …… 44
2.1	支配方程式の導出 …………… 40	3.1	系の仮想状態図 ……………… 44
2.2	自由エネルギー密度 ………… 41	3.2	電析デンドライトの解析例 …… 45
2.3	フェーズフィールドモデルの支配方	4	おわりに …………………… 47

第5章　イオニクス材料の界面現象解析における透過電子顕微鏡内その場観察の可能性　　佐々木勝寛，黒田光太郎

1	緒言 ………………………… 49	3.2	NiO微粒子の還元・酸化過程 … 53
2	実験方法 …………………… 50	3.3	Pt担持$Ce_2Zr_2O_7$の酸化過程 … 54
3	結果と考察 ………………… 52	3.4	AgIよりのAgウィスカーの成長 … 56
3.1	Cu微粒子の酸化過程 ………… 52	4	まとめ ……………………… 57

第6章　イオニクス材料における反応素過程の量子力学シミュレーションと材料設計　　桑原彰秀

1	緒言 ………………………… 59	4	ヘテロ接合による界面ナノ領域での電子構造 ………………………… 66
2	欠陥形成エネルギーと熱平衡濃度の理論計算 ………………………… 60	5	まとめ ……………………… 69
3	拡散経路と移動エンタルピーの定量評価 … 64		

第7章 レーザーアブレーション法による高速ナノイオニクス電解質の創製　湯上浩雄

1　はじめに …………………………… 71
2　実験方法 …………………………… 73
3　結果と考察 ………………………… 74
4　おわりに …………………………… 78

第8章 ナノ複合体のイオン伝導—伝導度増加とパーコレーション問題—　河村純一，神嶋　修，前川英己

1　ナノ複合イオン伝導体研究の歴史 …… 80
2　複合体のイオン伝導理論 ………… 81
 2.1　直列近似 ……………………… 82
 2.2　並列近似 ……………………… 82
 2.3　対数加成則 …………………… 82
 2.4　混合則（mixing rule）……… 82
 2.5　Uvarovの一般化された混合則 … 83
 2.6　Brick-Wall近似 ……………… 83
 2.7　Clausius-Mossoti-Wagnerの近似 … 83
 2.8　有効媒質近似 ………………… 85
 2.9　パーコレーション理論とスケーリング則 …………………………… 87
 2.10　一般化された有効媒質近似 …… 87
3　イオン伝導性ナノ構造体の例 …… 88
 3.1　絶縁体分散効果 ……………… 88
 3.2　酸化物メソ多孔体とLiI複合系のイオン伝導度 ……………………… 89
 3.3　AgI-有機物系ガラス ………… 89
 3.4　AgI-酸化物系ガラス ………… 90
 3.5　α-AgI微結晶析出ガラス …… 91
 3.6　銀カルコゲナイド分相ガラス … 91
 3.7　ナフィオン・水系 …………… 92
4　結論 ………………………………… 93

第9章 ソフト化学的手法によるナノイオニクスバルク体の創製　森　利之

1　はじめに …………………………… 96
2　焼結バルク体中に現れるナノ構造を理解する ………………………………… 96
3　ナノ構造の特徴がなぜマクロ物性に影響を与えるのかという点に関する考察 … 102
 3.1　酸化物イオン伝導体の場合 …… 102
 3.2　半導体の場合 ………………… 105
4　ナノ構造の最適化とバルク体作製手法の提案 ………………………………… 106
5　おわりに …………………………… 109

第10章　コンポジット系超イオン導電体における
ナノスケール効果　　佐久間　隆

1　はじめに …………………………… 111
2　Liイオン導電体複合系の中性子回折 … 112
3　結晶およびガラス複合系超イオン導電体 … 114
4　イオン結晶における熱振動の原子間相関効果 …………………………… 115
5　Pb化合物における熱振動の原子間相関効果 …………………………… 117
6　おわりに …………………………… 118

第11章　液晶ナノ分子凝集相における伝導　　半那純一

1　はじめに …………………………… 121
2　液晶物質における電子伝導の発見 …… 122
3　液晶物質におけるイオン伝導 ………… 123
4　電子伝導とイオン伝導の共存と液晶物質の凝集構造 ………………………… 124
5　伝導に関わるキャリア生成 …………… 128
6　キャリア注入特性の改善 …………… 131
7　液晶分子凝集相の興味 ……………… 132

第12章　金属ヘテロ界面における高温型プロトン伝導体の
新規イオン機能の探索　　松本広重

1　はじめに …………………………… 134
2　高温型プロトン伝導体の欠陥平衡 …… 134
3　金属接触界面 ……………………… 136
4　白金を分散した$SrZr_{0.9}Y_{0.1}O_{3-\alpha}$の電気伝導度 ………………………… 138
5　パーコレーションモデル ……………… 139
6　白金／$SrZr_{0.9}Y_{0.1}O_{3-\alpha}$界面の直流分極特性 ………………………… 141
7　おわりに …………………………… 142

第13章　電子分光法によるnano-NEMCA現象の追求
山口　周，樋口　透，尾山由紀子，三好正悟

1　はじめに …………………………… 144
2　表面の反応活性と電子構造 ………… 145
3　電子分光法を用いた研究のアプローチ … 152
4　おわりに …………………………… 155

第14章　高温固体表面の動的挙動の計測による nano-NEMCA効果の検証　川田達也

1　固体電解質上の電極反応の応用と速度論 … 156
2　高温電極反応の速度論と過電圧 ……… 157
3　NEMCA効果と表面の動的計測手法の開発 ……………………………… 159
4　気―固反応のナノイオニクス―表面種の静的な変調 ……………………… 162
5　$(La,Sr)CoO_3/(La,Sr)_2CoO_4$ヘテロ界面でのナノイオニクス効果の可能性 … 163
6　ナノNEMCA―静的・動的な界面変調の融合へ ……………………………… 165

第15章　ヘテロ接触界面のイオン移動現象のその場観察
内本喜晴，雨澤浩史，酒井夏子

1　はじめに …………………………… 167
2　二次イオン質量分析（SIMS）法 …… 167
3　その場X線吸収（XAFS）法 ………… 169
4　ナノXAFS法 ………………………… 174

【第Ⅱ編　材料開発・応用】

第1章　高密度表面欠陥型ナノプロトニクス材料のメカノケミカル合成　松田厚範

1　はじめに …………………………… 181
2　リン酸塩系固体酸のメカノケミカル処理 … 181
3　硫酸水素セシウム―リン酸水素セシウム系複合体のメカノケミカル合成 …… 183
4　ヘテロポリ酸のプロトンをCsで一部置換した部分中和塩のメカノケミカル合成 … 185
5　ヘテロポリ酸と酸化物のメカノケミカル処理 ………………………………… 188
6　おわりに …………………………… 189

第2章　コア／シェル複合構造を持つ単分散ナノ結晶の創製　小俣孝久

1　はじめに …………………………… 191
2　コア／シェル型複合ナノ結晶の作製 … 193
3　複合ナノ結晶からバルク体へ ……… 196
4　おわりに …………………………… 197

第3章　固体酸化物形燃料電池における高温反応場界面形成の科学　菊地隆司

1　はじめに …………………………… 199
2　通電効果 …………………………… 200
3　実験方法 …………………………… 201
4　不可逆的な活性化過程 …………… 201
5　可逆的な活性化過程 ……………… 203
6　おわりに …………………………… 205

第4章　新規酸素イオン伝導体のナノ薄膜を用いる超低温作動型SOFCの開発　石原達己

1　はじめに …………………………… 207
2　低温作動型SOFC開発の現状 …… 208
3　酸素イオン伝導体におけるナノイオニクス効果 …………………… 210
4　新規酸素イオン伝導体膜を利用した低温作動型SOFC ………………… 212
5　おわりに …………………………… 215

第5章　ナノイオニクス構造高機能固体酸化物形燃料電池の創製　水崎純一郎

1　はじめに …………………………… 216
2　SOFCの大局的開発課題 ………… 216
　2.1　社会的背景 …………………… 216
　2.2　燃料電池の原理・種類と開発動向 … 217
　2.3　SOFCの構成 ………………… 219
　2.4　技術開発動向 ………………… 220
3　SOFCとナノ設計 ………………… 222
　3.1　SOFCの反応プロセスとナノ設計による高機構化の可能性 …… 222
　3.2　高温で安定なナノヘテロ構造構築の可能性 ………………… 223
4　それぞれのSOFC反応過程におけるナノヘテロ構造制御と特性改善 … 225
　4.1　燃料電極とインターコネクタ材料 … 225
　4.2　空気電極と214相 …………… 226
　4.3　第2相を分散した電解質によるイオン導電率変化 …………… 227
5　薄膜と物性 ………………………… 227

第6章　ナノ粒子活物質へのリチウムイオンの挿入脱離反応のダイナミクス　入山恭寿

1　はじめに …………………………… 229
2　リチウムイオン二次電池のナノ活物質

材料の開発と機能 ………………… 229
2.1　ナノ粒子活物質材料の合成 ……… 229
2.2　ナノ粒子活物質の電気化学的挙動 … 231
2.3　ナノ粒子活物質と相変化 ………… 232
3　おわりに …………………………… 237

第7章　ゾル-ゲル法による電極―電解質ナノ固体界面形成　　忠永清治

1　はじめに …………………………… 239
2　ゾル-ゲル法による全固体型大容量キャパシタの構築 ………………… 240
3　無機系ベース複合体電解質を用いた中温作動型燃料電池の構築と評価 ……… 242
4　おわりに …………………………… 244

第8章　ナノ分極型高選択反応性電極の創製
長尾征洋，日比野高士，佐野　充

1　はじめに …………………………… 246
2　燃料電池電解質への応用 …………… 248
3　白金代替触媒の開発 ………………… 248
4　NOx電解リアクターおよびセンサの開発 … 250
5　局所電池型NOx電解触媒の開発 …… 251
6　総括 ………………………………… 253

第9章　ナノヘテロ接合界面の特異的ガス認識機能を用いた高性能センシングデバイス　　三浦則雄，上田太郎，プラシニツァ・ブラディミル

1　はじめに …………………………… 254
2　安定化ジルコニアセンサの代表的研究例 … 255
3　センシングデバイスに対するナノサイズ効果の期待 ……………………… 259
4　検知極膜厚をナノサイズ化したセンサ素子 … 261
5　次世代高性能センシングデバイス …… 263

第10章　ナノプローブ加工技術を用いたナノイオニクス素子の開発　　寺部一弥，長田　実，長谷川　剛

1　はじめに …………………………… 268
2　多孔質アルミナテンプレートを利用したイオン伝導体ナノワイヤの作製 ……… 269
3　ナノプローブ法によるイオン伝導体ナノワイヤの評価 ………………… 271
3.1　近接場光学顕微鏡によるAg/Ag_2Sナノワイヤの分光測定 …………… 271
3.2　原子間力顕微鏡によるAg/Ag_2Sナノワイヤの電流―電圧特性の評価 … 273
4　ナノ領域でのイオンと電子との相互作

用の制御 …………………………… 274 ｜ 5　おわりに ………………………………… 275

第11章　アルミナ薄膜を固体電解質とした水素センシングデバイス　栗田典明

1　はじめに ……………………………… 277
2　アルミナと水素 ……………………… 277
3　アルミナの薄膜化 …………………… 279
4　酸化膜を利用した場合の課題 ……… 280
　4.1　酸化膜の成長の問題 …………… 281
　4.2　アルミナ膜／金属ヘテロ界面における電荷移動の影響 ……………… 282
　4.3　標準極側の水素活量の問題 …… 282
　4.4　アルミナ膜の密着性の問題 …… 283
　4.5　生成したアルミナ膜への他元素の混入の問題 …………………… 283
5　βNiAlにおける実験と考察 ………… 284
　5.1　NiをドープしたアルミナのプロトンQ導電特性 …………………………… 284
　5.2　βNiAl表面に生成したアルミナ膜の性状 ……………………………… 285
　5.3　βNiAl表面アルミナ膜を固体電解質とした電池の起電力特性 ………… 286
6　おわりに ……………………………… 287

第12章　イオン伝導体微小界面を反応場とした物質創製・加工技術の開発　鎌田　海

1　はじめに ……………………………… 289
2　イオン伝導体微小界面を利用した局所イオン注入法 ……………………… 290
3　イオン伝導体微小界面を利用した固体電気化学微細加工法 ………………… 292
4　おわりに ……………………………… 295

第13章　イオン伝導体／溶融塩間のイオン交換反応を用いた機能性物質の創製　稲熊宜之，勝又哲裕，鶴井隆雄

1　緒言 …………………………………… 297
2　ペロブスカイト型リチウムイオン伝導体を用いたイオン交換反応 ………… 299
　2.1　プロトンとのイオン交換 ……… 299
　2.2　2価イオンとのイオン交換—マクロな描像とナノ構造から見たイオン交換挙動 ………………………… 299
　2.3　イオン交換による機能性の発現 … 303
3　イオン交換による遷移金属イオンまたは希土類イオンのドーピングとナノ粒子蛍光体への応用の可能性 ………… 305
4　総括および今後の展望 ……………… 306

序章―高温ナノイオニクスが描く夢の技術―

山口 周*

1 ナノイオニクス現象とは何か？

金属／半導体ヘテロ接触界面においては，両者の仕事関数の相異から電荷の移動が生じ，空間電荷層が形成されてバンド屈曲が生じる。いわゆるショットキーバリアがヘテロ接触界面に形成される。一方，金属とイオン伝導体やイオン／電子混合伝導体との接触界面でも同様に電荷の移動が生じるが，電荷を持ったイオンやイオン欠陥も移動出来るため，イオンと電子（電子欠陥）による緩和が生じる点が半導体と大きく異なる。ここでは金属と半導体／（イオン＋電子）混合伝導体のヘテロ接触界面近傍におけるバンド屈曲の様子を図1に示した[1]。（イオン＋電子）混合伝導体の場合には，イオン欠陥による緩和過程が可能になるため，より多くの電荷坦体が緩和過

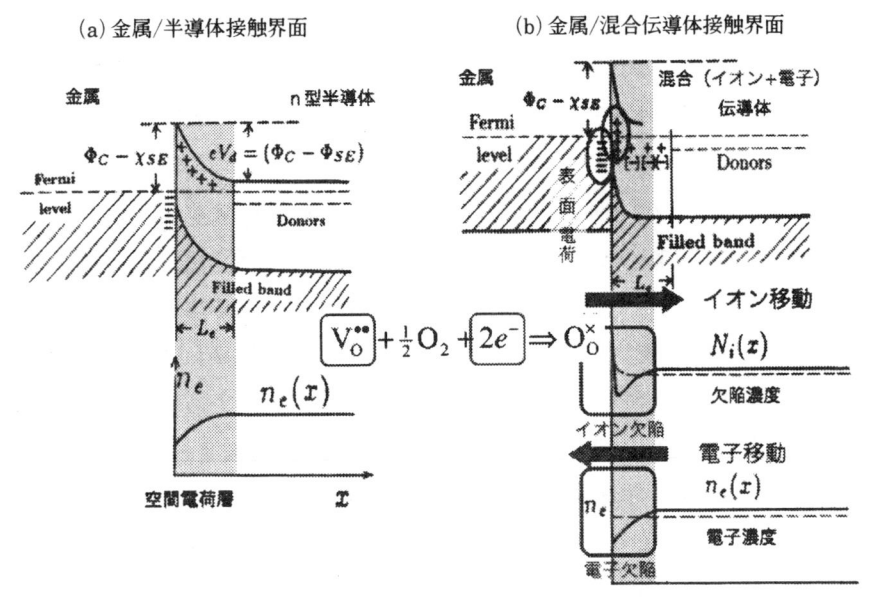

図1 (a)金属／半導体ヘテロ接触界面，および(b)金属／{イオン＋電子}混合伝導体のヘテロ接触界面における空間電荷層形成の模式図
(Bredikhin[1]らの結果をもとにして描いた模式図)

＊ Shu Yamaguchi　東京大学　大学院工学系研究科　マテリアル工学専攻　教授

ナノイオニクス―最新技術とその展望―

程に関与することになり，空間電荷層は薄くなり，場合によっては表面電荷のみが存在すると近似できる場合も予想されている。イオンと電子による緩和過程の結果，表面電荷，及び表面近傍に濃縮あるいは希薄化したイオン欠陥と電子欠陥が存在する表面（界面）層が存在する。このような領域の濃度プロファイルはバンド屈曲に基づいた欠陥濃度の再配列によるものであり，静的平衡状態ではイオン欠陥，電子欠陥ともにバルクと表面の電気化学ポテンシャルは等しい状態にあるため，ナノサイズ効果を除くと静的な条件での異常現象は期待されない。一方，イオンや電子（ホール）移動が生じる動的過程においては，これらの欠陥を反応サイトとする部分反応が反応サイト数に依存する場合，結果としてこの表面層における欠陥濃度変調の影響を強く受けた特性が現れる。様々な同種あるいは異なる種類の物質により構成されるヘテロな界面が本質的に持っているナノスケールの界面特性を，マクロスコピックな特性として利用する新しい概念が生まれる。すなわち，ナノスケールでのイオン移動がもたらすイオン欠陥緩和による（直接あるいは間接的な）界面現象を，マクロな機能や現象として実現することが「ナノイオニクス」あるいは「ナノイオニクス現象」の本質であるといえる。このようにナノスケールの界面現象をマクロ特性として利用するという概念は，半導体の世界において広く用いられてきたものである。様々な界面におけるキャリア移動の変調がスイッチングや非線形抵抗，界面容量としてデバイスに応用されており，「半導体工学」はある意味では「界面工学」そのものであるともいわれている。

　ナノイオニクス研究は，半導体における界面工学の概念を拡張して，イオンによる組成変動と内部電位の緩和を繰り入れた界面工学としての固体イオニクスあるいは固体電気化学の新たな構築を意味する。半導体における界面現象では，界面付近における物質の組成やドーパントはあらかじめ規定された静的プロファイルとして固定された状況にあるが，イオン（あるいはイオン欠陥）移動による緩和過程が現れる場合には，そのプロファイルが動的に緩和し，これに伴って優勢キャリア，少数キャリアがともに変調されるという複雑な状況が生み出される。また，これらの移動度も考慮に入れた実効的な各種キャリアの局所部分電流が動的緩和過程の支配因子を決定することになる。組成変動を伴うキャリア変調を理解・機能設計するためには，イオン伝導体やイオン―電子（ホール）伝導体の界面電子構造を基本とする現代的描像を導入する必要があり，「ナノイオニクス」という新しい概念の確立と新しい機能性の開拓が固体化学・固体イオニクス研究指針となりつつある。半導体における界面工学の概念の優れた成果は，ショットキ障壁あるいは非線形抵抗特性という低抵抗性から見ると「欠点」といえる特性を整流性という新しいマクロ機能に応用した点であり，例えば，「負のナノイオニクス現象」による反応抵抗や非対称反応性といった「欠点」を反応の制御や整流性・方向性という新機能に結びつけたいというのが一つの夢である。このナノイオニクス研究はまだ黎明期にあるが，最近では世界的に見てもその概念が展開しつつあり，これまでの「固体イオニクス」や欠陥化学，半導体工学の一部を取り込んで

急速に成長している融合的新領域である[2]。

現在の半導体技術の発展に伴い実現した，いわゆるトップダウン型のナノスケールでの加工技術やイオンマニピュレーション・計測技術に加えて，近年飛躍的に発展している自己組織化などを利用するボトムアップ型の技術を利用することにより，これまでに実現したことがない新規なヘテロ界面を創製することも可能になってきている。小書は，このようなナノイオニクスという新しい概念が可能にする「夢の技術」について，現在からの予測（Forecast）と，もしこのナノイオニクス研究が理想とする概念が実現できるとしたときに，今必要な視点は何かということを投影（Backcast）することを目的としたものである。

2　ナノイオニクス研究の展開

ナノイオニクスが拓く夢の技術を開拓するために必要な具体的な基盤研究の視点をここではまとめることにする。このナノイオニクス研究を企画した当初は，界面の化学機能開拓を目指す上で，ナノイオニクス現象が有する様々な特長について想像も交えながら中心となる研究者の間で議論した。ナノイオニクス現象の結果として多様な特性が現れる可能性があるが，図1から予想される以下の基本的特性を主な検討課題とした。なお，光との相互作用など多くの魅力的な特性も期待されるが，これはまた別の機会にまとめることとする。

(1) 高いイオン欠陥濃度を介しておこる高速イオン移動とその次元設計
(2) 高い（イオン欠陥＋電子欠陥）濃度による高RedOx反応活性（触媒活性）を有する表面の機能設計とアノード／カソード材料開発
(3) 種々の酸化／還元性気体に対して選択的反応活性を有する表面の機能設計と選択反応性電極材料開発
(4) 表面電荷の制御による吸着活性種・反応性制御

いずれもヘテロ界面付近の欠陥濃度変調による速度論的特性の機能発現にかかわるものであり，これらのヘテロ界面の有する化学的特徴・機能をマクロ的性質に反映させる方法を開拓することが目的である。具体的な研究テーマは，ナノスケールでの電気化学的操作・加工技術とその特性評価という視点を加え，大きく分類して4グループにより研究を実施している。なおこの研究計画の全体像を図2に模式的に示した。

[a]　ナノイオニクス現象の基礎特性解明と設計

他の研究グループと連携しながら，実験・理論の両面からナノイオニクス現象の基礎概念であるヘテロ界面の原子構造と局所電子構造，化学機能の相関とヘテロ界面安定性の検討を進めて機

ナノイオニクス―最新技術とその展望―

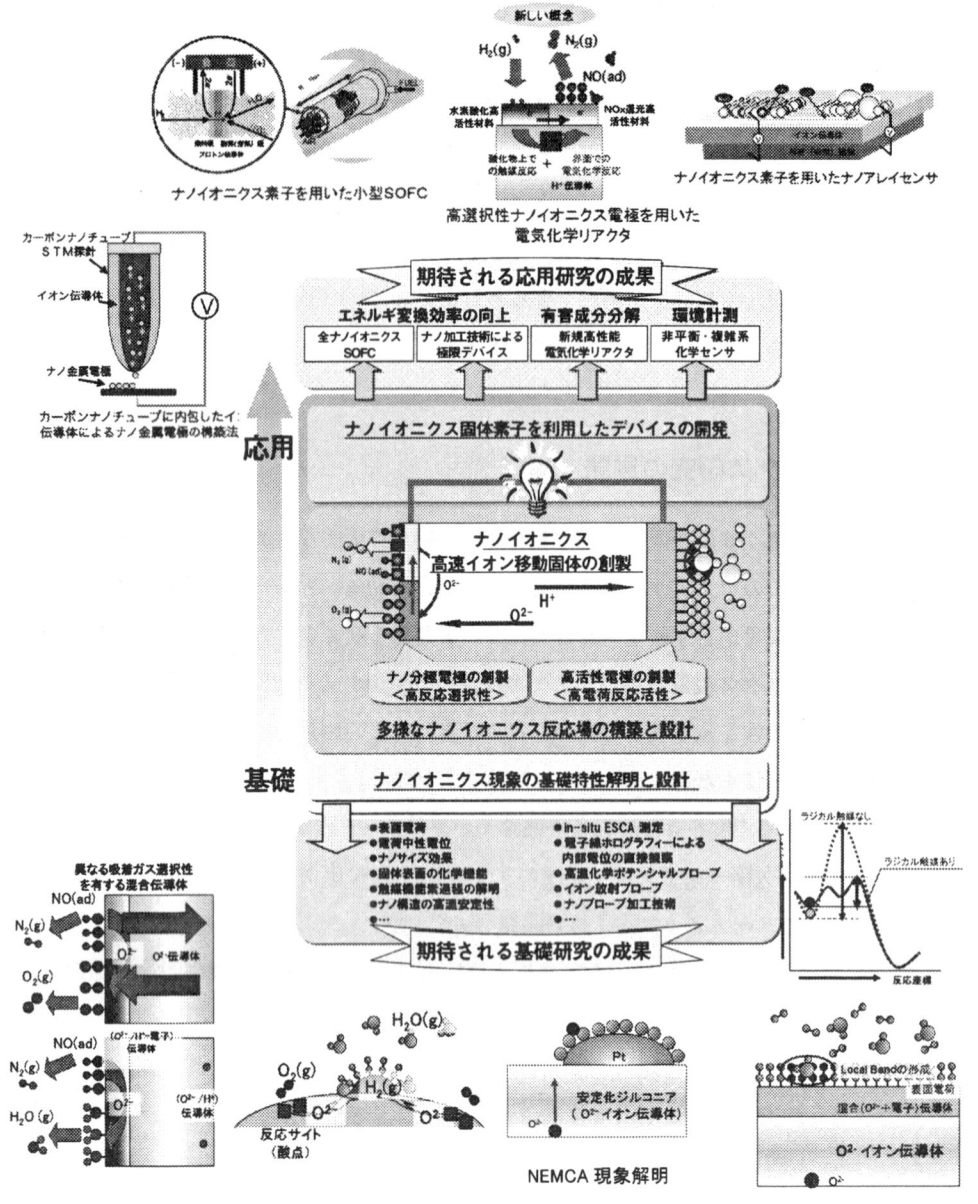

図2 本特定領域研究の全体の構成図と関連する基礎研究と応用展開

能設計指針の確立を目指すとともに，ナノスケールにおける新しい機能評価法に挑戦する。その内容は，①第一原理計算を利用したシミュレーションによる理論的検討，②連続体理論に基づいたモデルによる組織安定性，③内部電位のその場観察および原子構造緩和過程の検討，に大別される。第一原理的手法による分子動力学および静的シミュレーションと熱力学シミュレーションを駆使して，ヘテロ界面の静的性質，イオン／電子流束下における動的性質や組織・構造安定性

序章—高温ナノイオニクスが描く夢の技術—

を明らかにし，局所電子構造，熱的安定性に関する理論的予測を検討する。また，ヘテロ接触界面における静的・動的電位分布の直接観察と緩和原子構造の解明を目指す。

[b] ナノイオニクス高速イオン移動固体の創製

イオン伝導の次元性を考慮に入れた上で，高い欠陥濃度を利用した高速イオン移動現象を実現するための機能設計を種々の合成プロセスによるアプローチから試みる。ここでは，
(1) 有機・無機テンプレートによる自己組織化を利用した無機化合物ナノ構造化1次元イオン伝導体
(2) レーザーアブレーションによる人工多層膜・薄膜伝導体（2次元的構造）
(3) ソフト化学的合成法によるナノドメイン型3次元ナノ構造体

などを対象として，その電気化学特性と界面によるイオン伝導のエンハンスメント効果の起源を検討する。特に人工（複合化）構造体中のキャリアドナー領域と伝導領域の次元制御に関する統一的な理解の確立を目標としている。

[c] 多様なナノイオニクス反応場の構築と設計

イオンと電子の織りなす電荷移動反応を制御して，気相—固相反応における高い反応活性や反応選択性を有する特異なナノ制御高温電極反応場を構築する方法とその機能設計指針を探求するため，電子分光法やSIMS，並びに独自に開発した新しい表面反応測定法を利用してアプローチしている。その内容は大別して，①高反応活性表面を理解するためのin-$situ$動的計測，電子分光法による表面／界面電子構造と電気化学特性，②高選択性反応を理解するための電気化学的アプローチ・混成電位と表面反応の非対称性に関する研究に分類される。いずれも電子分光測定やラマン分光法，赤外分光法などの新しいin-$situ$測定法を組み合わせて，表面付近で起こる動的挙動の実験的追求から，ナノヘテロ構造電極界面反応の表面反応活性と反応選択性の機構解明に挑戦する。

[d] ナノイオニクス固体素子を利用したデバイス開発

ナノイオニクスの原理に基づいて，①ナノイオニクス素子を用いた固体酸化物型燃料電池，②電気化学センサなどの新規デバイス開発，③その他のデバイス機能や高温ナノイオニクス現象が関与するプロセス解析・制御への応用について検討する。高い反応活性を有するナノイオニクス電極と高速イオン伝導体を利用したナノイオニクス型固体酸化物型燃料電池（SOFC），特定の化学種に対するRedOx部分反応速度の相違による混成電位を利用する化学センサ，あるいは特異な選択性を有するRedOx部分反応の組合せを利用する電気化学リアクタなどの多彩な電気

ナノイオニクス―最新技術とその展望―

化学デバイス実現のための応用研究を，他班と連携しながら行う。また，イオン伝導性を利用したナノ電気化学セルによる新規なナノ加工技術・ナノスイッチング素子の応用展開も進めている。

小書では，これらの研究に関する一部の研究成果が研究テーマごとに紹介されており，具体的内容については各章を参照されたい。

特定領域研究が開始されて以来，これまでに多くの「新奇な現象」の発見や新しい概念が提案されてきており，その詳細は各章に記載されている通りであるが，ここではいくつかの興味深いトピックスについて紹介する。

これまで多くのイオン伝導のエンハンスメントがヘテロ界面で観察されているが，その多くはイオン伝導性の低い物質を対象にしたものであった[2,3]。一方，今回の研究ではもともとイオン欠陥が優勢でイオン伝導性が高くバルクイオン伝導性を示す物質群においても，単一薄膜においてヘテロ界面効果によるエンハンスメントが観察された点が注目される[4,5]。単純な空間電荷層モデルによるキャリア濃度の上昇を仮定すると空孔のサイト占有分率が1を超えてしまうような伝導度上昇など，これまでの理論では説明できない結果が得られており，移動度の変調も考慮に入れる必要が示されている。ヘテロ界面では力学緩和と空間電荷による緩和が生じるが，後者の緩和距離は短く，前者がナノイオニクス現象で重要な役割を果たしていると考えられるようになってきた。ただし，薄膜においては成膜時に導入された不整や欠陥の影響を受けている可能性もあり，新しい実験的アプローチによる決定的な実験結果が望まれる。

数ナノ程度の白金微粒子を数％分散させたプロトン伝導性酸化物バルク体におけるイオン伝導の消失現象という「負」のナノイオニクス効果が発見され話題となっている[6]。空間電荷層および白金のナノサイズ効果との複合的現象である可能性が高いが，マクロスケールで界面効果が現れたものであり，直接的には高機能化の逆の現象であるが今後の機能設計の鍵となるものと期待している。また，カソード電極材料である $(La, Sr)CoO_3/(La, Sr)_2CoO_4$ ヘテロ界面近傍の $(La, Sr)CoO_3$ 表面における酸素交換反応速度のエンハンスメントも大変興味深い現象[7]であり，その機構解明が待たれる。また，第一原理計算グループにより金属／酸化物のヘテロ界面にMIGS（金属誘起準位）が形成されることが予見されている[8]。MIGSが界面準位形成に重要となる共有結合性化合物半導体との対照において，イオン性の高い酸化物系でのMIGSの役割の解明が今後の重要な課題である。

基礎的な計測手法では，電子線ホログラフィーによる内部電位分布の直接観察の挑戦が成果を挙げつつある[9]。電気化学的に定義される内部電位と高速電子線が"感じる"電位の相互関係については，精密な議論が今後必要になるが，固体電解質の電極近傍に生じる内部電位プロファイルは，ナノスケールにおけるイオン移動による分極の存在とこれに伴う電子キャリア変調や局所

的な電気化学的反応の新しいモデルを示唆するものであり，原子スイッチをはじめとする様々な
ナノイオニクス現象の機構解明に威力を示すものと期待される．

　当初，ナノイオニクスというテーマの本質であるヘテロ界面の電気化学的輸送現象に関する基
本的な理解をどれだけ深められるか？という点で多少の危惧を感じていたが，実際に研究がスタ
ートしてみると実に多くの新事実と，これまで見逃していた様々な現象がナノイオニクス現象と
して説明できることがわかってきた．これに伴って，参加した研究者の認識が大きく塗り替えら
れてきた．現在では，この研究で意図したナノイオニクス現象がヘテロ界面で起こっており，
これがマクロ的性質に影響を及ぼしているということは間違いのない事実であると確信を持つに至
っており，本質的な理解はかなり大きく進展していることが小書の内容からも読み取れる．ただ
し，この効果が常には観察されないという問題があり，単なる個別現象の説明を超えて機能設計
の概念を確立する必要性がある．

3　ナノイオニクスが拓く「夢の技術」に向かって

　本特定領域研究の大きな目的は，ナノイオニクス現象を解明し，基盤となる学理を構築してナ
ノイオニクス「機能」の設計を可能にすることであり，これに基づいて現在では予想もつかない
様々な応用展開が出現するものと考えている．現時点までの研究成果はどちらかというと基礎
的・解析的な色彩が強いかもしれないが，ここではこれまで述べてきたナノイオニクスの基本的
概念と現在進めている研究の具体的項目が達成されたときに，どのような「夢の技術」が生まれ
てくるかを考えてみることにする．

　図2の外側には，電気化学デバイス応用とその基礎過程に関するトピックスをまとめて示して
いる．様々な界面・表面におけるイオンの関与する反応をRedOx素過程に分解し，ヘテロ界面
の化学機能との相関を検討することが研究全体の大きな目標となっている．電気化学デバイスの
最も大きな応用の一つである電池について考えると，2種類の電極（アノードとカソード）と電
解質の3種類の異なる機能を有する物質から構成されるヘテロ界面が存在している．ヘテロ界面
効果の多くは必ずしも高機能性をもたらすわけではなく，時には「負」のナノイオニクス効果を
示す場合があるが，本研究の基盤研究の成果は多様な電池の界面抵抗（インピーダンス）の理解
とその改善に直接的に貢献するものと期待している．

　さらに本研究が目指すナノイオニクス機能の開拓により，ナノイオニクス高速イオン伝導体を
電解質として用い，高い電気化学反応活性を有するナノイオニクス型高反応活性電極を組み合わ
せた超高性能なSOFCが実現する．実際にItohら[10]が薄膜酸化物プロトン伝導体によって達成
したものと同レベルの高い性能を示す酸化物イオン伝導性薄膜電解質型SOFC単セルが報告され

ており[5]，更なる高性能化に期待がかかる．一方，反応選択性の高い電極を組み合わせてRedOx対を構成すると，高い選択性を示す混成電位型電池となり，これまで測定が困難であった複雑で非平衡にある燃焼排ガス中のアナログ式成分センサが可能になる．最新の加工技術と組み合わせることにより，マルチアレイ型の多成分同時測定やニューラルネットワークと融合させた新しいデジタル型化学センサ等も可能となるかもしれない．この選択反応性電極と発生する混成電位を利用してRedOx反応場をナノ空間で分離した電気化学リアクタ（触媒）を構成することも可能であると考えられる．この利点は電極設計によりRedOx反応の組み合わせを自由に選択することが可能になる点であり，また光反応等の他のエネルギも利用して，総括反応としては通常のリアクタでは実現不可能な触媒機能を実現できるかもしれない．この反応素過程は，固体酸化物表面の触媒反応素過程を表しており，触媒反応の機構を理解するための基盤を提供することになる．現在活発に研究が進められている原子スイッチやReRAMは，常温付近でナノスケールでのイオン移動が直接的に，あるいは間接的に関与していると考えられる新しい電子スイッチングデバイスであり，その機構解明と実現化により大きなマーケットをもつナノイオニクス応用の中心となる可能性がある．

　これまでの成果は，固体イオニクスにナノスケールのヘテロ界面という共通的視点をもって取り組んだグループ研究の成果であり，この分野を新しい方向へと進める先導的研究であると位置づけている．小書で紹介する基礎研究の成果が，新しいナノイオニクス技術として確立し，多様なデバイス構成要素の機能設計とそのシステム応用が広がっていくことを期待するとともに，その実現のために努力を続けていきたいと考えている．

文　　献

1) S. Bredikhin, T. Hattori and M. Ishigame, *Phys. Rev.*, **B50**, 2444-2449（1994）
2) J. Maier, *Nature Materials*, **4**, 805-815（2005）
3) C. C. Liang, *J. Electrochem. Soc.*, **120**, 1289（1973）
4) 湯上浩雄，本書第1編第7章
5) 石原達己，本書第2編第5章
6) 松本広重，本書第1編第12章
7) 川田達也，本書第1編第14章
8) 桑原彰秀，本書第1編第6章
9) 丹司敬義，本書第1編第3章
10) N. Itoh *et al.*, *Journal of Power Sources*, 152, 200-203（2005）

第Ⅰ編　基礎・現象・計測

第1章 第一原理シミュレーションによる
ナノイオニクス現象の解明

下條冬樹[*1], 渡邉 聡[*2]

1 はじめに

　高効率発電固体燃料電池や高性能スイッチングデバイスの研究開発においては，ナノ組織化した電極におけるイオンと電子の絡む反応過程（ナノイオニクス現象）の正しい理解が重要である。しかし，その詳細を実験的に求めることは難しく，第一原理に基づく計算機シミュレーションが強力な研究手法となる。本稿では，固体電解質表面やヘテロ界面における分子反応過程に対する第一原理シミュレーションの現状を紹介し，今後の展望を述べる。

　高温状態において起こるナノイオニクス現象をコンピュータシミュレーションで扱うには，多数の原子からなるモデルを構成し，時々刻々と変化する結合状態を考慮しながら原子のダイナミクスを精度良く追跡することが不可欠であり，大変多くの計算量を必要とする。近年の計算機ハードウエアの発展，分子動力学法などの原子のダイナミクスを計算するアルゴリズムの改良，密度汎関数法などの標準的電子状態計算手法の確立を背景に，現在では，電場などの外場が存在しない系であれば，数百個から千個程度の原子に対する計算が可能である。本稿の前半では，このような標準的な第一原理分子動力学法を用いたペロブスカイト型酸化物表面における分子吸着過程およびプロトン吸収機構を解明する試みを紹介したい。

　固体電解質の応用においては，電解質両端にバイアス電圧を印加したり，あるいは両端に電位差が生じたりすることが多い。このような電圧・電位差の影響は，マクロには電気化学で理解できるが，ミクロな現象の詳細はよくわかっているとはいいがたい。一方，ナノイオニクス現象を積極的に利用していく上では，電圧・電位差の影響についてもミクロな原子・電子レベルで解明していくことが必要となってくる。このためには，ナノスケール・原子スケールでの計測・観測技術とともに，信頼性の高い原子レベル計算が重要な役割を果たすと期待される。

　他方，このような計算は，計算科学にとっても挑戦的な課題である。既に確立している標準的な電子状態計算法である密度汎関数法や分子軌道法では，電圧・電位差を印加した状態での計算

[*1] Fuyuki Shimojo　熊本大学　大学院自然科学研究科　理学専攻　物理科学講座　准教授
[*2] Satoshi Watanabe　東京大学　大学院工学系研究科　マテリアル工学専攻　教授

ができないからである。幸いなことに，近年になってバイアス電圧印加状態での密度汎関数法計算の方法論および計算プログラムの開発が急速に発展してきた。筆者らは，このような方法論を用い，ナノイオニクス現象の解明，特に印加バイアス電圧の影響等の解明に向けた研究を進めつつある。本稿の後半において，その概要を紹介したい。

2 ペロブスカイト型酸化物表面における分子吸着過程およびプロトン吸収機構

ペロブスカイト型酸化物に吸収されたプロトンが安定な位置に留まらずに結晶内を拡散することは良く知られており，移動経路等の拡散機構は計算機シミュレーションにより詳細に調べられている[1~4]。しかし，酸化物表面における分子反応過程やプロトン吸収のミクロな機構は未だ解明されていない。そこで，筆者らは，まず，ペロブスカイト型酸化物として$SrTiO_3$を選び，表面における水分子の解離吸着反応を第一原理分子動力学法により調べた[5]。これまでに，水分子吸着が理論的に調べられた酸化物表面として，TiO_2，CeO_2，Al_2O_3，SiO_2などが挙げられるが，ペロブスカイト型酸化物表面に対する計算は行われていない。図1は，$SrTiO_3$のTiO_2 (001) 表面近傍に水分子を導入した系における原子配置の時間発展を示したものである。表面には酸素欠陥が導入されており，初期配置（時刻0 fs）では水分子は酸素欠陥直上の位置に置かれている。表面から水分子までの距離は約5Åである。また，酸素欠陥を挟む2個のTiは電荷補償のために2個のドーパント（Sc）に置き換えられている。図に示されているように，酸素欠陥近傍に導入された水分子は速やかに解離して，表面には2つの水酸基が形成される。水分子を形成していた酸素（図中のO_1）は表面酸素欠陥の位置を占有する。

この過程における水分子中の酸素（O_1）と二つのプロトン（H_1，H_2）および表面Sc（Sc_1，Sc_2）との間の原

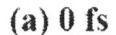

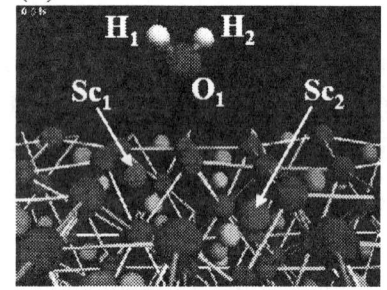

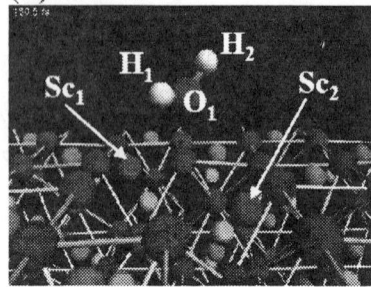

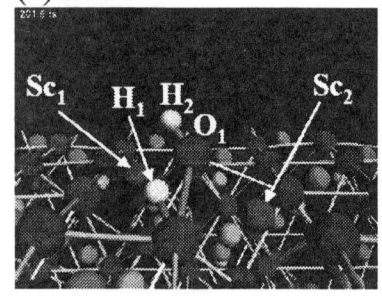

図1 $SrTiO_3$表面における水分子の解離吸着過程

第1章 第一原理シミュレーションによるナノイオニクス現象の解明

子間距離 r_{ij}, bond overlap population O_{ij} の時間変化を図2に示す。bond overlap population O_{ij} は，電子の波動関数を原子基底関数で展開して得られる展開係数から計算され，その値は原子間の共有結合的相互作用の強さに比例する。O_{ij} の時間発展を調べることにより，結合状態の変化を原子のダイナミクスと共に知ることができる。図2を見ると，$t < 250$ fs では，O_1 と二つのプロトン（H_1, H_2）との距離 r_{ij} は共に約1Åであり，対応する bond overlap population O_{ij} も0.5程度の比較的大きな値を取っていることがわかる。

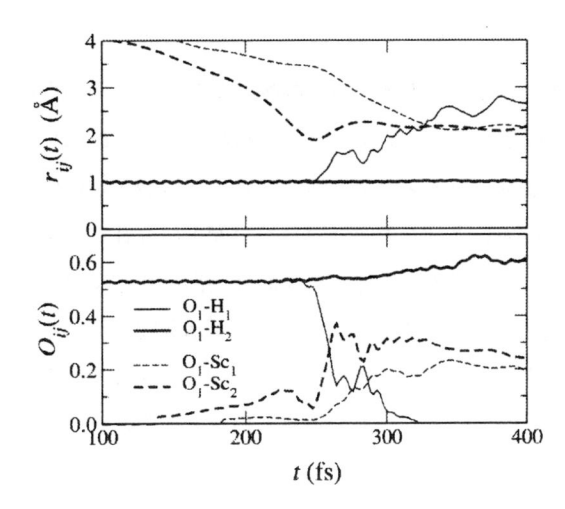

図2 原子間距離 r_{ij} と bond overlap population O_{ij} の時間変化

これは，これら3つの原子（O_1, H_1, H_2）が水分子を形成していることを反映したものである。250 fs を過ぎると，O_1-H_2 間の距離が1Å程度の値を保っているのに対し，O_1-H_1 間の距離は時間の経過とともに増加する。これに対応して，O_1-H_1 間の O_{ij} は急激に減少しており，水分子内の共有結合が失われたことを示す。O_1 と表面 Sc との間の O_{ij} に注目すると，O_1-H_1 間の O_{ij} の減少に伴い，O_1-Sc_2 間の O_{ij} がまず急激に増加し，時間的に少し遅れて O_1-Sc_1 間の O_{ij} も徐々に増加することがわかる。このように，ペロブスカイト型酸化物表面における水分子の解離吸着は，水分子内のO-H結合と，水分子の酸素と表面カチオンの間の結合（今の場合はO-Sc結合）の切り替えによって起こることが明らかになった。興味深いことに，水分子が解離する前（$t < 250$ fs）に，酸素と表面Scの間（O_1-Sc_2 間）の O_{ij} が有限な値を取る。酸素とプロトン（O_1-H_1 と O_1-H_2）間の O_{ij} はほとんど影響を受けていないことから，主に水分子内の酸素の孤立電子対（lone pair電子）が表面Scと相互作用すると考えられる。つまり，水分子がペロブスカイト酸化物表面に近づくと，解離吸着の前に弱い酸素—カチオン（O-Sc）間結合が形成されるのである。

ここまで述べてきたように，ペロブスカイト型酸化物 $SrTiO_3$ の TiO_2 (001) 表面における水分子の解離吸着では，分子内の酸素と表面カチオン（TiやSc）との相互作用が重要である。酸素欠陥近傍では，表面カチオンは活性な状態にあるため水分子の解離が容易に起こる。ドーパント（Sc）に比べホストカチオン（Ti）の方が比較的活性であるため，酸素欠陥がない表面ではホストカチオン近傍が水分子の吸着サイトになる。しかし，酸素欠陥がある場合に比べ，水分子が解離する確率はずっと低い。

次に，ペロブスカイト型酸化物表面からプロトンが内部へ吸収される機構を考えたい。実は，

図1で示したシミュレーションを長時間に渡って継続しても，水分子から解離したプロトンが内部へ拡散していく様子は再現されない。この動的シミュレーションの結果は，プロトンは酸化物の内部へ入るよりも表面にいた方が安定に存在できることを示唆する。では，表面は内部に比べてどの程度安定なのであろうか？ まずは欠陥や不純物の影響を排除して考えるためにクリーンな表面のモデルを用意し，表面近傍の様々な準安定サイトにプロトンを導入して構造最適化計算によりエネルギーを求めた。$SrTiO_3$（001）面と$SrCeO_3$（001）面に対する結果を図3に示す。横軸のZは，各サイトにおけるプロトンの位置（表面からの距離）である。この図から，プロトンが内部にあるときと比べ，表面にあるときのエネルギーは，$SrTiO_3$では約2 eV，$SrCeO_3$では約0.6 eV低いことがわかる。これらの値はモデル内の全ての原子を緩和させた後の全エネルギーの差であり，ひとつのプロトンが持つエネルギーではないことに注意して頂きたい。プロトンが表面にあるときと内部にあるときのエネルギー差は$SrTiO_3$よりも$SrCeO_3$の方が小さい。このことは，$SrCeO_3$の方がプロトンを吸収し易いという実験事実に対応した結果であると考えている。しかし，どちらの物質においても欠陥の無いクリーンな表面では，プロトンは内部に入るよりも表面に留まった方が明らかにエネルギー的に得である。各サイトにプロトンがあるときのエネルギーは，主に次の二つの要因により決まると考えられる。ひとつは水素結合（O-H…O）を形成することによるエネルギーの得であり，もうひとつはカチオン（TiやCe）との間のクーロン斥力によるエネルギーの損である。クリーンな酸化物表面近傍においてプロトンが表面に留まるのは，内部で水素結合を形成するよりも，表面に出てカチオンとの距離を長く取りクーロン斥力エネルギーを小さくした方がエネルギー的に得をするからである。プロトンの吸収機構を考える際はこのことを念頭に置く必要がある。

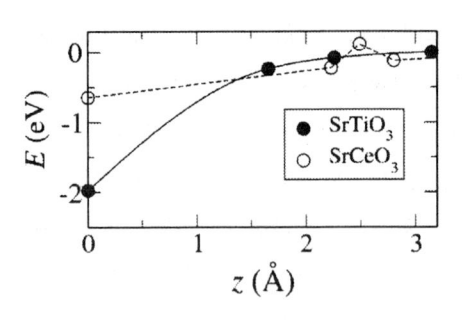

4価のホストカチオン（TiやCeなど）の代わりに，3価のドーパント（ScやYなど）が表面にある場合にはプロトンは表面近傍でどのような振る舞いをするであろうか？ カチオンとの間のクーロン斥力がプロトンの動きを決める主要な要因であるならば，表面ドーパントの存在は何らかの影響を及ぼすはずである。$SrTiO_3$のTiO_2（001）面を対象とし，図4(a)と図4(b)に示されているように，プロトンを表面から第二層の酸素と共有結合し表面酸素と水素結合する位置に導入して二つのシミュレーションを行った。ひとつは表面にドーパントが無い場合（表面Ti近傍，図4(a)）であり，もうひとつは表面ドーパント（Sc）近傍の場合である（図4(b)）。図4(a)の最

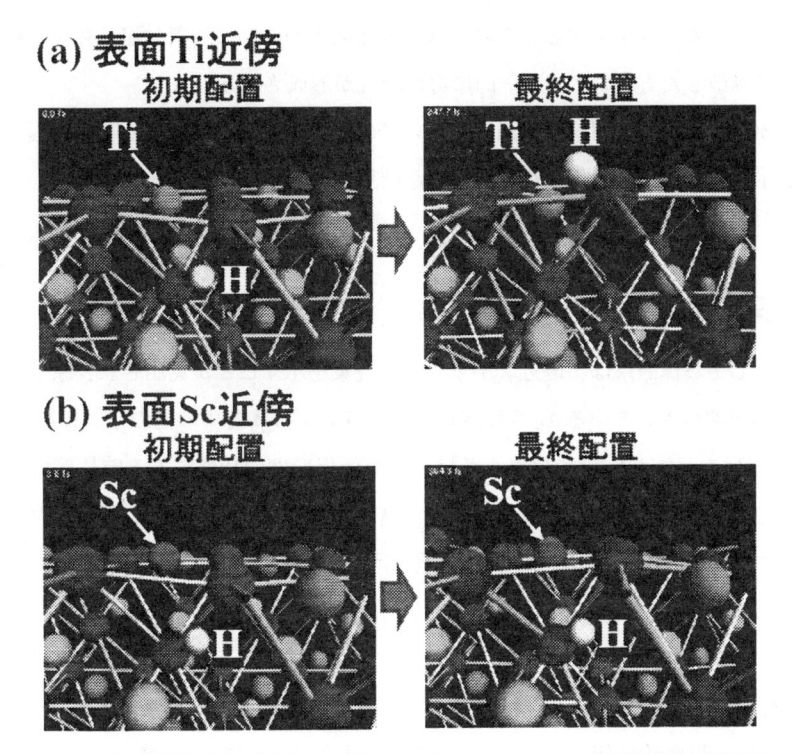

第1章 第一原理シミュレーションによるナノイオニクス現象の解明

図4 SrTiO₃表面近傍のプロトンに対するシミュレーションの初期配置と最終配置

終配置からわかるように，表面にScが無い場合には，プロトンは初め第二層に導入されたにもかかわらず表面に移動してしまう．これは図3にある構造最適化計算の結果と矛盾しない．一方，表面にScが存在した場合，プロトンは内部に留まり表面に出てくる様子は見られない（図4 (b)）．更に，第二層の酸素と共有結合し第三層の酸素と水素結合をする位置に導入した場合にも，図4と同様の結果が得られた．つまり，表面Ti近傍ではプロトンは表面にすぐ出てしまうが，表面にScがある場合は内部に留まり，より内部へと移動する様子も見られる．このように，SrTiO₃ (001) 表面の場合，表面にドーパントが存在するとプロトンは内部に留まり易い傾向があることがわかる．このことはカチオンとのクーロン斥力エネルギーの大きさから理解できる．つまり，ScはTiに比べ価数が小さいため，プロトンはSc近傍にいてもエネルギーの損が少ない．更に，水素結合のエネルギーに関しては，Ti近傍と比べSc近傍の酸素には電子が局在する傾向があるため，内部で水素結合を形成することによるエネルギーの得が大きい．

また，内部の酸素欠陥の影響も重要である．SrCeO₃のCeO₂ (001) 表面において，表面から数えて二層目のSrO面に酸素欠陥を導入した場合，表面酸素サイトから第三層の酸素サイトへプロトンが拡散していく様子が見られた．これは，酸素欠陥により表面酸素が内部まで侵入することが可能になり，欠陥の無い場合には無かった経路が作られたためと考えられる．このプロトン

の移動に伴いエネルギーは減少する。このように表面直下の内部に酸素欠陥が存在した場合，プロトンが内部に拡散した方がエネルギー的に得な状況が形成される。

　以上のことから，水分子の解離吸着過程においては表面欠陥が，吸着後の吸収過程においては表面ドーパントや内部の酸素欠陥の存在が重要な役割を果たすと結論付けられる。

3　Ag/Ag$_2$S/Ag接合系の電気特性

　固体電解質として具体的には，最近スイッチング現象を示すことが見出され，原子スケール電子素子への応用が期待されているAg$_2$Sに注目した。詳しくは本書中の他の章[6]に譲るが，Ag$_2$Sを2つの金属電極（一方はAg）ではさんだ接合系が低伝導度の状態にある時に適切なバイアス電圧を印加すると系が高伝導度の状態に遷移し，電圧印加をやめた後もこの高伝導度状態が保持される。ここに逆方向の適切なバイアス電圧を印加すると，今度は系が低伝導度状態に遷移する。高伝導度状態においては，Ag$_2$S中にAgが析出し，これによる架橋構造が形成されていると推測されているが，その詳細は全くわかっていない。そこで我々は，このスイッチング現象のメカニズムの解明を目標に，Ag/Ag$_2$S/Ag接合系に対する第一原理計算を進めている[7]。バイアス電圧印加状態の密度汎関数法計算には非平衡グリーン関数法を用い，計算パッケージとしてはAtomistix Tool Kitを用いた[8]。Ag/Ag$_2$S接合部の原子構造の詳細はまだよくわかっていないので，筆者らは，実験で観測されている(100)Ag//(0-12)Ag$_2$Sおよび[010]Ag//[100]Ag$_2$Sという方位関係を参考にAg/Ag$_2$S/Ag接合系のモデルを構築するところから始めた。

　図5に，計算で得られた電子透過スペクトルの計算結果を示す。この図で「構造最適化前」というのは，Ag電極およびAg$_2$S層内の原子配置についてはバルク結晶内と同じとし（ただし後で述べるように両者の格子不整合を調整するためAg$_2$Sの格子定数を少し変えている），Ag電極—Ag$_2$S層間距離と界面平行方向の相対位置についてのみ計算で最適化したモデルを用いた計算であり，「構造最適化後」はこのモデルに対しAg$_2$S層内の全原子とAg$_2$S層に接する電極Ag原子（各電極について2層）の位置についても最適化した上で計算したものである。図5で特に興味深い点は，構造最適化によりフェルミ準位付近の透過率が大きく増大していることである。また，構造最適化前のスペクトルではフェルミ準位付近から0.6eV付近まで透過率がほぼゼロの領域が見られるが，この特徴は構造最適化後には消失している。透過率がほぼゼロの領域はAg$_2$S層が半導体的であることと対応しているため，この消失はAg$_2$S層が金属的になったことを示している。実際，バイアス

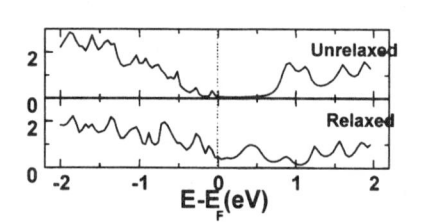

図5　Ag/Ag$_2$S/Ag接合系の電子透過スペクトルの計算結果

第1章　第一原理シミュレーションによるナノイオニクス現象の解明

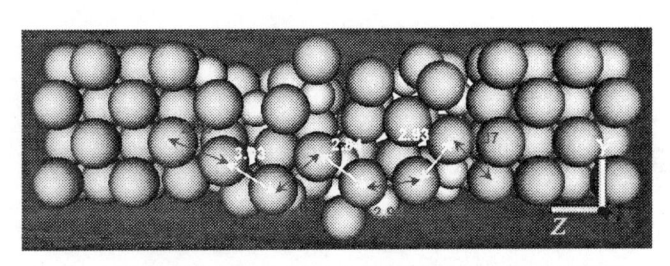

図6　構造最適化後のAg/Ag$_2$S/Ag接合系の原子配置の模式図
数字は矢印の部分の原子間距離を示す。

電圧印加計算によって電流—電圧特性を求めた結果からも，系が金属的な振る舞いを示すことが確認されている。

　構造最適化後の原子配置を調べてみると，興味深いことが明らかになった。図6に構造最適化後の原子配置の模式図を示す。バルクAg$_2$S結晶中の隣接Ag原子間距離が3.08Å〜3.74Åであるのに対し，図中に表示した隣接Ag原子間距離は2.84Å〜3.07Åと短くなっている。これはバルクAg$_2$S結晶中よりもバルクAg結晶中での隣接Ag原子間距離2.89Åに近い値である。したがって，Ag$_2$S層内にAg単原子鎖のような構造が形成されているといえよう。構造最適化後のモデルが示す金属的な性質は，この原子鎖を通した電子伝導によるものと考えられる。この構造最適化においては，原子鎖を構成するAg原子が構造最適化前の位置から平均1.2Å変位していた。Ag$_2$S層内でのこの大きな変位の原因としては，Ag電極との接合の影響がまず考えられる。特に今回使用したモデルにおいては，AgとAg$_2$Sとの格子不整合が大きいため，Ag$_2$S層の格子定数を一方向には15.2％伸ばし，それに直交する方向には7.1％縮めている。したがって，上記の自発的Ag原子鎖形成と全く同じ現象が実際の試料中でも生じているかどうかについては，より詳しい解析を行わないと判断できない。しかし，電極との接合で電子状態が変化し，かつ格子不整合のために何らかの歪みが生じているAg/Ag$_2$S界面において，本研究で見られたような自発的Ag原子鎖形成に近い構造変化が生じ，電気伝導度が高くなっている可能性は十分考えられる。したがって，原子スイッチにおける「スイッチON」の状態は，ナイーブに推測したイメージよりずっと少ない構造変化で形成できる可能性があるといえよう。

　最後に，バイアス電圧の影響について少し述べたい。ナノスケールにおいては，古典電磁気学からのずれが電圧の影響にも見られると期待されるので，計算結果から電位分布を見積もってみた。具体的には，有限バイアス電圧印加時とゼロバイアス時での電子が感じるポテンシャルの差を調べた。その結果，構造最適化前・後のいずれのモデルにおいても負極側付近で電位が急峻に変化していること，特にAg$_2$S層内よりAg電極内（といっても界面近傍であるが）で電位変化が生じていることがわかった。このようなミクロな電位分布の状態は，今後バイアス電圧印加によ

るAgイオンや空孔の動き等を解析していく際に有用な知見であろう。

4 今後の展望

　ここまで，第一原理分子動力学法を用いたペロブスカイト型酸化物表面における分子吸着過程およびプロトン吸収機構，バイアス電圧印加状態の密度汎関数法による$Ag/Ag_2S/Ag$接合系の電気特性に対する計算結果と得られた種々の知見を紹介した。ここでは，これらの理論研究に関する今後の課題と展望について述べる。

　ペロブスカイト型酸化物表面に関する研究では，欠陥の無いクリーンな表面，または，乱れがある場合でもただひとつの酸素欠陥と少数の不純物原子が導入された極めてクリーンな状態に近い表面のモデルが用いられている。しかし，実際の酸化物表面では，多数の酸素欠陥や複雑なステップ構造が存在していることが考えられ，今後は，このような高度な乱れをモデルに取り入れていく必要がある。また，燃料電池電極に用いられている金属をモデルに導入し，気体／電極金属／酸化物のいわゆる三相界面における構造の安定性や分子反応の基礎過程を理論的に明らかにすることは，実際の電極での反応過程を考える上で極めて重要である。

　現在の標準的電子状態計算法に必要な計算量は，系の電子数Nの三乗に比例して増加する。実際の実験に即したシミュレーションには大規模な第一原理計算が必要であるが，このNの三乗に比例する計算量が壁になり，現在の計算法で扱えるモデルの空間スケールには限界がある。これに対し，計算量を大幅に減らすことが可能な電子状態計算法（計算量がNに比例する，所謂オーダーN法）が幾つか提案されている。筆者らは，分割統治法に基づく手法[9]を開発中であり，今後は大規模系へ応用していく予定である。また，反応の起こる領域を第一原理的に扱い，それを取り囲む反応の起こらない領域を古典的に扱う計算手法（第一原理・古典融合法）[10]も有効な方法と考えられる。これら最新の手法を駆使すれば，現実に即した複雑で大規模なモデルを用いたシミュレーションも可能である。今後，ナノイオニクス現象の解明を目指し，そのような実験に近い状況を想定した理論計算が盛んに行われていくものと期待される。

　$Ag/Ag_2S/Ag$接合系に対する計算結果は，まだバイアス電圧印加によるスイッチON/OFFの状態変化に対応したものではなく，その準備段階のものである。しかし，Ag_2S層を含んだ系に対して構造最適化計算およびバイアス電圧印加計算が成功したので，いよいよスイッチング機構の解明のための計算に取り掛かれる段階にきたといえる。今後は，まずAg_2S層内に空孔や過剰Agイオンを導入し，これらの安定性とその位置依存性（Ag/Ag_2S界面付近がより安定か，Ag_2S層中央部の方が安定か）やバイアス電圧依存性について計算により検討する予定である。次に，Ag_2S層内でのAgイオン移動の活性化エネルギーとそのバイアス電圧依存性を検討したい。

第1章　第一原理シミュレーションによるナノイオニクス現象の解明

　バイアス電圧を印加した密度汎関数法計算は，対象とする系と半無限電極との間の電子のやり取りを許す非平衡開放系の計算であることもあり，また方法論が発展途上であることもあり，孤立系や完全結晶を扱う標準的な電子状態計算法に比べ，同じ原子数の系でも余計に計算量がかかる。一方，実際の試料におけるAg/Ag_2S界面が本研究で用いたモデルほど平坦ではなく，またAg_2S層内に転位や粒界などが多数含まれているであろう。これらがスイッチON/OFFの構造変化に大きく関与している可能性もあるので，実験と計算との直接的な比較はなかなか難しいかもしれない。とはいえ，上記のような計算から$Ag/Ag_2S/Ag$接合系におけるAgイオンや電子の振る舞いに対する印加バイアス電圧の影響を解明することにより，スイッチON/OFFの構造変化の手がかりを得ることや，この構造変化の制御および最適な原子スイッチの設計の指針を得ることは十分期待できる。

　今後，方法論と計算機が一層進歩すれば，本稿で紹介した第一原理計算が，単にナノイオニクス現象を解明するだけにとどまらず，その応用のための材料・構造のデザインにも威力を発揮するものと期待される。

　本稿で紹介した研究成果は，文部科学省補助金特定領域研究（ナノイオニクス439）の補助を受けたものである。また，計算の一部には東京大学物性研究所スーパーコンピュータが使用された。ここに謝意を表す。$Ag/Ag_2S/Ag$接合系の理論研究は王中長，多田朋史，谷廷坤，門平卓也（いずれも東大院工）と渡邉との共同研究であり，実際の計算はすべて王中長が行った。

文　　　献

1) F. Shimojo, K. Hoshino and H. Okazaki, *J. Phys. Soc. Jpn.*, **65**, 1143（1996）
2) M. S. Islam, *J. Mater. Chem.*, **10**, 1027（2000）
3) W. Münch, K. D. Kreuer and G. Seifert, *Solid State Ionics*, **97**, 39（1997）
4) F. Shimojo and K. Hoshino, *Solid State Ionics*, **145**, 421（2001）
5) F. Shimojo, submitted to *Sci. Tech. Adv. Mater.*
6) 寺部一弥，本書材料開発・応用編，第11章
7) Z. C. Wang, T. Kadohira, T. Tada and S. Watanabe, submitted to *Nano Lett.*
8) M. Brandbyge, J. Mozos, P. Ordejon, J. Taylor and K. Stokbro, *Phys. Rev. B*, **65**, 165401（2002）
9) F. Shimojo, R. K. Kalia, A. Nakano and P. Vashishta, *Comput. Phys. Commun.*, **167**,

151 (2005)

10) S. Ogata, F. Shimojo, A. Nakano, P. Vashishta and R. K. Kalia, *Comput. Phys. Commun.*, **149**, 30 (2002)

第2章 化学ポテンシャル勾配下における金属酸化物の組織(組成)変化

丸山俊夫[*1], 上田光敏[*2]

1 はじめに

　金属酸化物を代表とするイオン結晶はイオニクスデバイスとして, 燃料電池や酸素分離膜などへの応用が期待されている。これらは化学ポテンシャル勾配の下で使用される。

　デバイスを構成するイオンは化学ポテンシャル勾配に駆動され, デバイス中を常に移動することになる(イオンは電荷を有するので電気化学ポテンシャル勾配に駆動されるが, 電子伝導が優勢な場合には化学ポテンシャルの勾配で取り扱うことができる)。デバイス中のイオンの移動は化学組成の偏りを起こし(kinetic demixing), さらには化合物の分解(kinetic decomposition)に至る。また, 著者らが初めて指摘したように, イオンの流れの発散はデバイス中にボイドや応力を発生させることになる。

　これらの現象は, イオニクスデバイスの性能, 寿命を支配することになり, その制御は重要である。また, 現在進行中の文部科学省科学研究費補助金, 特定領域研究「ナノイオニクス」(領域代表, 東京大学山口周教授)では, イオン結晶中のナノヘテロ界面を利用して, イオニクスデバイスの高性能化, 新規機能の探求が行われている。このようなナノイオニクスデバイスでは組織変化はさらに顕在化することが予想される。

　本稿では, 化学ポテンシャル勾配下における金属酸化物の組成および組織変化について, その現象と理解の現状について解説する。

2 酸素ポテンシャル勾配下におかれた2元系金属酸化物(MO)

　図1は金属酸化物MOが酸素ポテンシャル勾配下におかれた場合の様子を示している。酸素ポテンシャルは図中, II側からI側に向かって減少し, この勾配が駆動力となって, 酸化物イオンはII側からI側に移動する。II側では,

---

[*1] Toshio Maruyama　東京工業大学　大学院理工学研究科　材料工学専攻　教授
[*2] Mitsutoshi Ueda　東京工業大学　大学院理工学研究科　材料工学専攻　助教

ナノイオニクス―最新技術とその展望―

$O_2 + 4e' \rightarrow 2O^{2-}$ （電子伝導体）または
$O_2 \rightarrow 2O^{2-} + 4h^{\cdot}$ （ホール伝導体）

I側では，

$2O^{2-} \rightarrow O_2 + 4e'$ （電子伝導体）または
$2O^{2-} + 4h^{\cdot} \rightarrow O_2$ （ホール伝導体）

なる反応が起こる。これによって酸素の（電気化学的）透過が起こる。

　金属の化学ポテンシャルはI側からII側に向かって減少し，この勾配が駆動力となって，金属イオンはI側からII側に移動する。I側では，

$2MO \rightarrow 2M^{2+} + O_2 + 4e'$ （電子伝導体）または$2MO + 4h^{\cdot} \rightarrow 2M^{2+} + O_2$ （ホール伝導体）なる反応でMOが解離して酸素を放出する。生成したM^{2+}はII側へ移動し，逆反応によりMOを生成する。この反応により膜は右側に平行移動し，同時に見かけ上の酸素の透過が起こる。

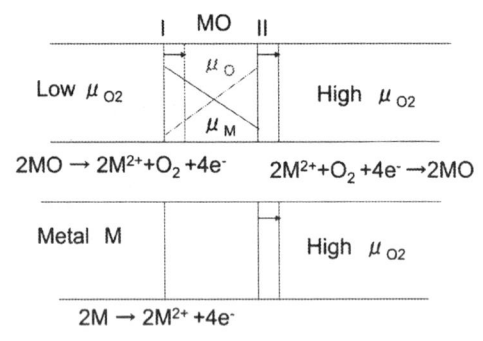

図1　化学ポテンシャル勾配下における金属酸化物中の物質移動

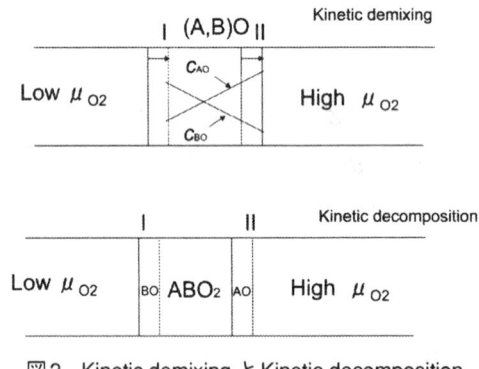

図2　Kinetic demixing と Kinetic decomposition

　一方，金属の高温酸化ではI側で，$M \rightarrow M^{2+} + 2e'$（電子伝導体）または$M + 2h^{\cdot} \rightarrow 2M^{2+}$（ホール伝導体）なる反応で金属イオンが供給されるので，膜の厚さが増大することになる。

3　酸素ポテンシャル勾配下におかれた3元系金属酸化物

　3元系金属酸化物を酸素ポテンシャル勾配の下に置いた場合の模式図を図2に示す。両側の酸素ポテンシャルはともに，酸化物の安定領域であり，還元は起こらない状況である。しかし，酸素ポテンシャルはII側からI側に向かって減少し，金属AおよびBの化学ポテンシャルは，I側からII側に向かって減少し，両金属イオンはそれぞれの移動度（拡散係数）に対応して，異なる流束をもつ。AO-BO系固溶体（$(A_{1-x}, B_x)O$）の場合には，流束の大きい成分（この場合，A）はII側に，小さい成分（この場合，B）はI側に濃縮することになる（kinetic demixing）。また，組成幅の狭い化合物ABO_2では，II側に流束の大きい成分が，I側に流束の小さい成分が析出す

ることになる（kinetic decomposition）。これらの現象の詳細については文献[1]を参照されたい。

4　イオン流束の発散による組織変化（ボイド生成）

2および3節で取り上げた現象は，イオンの流束そのものを取り扱うものである。本節では著者らが初めて提案した，流束の発散を評価して，ボイド形成を定量的に説明するものである。2節で述べたように，酸化物膜を酸素ポテンシャル差の存在下においた場合と金属の高温酸化現象とは，同じ取り扱いができる。提案した考え方を実験的に証明するために，実験の容易さから鉄の高温酸化で形成する，マグネタイト（Fe_3O_4）皮膜について説明する。

著者らは，はじめに823Kにおいて純Fe上に形成するFe_3O_4皮膜をモデル系として，酸化皮膜中の酸素ポテンシャル分布計算から皮膜中のボイド形成を定量的に予測する方法を提案した[2]。酸化皮膜は多結晶であるにもかかわらず，計算には既報の単結晶中における拡散係数[3,4]を用いるために，ボイドの形成位置を予測できたが，ボイドの生成量についての定量的な議論はできなかった。しかし，実際の酸化皮膜の成長速度から酸化皮膜中のイオンの有効拡散係数を見積もり，これをもとに酸化皮膜中の化学ポテンシャル分布やイオンの流束とその発散を評価すると，ボイドの生成量についての定量的検討もできることを示した。以下にその手法を説明する。

4.1　計算方法
4.1.1　酸化物中のイオンの発散を考慮した化学ポテンシャル分布計算

図3に示すように，823Kにおいて純Fe上に形成したFe_3O_4皮膜を考える。このFe_3O_4皮膜は，初期界面からFeイオンの外方拡散により形成する部分（外層）と初期界面から酸化物イオンの内方拡散により形成する部分（内層）から構成されており，全体の厚さが（$L-l$）になっているとする。この時，酸化皮膜中の物質移動は，Feイオンと酸化物イオンの流束の発散が化学量論組成を保ちながら起こらなければならない。

$$\frac{\partial n_{Fe_3O_4}}{\partial t} = -\frac{1}{3}\frac{\partial J_{Fe}}{\partial x} = -\frac{1}{4}\frac{\partial J_O}{\partial x} \quad (1)$$

ここで，$n_{Fe_3O_4}$は単位体積当りのFe_3O_4のモル数，J_iは成分iの流束である。式(1)より，

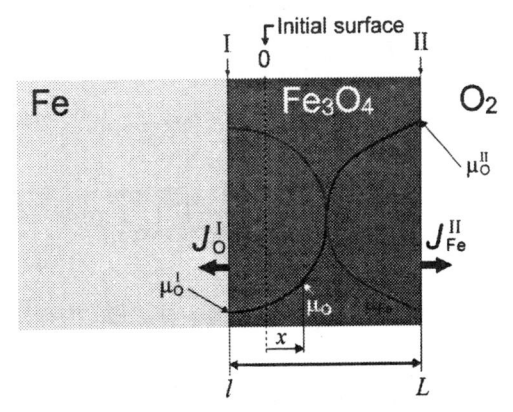

図3　Fe_3O_4皮膜中におけるFeとOの化学ポテンシャル分布

次式を得る。

$$\frac{J_{\mathrm{Fe}}}{3}-\frac{J_{\mathrm{O}}}{4}=I \tag{2}$$

ここで，I は位置 x に依存しない定数である．式(2)および次に示す関係式を用いて，$\mathrm{Fe_3O_4}$ 皮膜中の酸素ポテンシャル分布を計算する．

$$J_{\mathrm{i}}=-c_{\mathrm{i}}B_{\mathrm{i}}\frac{\partial \eta_{\mathrm{i}}}{\partial x} \qquad\qquad \text{（フィックの第1法則）} \tag{3}$$

$$D_{\mathrm{i}}=B_{\mathrm{i}}RT \qquad\qquad \text{（Nernst-Einstain の関係式）} \tag{4}$$

$$\eta_{\mathrm{i}}=\mu_{\mathrm{i}}+Z_{\mathrm{i}}F\phi \qquad\qquad \text{（電気化学ポテンシャル）} \tag{5}$$

$$3d\mu_{\mathrm{Fe}}+4d\mu_{\mathrm{O}}=0 \qquad\qquad \text{（Gibbs-Duhem の関係式）} \tag{6}$$

$$Z_{\mathrm{Fe}}J_{\mathrm{Fe}}+Z_{\mathrm{O}}J_{\mathrm{O}}+Z_{\mathrm{h}}J_{\mathrm{h}}+Z_{\mathrm{e}}J_{\mathrm{e}}=0 \qquad\qquad \text{（電気的中性条件）} \tag{7}$$

ここで，c_{i} は濃度，B_{i} は絶対移動度，D_{i} は拡散係数，R は気体定数，T は絶対温度，η_{i} は電気化学ポテンシャル，μ_{i} は化学ポテンシャル，ϕ は静電ポテンシャル，F はファラデー定数，Z_{i} は電荷である．

式(2)～(7)より，酸素の化学ポテンシャル勾配は次のようになる．

$$\frac{1}{4Z_{\mathrm{O}}^2}\frac{\alpha\beta}{\alpha+\beta}\frac{\partial\mu_{\mathrm{O}}}{\partial x}=I \tag{8}$$

ここで，α と β はそれぞれイオン伝導および電子伝導の寄与を表し，次式で与えられる．

$$\alpha=Z_{\mathrm{Fe}}^2 c_{\mathrm{Fe}}B_{\mathrm{Fe}}+Z_{\mathrm{O}}^2 c_{\mathrm{O}}B_{\mathrm{O}} \tag{9}$$

$$\beta=c_{\mathrm{e}}B_{\mathrm{e}}+c_{\mathrm{h}}B_{\mathrm{h}} \tag{10}$$

式(8)を変数分離して，$l(\mu_{\mathrm{O}}^{\mathrm{I}})$ から $L(\mu_{\mathrm{O}}^{\mathrm{II}})$ まで積分すると次のようになる．

$$\int_l^L I\partial x=I(L-l)=\frac{1}{4Z_{\mathrm{O}}^2}\int_{\mu_{\mathrm{O}}^{\mathrm{I}}}^{\mu_{\mathrm{O}}^{\mathrm{II}}}\left(\frac{\alpha\beta}{\alpha+\beta}\right)\partial\mu_{\mathrm{O}}=k(=\mathrm{const.}) \tag{11}$$

一方，式(8)を $l(\mu_{\mathrm{O}}^{\mathrm{I}})$ から $x(\mu_{\mathrm{O}})$ まで積分すると次式を得る．

$$\int_l^x I\partial x=I(x-l)=\frac{1}{4Z_{\mathrm{O}}^2}\int_{\mu_{\mathrm{O}}^{\mathrm{I}}}^{\mu_{\mathrm{O}}}\left(\frac{\alpha\beta}{\alpha+\beta}\right)\partial\mu_{\mathrm{O}} \tag{12}$$

第2章　化学ポテンシャル勾配下における金属酸化物の組織（組成）変化

Fe$_3$O$_4$皮膜中の酸素の化学ポテンシャル分布は，式(11)と式(12)の比をとることで，次のようになる。

$$\frac{x-l}{L-l} = \frac{\int_{\mu_O^I}^{\mu_O}\left(\frac{\alpha\beta}{\alpha+\beta}\right)\partial\mu_O}{\int_{\mu_O^{II}}^{\mu_O^{II}}\left(\frac{\alpha\beta}{\alpha+\beta}\right)\partial\mu_O} \tag{13}$$

本研究で取り扱うFe$_3$O$_4$は電子伝導体であることから[5]，$\beta \gg \alpha$という近似が成立し，式(13)の被積分関数は次のように近似できる。

$$\frac{\alpha\beta}{\alpha+\beta} = \frac{\alpha\beta}{\beta(1+\alpha/\beta)} \approx \alpha \tag{14}$$

一方，電気化学ポテンシャル勾配（$\partial\eta_O/\partial x$）は次式で与えられる。

$$\frac{\partial\eta_O}{\partial x} = \frac{\beta}{\alpha+\beta}\frac{\partial\mu_O}{\partial x} = \frac{4Z_O^2 k}{\alpha(L-l)} \tag{15}$$

また，Fe$_3$O$_4$皮膜中における酸化物イオンの流束は次のようになる。

$$J_O = -c_O B_O \frac{\partial\eta_O}{\partial x} = -\frac{4Z_O^2 c_O B_O k}{\alpha(L-l)} \tag{16}$$

さらに，Fe$_3$O$_4$皮膜中の物質の過不足（$\partial n_{Fe_3O_4}/\partial t$）は酸化物イオンの流束の発散を用いて計算することができる。本研究では，酸化物イオンの流束の発散にマイナスをつけたもの（$-\partial J_O/\partial x$）を酸化物イオンの流束から計算した。

$$\frac{\partial n_{Fe_3O_4}}{\partial t} = -\frac{1}{4}\frac{\partial J_O}{\partial x} \tag{17}$$

式(17)において，$\partial n_{Fe_3O_4}/\partial t > 0$の場合，Fe$_3O_4$皮膜中に，新たなFe$_3O_4$が形成し，$\partial n_{Fe_3O_4}/\partial t < 0$の場合，Fe$_3O_4$皮膜中にボイドが形成する。

4.1.2　Fe$_3$O$_4$皮膜の成長速度

外層の成長速度は，界面（II）の移動速度と等しいことから，次のようになる。

$$\frac{dL}{dt} = \frac{V_{m(Fe_3O_4)}}{3}J_{Fe}^{II} = \frac{V_{m(Fe_3O_4)}k}{(L-l)}\frac{Z_{Fe}^2 c_{Fe}^{II} B_{Fe}^{II}}{\alpha^{II}} \tag{18}$$

ここで，$V_m(Fe_3O_4)$ は Fe_3O_4 のモル体積である．同様にして，内層の成長速度は界面（I）の移動速度を用いて次のようにかける．

$$\frac{dl}{dt} = \frac{V_{m(Fe_3O_4)}}{4} J_O^I = -\frac{V_{m(Fe_3O_4)} k}{(L-l)} \frac{Z_O^2 c_O^I B_O^I}{\alpha^I} \tag{19}$$

式(18)と式(19)の比をとることにより，外層と内層の厚さの比は次のようになる．

$$\frac{l}{L} = \frac{\int_0^t \left(\frac{dl}{dt}\right) dt}{\int_0^t \left(\frac{dL}{dt}\right) dt} = -\frac{Z_O^2 c_O^I B_O^I \alpha^{II}}{Z_{Fe}^2 c_{Fe}^{II} B_{Fe}^{II} \alpha^I} = -r_0 \tag{20}$$

さらに，Fe_3O_4 皮膜全体の成長速度は次のようになる．

$$\frac{d(L-l)}{dt} = \frac{dL}{dt} - \frac{dl}{dt} = \frac{V_{m(Fe_3O_4)} k}{L-l} \left\{ \frac{Z_{Fe}^2 c_{Fe}^{II} B_{Fe}^{II}}{\alpha^{II}} + \frac{Z_O^2 c_O^I B_O^I}{\alpha^I} \right\} \tag{21}$$

放物線速度定数は次のようになる．

$$k_{p\text{-}ox} = V_{m(Fe_3O_4)} k \left\{ \frac{Z_{Fe}^2 c_{Fe}^{II} B_{Fe}^{II}}{\alpha^{II}} + \frac{Z_O^2 c_O^I B_O^I}{\alpha^I} \right\} \tag{22}$$

ここで，k は式(11)で表される定数である．

4.1.3 粒界拡散を含む平均的拡散係数の算出

単結晶 Fe_3O_4 中の Fe および O の拡散係数の酸素分圧依存性は，Recoult ら[3]およびMillot ら[4]によって報告されている．しかしながら，単結晶 Fe_3O_4 中の拡散係数を用いて放物線速度定数を計算したところ，その値が高温酸化実験により得られる値よりも約1桁小さくなっていた．これは，既報の拡散係数を用いて計算された酸素ポテンシャル分布が実際の皮膜組織と対応しないことを示唆している．そこで本研究では，体積拡散に加えて粒界拡散の寄与を考慮した平均的な拡散係数を算出した．この時，Stubican ら[6]の報告より粒界拡散の酸素分圧依存性は体積拡散と同様であるとし，Fe_3O_4 中の Fe および O の拡散係数の酸素分圧依存性を次のように表した．

$$D_{Fe}^{eff}/m^2s^{-1} = A^{eff} a_{O_2}^{-2/3} + \frac{B^{eff} a_{O_2}^{2/3}}{1 + 2K_V a_{O_2}^{2/3}} \tag{23}$$

$$D_O^{eff}/m^2s^{-1} = C^{eff} a_{O_2}^{-1/2} \tag{24}$$

ここで，a_{O_2} は酸素の活量，K_V は Fe 空孔の形成反応における平衡定数であり，823Kでは 4.4×10^7

第2章　化学ポテンシャル勾配下における金属酸化物の組織（組成）変化

となる[3]。この平均的な拡散係数は，粒界拡散の寄与だけ比例係数（A^{eff}, B^{eff}, C^{eff}）の大きさが変化する。また，これらの比例係数は実際に得られた酸化皮膜の成長速度などを用いて決定した。

4.2　実験方法

試料には純Fe板（$10\times20\times1mm^3$）を用い，FeOの形成しない823Kで最長172.8 ksの酸化実験を行った。酸化雰囲気はAr-H_2-H_2O混合ガスを用いて調製した。表面の酸素ポテンシャルはFe_3O_4安定領域の2.5×10^{-20}Pa（低酸素分圧）および4.2×10^{-13}（高酸素分圧）の2種類とした。これまでの報告[2]と同様，低酸素分圧ではFe_3O_4中でボイドは形成せず，高酸素分圧でボイドが形成すると予測される。

酸化実験後，試料を液体窒素を用いて破断し，酸化皮膜の組織形態を走査型電子顕微鏡（SEM）を用いて観察した。その後，試料の研磨面から両雰囲気下で形成したFe_3O_4皮膜の厚さを測定し，放物線速度定数（$k_{p\text{-}ox}$(Low)，$k_{p\text{-}ox}$(High)）および外層と内層の厚さの比（r_0(High)）を決定した。

4.3　実験結果および考察

4.3.1　Fe_3O_4皮膜の組織形態と成長速度

写真1に823K，172.8 ks酸化後の試料におけるFe_3O_4皮膜の破断面SEM像を示す。表面の酸素分圧の違いにより酸化皮膜の組織が大きく変化していた。低酸素分圧の条件（写真1(a)）では，Fe_3O_4皮膜中にボイドがほとんど見られないのに対して，高酸素分圧の条件（写真1(b)）では，Fe_3O_4皮膜中のいたるところに小さなボイドが観察された。

図4に形成した酸化皮膜の全膜厚の経時変化を示す。両雰囲気で形成したFe_3O_4皮膜の成長は酸化の初期段階より放物線則に従っていた。両雰囲気における放物線速度定数は次のようになる。

$$k_{p\text{-}ox}^{Low} = 5.7\times10^{-16} m^2 s^{-1} \text{（低酸素分圧）} \tag{25}$$

写真1　823K，172.8 ks酸化後の試料におけるFe_3O_4皮膜の破断面SEM像

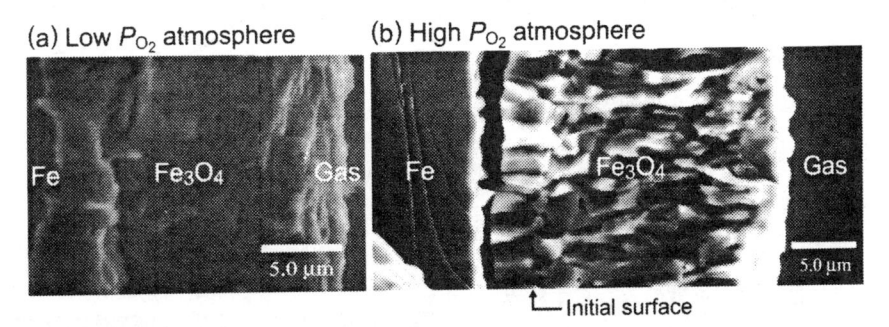

$$k_{\text{p-ox}}^{\text{High}} = 1.3 \times 10^{-15} \text{m}^2\text{s}^{-1} \text{(高酸素分圧)} \tag{26}$$

また，高酸素分圧の条件（写真1(b)）において，Fe_3O_4皮膜の外層と内層の厚さの比を測定したところ，次のようになった。

$$r_0^{\text{High}} = 0.216 \text{（高酸素分圧）} \tag{27}$$

4.3.2 粒界拡散を含む平均的拡散係数の決定

823KにおけるFe_3O_4中のFeとOの平均的な拡散係数を得られた実験結果（式(25)～(27)）を用いて決定した。式(23)および式(24)における比例係数（A^{eff}, B^{eff}, C^{eff}）は次に示す3式より決定した。

$$r_0^{\text{High}} = \frac{Z_O^2 C_O^I B_O^I \alpha^{\text{High}}}{Z_{\text{Fe}}^2 C_{\text{Fe}}^{\text{High}} B_{\text{Fe}}^{\text{High}} \alpha^I} \quad \text{（高酸素分圧）} \tag{28}$$

$$k_{\text{p-ox}}^{\text{Low}} = V_{\text{m}(Fe_3O_4)} k^{\text{Low}} \left\{ \frac{Z_{\text{Fe}}^2 C_{\text{Fe}}^{\text{Low}} B_{\text{Fe}}^{\text{Low}}}{\alpha^{\text{Low}}} + \frac{Z_O^2 C_O^I B_O^I}{\alpha^I} \right\} \quad \text{（低酸素分圧）} \tag{29}$$

$$k_{\text{p-ox}}^{\text{High}} = V_{\text{m}(Fe_3O_4)} k^{\text{High}} \left\{ \frac{Z_{\text{Fe}}^2 C_{\text{Fe}}^{\text{High}} B_{\text{Fe}}^{\text{High}}}{\alpha^{\text{High}}} + \frac{Z_O^2 C_O^I B_O^I}{\alpha^I} \right\} \quad \text{（高酸素分圧）} \tag{30}$$

これら3つの式は比例係数（A^{eff}, B^{eff}, C^{eff}）に関する連立方程式になっていることから，これらの式を数値解析的に解いた。図5にFe_3O_4中のFeおよびOの拡散係数の酸素分圧依存性を示す。実線は実験結果により決定された平均的な拡散係数であり，点線はRecoultら[3]とMillotら[4]の報告値である。Feの拡散係数はRecoultらの報告値よりも1桁程度大きい値であった。一方，Oの拡散係数は報告値よりも4桁程度大きくなっていた。これより，823KにおけるFe_3O_4皮膜の形成には，体積拡散のみならず粒界拡散が強く関与していることが明らかにな

図4 酸化皮膜の全膜厚の経時変化

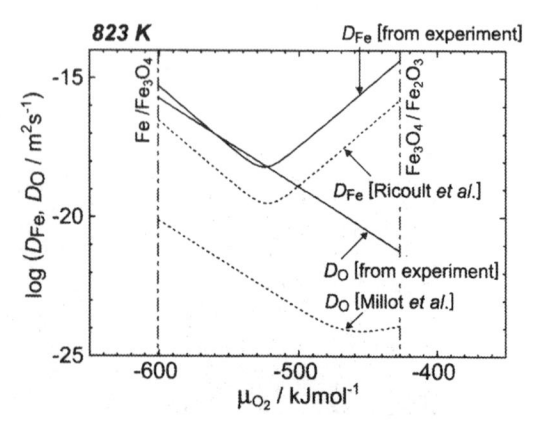

図5 Fe_3O_4中のFeおよびOの拡散係数の酸素分圧依存性

第2章 化学ポテンシャル勾配下における金属酸化物の組織（組成）変化

った。

4.3.3 酸素ポテンシャル分布計算によるFe$_3$O$_4$皮膜中のボイド形成の定量的予測

図6に純Feを823K，172.8ks酸化後に形成するFe$_3$O$_4$皮膜中の酸素ポテンシャル分布および酸化物イオンの流束の計算結果を示す．低酸素分圧では，酸素ポテンシャルはFe/Fe$_3$O$_4$界面からFe$_3$O$_4$/ガス界面にかけて徐々に上昇している．酸化物イオンはFeイオンに対して逆向きに流れているため，酸化物イオンの流束は負の値をとる．Fe$_3$O$_4$/ガス界面からFe/Fe$_3$O$_4$界面にかけて徐々に減少している．一方，高酸素分圧では，酸素ポテンシャルが初期界面から約10μmの部分で急激に上昇し，対応する部分で酸化物イオンの流束が大きくなっている．この部分は，Fe$_3$O$_4$中のαの値（式(9)）が最小値をとる部分に対応しており，この部分よりガス側でボイドが発生すると予測される．

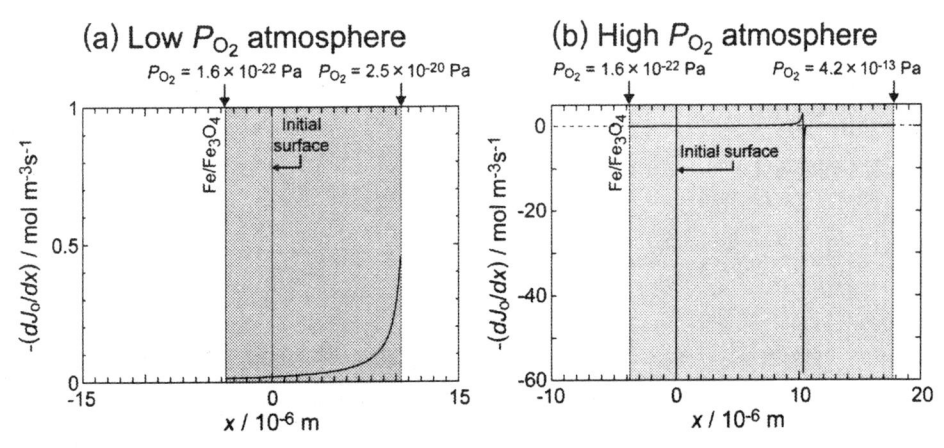

図7に酸化物イオンの流束の発散の計算結果を示す．低酸素分圧では，酸化物イオンの発散にマイナスをつけたものが皮膜の全域にわたって正になっており，対応する破断面組織にボイドは

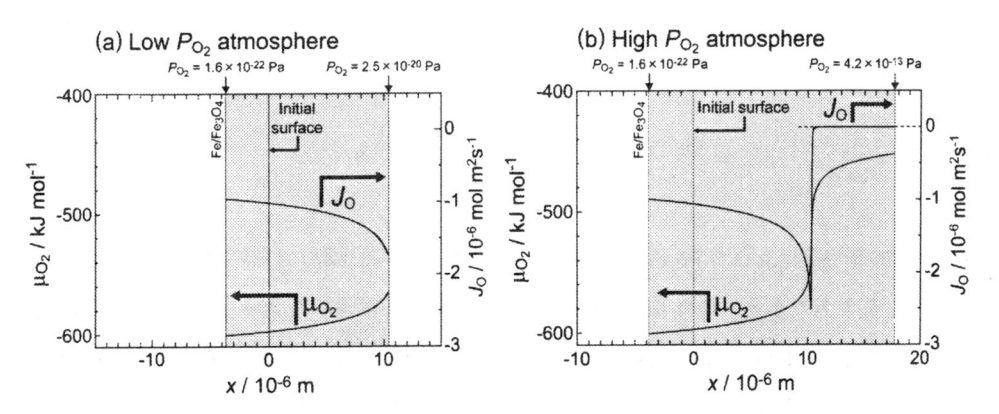

図6 Fe$_3$O$_4$皮膜中の酸素ポテンシャル分布および酸化物イオンの流束の計算結果

図7 酸化物イオンの流束の発散の計算結果

ほとんど見られない(写真1(a))。一方,高酸素分圧では,Fe/Fe$_3$O$_4$界面から正の値をとっているが,初期界面から約10μm以降の部分で正から負の値に転じている。特に,初期界面から約10μmの部分で発散にマイナスをつけたものが負に最大となる。発散にマイナスをつけたものが負になる部分でボイドが形成すると予測でき,皮膜組織も対応する部分にボイドが形成している(写真1(b))。この負の部分は酸化時間の進行と共にガス側に移動するため,この部分より内側ではすでに形成したボイドの修復が起こる。しかしながら,Fe$_3$O$_4$/ガス界面とFe/Fe$_3$O$_4$界面における酸化物イオンの流束の差から,高酸素分圧の条件において,酸化皮膜中に形成したボイドは完全に修復されないことがわかる(図6)。この差はFe$_3$O$_4$皮膜中に残存するボイドの体積を表しており,次式より計算できる。

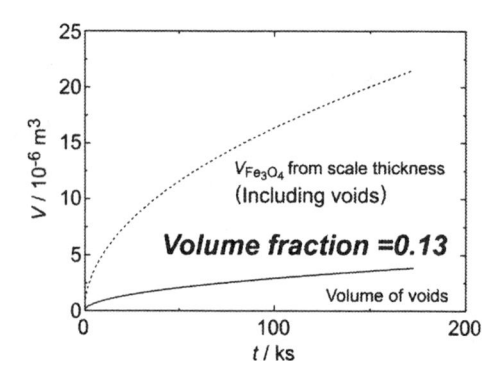

図8 Fe$_3$O$_4$皮膜中に残存するボイドの体積の経時変化

$$\frac{dV_{\text{void}}}{dt} = \frac{1}{c_O}(J_O^{\text{I}} - J_O^{\text{II}}) = \frac{V_{m(\text{Fe}_3\text{O}_4)}k}{L-l}\left\{\frac{Z_O^2 c_O^{\text{I}} B_O^{\text{I}}}{\alpha^{\text{I}}} - \frac{Z_O^2 c_O^{\text{II}} B_O^{\text{II}}}{\alpha^{\text{II}}}\right\} \tag{31}$$

図8に高酸素分圧においてFe$_3$O$_4$皮膜中に残存するボイドの体積の経時変化を示す。実線は式(31)より計算されたボイドの体積,点線は式(21)を用いて計算したボイドを含むFe$_3$O$_4$酸化皮膜の体積である。高酸素分圧の実験で得られたFe$_3$O$_4$皮膜中には,体積分率で約13%に相当するボイドが残存していると予測できる。図6(b)より高酸素分圧の条件において,Fe$_3$O$_4$/ガス界面における酸化物イオンの流束がほとんど0となっているので,酸化物イオンの流束の差は次のように近似できる。

$$J_O^{\text{I}} - J_O^{\text{II}} \approx J_O^{\text{I}} \tag{32}$$

この近似を用いることで,式(31)は次のようになる。

$$\frac{dV_{\text{void}}}{dt} = \frac{1}{c_O}(J_O^{\text{I}} - J_O^{\text{II}}) \approx \frac{J_O^{\text{I}}}{c_O} = \frac{dl}{dt} \tag{33}$$

式(33)は,高酸素分圧の条件において,ボイドの体積は内層の体積と等しくなることを示唆している。内層の体積は,外層と内層の厚さの比を用いて実験的に決定することができ,内層の体積は体積分率で約18%に相当する。この値は計算で得られたボイドの体積分率とよく一致し

ている。

5 おわりに

　金属酸化物を代表とするイオン結晶はイオニクスデバイスとして，燃料電池や酸素分離膜など化学ポテンシャル勾配の下で使用される。その際には本稿で述べたように，組成および組織変化が起こる。これは素子の性能変化およびその寿命を評価する際に，取り上げるべき重要な現象である。流束のみならず，その発散も忘れてはならない。

謝辞
　本研究の一部は，文部科学省科学研究費補助金（特定領域研究：領域番号439（ナノイオニクス））の援助を受けて行われたものである。ここに付記して謝意を表します。

文　　献

1) H. Schmalzried, "Chemical Kinetics of Solids", p. 183, VCH（1995）
2) T. Maruyama, N. Fukagai, M. Ueda and K. Kawamura, *Mater. Sci. Forum*, **461-464**, p. 807（2004）
3) M. Backhaus-Ricoult and R. Dieckmann, *Ber. Bunsenges. Phys. Chem.*, **90**, p. 690（1986）
4) F. Millot, J. C. Lorin, B. Klossa, Y. Niu and J. R. Tarento, *Ber. Bunsenges. Phys. Chem.*, **101**, p. 1351（1997）
5) R. Dieckmann, C. A. Witt and T. O. Mason, *Ber. Bunsenges. Phys. Chem.*, **87**, p. 495（1983）
6) V. S. Stubican and L. R. Carinci, *Z. Phys. Chem.*, **207**, p. 215（1998）

第3章 電子線ホログラフィによるヘテロ界面における内部電位その場観察

丹司敬義[*]

1 はじめに

　近年，化石燃料に替わる新エネルギー源の一つとして，燃料電池が重要な役割を果たし始めてきた。特に，高分子電解質型燃料電池や，リン酸型燃料電池等は小型発電システムとして実用化段階に入ってきている。

　一方，高温で作用させる固体酸化物型燃料電池は大電力が得られること，触媒として白金を使わなくともよいこと，燃料の改質に特に苦労しなくともよいこと，燃料としていろいろなガスを使えること等から，将来的には燃料電池の本命と目されている。しかし，電流を多く取り出すと出力電圧が低下する，いわゆる過電圧効果が，実用化のための一つの障害になっている。これは，酸素イオンや燃料ガスの供給不足，固体電解質中で酸素イオンの移動を妨げる欠陥等の存在などが原因であるとされている。空気極での酸素イオン供給不足もその原因の一つであるが，電極，電解質，空気の三相界面での効率的電荷移動条件は十分に調べられていない。そこで，電極―電解質界面の内部電位を直接観察することによって過電圧効果抑制のための指標を得たいと，いくつかの試みがなされ始めた。

　固体内の元素の濃度分布を観察する一つの手法として，二次イオン質量分析装置（SIMS）がある。一度電流を取り出した電解質試料を表面からイオンで削りながら特定の二次イオンの強度を2次元的に画像化（元素マッピング）することで元素分布の3次元解析が報告されている[1]。しかしこの方法は，破壊検査であり，その場で変化の様子を繰り返し観察することは不可能である。これに対して，電子線ホログラフィを使うと電子波の位相の変化から試料内外の電位が測れる。また，電子顕微鏡内で試料断面の電位分布をその場観察することができればさらに多くの情報が得られるであろう。

---

[*] Takayoshi Tanji　名古屋大学　エコトピア科学研究所　教授

第3章　電子線ホログラフィによるヘテロ界面における内部電位その場観察

2　電子線ホログラフィ

　光や電子は粒子としての性質とともに波の性質も合わせ持つことはよく知られている。この波を物体に入射させると，物体で散乱した波はその振幅と位相に変化を受ける。この波を写真など通常の方法で記録すると，強度としてその振幅の変化のみが得られ，位相のもつ情報は失われてしまう。これに対し，振幅と位相の両方の情報を記録することのできる技術がホログラフィである。

　ホログラフィは2つの段階から構成される。第1は干渉縞を記録する（ホログラムの作製）過程，第2はホログラムから物体で散乱した波を再生する過程である。

　ホログラフィにもいくつかの方式があるが，ここではGabor[2]が最初に考案したインラインタイプではなく，プリズムを用いた2光束ホログラフィ（オフアクシスホログラフィ）[3]を用いる。電子線ホログラフィの場合には，高い輝度を持つ電界放出電子銃を搭載した透過電子顕微鏡にMöllenstedt型の電子線バイプリズムを組み込み，図1(a)のように試料を透過した電子波（物体波という）と，試料外の真空部分を透過し，波面がそろっている参照波とを干渉させる。この干渉縞の変調として，物体波の振幅と位相が記録される。干渉縞は縞の間隔がレーザ光を回折させたり，光学スキャナーで読み取れる程度に電子顕微鏡の拡大レンズ系で拡大してフィルムにホログラムとして記録される。ホログラムからの再生はフーリエ変換再生法による。また最近では直接CCDに記録されることも多く，計算機による再生が多い[4]。デジタル信号として記録されたホログラムは，図1(b)の様にフーリエ変換すると像のパワースペクトルに当たるセンターバンドと再生された波，およびその複素共役な波からなる2つのサイドバンドに分かれる。再生波に相当する一方のサイドバンドのみを取り出すようにフィルターをかけ，物体波と参照波の間の傾きを補正すると電子顕微鏡の像面における物体波の波動関数，正確にはその複素振幅が再生される。

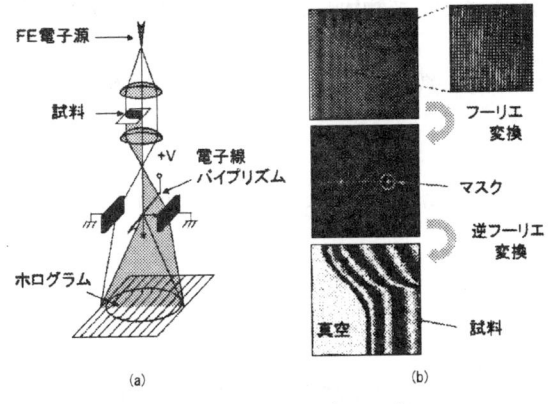

図1　オフアクシス電子線ホログラフィ
(a) ホログラムの作製，(b) フーリエ変換再生法

2.1 ホログラムの記録

像面位置 r での物体波の複素振幅を，振幅 $a(r)$ (≥ 0) と位相 $\phi(r)$ で

$$\psi(r) = a(r)\exp\{-i\phi(r)\} \tag{1}$$

と表す。y 軸をバイプリズム平行にとり，x 軸をそれと直交してとる。そして，電子の波長を λ，参照波を物体波と β の角をなす平面波とすると，二つの波を重ね合わせた像面での複素振幅は，$R_t = \beta/\lambda$ を使って，

$$g_{hol}(r) = a(r)\exp\{i\phi(r)\} + \exp(-2\pi R_t x) \tag{2}$$

となり，結局ホログラムの強度分布は次式となる。

$$\begin{aligned}I_{hol}(r) &= |g_{hol}(r)|^2 \\ &= 1 + a(r)^2 + 2a(r)\cos\{\phi(r) + 2\pi R_t x\}\end{aligned} \tag{3}$$

この式から，試料のない部分での干渉縞の間隔（周期）d_w は $1/R_t$ となることが分かる。

2.2 ホログラムからの像再生

ホログラムのフーリエ変換は次式で表されるから，$\boldsymbol{R_t} = (R_t, 0)$ として，

$$\begin{aligned}\mathrm{FT}[I_{hol}(r)] = &\delta(u) + FT[a(r)]^2 \\ &+ \mathrm{FT}[a(r)\exp\{i\phi(r)\}] * \delta(u + R_t) \\ &+ \mathrm{FT}[a(r)\exp\{-i\phi(r)\}] * \delta(u - R_t)\end{aligned} \tag{4}$$

となる。ここで，$*$ はコンボリューションを表す。像面での波動関数は第3項のみをフーリエ逆変換したものに $\exp(2\pi i R_t x)$ をかけて物体波と参照波の傾きの差を補正した，

$$\begin{aligned}\psi(r) &= \mathrm{FT}^{-1}[\mathrm{FT}[a(r)\exp\{i\phi(r)\}] * \delta(u + R_t)]\exp(-2\pi i R_t x) \\ &= a(r)\exp\{i\phi(r)\}\end{aligned} \tag{5}$$

である。このとき，第1項と第3項が重ならないように干渉縞の間隔をコントロールする必要がある。

2.3 内部電位で電子波の位相が変化する理由

試料の内部電位で電子の位相が変化する理由をもう少し直感的に見てみよう。図2は真空中をエネルギー eE，波長 λ で飛来し，厚さが一定で内部電位が V_1 と V_2 の分布を持つ試料を透過して

第3章 電子線ホログラフィによるヘテロ界面における内部電位その場観察

きた電子と真空中を進んできた電子とを表す。試料内の静電ポテンシャルは一般に真空中より低いので試料中では電子は加速されて，内部電位分だけ大きな $e(E+V)$ のエネルギーを持つ。従って，真空中より運動エネルギーは大きくなり，その波長は短くなる。従って，真空中を同じ距離通過してきた参照波に比べて，透過波の位相は式(6)の様に，その内部電位と厚み d に比例して遅れることになる[5]。

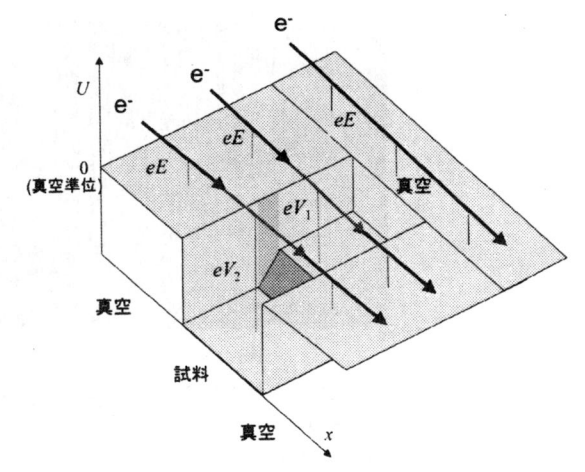

図2 電子線は試料中で加速され位相が遅れる

$$\Delta\phi = \frac{2\pi kVd}{2E}\left(\frac{1+\frac{eE}{mc^2}}{1+\frac{eE}{2mc^2}}\right) \tag{6}$$

ただし，$k=\frac{1}{\lambda}$・m は電子の静止質量，c は光速を表す。

従って，電子波の位相を2次元で表示することにより，内部電位の2次元分布が電子の位相分布として観察される。

再生像の空間分解能は，式(4)の波から式(5)の波を取り出すときに使用する空間周波数フィルターの大きさで決まり，通常は干渉縞の間隔の3倍程度とされる。今まで加速電圧200kVの顕微鏡を用いて0.15nm[6]，300kVで0.10nm[7]の分解能を持つ再生像が報告されている。また，検出感度は，ホログラムのS-N比によるが，上述のフーリエ変換法では電子の波長の1/100まで[8]，また，ここでは紹介しなかったが，位相シフト法を用いると，1/300波長までが検出できる[9]。

2.4 微細磁気構造観察

図3aは永久磁石の材料であるバリウムフェライトの微粒子で，単磁区構造をとっているものを電子線ホログラフィで観察した例である。図では，再生した電子の位相を明度に変換して表示しているが，位相が主値範囲 $[-\pi, \pi]$ でしか求まらないため，それを超えるところで 2π の跳びが現れている。この跳びは，等位相のところで起こるから，丁度，磁力線を2次元に投影したものと平行になっている。粒径が $1\mu m$ 以上あるため残念ながら粒内の磁化の様子は見えていない。

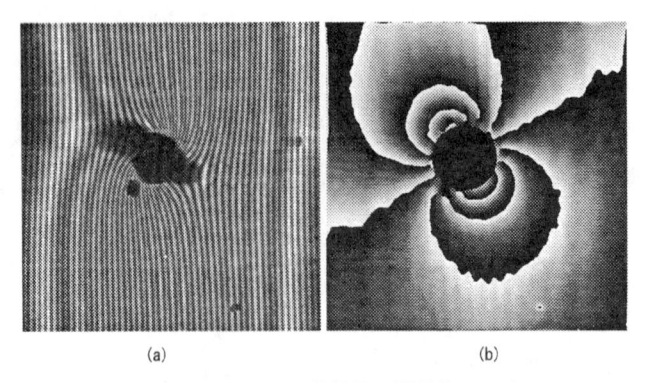

ナノイオニクス—最新技術とその展望—

図3 バリウムフェライト微粒子の電子線ホログラフィ
(a) ホログラムの干渉縞も試料から漏れ出た磁束により大きく歪んでいる。(b) 再生した位相像から，粒子が単磁区構造であることがわかる

3 ヘテロ界面における内部電位の観察

電極—電解質界面における電位分布を観察するためには，試料を600〜1000℃に加熱しながら電極間に数ボルトの電圧を外部から印加する必要がある。そのために，新しく電極を4つ備えた試料ホルダーを開発した（図4）[10]。このホルダーは厚さ0.03mm，幅0.5mmのTa薄板に直接通電して加熱する。試料は収束イオンビーム装置（FIB）を用いたマイクロサンプリングによりヒーターの側面に取り付ける。図5はヒーターに取り付けた試料を薄片化し，ホルダーの電圧印加用電極と直径5μmの金線で接続した状態で，図5(b)はその模式図である。ホルダーの電流—温度特性は図6に示すとおりである。

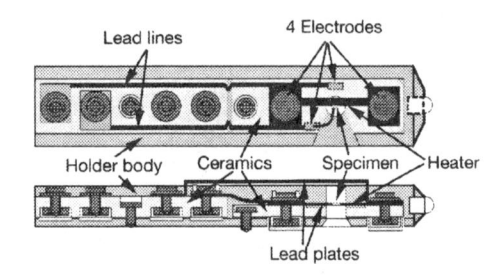

図4 4端子試料ホルダー
加熱しながら試料に電圧を印加することができる

試料をパルスレーザ蒸着（PLD）で作製すると，比較的結晶性のそろった電解質と金属電極ができる。図7は焼結したイットリウム添加ジルコニア（YSZ）上にペースト状のPtを焼き付けた試料(a)とPLDでSi基板上に成長させたYSZとPtとの界面(b)の高分解能電子顕微鏡像である。図7(a)ではYSZ，Pt共に無秩序な多結晶構造をとり，白金電極内に多くの長周期構造が観察される。図7(b)ではYSZとPtの(111)面がつながるように整合成長していることが分かる。図8のホログラムの試料は，Si基板上にPt20nm，Gd添加酸化セリウム（GDC）2μm，Pt60nmを堆積させたものである。この時，試料は室温で，外部電圧は印加されていない。得られた再生位相像（図9(a)）は電極と電解質の内部電位の差に相当する。視野内に見られるPt電極に−1.0V印加した結果が図9(b)である。図9(a)を図9(b)から差し引いた図9(c)が外部電位とそれによ

第3章 電子線ホログラフィによるヘテロ界面における内部電位その場観察

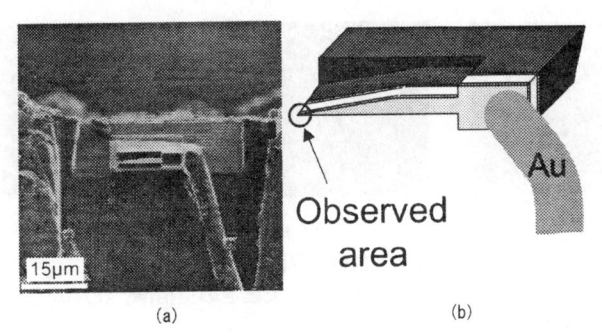

図5 ヒーター側面に取り付けられた試料とAu導線
(a) SIM像, (b) 模式図

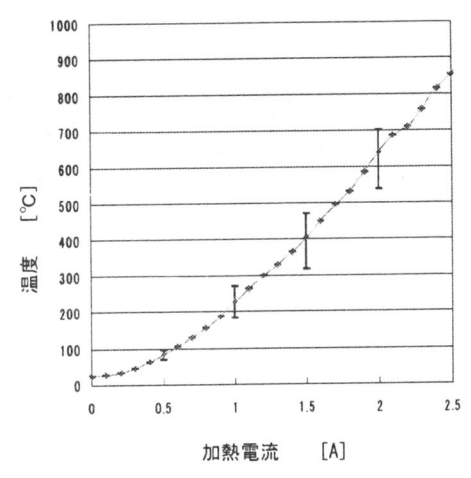

図6 ヒーターの電流温度特性

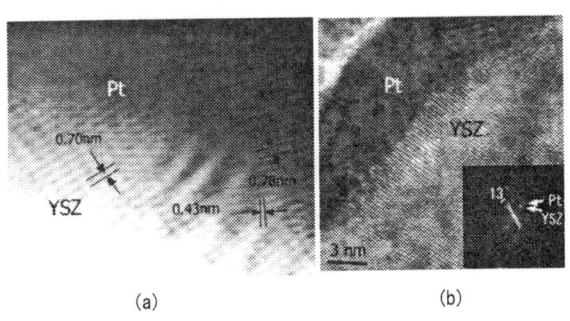

図7 Pt/YSZ界面の透過電子顕微鏡像
(a) 焼結YSZ上にペースト状Ptを焼き付けたもの。界面付近にいろいろな超格子構造が見られる。(b) PLDで作製したYSZとPt薄膜は(111)面がそろうように整合成長している。

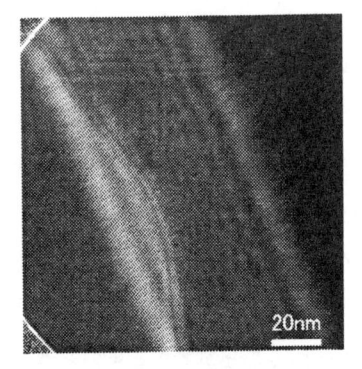

図8 Pt/GDC界面付近のホログラム

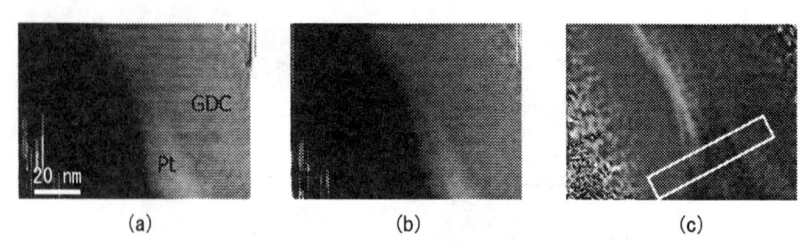

ナノイオニクス―最新技術とその展望―

図9 電圧印加前後の界面付近の位相分布
(a) 電圧印加前の再生位相像，(b) Pt電極に-1V印加したときの位相像，(c) 印加後の位相(b)から印加前の位相(a)を引いた位相変化像

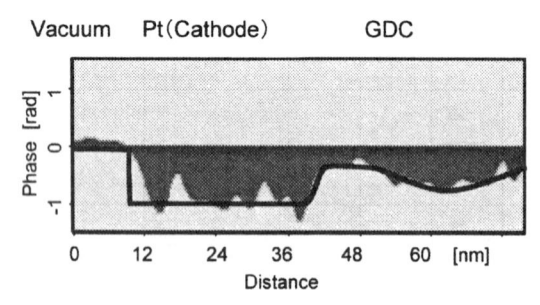

図10 図9c中に示す枠内長辺方向の位相プロファイル
短辺方向に平均化してある。輪郭線が電圧印加前後の静電ポテンシャル分布の変化を表す。

る内部電位の変化に相当する。図9(c)中に示した矩形の短辺方向に平均をとった位相の長辺方向のラインプロファイルを図10に示す。

4 今後の展開

前節の結果は真空中における室温の試料についてのものであった。従って，電解質中の酸素イオンは外部電界を印加してもそれほど自由に移動することはできない。また，酸素ガス，燃料ガスの供給がないため，陰極近辺で酸素イオンの不足，陽極近辺で過剰状態が起こっている。これらは丁度過電圧と同じ状況を作り出しているが，このままでは，物性に関する十分な情報を与えてはくれない。そこで，酸素イオンの移動が容易になるよう試料を600℃以上に加熱し，また，電子顕微鏡内を酸素ガスあるいは燃料ガス雰囲気にしてその動的変化を本稿で述べた電子線ホログラフィにより，変化の様子を動的に観察することで気相―電極―電解質界面における現象の解明を進めることができるものと考える。また，定量的解析には試料厚さの決定が欠かせないが，これは透過電子顕微鏡があまり得意としない点である。そのためには，特に，試料作製過程において何らかの工夫を講じる必要があろう。これらの実験的困難が克服された時，この電子線ホログラフィによるヘテロ界面の観察は新しい電極・電解質材料の開発に大いにその威力を発揮する

第3章 電子線ホログラフィによるヘテロ界面における内部電位その場観察

であろう。

文　　献

1) H. Naito *et al.*, *Solid State Ion*, **135**, 669（2000）
2) D. Gabor, *Nature*, **161**, 777（1948）
3) E. N. Leith and J. Upatnieks, *J. Opt. Soc. Am.*, **52**, 1123（1962）
4) M. Takeda and Q. Ru, *App. Opt.*, **24**, 3069（1985）
5) K. Yada, K. Shibata and T. Hibi, *J. Electronmicrosc.*, **22**, 223（1973）
6) T. Tanji *et al.*, *Ulramicroscopy*, **49**, 259（1993）
7) A. Orchowski, W.D. Rau and H. Lichte, *Pys. Rev. Lett.*, **74**, 399（1995）
8) A. Tonomura *et al.*, *Phys. Rev. Lett.*, **54**, 60（1985）
9) K. Yamamoto *et al.*, *J. Electron Micros.*, **49**, 31（2000）
10) H. Moritomo *et al.*, *Proc. 16th Int. Microsc. Cong., Sapporo*, **2**, 1154（2006）

第4章 電気化学プロセスにおける組織形成シミュレーション

鈴木俊夫*

1 はじめに

電気化学プロセスでは,電析デンドライトを始め,リチウム電池におけるスパイキング,原子スイッチなどの組織形成を伴う現象が数多く見られる。このようなデンドライトやスパイクの析出は時として両極の短絡をもたらし,故障やトラブルの原因ともなっている。このような電析過程の組織形成あるいはパターン形成に対する数学的モデルとして,DLA(diffusion-limited aggregation)モデル[1],平均場格子ガス(mean-field lattice gas)モデル[2,3] などが提案され,一定の成功を収めている。

一方,凝固・結晶成長分野ではパターン形成解析手法としてフェーズフィールドモデルが急速に発展してきた[4,5]。このモデルは液相から固相へと値が連続して変化する変数(フェーズフィールド)を導入し,相成長をフェーズフィールドの時間変化として取り扱い,曲率効果や溶質分配などの界面条件は,界面物性値に適合させたパラメータにより自動的に満足される。したがって,界面位置や移動速度を陽に求める必要がなく,数値解析としての精度も高い。また,その適用範囲も共晶凝固[6] やファセット結晶成長[7~9] に拡張されつつある。このフェーズフィールドモデルの電析化学プロセスへの拡張は自然な流れであり,既にいくつかのモデルが提案されている[10~13]。ただ,イオンや電子の輸送と電位の関係に留意すれば,従来のフェーズフィールドモデルの構造をそのままもちいることができる。ここでは,次節以降にその概要を述べる。

2 フェーズフィールドモデル

2.1 支配方程式の導出

従来のフェーズフィールドモデルに習い,相の状態をフェーズフィールド ξ により表し,$\xi=1$ および $\xi=0$ を電極および電解質,$0<\xi<1$ の領域を電極—電解質界面とすると,系の自由エネルギー G は

---

* Toshio Suzuki 東京大学 大学院工学系研究科 マテリアル工学専攻 教授

第4章 電気化学プロセスにおける組織形成シミュレーション

$$G=\int\left(f_V(\xi,C_i)+\frac{\kappa_\xi}{2}|\Delta\xi|^2+\rho\phi\right)dV \tag{1}$$

で与えられる。ここで，f_Vは系の自由エネルギー密度，Vは体積，κ_ξは界面エネルギーと関連した勾配エネルギー係数，C_i，ρおよびϕはイオン種iの体積モル濃度，電荷密度，電位である。ここで，電位は系内で一定でなければならない点に注意しよう。この系の状態変化は上式の自由エネルギー密度汎関数の変分に比例するとし，これを次の拘束条件の下でラグランジェの未定乗数法により求めることで，支配方程式が得られる。

$$\int_V C_i dV = V\overline{C_i} \tag{2}$$

$$\sum_{i=1}^{n} \overline{V_i} C_i = 1 \tag{3}$$

$$F\sum_{i=1}^{n} z_i C_i = \rho \tag{4}$$

ここで，$\overline{C_i}$は平均モル濃度，$\overline{V_i}$は部分モル体積，z_iはイオン種iの価数，FはFaraday定数。なお，式(2)～(4)は，系の質量保存則および電荷保存則を表している。これらの計算により，イオン種iの輸送方程式とフェーズフィールド方程式が次のように得られる。

$$\frac{\partial C_i}{\partial t} = -\nabla\cdot\vec{J_i} \tag{5}$$

$$\vec{J_i} = -M_i \nabla\left(\left[\frac{\partial f_V}{\partial C_i}+Fz_j\phi\right]-\frac{\overline{V_i}}{\overline{V_n}}\left[\frac{\partial f_V}{\partial C_n}+Fz_n\phi\right]\right) \tag{6}$$

$$\frac{\partial \xi}{\partial t} = -M_\xi\left[\frac{\partial f_V}{\partial \xi}-\kappa_\xi \nabla^2 \xi\right] \tag{7}$$

ここで，M_jはイオン種iの移動度であり拡散係数と関連して求められる。なお，イオン種iのフラックスは基準イオン種nとの電気化学ポテンシャルの差として与えられる点に注意しよう。また，M_ξはフェーズフィールド移動度，κ_ξは勾配エネルギー係数で，後述のようにそれぞれカイネティック係数，界面エネルギーと関連付けられる。

2.2 自由エネルギー密度

具体的なフェーズフィールド解析には，支配方程式中の電極および電解質の自由エネルギー密度関数が与えられなければならない。そこで，カチオンM^+，電子e^-，およびAからなる単純な3元系を考えよう。ここで，$M^++e^-=M$に留意すれば，この系はM-A2元系に帰着する。さら

に，各位置での電気的中性条件を仮定し，M^+の移動に伴って電子は移動するとすると，電子を陽に取り扱う必要がない。また，電子の部分モル体積を0とすると，$C_M + C_A = 1$となり，各相の自由エネルギー密度はM^+のみで記述できることが分かる。電極をα，電解質をβとし，凝固問題と同様に，系の自由エネルギー密度$f(\xi, C)$を各相の自由エネルギー密度にその分率$p(\xi)$および$1-p(\xi)$を乗じたものと界面過剰自由エネルギーの和として定義する。

$$f_V = p(\xi)f^\alpha(C_{M^+}^\alpha, C_A^\alpha) + (1+p(\xi))f^\beta(C_{M^+}^\beta, C_A^\beta) + Wg(\xi) \tag{8}$$

$$p(\xi) = \xi^3(10 - 15\xi + 6\xi^2) \tag{9}$$

$$g(\xi) = 30\xi^2(1-\xi)^2 \tag{10}$$

ここで，$g(\xi)$は2重井戸型ポテンシャル，Wはポテンシャル高さ，$p(\xi)$は$p(0)=0$，$p(1)=1$を満たす単調関数である。また，上付き添え字のα，βはそれぞれ電極，電解質を表す。なお，界面領域の濃度は，各相濃度に分率を乗じたものの和として表される。

$$C_{M^+} = C_{M^+}^\alpha p(\xi) + C_{M^+}^\beta (1-p(\xi)) \tag{11}$$

$$C_A = C_A^\alpha p(\xi) + C_A^\beta (1-p(\xi)) \tag{12}$$

なお，界面領域の駆動力が各位置で等しい条件を与えるため，ここでは各相での化学ポテンシャルの勾配が等しいことを仮定する[5]。

$$\frac{\partial f^\alpha}{\partial C_{M^+}^\alpha} = \frac{\partial f^\beta}{\partial C_{M^+}^\beta} \tag{13}$$

$$\frac{\partial f^\alpha}{\partial C_A^\alpha} = \frac{\partial f^\beta}{\partial C_A^\beta} \tag{14}$$

さらにM^+とAの部分モル体積が等しいとすれば，M^+のフラックスを与える(6)式は次式となる。

$$\vec{J}_{M^+} = -M_{M^+} \nabla \left[2\frac{df^\alpha}{dC_{M^+}^\alpha} + Fz_{M^+}\phi \right] \tag{15}$$

また，電極および電解質単中のM^+の拡散方程式と(15)式を比較することにより，(15)式の移動度M_{M^+}は各相の拡散係数と自由エネルギー密度の関数として得られる。

$$M_{M^+} = \frac{D_{M^+}^\alpha p(\xi)\frac{d^2f^\beta}{dC_{M^+}^{\beta\,2}} + D_{M^+}^\beta (1-p(\xi))\frac{d^2f^\alpha}{dC_{M^+}^{\alpha\,2}}}{2\frac{d^2f^\alpha}{dC_{M^+}^{\alpha\,2}}\frac{d^2f^\beta}{dC_{M^+}^{\beta\,2}}} \tag{16}$$

第4章 電気化学プロセスにおける組織形成シミュレーション

2.3 フェーズフィールドモデルの支配方程式

系の自由エネルギー密度を求めるために，ここでは電極を希薄溶液，電解質を理想溶液と仮定し，(5), (7)式を整理するとフェーズフィールドモデルの支配方程式として次式が得られる。

$$\frac{\partial C_{M^+}}{\partial t} = \nabla \left[D(\xi) \left(p(\xi) C_{M^+}^{\alpha}(1-C_{M^+}^{\alpha}) + (1-p(\xi)) C_{M^+}^{\beta}(1-C_{M^+}^{\beta}) \right) \nabla \left(\ln \frac{C_{M^+}^{\beta}}{1-C_{M^+}^{\beta}} + \frac{z_M F \phi}{2RT} \right) \right] \quad (17)$$

$$\frac{\partial \xi}{\partial t} = M_\xi \left[\kappa_\xi^2 \nabla \xi + \frac{\partial p(\xi)}{\partial \xi} \frac{RT}{\bar{V}_{M^+}} \ln \frac{C_{M^+}^{\alpha,e} C_{M^+}^{\beta}}{C_{M^+}^{\beta,e} C_{M^+}^{\alpha}} - W \frac{dg(\xi)}{d\xi} \right] \quad (18)$$

また，パラメータ W, κ_ξ, M_ξ は2元合金のフェーズフィールドモデルの場合と同様にして得られ，それぞれ次式となる[5]。

$$W = \frac{3\alpha_\lambda \sigma}{\lambda} \quad (19)$$

$$\kappa_\xi = \sqrt{\frac{6\sigma\lambda}{\alpha_\lambda}} \quad (20)$$

$$M_\xi = \frac{\sigma}{\kappa_\xi^2} \left(\frac{RT}{\bar{V}_{M^+}} \frac{1-k^e}{m^e} \beta + \frac{\kappa_\xi}{D_{M^+}^\beta \sqrt{2W}} \zeta(C_{M^+}^{e\alpha}, C_{M^+}^{e\beta}) \right)^{-1} \quad (21)$$

$$\zeta(C_{M^+}^{e\alpha}, C_{M^+}^{e\beta}) = \frac{RT}{\bar{V}_{M^+}} (C_{M^+}^{e\alpha} - C_{M^+}^{e\beta})^2 \\ \times \int \frac{p(\xi)(1-p(\xi))}{p(\xi) C_{M^+}^{e\alpha}(1-C_{M^+}^{e\alpha}) + (1-p(\xi)) C_{M^+}^{e\beta}(1-C_{M^+}^{e\beta})} d\xi \quad (22)$$

ここで，σ は界面エネルギー，α_λ は界面領域幅 2λ ($0.1 < \xi < 0.9$) を定義する係数でここでは2.2としている。また，β はカイネティック係数で，通常の線形カイネティック係数 μ_0 (m/sK) の逆数として定義される。また，上付き添え字の e は平衡値を表し，m^e, k^e はそれぞれM-A系状態図の相境界線の勾配と分配係数を表す。

なお，界面エネルギーに異方性がある場合には，フェーズフィールド方程式の補正が必要になる。界面エネルギーが4回対称性を持ち，

$$\sigma(\theta) = \sigma_0(1 + \nu \cos 4\theta) \quad (23)$$

で表されるとする。ここで，θ はある座標軸と界面法線のなす角，ν は異方性強さ。この界面エネルギーの異方性は最終的に勾配エネルギー係数 κ_ξ に組み入れられ，(18)式右辺の第1項 $\kappa_\xi^2 \nabla \xi$ は次のように修正される。

$$\kappa_\xi^2 \nabla^2 \xi + \kappa_\xi \kappa'_\xi \left[sin(2\theta)(\xi_{yy}-\xi_{xx}) + 2cos(2\theta)\xi_{xy} \right]$$
$$-\frac{1}{2}(\kappa'^2_\xi + \kappa_\xi \kappa''_\xi)\left[2sin(2\theta)\xi_{xy} - \nabla^2\xi - cos(2\theta)(\xi_{yy}-\xi_{xx}) \right] \quad (24)$$

なお，界面エネルギーに異方性がある場合には，カイネティック係数 β にも同じ異方性が生じ，次式で表されるように注意が必要である．

$$\beta(\theta) = \beta_0(1+v_\kappa cos\,4\theta) \quad (25)$$

電気化学プロセスでは，イオン輸送を支配する電位ポテンシャルを決めなければならない．その最も簡単な方法は，系内各位置での電気的中性条件を仮定し，電位を求めることである．例えば，電極，電解質の導電率をそれぞれ r_α, r_β とし，r_β が電解質内のイオン濃度分布に依存せず一定と仮定すれば，電流 i は次式となる．

$$i = r_\alpha V_\alpha = r_\beta V_\beta \quad (26)$$

ここで，V_α, V_β は電極および電解質両端の電位差．界面領域での導電率を電極，電解質の導電値に分率を乗じたものの和とし，系の両端での電位が境界条件として与えれば，電位は次式のラプラス方程式から求められる．

$$\nabla r(\xi) \nabla \phi = 0 \quad (27)$$
$$r(\xi) = r_\alpha p(\xi) + r_\beta (1-p(\xi)) \quad (28)$$

なお，電解質中の導電率が一定でなく，キャリア濃度がイオン濃度に依存する場合には，(29)式の導電率をキャリア濃度の関数として与え，電位勾配を電気化学ポテンシャル勾配に書き変えればよい．

3 フェーズフィールド解析例

3.1 系の仮想状態図

フェーズフィールド解析を行うには，(19)〜(21)式のフェーズフィールドパラメータの値を確定しなければならない．これらの値はM-A系状態図から得られるが，対象系の状態図が常に用意できるとは限らない．そこで，何らかの方法で系の仮想的な状態図を作成し，パラメータの決定に必要な相境界線勾配 m^e や分配係数 k^e などを求める必要がある．ここでは，一例として，電極を銅，電解質を硫酸銅水溶液系とした仮想状態図を求めてみる．ある温度での水100g中の硫酸銅溶解度 S_T はデータとして与えられるので，これを用いれば Cu^{2+} のモル数 $n_{Cu^{2+}}$ は次式とな

第4章 電気化学プロセスにおける組織形成シミュレーション

る。

$$n_{Cu^{2+}} = \frac{S_T}{M_{Cu^{2+}} + M_{SO_4^{2-}}} \tag{29}$$

ここで、Mは原子量を表し、$M_{Cu^{2+}} = 63.55$、$M_{SO_4^{2-}} = 96.07$、$M_{H_2O} = 18$である。簡単化のために、硫酸イオンSO_4^{2-}と水をあわせた量をAとして考えると、Aのモル数n_Aは次のように求められる。

$$n_A = \frac{S_T}{M_{Cu^{2+}} + M_{SO_4^{2-}}} + \frac{100}{M_{H_2O}} \tag{30}$$

したがって、この温度でAと平衡するCu^{2+}のモル濃度は次のように求められる。

$$C_{Cu^{2+}}^{e\beta} = \frac{n_{Cu^{2+}}}{n_{Cu^{2+}} + n_A} \tag{31}$$

$$C_A^{e\beta} = \frac{m_A}{m_{Cu^{2+}} + m_A} \tag{32}$$

この平衡関係を各温度で求め、電極中のAの溶解度を仮定すれば仮想的な状態図ができる。なお、電極中のA濃度は本来0であり、分配係数も0となる。このような条件での数値計算安定性が悪いので、通常は小さな分配係数を与えて計算することになる。

なお、上のような便宜的な取り扱いから、電極―電解質間に電位$\Delta\phi$が存在する場合にも適用できる。その場合には仮想状態図の平衡濃度がずれると考えることにより、電極、電解質の平衡イオン濃度ずれの関係として次式が導かれる。

$$\frac{C_{Cu^{2+}}^{e\beta\,\prime}}{C_{Cu^{2+}}^{e\alpha\,\prime}} = \frac{C_{Cu^{2+}}^{e\beta}}{C_{Cu^{2+}}^{e\alpha}} exp\left(\frac{2F\Delta\phi}{RT}\right) \tag{33}$$

この式がネルンストの式に帰着することからも、仮想状態図から必要な熱力学量を求めることの妥当性が分かる。

3.2 電析デンドライトの解析例

ここでは、上で求めた仮想状態図を用いて解析した、硫酸銅水溶液における電析デンドライト成長の解析例を示す。なお、解析に用いた物性値や数値計算条件の詳細は文献[12]を参照いただきたい。図1は、Cu^{2+}濃度を一定とし、印加電圧を変えた場合の電析デンドライト成長の時間

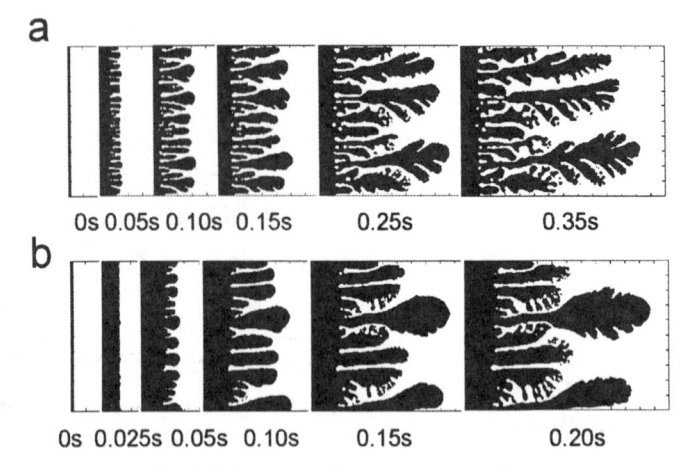

図1 硫酸銅水溶液からの銅電析デンドライト成長の時間発展
水溶液中のCu^{2+}モル濃度は0.015, 印加電圧はそれぞれ (a) 2.5V/mm, (b) 5.0 V/mm。

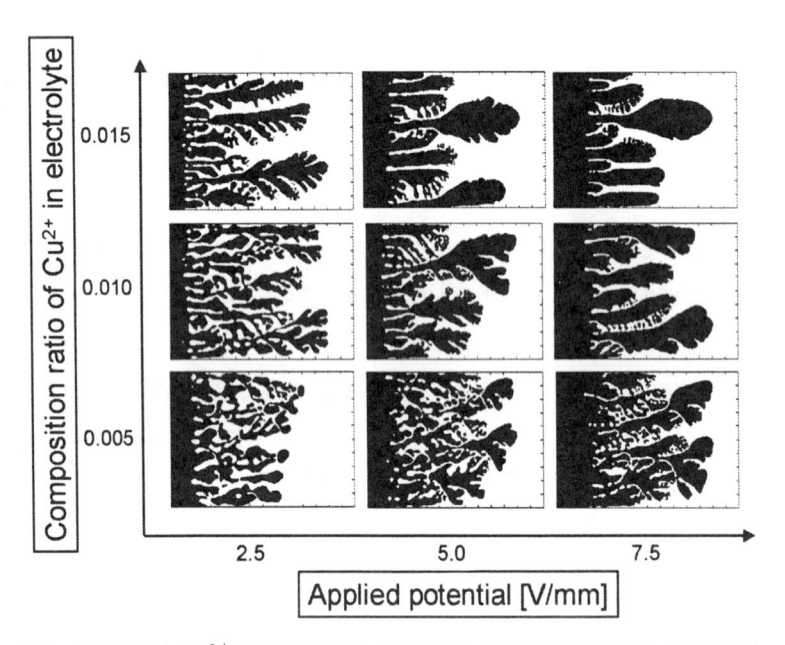

図2 印加電圧とCu^{2+}モル濃度を変化させた場合の電析デンドライトの形態変化

変化を示している。平板上の電極からわずかな変動がセル状に発達し，デンドライト形態にいたる過程が再現されている。細かく見ると，印加電圧が小さい(a)では先端後方から次々と枝が分岐して成長しているのに対し，印加電圧の大きな(b)では太く丸い先端を持つデンドライトが成長している。このような差異は主として界面に輸送されるCu^{2+}イオン量の差に起因している。図2は，Cu^{2+}濃度と印加電圧が異なる場合についての電析デンドライト形態を，ほぼ同じ距離

第4章　電気化学プロセスにおける組織形成シミュレーション

だけ成長した時点で比較したものである。数値解析上の制約から，報告されている電析デンドライトの形態変化図[14]との直接比較は難しいが，定性的には妥当な結果であろう。なお，印加電圧が小さく，Cu^{2+}濃度が小さい場合には，電析デンドライトは不規則で細かくなっている。また，Cu^{2+}濃度が小さい場合には，印加電圧が増加しても形態に強い異方性は見られない。これは，凝固や結晶成長と大きく異なる点であり，界面特性が電位分布の影響を強く受けていることを示唆している。

図3は解析で得られた印加電圧と電析デンドライト成長速度の関係を，実験値[15]と比較したものである。実験と解析ではCu^{2+}濃度が異なるものの，両者はほぼ同一直線上にある

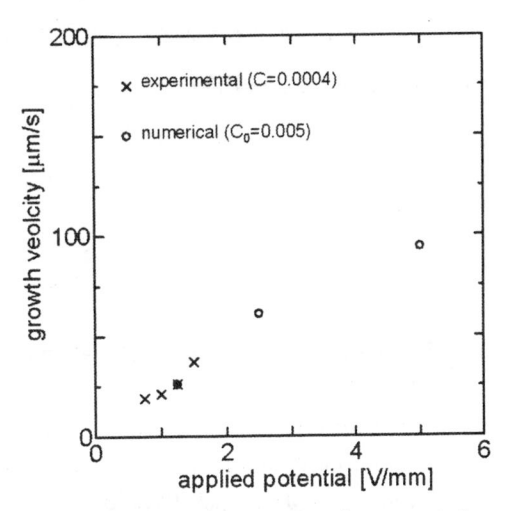

図3　硫酸銅水溶液からの電析デンドライト成長速度と印加電圧の関係
なお，実験の$CuSO_4$濃度は1×10^{-1} mol/l [13]で，解析で用いたCu^{2+}モル濃度は0.005と異なるものの，両者はほぼ同じ直線上にある。

ことから，定量的な側面からもフェーズフィールド解析の妥当性をうかがうことができる。なお，実際の水溶液の電析プロセスでは，印加電圧や水溶液の水素イオン指数などにより導電イオン種や電極での酸化・還元反応が異なってくるので，実験との比較においてはこのような点を十分に検討する必要がある。

4　おわりに

これまで電気化学プロセスに対するフェーズフィールドモデルの概略を記してきた。電析デンドライトなどの組織パターン形成予測という側面からすれば，その基本的な構造は満足すべきものである。しかし，このモデルにより電気化学プロセスをすべて解析できるわけではない点に注意が必要である。フェーズフィールドパラメータ導出には系の自由エネルギー密度が必要となる。これは，系が単純な2元系と近似できる場合にもさほど簡単ではない。例えば，固体電解質のように格子欠陥や空孔がキャリアとなる場合には，単純な2元系の熱力学に加え，欠陥平衡の熱力学を考慮しなければならない。さらに，一般に電気化学的界面では電気2重層あるいは局所電荷が存在するので電気的中性条件が満たされない。このため，界面領域を電極と電解質の混合領域とするには十分な注意が必要となる。また，電極電位や電気2重層による界面エネルギーとその異方性，界面カイネティックへの影響も未解決である。いずれにしても，現在の電気化学プロセ

スのフェーズフィールドモデルはまだまだ開発途上のものであり，上記の問題も今後の研究により解決されていくことを期待したい。

文　献

1) M. Matsushita, M. Sano, Y. Hayakawa, H. Honjo, Y. Sawada, *Phys. Rev. Lett.*, **53**, 286 (1984)
2) J. Elezgaray, C. Leger, F. Argoul, *Phys. Rev. Lett.*, **84**, 3129 (2000)
3) M. O. Bernard, M. Plapp, J. F. Gouyet, *Phys, Rev. E*, **68**, 011604 (2003)
4) A. Karma, W. J. Rappel, *Phys. Rev. E*, **57**, 4323 (1998)
5) S. G. Kim, W. T. Kim, T. Suzuki, *Phys. Rev. E*, **60**, 7186 (1999)
6) S. G. Kim, W. T. Kim, T. Suzuki, M. Ode, *J. Cryst. Growth*, **261**, 135 (2004)
7) J. J. Eggleston, G. B. McFadden, P. W. Voorhees, *Physica D*, **150**, 91 (2001)
8) H. Kasajima, E. Nagano, T. Suzuki, S. G. Kim, W. T. Kim, *Sci. Tech. Adv. Mater.*, **4**, 553 (2003)
9) T. Suzuki, S. G. Kim, W. T. Kim, *Mater. Sci. Eng. A*, **99-104**, 449 (2007)
10) J. E. Guyer, W. J. Boettinger, A. Warren, *Phys. Rev. E*, **69**, 021603, 021604 (2004)
11) Y. Shibuta, Y. Okajima, T. Suzuki, *Scripta. Mater.*, **55**, 1095 (2006)
12) Y. Shibuta, Y. Okajima, T. Suzuki, *Sci. Tech. Adv. Mater.*, 8 (2007) to be published
13) W. Pongsaksawad, A. C. Powell, D. Dussault, *J. Electrochem. Soc.*, **154**, 122 (2007)
14) F. Sagues, M. Queralt, L. Salvans, J. Claret, *Phys. Rep.*, **337**, 97 (2000)
15) M.-Q. Lòpez-Salvans, F. Sagués, J. Claret, J. Bassas, *Phys. Rev. E*, **56**, 6869 (1997)

第5章　イオニクス材料の界面現象解析における透過電子顕微鏡内その場観察の可能性

佐々木勝寛[*1]，黒田光太郎[*2]

1　緒言

イオニクス材料においては，デバイスとして動作する過程においてイオンの拡散・伝導を伴い，これらがしばしば相変態を伴う。こういった相変態過程を実時間においてナノスケールでとらえ，解析することは，そのメカニズムを解明する上で重要である。透過電子顕微鏡の高い分解能は，ナノスケール現象を観察するのに最適である。

我々は，坂・上野らによる超高温加熱ホルダー（いわゆる上野ホルダー）[1]の開発以来，粉末微粒子試料を用い，高温における固・液及び固・固相変態の過程を，透過電子顕微鏡内でその場観察する研究を行ってきた[2]。我々名古屋大学のグループによる研究の結果，例え粉末状の試料を用いても，十分結晶学的な条件を制御した上で，様々な相変態の過程を，結晶格子像レベルで観察できることを示した[3~8]。我々は，上野ホルダーの基本構造を基礎にして，試料をガス雰囲気中に保持したり[9]，試料に電流や電圧を印加するための試料ホルダーを開発することにより，イオニクス材料の相変態過程を，高い分解能で観察・解析する手法の開発を試み，いくつかのモデル物質の相変態過程における，界面の構造を観察した。

金属酸化物の酸素イオン伝導体の結晶成長や相変態には，金属と酸化物の界面での酸素イオン移動が大きな役割をになう。イオン伝導性の考えられる銅やニッケルの酸化物超微粒子の，高温での酸化・還元過程における金属／酸化物界面の構造や酸素イオンの運動を，制御された酸素分圧下で透過電子顕微鏡を用いて原子レベルの分解能で解析した。また，次世代触媒担体であるセリア・ジルコニア酸化物と金属界面での酸素イオンの運動を原子レベルでの結晶構造変化よりとらえることを試みた。さらに，粉末試料に電位を印加・加熱しながらセリア・ジルコニア酸化物を，格子像レベルで観察することを試みた。イオン伝導体としてよく知られているAgIに，電流

---

*1　Katsuhiro Sasaki　名古屋大学　大学院工学研究科　量子工学専攻　ナノ構造評価学研究グループ　准教授

*2　Kotaro Kuroda　名古屋大学　大学院工学研究科　量子工学専攻　ナノ構造評価学研究グループ　教授

を流すことにより分解反応を起こさせ，銀ウィスカーが成長する過程を観察した．

2 実験方法

高温・ガス雰囲気における酸化・還元反応の観察には，図1に示すような粉末試料を1000℃以上に加熱した状態で透過電子顕微鏡中にガスを導入することの出来る試料ホルダーを使用した[9]．図中のAとBで示される電極間にタングステンフィラメントを張り，加熱用のヒーターとした．試料を乳鉢を用いて粉砕し，アセトン中に分散させた粉末状試料を，加熱用フィラメント上に，刷毛を使って塗布し固定した．Cu粒子試料は，Cu粒子を付着させる基板材料としてdiamondまたはAl_2O_3粉末と混合して塗布した．酸化反応を起こさせるためにO_2ガスを導入し，電子顕微鏡試料室の圧力を1×10^{-5}Paから1×10^{-2}Paの間で変化させた．加熱フィラメントに直流電流を流し試料を，NiOの酸化還元においては最高850℃まで，Cuの酸化還元においては最高900℃まで加熱した．セリア・ジルコニア酸化物の

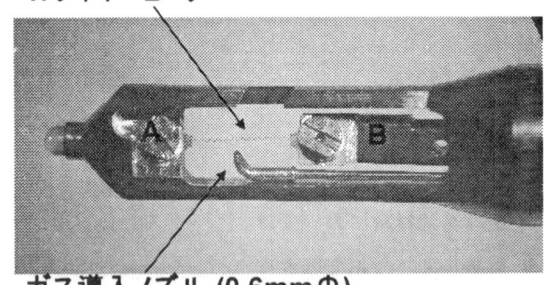

図1 粉末試料を1000℃以上に加熱した状態で透過電子顕微鏡中にガスを導入することの出来る試料ホルダー

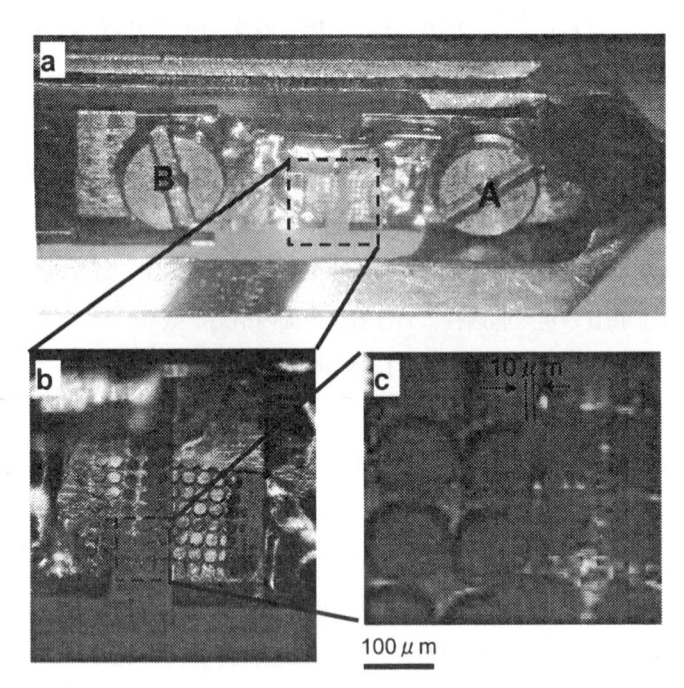

図2 試料への電圧印加に用いたホルダー
(a) 延長用の電極を接続したヒーター用電極A，B，(b) (a)中の枠の部分を拡大したもの．延長用電極の先端に，導電性接着剤で張り付けた，半分に切断した透過電子顕微鏡試料作成の3mm径のCuのグリッド，(c) (b)中の枠部さらなるの拡大．互いの歯を半周期ずらして固定した，櫛状になったグリッドの断面．得られた10μm程度の隙間に粉末試料を担持した．

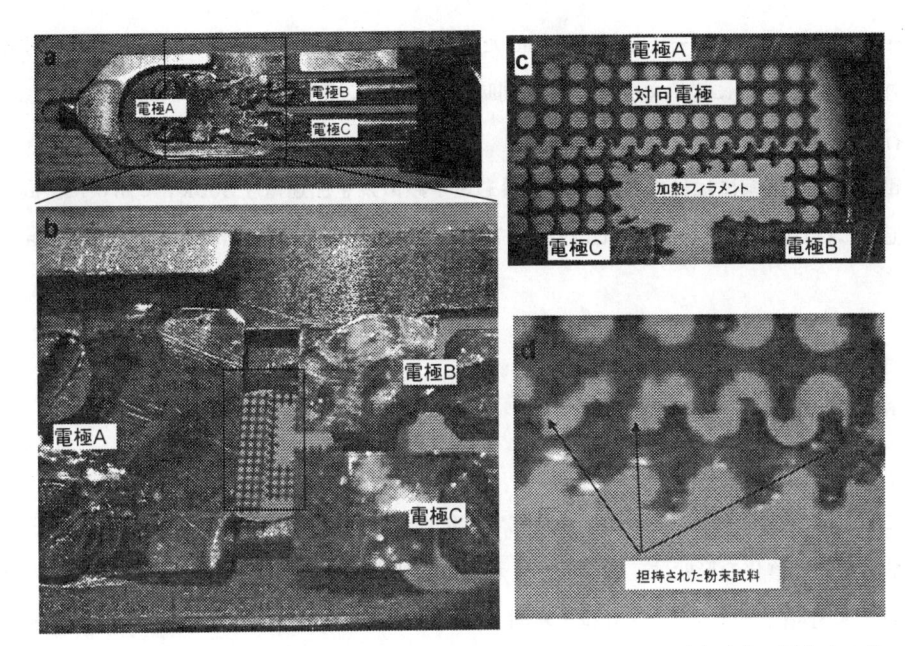

第5章 イオニクス材料の界面現象解析における透過電子顕微鏡内その場観察の可能性

図3 (a) 加熱と電圧印加を同時に行う三つの電極を持つホルダー，(b) (a)の黒枠中の拡大。Cuグリッドメッシュを加工し中央部をフィラメント状としたものの両端を，電極B-C間に導電性接着剤を用いて接着したもの，(c) (b)の黒枠中の拡大。電極B-C間のフィラメント部分に並行して，電極Aに櫛形状の切断したグリッドメッシュによる電極を固定した，(d) フィラメント部分と櫛形状電極の間隙に粉末状試料を担持した。

酸化実験においては，$\beta\text{-}Ce_2Zr_2O_{7.5}$を$1\times10^{-5}$Pa中で400℃に加熱し還元し$Ce_2Zr_2O_7$とした試料を$1\times10^{-2}$Pa酸素雰囲気中で常温酸化した。実験にはPt微粒子を担持させたものと，$Ce_2Zr_2O_7$のみの粉末を用いた。試料への電圧印加には図2aに示すように，ホルダーのヒーター用電極A，Bに延長用の電極を設置し，図2bの拡大図に示すように，その先端に透過電子顕微鏡試料作成に用いられる3mm径のCuのグリッドを半分に切断したものを，導電性接着剤で張り付けた。図2cのさらなる拡大図に示されるように櫛状になったグリッドの断面を，互いの櫛の歯を半周期ずらして固定した。得られた10μm程度の隙間に粉末試料を担持させ，電極間には最大25Vの電圧を印加した。試料近傍の電場強度は影像歪法[10, 11]を用いて測定した。AgIの相変態観察にも同様のホルダーを用いた。また，電圧印加・加熱を同時に行うために，電極を3本持った試料ホルダーを用いた。図3aに示すA，B，C三つの電極の，電極B-C間にAl箔で延長電極を取り付け，図3bの拡大図に示すように，Cuグリッドメッシュを加工し中央部をフィラメント状としたものの両端を，それぞれの電極に導電性接着剤を用いて接着した。このフィラメント部分に電流を流すことにより加熱を行った。さらに，このフィラメント部分に並行して，電極Aに櫛形状の切断したグリッドメッシュによる電極を固定し（図3c），図3dに示すように狭いギャ

ップを作り，この間隙に粉末状試料を担持した．3電極間の電位差を個別にコントロールすることにより，AとB-C間に電位差を設けると同時にB-C間に加熱電流を流し，電位印加と加熱を同時に行った．

透過電子顕微鏡観察には日立H-9000型透過電子顕微鏡を加速電圧300kVで用いた．高分解能像の撮影にはGatan社製Multi Scan CCD 794IFを用い，画像解析にはDigital Micrographを用いた．

3 結果と考察

3.1 Cu微粒子の酸化過程

図4に4×10^{-4}Paの酸素雰囲気中，900℃で酸化させたCu微粒子の透過電子顕微鏡像を示す。観察状態により，酸化の形態は二種類観察された。観察中に収束された電子線を観察領域に照射し続けると，図4aに示すようにCu粒子表面より均一な酸化膜が形成された。これに対し撮像時のみ電子線を照射し，可能な限り試料への電子線照射を押さえた場合，図4bに示すようにCuO相が粒子表面より核生成し，特定の晶癖を示しながら成長していく様子が観察された。強い電子線照射を受けたCu表面では非常に低いエネルギーで酸化物の核生成がおき，粒子表面に均一に酸化相が形成されるのに対して，電子線照射がない場合核生成サイトが抑制され，不均一に酸化物が成長すると考えられる。また，酸化物の形成が粒子表面で起こり，粒子／基板界面で起こっていないことから，酸素は基板側からではなく真空側から供給されたことが分かる。また基板を非酸化物のdiamondから酸化物のAl_2O_3にしたが現象は変わらなかった。このため，酸素イオンはバルク中よりも表面やCu酸化物／金属界面を拡散していると考えられる。

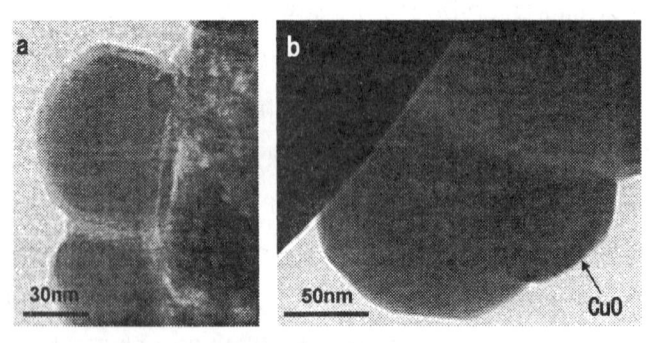

図4 4×10^{-4}Paの酸素雰囲気中で900℃で酸化させたCu微粒子
(a) 観察中に収束された電子線を照射し続けた場合，Cu粒子表面より均一な酸化膜が形成された，(b) 観察中に電子線照射を押さえた場合，CuO相が粒子表面より核生成し，特定の晶癖を示しながら成長していく様子が観察された。

第5章　イオニクス材料の界面現象解析における透過電子顕微鏡内その場観察の可能性

3.2　NiO微粒子の還元・酸化過程

図5aに2×10^{-5}Paの真空中で加熱ヒーター上で850℃に加熱還元されて析出したNi粒子を示す。電子線回折パターンの解析よりNiOとNiは結晶格子軸a，b，cの方位をそろえたトポタキシャルな関係で析出していた。試料温度を650℃に保ったままO₂ガスを4×10^{-4}Paまで導入すると，Ni粒子はNiO/Ni界面より新たな結晶がNi粒子を持ち上げながら針状に成長し，最終的にNi粒子が消滅した。電子線回折パターン及び電子線エネルギー損失分析より新たに成長した結晶はNiOであることが分かった[12]。様々な方位よりの観察より再酸化で成長したNiOの針状結晶は，図6に示すように{100}の晶癖面を示すことが分かった。針状結晶は{100}の晶癖面

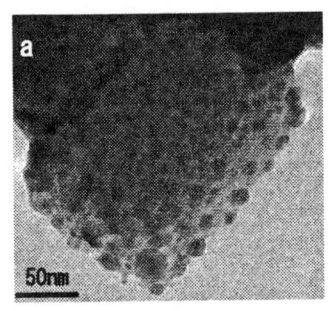

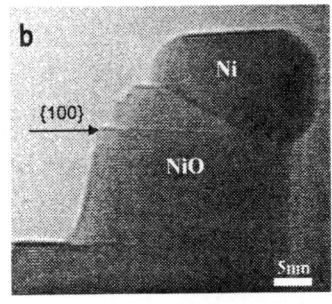

図5　(a) 2×10^{-5}Paの真空中で加熱ヒーター上で850℃に加熱還元されて析出したNi粒子，(b) 試料温度を650℃に保ったままO₂ガスを4×10^{-4}Paまで導入し再酸化を行うことにより，NiO/Ni界面より新たなNiOが生成しNi粒子を持ち上げながら針状に成長した

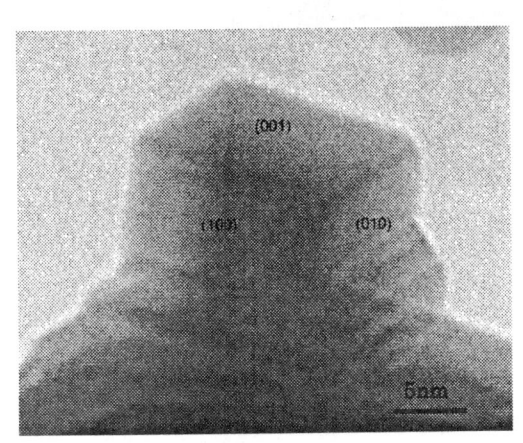

図6　{100}の晶癖面を示す再酸化により成長したNiOの結晶

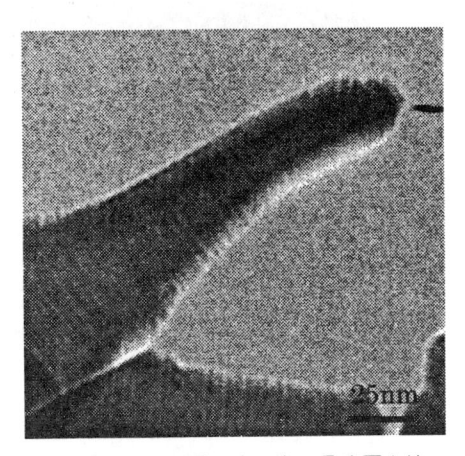

図7　NiO針状結晶は{100}の晶癖面を持つNiOの板状結晶が積み重なるような形で成長していく。成長過程において板状結晶がずれたり，側面から新たな成長が始まることにより，針状結晶が屈曲する

を持つNiOの板状結晶が積み重なるような形で成長していくことが分かった。また，図7に示すように成長過程において板状結晶がずれたり，側面から新たな成長が始まることにより，針状結晶が屈曲する様子が観察された。図5bに示すように成長中において多くの場合NiとNiOの界面は，低指数面である{100}面より傾いていた。このことが，成長中にしばしば針状結晶の屈曲を生み出す原因ではないかと考えられる。また，成長はNiO/Ni界面においてのみ観察されたので，成長に必要な酸素イオンはNi側からではなくNiO側，あるいはNiO/Ni界面に沿って，雰囲気中より拡散したと考えられる。拡散係数の観点から，界面拡散が有力であると考えられる。

3.3　Pt担持$Ce_2Zr_2O_7$の酸化過程

$Ce_2Zr_2O_7$はOサイトの酸素空孔濃度の変化によりβ-$Ce_2Zr_2O_{7.5}$，κ-$Ce_2Zr_2O_8$と相変態する[13~16]。O_7より$O_{7.5}$では{220}と{020}の回折強度比が，$O_{7.5}$よりO_8では{020}と{120}の回折強度比が酸素濃度に比例することが知られている[13]。Pt粒子触媒を担持させた$Ce_2Zr_2O_7$粒子を電子線照射化で5min酸化させた時の，Pt粒子/$Ce_2Zr_2O_7$界面近傍の高分解能像を図8aに示す。界面から離れるに伴い，結晶構造像が変化しているのが分かる。結晶構造像は試料厚さや焦点位置に大きく

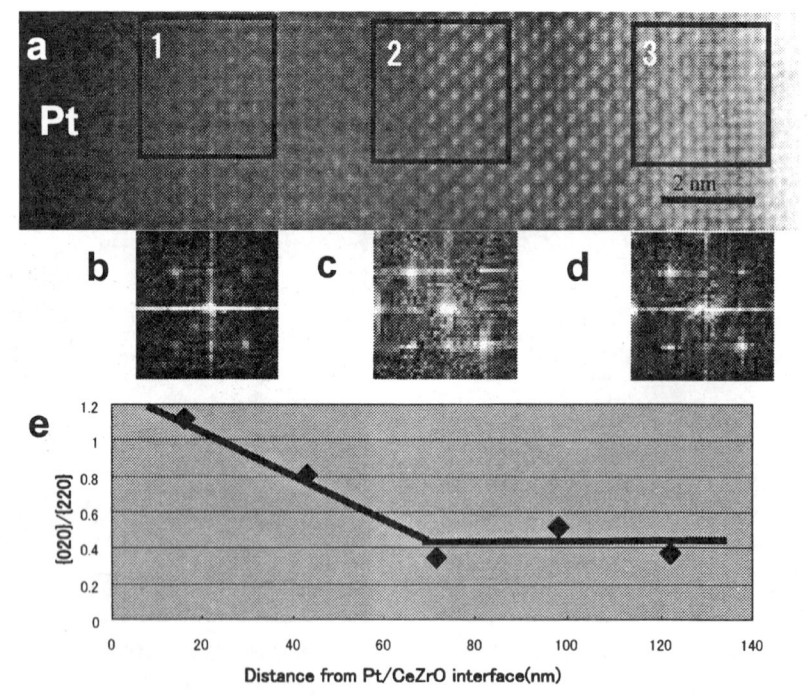

図8　(a) Pt粒子/$Ce_2Zr_2O_7$界面近傍の高分解能像，(b), (c), (d) は (a) 中の枠1, 2, 3に対応する部分のFFT回折パターン，(e) FFT回折パターン中のPt粒子/$Ce_2Zr_2O_7$界面よりの距離による{020}/{220}スポットの強度比の変化

第5章　イオニクス材料の界面現象解析における透過電子顕微鏡内その場観察の可能性

影響されるが，結晶構造像をフーリエ変換（FFT）して得られる回折パターン中の回折スポットの強度比は，位相項が取り除かれるため薄膜近似の成り立つ試料厚さ範囲では試料厚さや焦点位置の影響を受けない。そこで，図8aのPt界面より異なった位置でのFFT回折パターン中の$|020|/|220|$と$|120|/|020|$強度比より酸素濃度分布を求めることを試みた。解析に用いた回折パターンの一部を図8b, c, dに示す。回折パターンより$|120|$スポットは観察されなかったので，酸素濃度はO_7より$O_{7.5}$の間にあることが分かった。$|020|/|220|$強度比をPt粒子よりの距離に対してプロットすると，図8fに示すようにPt界面より70nmまで直線的に減少し，その後一定となることが分かる。その後同一条件下で30min観察を続けると視野内全てが$\beta\text{-}Ce_2Zr_2O_{7.5}$となり，2hr後には$\kappa\text{-}Ce_2Zr_2O_8$となった。$\kappa\text{-}Ce_2Zr_2O_8$の平衡酸素分圧は$1\times10^{-5}$Paであるが，常温における酸素イオン拡散速度は非常に小さいので，相変態は通常は大気圧中でも観察されない[13]。また，相変態は必ずPt粒子界面から進展し，$Ce_2Zr_2O_7$粒子表面からは起こらなかった。電子線を観察時のみ照射させる間欠照射観察をしても同様な相変態は観察されたが，Pt粒子を担持しない$Ce_2Zr_2O_7$粒子においては相変態は観察されなかった。このことから，Pt粒子及びPt粒子$/Ce_2Zr_2O_7$界面の存在が相変態に何らかの役割を果たしていることが示唆され，また，界面における酸素イオン濃度は$Pt/Ce_2Zr_2O_7$界面からほぼ線形に減少することが分かったが，測定精度が十分とはいえないのでさらに詳細な解析が求められる。相変態を引き起こす酸素イオンの移動の駆動力は電子線照射によるPtと$Ce_2Zr_2O_7$間の電位の変化によるのではないかと考え，試料に外部より電場を印加して結晶格子像を観察した。Pt粒子を担持しない$\beta\text{-}Ce_2Zr_2O_{7.5}$を出発試料（図9a）とし$2.5\times10^2$V/mmの電場を駆けながら結晶格子像を観察した。図9bに示すように電圧印加過程において，鮮明な結晶格子像が観察され，電極の機械的安定性が電圧印加状態でも保たれていることが分かった。しかし観察開始3hr後においても$\kappa\text{-}Ce_2Zr_2O_8$の存在を示す$|400|$面の四倍周期構造は観察されなかった。酸素イオンの熱拡散を助長するために試料加熱・電圧印加ホルダーを用いて同様の実験を行った。図10aに電圧印加前・常温の像，bに電圧印加

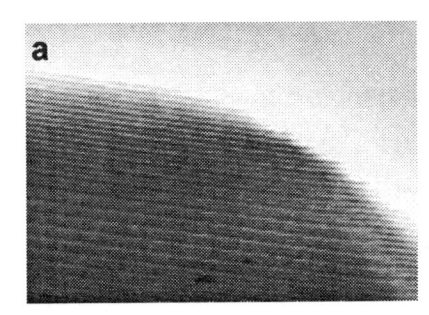

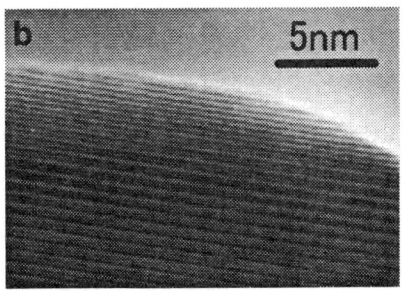

図9　$\beta\text{-}Ce_2Zr_2O_{7.5}$に$2.5\times10^2$V/mmの電場をかけながら観察した結晶格子像
(a) 電圧印加前，(b) 電圧印加3hr後。$\beta\text{-}Ce_2Zr_2O_{7.5}$の$|200|$面が，安定して観察された。

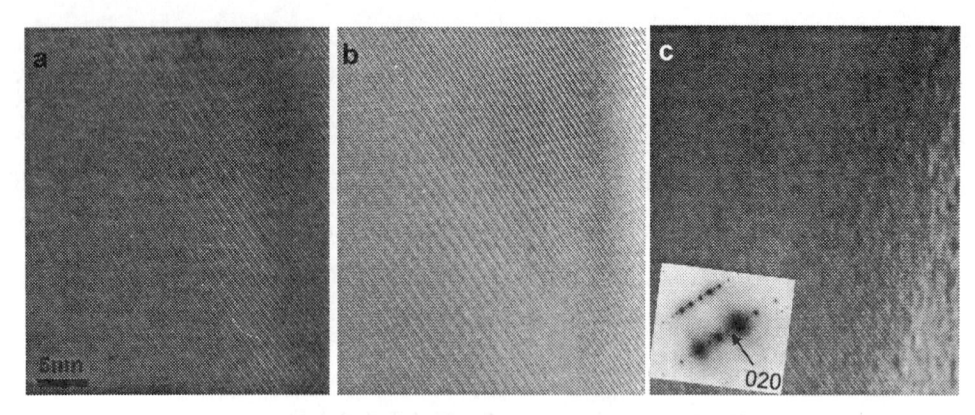

図10 β-$Ce_2Zr_2O_{7.5}$に加熱・電位印加し，観察した結晶格子像
(a) 電圧印加前・常温の像，(b) 電圧印加中，(c) 電圧印加・加熱中，(c) 中の挿入図は観察中の電子線回折パターンを示す．

中，cに電圧印加・加熱中の像を示す．加熱中のcにおいては僅かに像質が劣化しているが，いずれも|200|の格子縞が鮮明に観察できている．印加電場は最大で2.0×10^2V/mm，加熱電流は最大で250mAであった．電圧印加過程においてはほとんど試料のドリフトは観察されず，非常に安定した観察が可能であった．また，加熱中は僅かな試料ドリフトが観察された．電流量とフィラメント抵抗から推定すると，加熱温度は100℃から200℃と考えられる．観察過程を通じて|200|格子縞が安定して観察され，平衡酸素分圧から予想されるκ-$Ce_2Zr_2O_8$への相変態は観察されなかった．このことより$Ce_2Zr_2O_7$の相変態には金属・酸化物界面が存在することが重要な役割を担っていることが示唆された．さらに加熱電流を増大させようとするとフィラメントが断線した．これは，現状ではフィラメントを導電性接着剤で固定してあるという構造上，接着剤の耐熱性の限界によると考えられる．十分な高温を得るためには，フィラメント材料を電極に固定するために，スポット溶接などの耐熱性の高い接着方法を試みる必要があると考えられる．

3.4 AgIよりのAgウィスカーの成長

イオン伝導体としてよく知られるAgIに，電子顕微鏡中で電流を印加することを試みた[17]．図11が，電流印加中のAgI粉末の像である．粉末には最大で5V程度の電圧を印加した．印加電圧が4V程度までは，粉末の形態はほとんど変化しなかった．しかし，4Vを越えた時点から急激に形態を変化させ，ウィスカー状，または繊維状の形態が粉末が負電極に接している側から成長しはじめ，それに伴い粉末そのものは縮小していく様子が観察された．反応後電極間に生成した物質はAgであることが分かった．このことから，電流によりAgIが分解しAgが析出したことが分かった．AgIがイオン導電性を示すのは147℃以上であることが知られている．常温では高抵抗

第5章　イオニクス材料の界面現象解析における透過電子顕微鏡内その場観察の可能性

であるAgIに，高い電場（4×10^2V/m）を印加することにより流れた電流のため，試料がイオン導電性を持つ温度まで加熱され，急激に電流が流れるようになり，粒子の負電極側にAgが集積されることにより，Agのウィスカーが成長したのではないかと考えられる。また，正電極側に残され過剰になったIは，電子顕微鏡内の真空中へ蒸発したため，粒子が急激に縮小していったのではないかと考えられる。試料が微細な粉末であるため，比較的低い電圧で，大電流を流すことが出来，相変態温度まで容易に加熱できたのではないかと考えられる。印加電圧・電流を精密にコントロールすることにより，Agイオンの移動やAgウィスカーの形成過程が，より詳細に観察されるであろう。

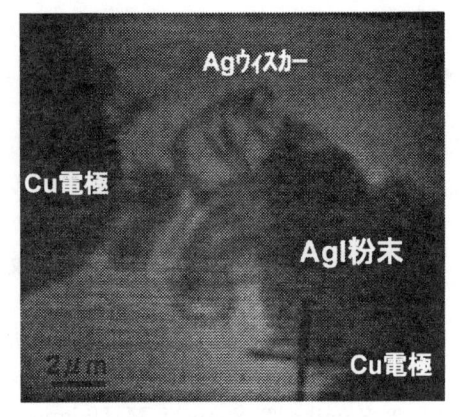

図11　AgI粒子の分解により形成された
　　　Agウィスカー
　　　図中左側が負電極側。

4　まとめ

NiおよびCu酸化過程で，酸素あるいは酸素イオンの界面拡散が大きな役割をすることが分かった。セリア・ジルコニアでは，Pt/$Ce_2Zr_2O_7$界面の存在が酸素あるいは酸素イオンの拡散を誘起していることが分かった。また，2.5×10^2V/mm程度の外部電場では，同等の変化は引き起こせないことが分かった。AgIは自身に流れる電流による抵抗加熱によりイオン導電体へと相変態すると同時に，分解しAgウィスカーを形成する過程が観察された。固体イオニクス材料の研究においては，測定・観察に必要な試料形状を整えるために，多くの努力が必要な場合が多い。特に界面を作成したり，電極を接合したりすることは困難である。粉末試料を用いる透過電子顕微鏡用試料ホルダーは，しばしば偶然に頼るという部分はあるが，同時に多数の試料を観察領域に生成できるため，実際の研究環境下で実用的に十分な確率で，希望した試料形状を形成できる可能性がある。粉末試料を用いる，ガス導入型電流・電圧印加加熱ホルダーは，様々なタイプのイオニクス材料の相変態を，低コストで比較的容易に透過電子顕微鏡観察する可能性を拓くであろう。

謝辞

困難な実験を遂行してくれた大学院生の美馬隆之君，竹内宏典君，瀬戸英人君，学生の久保陽介君に謝意

を表します.高分解能電子顕微鏡像撮影にご協力いただいた名古屋大学百万ボルト電子顕微鏡室の荒井重勇博士に謝意を表します.試料を提供していただいた,トヨタ中央研究所の佐々木巌博士に謝意を表します.

文　　献

1) T. Kamino and H. Saka, *Microsc. Microanal. Microstruct.*, **4**, 127 (1993)
2) K. Sasaki and H. Saka, *Mat. Res. Soc. Symp. Proc.*, **466**, 185 (1997)
3) T. Kamino, T. Yaguchi, M. Ukiana, Y. Yasutomi and H. Saka , *Mater. Trans. JIM*, **6**, 73 (1995)
4) T. Kamino, T. Yaguchi and H. Saka, *J. Electron Microsc.*, **43**, 104-110 (1994)
5) S. Tsukimoto, S. Arai and H. Saka, *Phil. Mag. Lett.*, **79**, 913-918 (1999)
6) S. Arai, S. Tsukimoto, H Miyai and H. Saka, *J. Electron Microsc.*, **48**, 317 (1999)
7) S. Arai, Tsukimoto S. Muto and H. Saka, *Microsc. Microanal*, **6**, 358 (2000)
8) S. Tsukimoto, S. Arai, M. Konno, T. Kamino, K. Sasaki and H. Saka, *J. Microsc.*, **203**, 17-21 (2001)
9) T. Kamino, T. Yaguchi, M. Konno, A. Watabe, T. Marukawa, T. Mima, K. Kuroda, H. Saka, S. Arai, H. Makino, Y. Suzuki, K. Kishita, *J. Electron Microsc.*, **54**, 497 (2005)
10) K. Sasaki and H. Saka, *Materials Science Forum* **475-479**, 4029 Trans Tec Publication, Switzerland (2005)
11) 佐々木勝寛,黒田光太郎,坂公恭,顕微鏡,**41**, No. 1, pp. 54-56 (2006)
12) 瀬戸英人,竹内宏典,木下圭介,荒井重勇,佐々木勝寛,黒田光太郎,まてりあ,**45**, No. 12, 905 (2006)
13) 佐々木巌,「セリア―ジルコニア系化合物の酸素吸放出特性と結晶構造に関する研究」名古屋大学大学院工学研究科,博士論文 (2003)
14) T. Sasaki, Y. Ukyo, A. Suda, M. Sugiura, K. Kuroda and H. Saka, *J. Cer. Soc. Jpn.*, **110**, 899 (2002)
15) T. Sasaki, Y. Ukyo, A. Suda, M. Sugiura, K. Kuroda, S. Arai and H. Saka, *J. Cer. Soc. Jpn.*, **111**, 382 (2003)
16) T. Sasaki, Y. Ukyo, K. Kuroda, S. Arai, S. Muto and H. Saka, *J. Cer. Soc. Jpn.*, **112**, 440 (2004)
17) 佐々木勝寛,久保陽介,黒田光太郎,日本顕微鏡学会第63回学術講演会発表要旨集,138 (2007)

第6章 イオニクス材料における反応素過程の量子力学シミュレーションと材料設計

桑原彰秀*

1 緒言

イオン性結晶中のイオンの拡散を物性発現に応用する固体イオニクス材料は，ガスセンサー及び燃料電池の電解質や選択性ガス透過膜など幅広い分野で実用に供されている。特に燃料電池は次世代のクリーンエネルギー源として自動車の動力源，携帯機器の電源等の用途での実用化が期待されており，精力的な研究が行われている。イオニクス材料に要求される材料特性は用途によって多岐にわたる。例えば電解質材料であれば，高いイオン伝導率を有すること，大きな化学ポテンシャル差を持つ正極負極の双方に接する環境下での化学的安定性，そしてイオン輸率を可能な限り1に近い値で保てる材料が求められる。電極材料であれば，イオン伝導性と電子伝導性の双方を有する混合伝導材料が用いられる。特に，電池の内部抵抗の要因の一つである電極過電圧を抑制するために，高い伝導率を有し電極反応活性に優れた材料の探索が続けられている。このような電極，電解質個々の材料特性の向上と共に，デバイスとしてのパッケージングにおける電極—電解質異相界面の最適化も求められる。このようにイオニクスデバイスの開発においては克服すべき多くの要求課題が存在することから，開発速度の効果的な促進を図るためにも材料設計の方針を積極的に確立することが極めて有意義である。

イオニクス材料開発における材料学の観点からの開発目標とは高いイオン伝導率を有する材料を作製することにある。これは「イオン伝導の媒介となる拡散係数の大きい欠陥をより高濃度に含有することが可能な材料を選択すること」と換言できる。過去の多くの実験報告より，経験的には高い分極率を有するイオン性結晶において高いイオン伝導率が発現することが知られている。近年では理論計算を用いたイオニクス材料の解析を目的とした研究も多く行われている。理論計算によるアプローチでは点欠陥の形成挙動及び拡散機構の解明を行い，将来における材料設計の指針を確立することが主たる目的となる。イオニクス材料に関する理論研究では，経験的な原子間ポテンシャルを用いる手法が主流であった。原子間ポテンシャルを用いる計算手法では，完全結晶の格子定数や誘電率等の実験値を再現するように，原子間相互作用を記述するパラメー

---

* Akihide Kuwabara 京都大学 大学院工学研究科 材料工学専攻 助教

ターのフィッティングを行い，決定されたパラメーターを用いて種々の欠陥構造の解析を行う。経験的ポテンシャルによる計算は計算負荷自体が小さいという利点から，例えばドーパントの種類を系統的に変えた多くの計算から包括的に欠陥形成挙動の解析を行うことが可能であるという利点を有する一方で，ホールや電子の生成といった電子伝導の寄与まで含めた議論が行えないという短所がある。これに対して，近年の計算機の著しい性能向上により量子力学の原理にのみ基づき経験的情報を必要としない第一原理計算による固体物性の計算が十分現実的な時間で実行可能となった。第一原理計算では電子構造の議論も含めて解析が行えるため，電解質に限らず電極，異相界面も含めた議論が行える。ここでは第一原理計算を用いてイオニクス材料の電子構造，また欠陥形成挙動の解析を行った実際の研究例を紹介する。

2 欠陥形成エネルギーと熱平衡濃度の理論計算

本節では第一原理計算による欠陥形成エネルギーと熱平衡欠陥濃度の導出に関して代表的な酸化物イオン伝導体であるSr及びMg添加LaGaO$_3$[1,2]に対する研究結果を一例として紹介する。以降，本節ではKröger-Vinkの表示形式[3]に則って点欠陥を示すこととする。

完全結晶中にある種の点欠陥を導入することで系の自由エネルギーは増大する。点欠陥を形成するのに必要なエネルギーを「欠陥形成エネルギー」と呼ぶ。結晶中に，あるイオンの位置する正規サイトが単位体積当たりN個存在し，そのうち単位体積当たりn個が空孔で占められている状態で平衡状態に到達している系を想定する。空孔の形成自由エネルギー（ΔG_f），N及びnの間には以下の関係式が成立する[4]。

$$\frac{n}{N-n} = \exp\left(-\frac{\Delta G_\mathrm{f}}{kT}\right) \tag{1}$$

kはボルツマン定数，Tは絶対温度である。$N \gg n$であれば，左辺は空孔濃度C（$=n/N$）にほぼ等しくなる。この式より，ある温度Tにおける欠陥の熱平衡濃度を得るためには，ΔG_fを求める必要があることになる。

有効電荷qe（eは電荷素量）を有する点欠陥の形成エネルギーは以下の式より導出することが可能である[5]。

$$\Delta G_\mathrm{f} = G_\mathrm{def} - \sum_i n_i \mu_i + q\varepsilon_\mathrm{f} \tag{2}$$

G_defは有効電荷qeの点欠陥を含む系の自由エネルギー，n_i並びにμ_iは系に含まれる原子種iの原子数と化学ポテンシャルである。ε_fは電子の化学ポテンシャル，すなわちフェルミエネルギーを

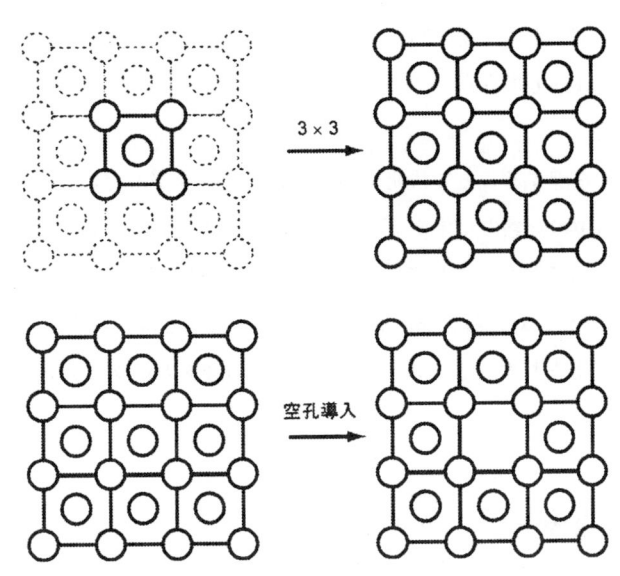

第6章　イオニクス材料における反応素過程の量子力学シミュレーションと材料設計

図1　二次元格子を用いた空孔を含むスーパーセル構築の模式図
単位格子周辺の破線は周期的境界条件による単位格子のイメージを示している。

示している。G_{def}に関しては，第一原理計算により所定の点欠陥を含む構造モデルを構築し計算する。現在多くの第一原理計算ではバンド計算法を採用しており，この計算方法では構造モデルは周期的境界条件下に置かれている。つまり，格子ベクトルの整数倍だけ離れた位置には同一の構造モデル（"イメージ"と呼ばれる）が無数に存在していることになる（図1参照）。このような計算方法では，単位格子中に点欠陥を導入して計算を実行すると，欠陥同士の相互作用の影響が過剰に組み込まれてしまい実際の欠陥周囲の化学環境に対する再現性に乏しくなる。そこで，図1に示すような単位格子を格子ベクトル方向に任意の整数倍に拡張した構造モデルを構築し，この新たな結晶格子に欠陥を導入する。これにより，各イメージに存在する欠陥は完全結晶と同じ領域により隔離されることになり，不自然な欠陥同士の相互作用を減衰させることが可能となる。注意すべき点は点欠陥に対する計算結果はスーパーセルのサイズに大きく依存することである[6]。よって，点欠陥モデルの計算を行う際には，ここで述べた欠陥同士の相互作用を低減させるのに十分に大きなサイズを有し，且つ現実的な時間で計算が可能なスーパーセルを選択する必要がある。

式(2)に示されているように，欠陥形成エネルギーを導出するには化学ポテンシャルμとフェルミエネルギーε_fを決定する必要がある。Sr及びMg添加LaGaO$_3$の場合，μ_{La}，μ_{Ga}，μ_O，μ_{Sr}，μ_{Mg}，ε_fの6つの変数を決定することになる。本研究ではこれらの変数は，

① 気相酸素の分圧p_{O_2}の指定
② Laに対するSrの添加量の指定

③ Gaに対するMgの添加量の指定
④ 結晶相としてLaGaO$_3$の存在
⑤ 電気的中性条件

という5つの拘束条件を課することで決定する。①はLaGaO$_3$が所定の雰囲気と熱平衡状態にあると仮定し，LaGaO$_3$中の酸素の化学ポテンシャルは気相の酸素分子の化学ポテンシャルと等しいという状況を想定することを意味している。SOFCの固体電解質は両極において酸素ガスと接触しており，酸素分圧変化に対する欠陥形成挙動を把握することは材料設計上極めて重要である。気相酸素を理想気体であるとすれば，温度T，分圧pでの酸素の化学ポテンシャルμ_Oは以下のように表される。

$$\mu_O = \frac{1}{2}G_{O_2}(p,T) = \frac{1}{2}G_{O_2}(p_0,T) + \frac{kT}{2}\ln\frac{p}{p_0} \tag{3}$$

p_0は標準状態（1 atm）での圧力，$G_{O_2}(p_0, T)$は温度T，分圧p_0における酸素分子のギブス自由エネルギーである。ギブスの自由エネルギーはエンタルピー及びエントロピーと$G=H-T\cdot S$という関係にある。ここで0 Kをエンタルピーの基準として考えると以下のように表される。

$$G(p_0, T) = H(p_0, 0K) + \Delta H(p_0, T) - T\cdot S(p_0, T) \tag{4}$$

ΔHはエンタルピーの温度依存性の項である。通常の第一原理計算は0 Kでの全エネルギーに関する情報を得ることができる。酸素分子に対する計算から得られる全エネルギーが0 Kにおけるエンタルピーに相当すると仮定すれば，酸素分子のエンタルピーとエントロピーの温度依存性に関してのみ熱力学データベース[7]を参照することで任意の温度・酸素分圧における酸素の化学ポテンシャルを決定することが可能となる。②及び③の条件に関しては，本研究ではSrのLaサイトに対する添加量及びMgのGaサイトに対する添加量を5mol%とした。④の条件は，μ_{La}，μ_{Ga}，μ_Oにおいて以下の関係式が成立することを意味している。

$$\mu_{La} + \mu_{Ga} + \mu_O = G_{LaGaO_3} \tag{5}$$

G_{LaGaO_3}は完全結晶のLaGaO$_3$の全エネルギー計算により求めることが可能である。⑤は正電荷の点欠陥の総量と負電荷の点欠陥の総量が相等しいという条件である。本研究では電子伝導に関与するホール（h$^\cdot$）及び電子（e'），イオン伝導に関係する置換固溶ドーパント（Sr'$_{La}$，Mg'$_{Ga}$），酸素空孔（$V_O^{\cdot\cdot}$），置換固溶ドーパントと酸素空孔の会合体（{Sr'$_{La}$V$_O^{\cdot\cdot}$}$^\cdot$，{Mg'$_{Ga}$V$_O^{\cdot\cdot}$}$^\cdot$）に着目して解析を行っている。電気的中性条件は以下の式で表される。

第6章　イオニクス材料における反応素過程の量子力学シミュレーションと材料設計

$$\sum[\{Sr'_{La}V_O^{\cdot\cdot}\}] + \sum[\{Mg'_{Ga}V_O^{\cdot\cdot}\}] + 2[V_O^{\cdot\cdot}] + [h^{\cdot}] = [Sr'_{La}] + [Mg'_{Ga}] + [e'] \quad (6)$$

$\{Sr'_{La}V_O^{\cdot\cdot}\}$, $\{Mg'_{Ga}V_O^{\cdot\cdot}\}$ の濃度に関する和は，ドーパントと酸素空孔の距離を変えた複数の会合対モデル全ての濃度の積算を行う項である。

図2に，温度1300 KにおけるLSGM中における各種点欠陥の熱平衡濃度の酸素分圧依存性を示す。広範囲の酸素分圧下において伝導電子および正孔の濃度は酸素空孔濃度と比較して極めて低く，LSGMが広い酸素分圧窓を持つイオン伝導体であることが確認できる。よって，正の電荷を有する酸素空孔の全濃度は，負の電荷を持つ置換固溶したSrおよびMgの添加量を全て酸素空孔が補償した場合の濃度とほぼ一致する。ただし，酸素空孔はSrもしくはMgと会合状態（$\{Sr'_{La}V_O^{\cdot\cdot}\}$及び$\{Mg'_{Ga}V_O^{\cdot\cdot}\}$）にある方が孤立して存在する場合（$V_O^{\cdot\cdot}$）よりも安定であることも確認された。会合状態が解離状態と比較した時の安定性の指標となる会合エネルギーは，Srに対しては0.26 eV，Mgに対しては0.15 eVであった。本計算からは，1300 Kにおける解離した状態の酸素空孔は全酸素空孔の25 %に過ぎないと算出されている。

酸素分圧を0.1 MPaに固定した場合のLSGM中における各種点欠陥の熱平衡濃度の温度依存性を図3に示す。酸素分圧依存性の結果と同様に，計算した温度範囲内において酸素空孔全体の濃度はSr及びMgの添加量に相当する量でほぼ一定であることが分かった。一方で，SrやMgから解離した酸素空孔の量は温度に対して増加していることがわかる。これは前述したように，Srおよび Mgと酸素空孔の会合エネルギーが大きいために，導入された酸素空孔の一部が熱的に励起されて会合状態から解離するためである。ここで問題となるのが，会合状態にある酸素空孔は酸素イオン伝導に寄与しないということである。酸素空孔全体のうちイオン伝導に寄与するものの割合は800 Kにおいて13 %，1500 Kの高温条件下

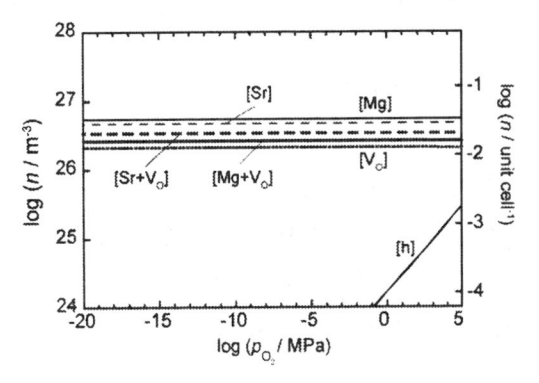

図2　温度1300 KにおけるLSGM中における各種点欠陥の熱平衡濃度の酸素分圧依存性

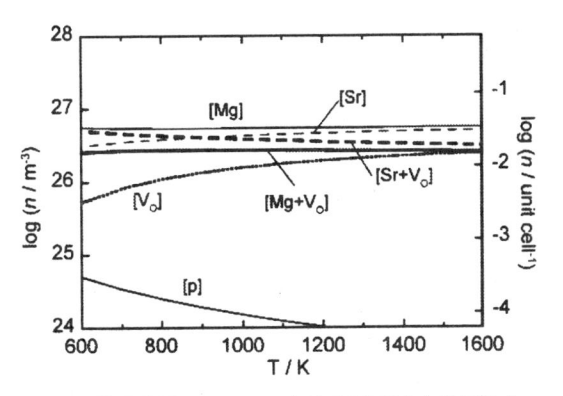

図3　酸素分圧0.1 atmにおけるLSGM中の各種点欠陥の熱平衡濃度の温度依存性

でも29％にしか到達していない。より高いイオン伝導率を得るためには，イオン伝導に寄与する酸素空孔をより多量に導入可能な，会合エネルギーが小さい添加元素の探索が重要であると言える。

3 拡散経路と移動エンタルピーの定量評価

イオン伝導体を議論する上で最も重要な物性パラメーターはイオン伝導率である。イオン伝導率は物質拡散によって発現する物性であり，拡散係数と以下のような関係にある[8]。

$$\sigma = \frac{(ze)^2 nD}{kT} \tag{7}$$

zはイオン伝導の媒介となる荷電種の価数，eは電荷素量，nは単位体積当たりの荷電種の濃度，Dは拡散係数である。拡散係数は温度変化に対し次の式を満たすことが実験的に知られている[9]。

$$D = D_0 \exp\left(-\frac{\Delta E_a}{kT}\right) \tag{8}$$

ここでΔE_aが拡散の活性化エネルギー，D_0は前指数因子である。イオンが基底状態から隣接する等価な別サイトへ移動する過程を考えると，この移動に際してイオンはエネルギー障壁を越えなければならない。このエネルギー障壁の高さを移動エネルギーと言う。伝導キャリアが希薄な場合，拡散係数は以下の式で近似できる[9]。

$$D = d^2 g f v \exp\left(\frac{\Delta S_m}{k}\right) \exp\left(-\frac{\Delta H_m}{kT}\right) \tag{9}$$

ここでaはジャンプ距離，gは構造因子，fは相関係数，vはジャンプ試行頻度，ΔS_mは移動エントロピー，ΔH_mは移動エンタルピーである。本節ではプロトン伝導体として注目されている$AEZrO_3$（Alkaline earth：AE＝Ca，Sr，Ba）に着目し，第一原理計算を用いて移動エンタルピーの定量評価を行った結果を紹介する。

$AEZrO_3$は$LaGaO_3$と同じくペロブスカイト構造をもつ化合物であり，4価のZrサイトにYなど3価の陽イオンが置換固溶することで湿潤雰囲気下において格子間プロトンを形成し，この格子間プロトンがイオン伝導を示すことが知られている。$AEZrO_3$は中温域で作動する燃料電池の固体電解質として期待されている[10〜12]。移動エネルギーを求めるためにはジャンプ経路上でエネルギーが最大となる点，すなわち鞍点におけるエネルギーを求める必要がある。本研究では鞍

第6章　イオニクス材料における反応素過程の量子力学シミュレーションと材料設計

点を探索する手法の一つであるNudged Elastic Band法[13]を用いた。

　AEZrO$_3$中の格子間プロトンは酸化物イオンに強く束縛されており，水酸化物イオン（OH$^-$）のような構造で酸化物イオンサイトに存在する。このためH$_i^\bullet$ではなくOH$_O^\bullet$と表現され，本研究でもこの表式を採用する。第一原理計算において，伝導する格子間プロトンをモデル化するために完全なBaZrO$_3$結晶中に1個のプロトンを導入し安定な位置を探索した結果，酸化物イオン近傍1.0 Åに位置することがわかった。これは上述のOH$_O^\bullet$の形成を支持する結果であると言える。このプロトンが，隣接する別の酸化物イオン近傍へジャンプする時のエネルギー変化，並びに初期状態においてプロトンが束縛されている酸化物イオンとプロトン間の距離を図4に示す。ジャンプの初期においてエネルギーは緩やかに上昇し，ある点を超えたところでエネルギーが急激に増加することが確認できる。プロトンと酸化物イオンとの原子間距離はこのエネルギー変化と強い相関があることも同図より確認できる。エネルギー変化の緩やかな移動初期段階においては，O-H結合距離はほぼ一定の値に保たれている。そして，エネルギーが急激に変化する地点からO-H間の距離も急激に増加する。この結果から，格子間プロトンは隣接する酸化物イオンとO-H結合を形成しており，移動初期はZrO$_6$の配位8面体を歪ませるだけの過程で，その後O-H結合の切断が起こるという2段階の過程を経て格子間プロトンの移動が起こるということが考えられる。SrZrO$_3$およびCaZrO$_3$における格子間プロトンのジャンプ過程を同様に調べたところ，BaZrO$_3$と同じ二段階のプロセスからなっていることがわかった。興味深いことは，第一段階の結晶の歪みに対するエネルギー変化は結晶の構成元素であるAEの種類に強く依存している一方で，第二段階のO-H結合の切断に要するエネルギーは約0.15 eVでAEの種類にほとんど依存していないことである。

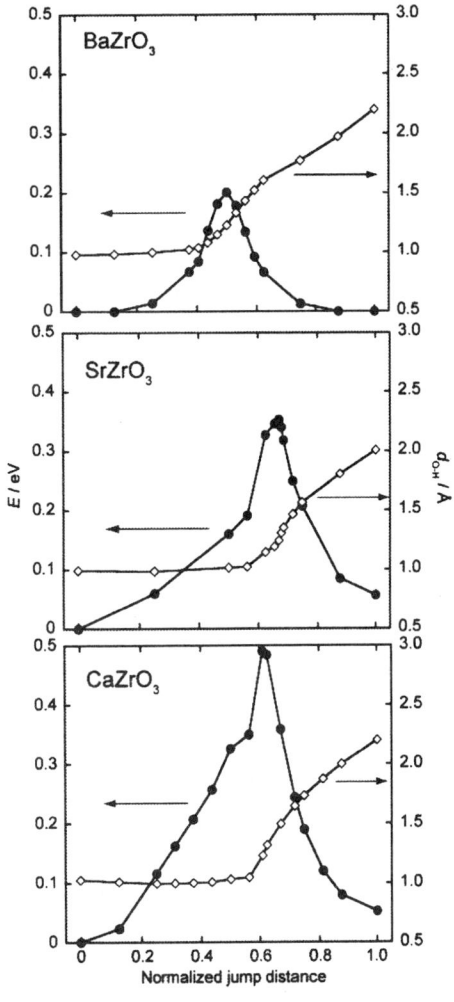

図4　AEZrO$_3$（AE=Ba, Sr, Ca）における格子間プロトンの移動にともなうエネルギー変化（●）と隣接酸化物イオンとの原子間距離（◇）の変化

伝導キャリアの濃度が温度によらず一定である場合，拡散の活性化エネルギーは移動エネルギーと等しい。一方，伝導キャリアが熱活性化過程によって生成する場合，拡散の活性化エネルギーは移動エネルギーと伝導キャリアの形成エネルギーの和となる。第一原理計算で求めた$BaZrO_3$におけるY原子と格子間プロトンの会合エネルギーは0.17 eVであり，前節で示したLSGMと同様，格子間プロトンの多くは添加されたY原子近傍に束縛されている。このことからプロトン伝導に寄与する格子間プロトンの生成には熱活性が必要であり，拡散の活性化エネルギーは移動エネルギーと会合エネルギーの和0.37 eVとなる。実験による活性化エネルギーの報告値は0.43 eVであり[12]，計算結果はこれとよく一致した。

4　ヘテロ接合による界面ナノ領域での電子構造

絶縁体である電解質と導電体である電極が接合した場合，界面近傍ではバルク状態とは大きく異なる特異な電子構造を持つことが容易に予測される。このような環境下では通常の粒内とは異なる欠陥化学反応が起こる可能性がある。ここでは固体電解質としてプロトン伝導体である$BaZrO_3$，その電極としてPtという二つの材料に着目し異相界面における電子構造，欠陥形成エネルギーの第一原理計算を行った結果を紹介する。

二つの結晶相は双方共に立方晶系に属しているが，$BaZrO_3$はPtよりも5％程度大きい格子定数を有する。そこで，Ptの格子定数を$BaZrO_3$に合わせることで図5に示すような$BaZrO_3$(001)-Pt(001)整合界面モデルを構築した。これにより異相界面に対する第一原理計算による電子構造解析が可能となる。$BaZrO_3$(001)-Pt(001)界面においては$BaZrO_3$の終端面の選択及び(001)面内での双方の結晶相の相対的な平行移動量によって，幾何学的構造の異なる種々のモデルの構築が可能である。以降の解説では，本研究により最も界面形成エネルギーの低い安定な界面であることが確認されたBaO面終端でPt原子がBaO終端面の原子の鉛直方向に位置する(on-top)界面モデルにおける結果についてのみ言及している。界面モデルに対する電子状態計算において注意すべき点は，点欠陥の時と同様に，周期的境界条件による非現実的な界面同士の

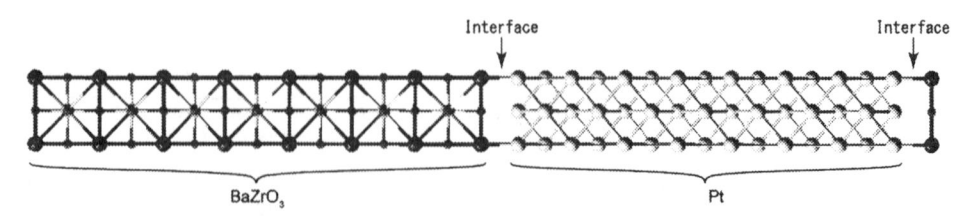

図5　$BaZrO_3$(001)-Pt(001)異相界面モデルの一例
BaO面終端のon-topモデル。

第6章　イオニクス材料における反応素過程の量子力学シミュレーションと材料設計

相互作用を抑制するべく界面法線方向に十分大きなモデルを用いることにある。本研究では[001]方向に$BaZrO_3$，Pt共に7格子分の厚みを有している。この界面モデルにより界面から最も離れた領域でバルクと同じ電子構造を再現できたことが確認されている。

図6は界面再隣接の$BaZrO_3$格子及び同モデル中で界面から最も離れたバルク領域の$BaZrO_3$格子から得られた部分状態密度分布図を示している。図中0 eVは界面モデルにおけるフェルミレベルを示している。バルク領域から得られた状態密度分布には明確なバンドギャップが存在している。その一方で界面近傍の$BaZrO_3$にはフェルミレベルにまたがって状態密度が存在しておりバンドギャップが存在しないことが分かる。これはPtと接合するBaO終端面の価電子帯を構成する$O2p$軌道，伝導帯の$Ba6s$，$5d$軌道が隣接するPtの$5d$軌道と強く混成しているためである。この電子状態の結果は終端面上の$BaZrO_3$が絶縁体ではなくなっていることを意味している。図7には界面からの距離の異なる種々の酸素原子からの$O2p$軌道の部分状態密度分布図を示す。界面から数えて5層目の酸素までバンドギャップ中に状態密度を有しており，6層目の酸素で消

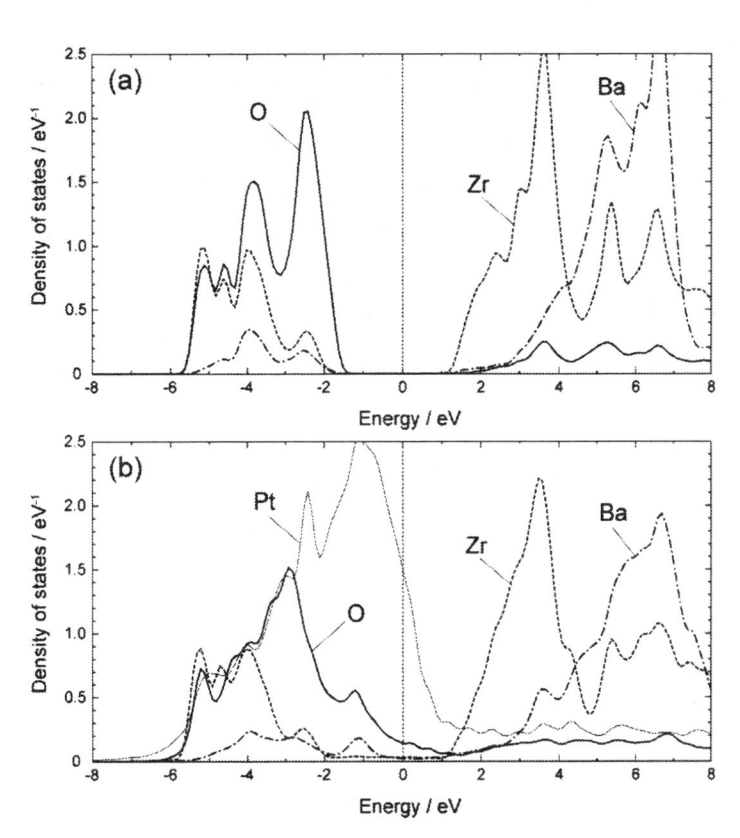

図6　$BaZrO_3$(001)-Pt(001)異相界面における（a）バルク領域，（b）界面領域から得た部分状態密度分布図
0 eVはモデル全体のフェルミエネルギー。

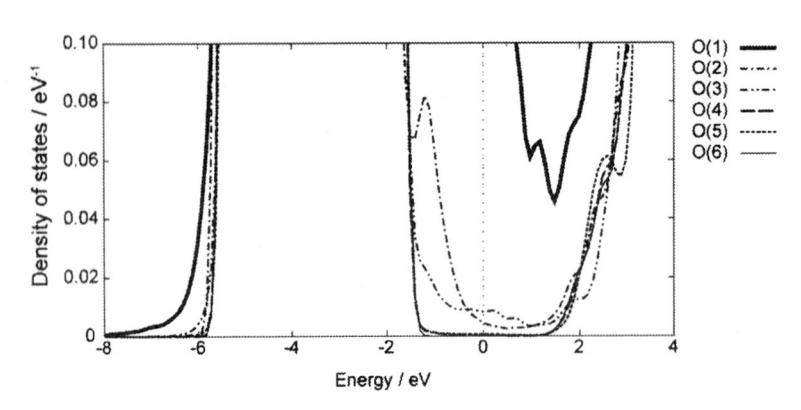

図7 BaZrO$_3$(001)-Pt(001)異相界面における界面からの距離の異なる種々の酸素原子からえられた部分状態密度分布図
凡例における括弧内の数字は酸素の位置する原子層が界面から数えて何番目かを示している。

失していることが分かる。本研究における界面モデルでのBaZrO$_3$(001)方向における原子層間隔は0.2nmであり，異相界面形成による電子状態への影響は界面から1nm程度の範囲で分布していることになる。

このような化学結合状態の変化・再構成に伴い，電解質—電極間では電子の移動が起こっていると考えられる。このような電荷移動を確認するには差電子密度（$\Delta\rho$）が有効である。本研究ではBaO終端の(001)表面を有するBaZrO$_3$及び(001)表面を有するPtスラブモデルと異相界面モデルの電子密度の差を評価した。具体的には以下の式に基づいて計算を行っている。

$$\Delta\rho = \rho(\text{BaZrO}_3\text{-Pt}) - \{\rho(\text{BaZrO}_3) + \rho(\text{Pt})\} \tag{10}$$

ρ(BaZrO$_3$-Pt)は界面モデルにおける電子密度，ρ(BaZrO$_3$)，ρ(Pt)はそれぞれBaZrO$_3$，Ptの自由表面モデルにおける電子密度である。式(9)による差電子密度の定義により，本研究では$\Delta\rho$が正（負）の場合は界面形成により表面状態よりも電子密度が増大（減少）したことになる。図8は$\Delta\rho$を[001]方向に対してプロットしたグラフである。この図から分かるように，界面近傍のBaZrO$_3$では自由表面の時よりも電子密度が減少し，電極であるPt側では電子密度が増大している。これはBaZrO$_3$からPtへと電荷移動が起こっていることを意味している。ここで確認されている電荷移動現象はPt-Ba結合やPt-O結合という新しい化学結合形成に伴う電子構造の再構成に由来すると考えられる。この点において，半導体—金属異相界面での仕事関数の差による電荷移動現象とは本質的に異なる。

この界面モデルをxy平面内で2×2に拡張した界面スーパーセルに，界面もしくはバルク領域のそれぞれにY'$_{zr}$, $V_O^{\cdot\cdot}$, OH$_O^{\cdot}$という3種類の点欠陥を導入しそのエネルギーの差を比較した結果を表1に示す。エネルギー差（ΔE_{def}）は以下のように求めた。

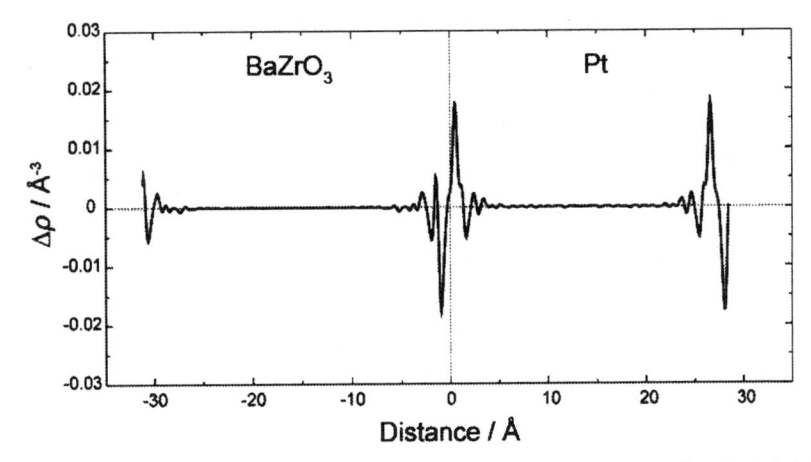

第6章 イオニクス材料における反応素過程の量子力学シミュレーションと材料設計

図8 BaZrO$_3$(001)-Pt(001) 異相界面モデルとBaZrO$_3$(001)自由表面，Pt(001)自由表面での差電子密度の(001)方向依存性
横軸の0が界面の位置である。また横軸の負側がBaZrO$_3$，正側がPtに属する。

$$\Delta E_{def} = E_{def}^{interface} - E_{def}^{bulk} \quad (11)$$

表1 BaZrO$_3$(001)-Pt(001) 異相界面モデルにおけるバルク領域と界面領域での点欠陥形成エネルギー差
ΔEの定義式は本文参照。

	Y'$_{Zr}$	V$_O^{\cdot\cdot}$	OH$_O^{\cdot}$
ΔE / eV	-0.20	-1.95	-1.78

ΔE_{def}が正の時はバルク領域に欠陥が存在する方が安定であり，負の時は界面に欠陥が存在する方が安定である。表1より，いずれの欠陥も界面近傍での形成エネルギーが小さくなる傾向にある。しかしY'$_{Zr}$と比較するとV$_O^{\cdot\cdot}$, OH$_O^{\cdot}$は著しく形成エネルギーが低下する傾向にある。この結果は電極近傍にY'$_{Zr}$よりもV$_O^{\cdot\cdot}$, OH$_O^{\cdot}$が高濃度に存在する可能性を示しており，異相界面近傍ではバルクとは全く異なる欠陥形成挙動を示すと考えられる。特に，正の点欠陥が負の欠陥に対して過剰に生成すれば，これは電極界面における空間電荷層の形成することを意味する。実際の空間電荷層の形成領域，電位，また欠陥濃度等の定量的な議論を行うためには，今後更なる詳細な解析が必要である。

5 まとめ

本章では第一原理計算によるイオニクス材料に関する解析に関して実際の研究例を紹介した。熱平衡濃度や移動エネルギー等に関しては経験的なパラメーターを用いることなく定量的な議論を行うことが可能となっている。また異相界面のような複雑かつ大規模な構造モデルに関する電子構造変化，さらには点欠陥形成挙動を検討することも十分現実的な時間での実行が可能である。近年では，格子振動の影響を顕に考慮することで有限度物性を第一原理計算によって計算する研

究例も報告されており，今後イオニクス分野において理論計算の果たす役割がさらに増すことが期待される。

文　　献

1) T. Ishihara *et al.*, *J. Am. Chem. Soc.*, **116**, p. 3801（1994）
2) J. W. Stevenson *et al.*, *J. Electrochem. Soc.*, **144**, p. 3613（1997）
3) 齋藤安俊ほか，金属酸化物のノンストイキオメトリーと電気伝導，p. 44，内田老鶴圃（1987）
4) キッテル固体物理学入門（第8版），p. 629，丸善（2005）
5) S. B. Zhang and J. E. Northrup, *Phys. Rev. Lett.*, **67**（1991）2339.
6) R. M. Nieminen, *Theory of Defects in Semiconductors Topics in Applied Physics*, **104**, p. 29（2007）
7) M. W. Chase Jr., "NIST-JANAF Thermochemical Tables(4th ed.)", The American Institute of Physics for The National Institute of Standards and Technology（1998）
8) Y. M. Chiang, "Physical Ceramics : Principles for Cermaic Science and Engineering," John Wiley & Sons, p. 216（1997）
9) Y. M. Chiang, "Physical Ceramics : Principles for Cermaic Science and Engineering," John Wiley & Sons, p. 194（1997）
10) H. Iwahara *et al.*, *Solid State Ionics*, **3-4**, p. 359（1981）
11) H. Iwahara *et al.*, *Solid State Ionics*, **61**, p. 65（1993）
12) K. D. Kreuer *et al.*, *Solid State Ionics*, **145**, p. 295（2001）
13) G. Henkelman *et al.*, *J. Chem. Phys.*, **113**, p. 9901（2000）

第7章 レーザーアブレーション法による高速ナノイオニクス電解質の創製

湯上浩雄*

1 はじめに

現在,固体電解質材料は固体酸化物燃料電池や全固体型リチウム二次電池等への応用が進められているが,より広い分野への実用化のためには導電特性,電極反応特性などの一層の性能向上が必要とされている。固体電解質におけるイオン伝導プロセスの素過程は,ナノスケールでの構造や静電相互作用に大きく影響を受けることから,ナノイオニクスを基盤とした学問体系による現象の理解が不可欠といえる。

ナノからマイクロスケールの界面効果を用いて,固体電解質のイオン伝導度を向上させた代表例としてLiang[1]らによるAl_2O_3/Liコンポジット系電解質が良く知られている。彼らは,絶縁性材料であるアルミナを混合することによりLiイオン伝導度が50倍程度上昇する現象を見出している。この現象は,アルミナ微粒子の表面に形成された空間電荷層によりLiイオン濃度が上昇することにより高イオン伝導性経路が形成されることにより説明されている。

近年,フッ化物イオン導電体人工格子薄膜における研究[2],LiI薄膜における膜厚依存性[3],セリア粒子における電子導電率のナノサイズ効果[4],酸素イオン伝導体多層膜[5]に見られるように,固体電解質のヘテロ界面における空間電荷層によるキャリアの増加,界面歪みによる格子の変形等の影響によりイオン伝導度が向上する現象が報告されている。これまでに報告されている2次元界面効果によると思われるイオン伝導度のエンハンスメントの値と最大の電気伝導度を示す膜厚を図1に示す。この図から分かるように,電気伝導度のエンハンスメントの大きさはフッ化物系が飛び抜けて大きい。これは,対象としているフッ化物系イオン伝導体においては,キャリア濃度が比較的低く,かつ移動度が高い状況で測定されて

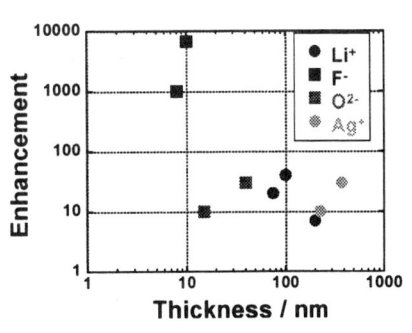

図1 2次元界面効果によるイオン伝導エンハンスメント

---

* Hiroo Yugami 東北大学 大学院工学研究科 機械システムデザイン工学専攻 教授

いることにより，空間電荷効果が大きく寄与しているためと考えられている。その他の物質においては，最大の電気伝導度を示す膜厚は伝導イオン種によって大きく異なっているが，エンハンスメントの大きさはおおよそ10から50程度となっている。キャリア濃度はイオン伝導体の種類や計測温度領域により大きく異なるが，酸素イオン伝導体のようにキャリア濃度が非常に高いと考えられる物質においても10nm以上の膜厚においてエンハンスメントが観測されることから，単純な空間電荷効果のみによってこれらのイオン伝導の向上が観測されたとは考えにくい。

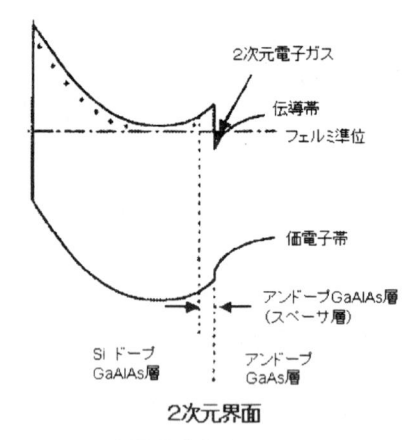

図2 高電子移動度トランジスタ（HEMT）のエネルギーバンド

半導体デバイスにおいては，キャリア生成層とキャリア伝導層の空間的な分離による高電子移動度トランジスタ（HEMT）が実現されている。HEMTの代表的なエネルギーバンド図を図2に示す。Siドープ層においてキャリア生成を行い，スペーサ層を挟んでバンドギャップが小さいGaAs層において電子キャリアを走行させる構造となっている。2次元電子ガスの領域には不純物がないことから，高い電子移動度が実現できている。イオン伝導性材料，特に不純物ドープにより欠陥形成を行いキャリア濃度を上げている物質において，同様の構造を作ることによりより高い移動度を有するイオン伝導体が実現できる可能性が有る。

しかし，イオン伝導体においては，電子伝導性材料に比べて短距離間相互作用が支配的であり，ヘテロ界面の影響が及ぼす範囲は狭く，例えば，空間電化層が存在する領域は数nm以下であると言われている。その為，従来の固体電解質の作製法では，ヘテロ界面の影響を最大限に生かした材料の開発，研究を行う事は困難であった。Pulsed Laser Deposition（PLD）法やMolecular Beam Epitaxy（MBE）法に代表されるドライプロセスは，nm以下のスケールで薄膜の構造制御が可能であり，特にPLD法はターゲットと同じ組成を持つ酸化物薄膜の作製が可能であるという特徴を持つ。そこで我々はPLD法を用いて，基板上にナノスケールで2次元的に広がるヘテロ界面を持つ固体電解質薄膜を創製し，ヘテロ界面の効果を最大限に生かすことにより，イオン導電特性の飛躍的な向上を目指している。

本研究では中低温作動型燃料電池の電解質材料として有望なY添加$BaZrO_3$（BZY）に焦点を絞り，その薄膜をPulsed Laser Deposition（PLD）法により作製し，イオン導電性と，薄膜内部に存在するヘテロ界面（基板—薄膜界面）の影響について研究を行った。

第7章　レーザーアブレーション法による高速ナノイオニクス電解質の創製

2　実験方法

BZY薄膜の製膜は，図3に示すPLD製膜システムを用いて行った。ターゲットとしてY添加$BaZrO_3$を用い，ArF（193nm）エキシマレーザ，またはNd-YAG（266nm）レーザにより加熱したMgO（001）等の単結晶基板上に約$1×10^{-1}$Paの酸素分圧下で行った。製膜前の基板の表面状態，製膜中及び製膜後の薄膜の表面状態をRHEEDを用いてモニターした。図3に示すように，膜厚が0.6nm程度の時点において，BZYの格子周期に対応したRHEEDパターンが観測されることから，平坦な基板界面が形成されていることが分かる。また，製膜終了時においても同様のパターンが観測されることから，薄膜最表面においても平滑な表面が形成されていると考えられる。

作製した薄膜はXRD，TEM等を用いて結晶構造，微細構造を評価し，導電特性の評価は交流インピーダンス法により行った。交流インピーダンスの測定雰囲気はBZY薄膜で温度範囲600～200℃，加湿空気雰囲気である。基板に対して面内方向の導電率は，櫛型電極を用いて測定した。加えてBZY薄膜については基板に対して垂直方向の導電率を，導電性のNd添加$SrTiO_3$（001）単結晶基板を下部電極とし，上部電極として薄膜上に円形電極を作製し評価を行った。

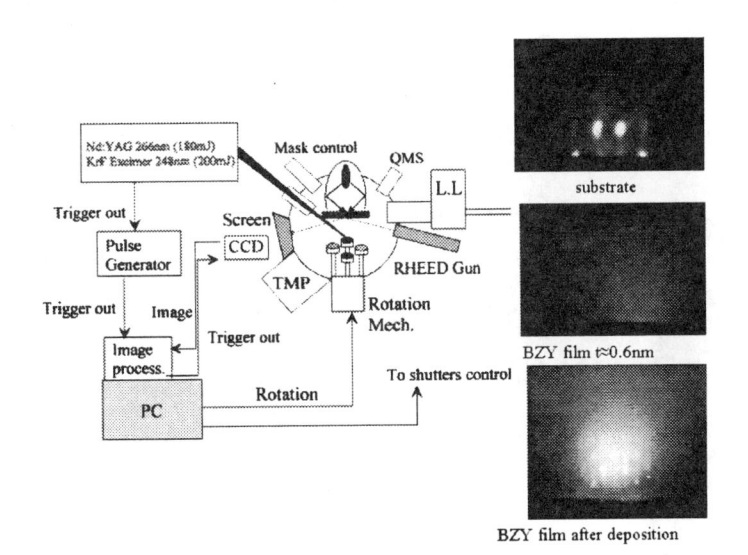

図3　レーザーアブレーション装置概要とRHEEDパターン

3 結果と考察

本研究においては，まずBaZrO₃バルクセラミクス及びエピタキシャル薄膜の両方を用いて，BaZrO₃の高い粒界抵抗が粒界の（幾何学的な）構造によるものであるかを確認するために，粒界界面の粒界性格分布とプロトン伝導性の関係を調べた．図4に5mol％Y-doped BaZrO₃ (BZY5) セラミクス (a) およびエピタキシャル薄膜 (b) の面方位分布を示す．セラミクスの粒径は，1～2ミクロン程度であり，各結晶粒ごとに面方位が大きく異なっていることが分かる．各粒界の性格分布を計測したところ，殆どの粒界がランダム粒界であることが分かった．これに対して，エピタキシャル薄膜においては，面方位分布は一様で（001）方位を持っていることが分かる．高分解能透過電子顕微鏡（TEM）観察から，この薄膜は直径が数nmから数十nmの大きさのカラム構造を持っていることが分かっている．これらのことから，エピタキシャル薄膜の粒界は低エネルギーの対応粒界（Σ1など）で形成されていると結論できる．このことから，バルクセラミクスとエピタキシャル薄膜においては，粒径や粒界性格が大きく異なっていることがわかる[6]．

BZY5のバルク試料の電気伝導度とエピタキシャル薄膜の面内方向電気伝導度の温度依存性を図5に示す．エピタキシャル薄膜は幾つかの膜厚の試料において計測した結果を示す．また，バルク試料については，バルク電気伝導度（実線）と粒界伝導度（破線）に分離したものを示す．この図から，エピタキシャル薄膜の電気伝導度は，バルク伝導度と比べると大きく低下しており，また活性化エネルギーが高いことが分かる．エピタキシャル薄膜の電気伝導度が，粒界により支配されていると仮定して，結晶粒の大きさで規格化した比粒界伝導度を求めると，絶対値および

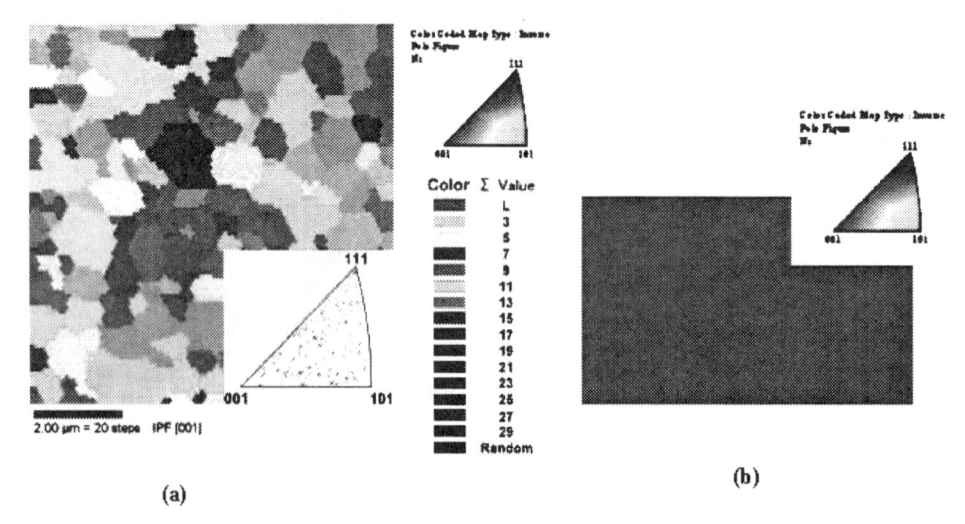

図4 BaZrO₃セラミクス(a)及びエピタキシャル薄膜(b)の面方位分布図

第7章 レーザーアブレーション法による高速ナノイオニクス電解質の創製

活性化エネルギーが，セラミクス試料の粒界電気伝導度と良い一致を示す。このことから，$BaZrO_3$の高い粒界抵抗は粒界性格すなわち粒界の幾何学的構造には依存していないことがわかった[7]。

セラミクス粒界においては，欠陥濃度がバルクと異なることにより電気的な障壁が形成されることが知られている。例えば，Meyerら[8]は，CeO_2系セラミクスにおいて直流分極測定の電圧—電流（I-V）特性から，ショットキー型障壁が粒界において形成されていることを報告している。ペロブスカイト型プロトン伝導体においても，粒界において正に帯電した障壁（Positive Charged Core：PCC）が形成されている可能性があることから，BZY5試料におけるI-V特性を調べた。図6に示すように空気中及びAr雰囲気において非線形的な特性を示した。図中の実線は，ターフェルの式によりフィッティングした結果を示す。高電圧側の特性をほぼ再現できることから，BZY5においてはショットキー型の障壁が形成されていることが推定される。また，Ar雰囲気においては，電流値の低下が観測された。この雰囲気ではBZYのホール伝導が低下することから，粒界におけるPCCは，BZY中のプロトンのみならずホールの伝導に対しても障壁として作用していることがわかった。

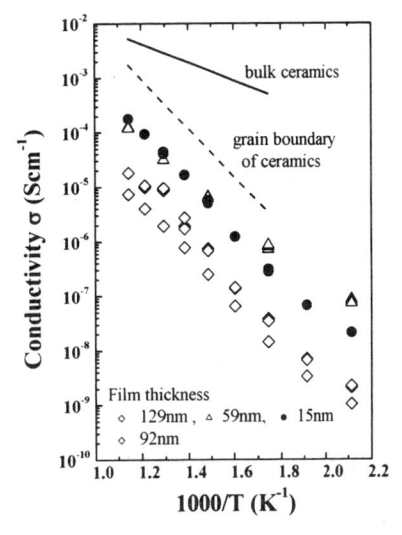

図5 Y-doped $BaZrO_3$セラミクス及び薄膜の面内方向電気伝導度

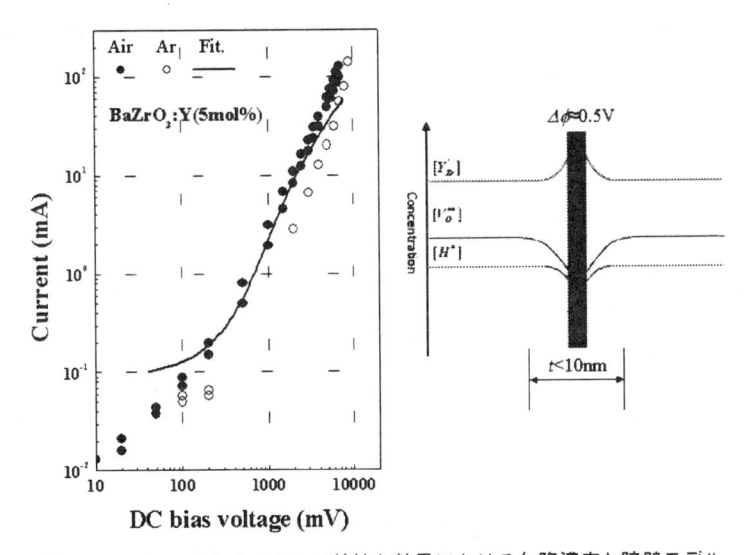

図6 $BaZrO_3$セラミクスのI-V特性と粒界における欠陥濃度と障壁モデル

粒界近傍に形成された空間電荷層の障壁高さや電荷量はMott-Schottkyモデルを用いて解析できる。Guo[9]らによる解析モデルを用いて，交流インピーダンス法により観測された緩和時間から推定され障壁高さと障壁幅はそれぞれ，0.6Vおよび<10nm程度となった。求められた障壁高さは，GuoらによるYSZの障壁高さとほぼ同程度である。障壁幅については，報告されているBZY20のプロトン濃度[10]から見積もられるデバイ長（～1nm）より大きくなっている。このことは，物質内部に存在するプロトンのうちごく一部が遮蔽効果に寄与している可能性がある。

BZY5薄膜において，電気伝導度が膜厚によって変化することが観測されたことから，図7に示す電気伝導度の膜厚依存性を調べた。本結果は300℃において測定されており，同位体効果からプロトン伝導が支配的であることが確認されている。図7から判るように，膜厚が低下するにしたがい電気伝導度が上昇すると共に，活性化エネルギーが低下している。膜厚が約50nm付近において伝導度が極大を持ち，より薄い膜においては伝導度が低下している。X線構造解析より，膜厚が20nm以下の薄膜においては基板の影響を強く受けていることから，基板との相互作用による構造変化がプロトン伝導性に影響を及ぼしていると考えられる。これは柱状結晶の粒界導電率が改善されている事を意味し，膜厚15nmの薄膜で活性化エネルギーが逆に上昇している事，基板界面から離れるにつれて結晶性が変化している事から考えると，基板界面から数10nm離れた領域の粒界特性が大きく変化している領域があると考えられる。

MgO，SrTiO$_3$単結晶基板上に製膜したBZY薄膜は，基板温度700℃以上で単結晶基板上にBZY(001)∥MgO，STO(001)，BZY(100)∥MgO，STO(100)の関係でエピタキシャル成長した。エピタキシャル薄膜の格子定数はX線回折装置（X'pert Pro，PANalytical）を用いた逆孔子空間マッピングにより計測したが，格子定数はMgO，STO両基板上で面内方向は約0.5％減少し，垂直方向は0.5％増加するという傾向が見られた。BZY薄膜の単結晶基板に対する格子ミスマッチはMgOに対して－0.4％，STO基板に対して＋6％と大きく異なり，ヘテロ界面（薄

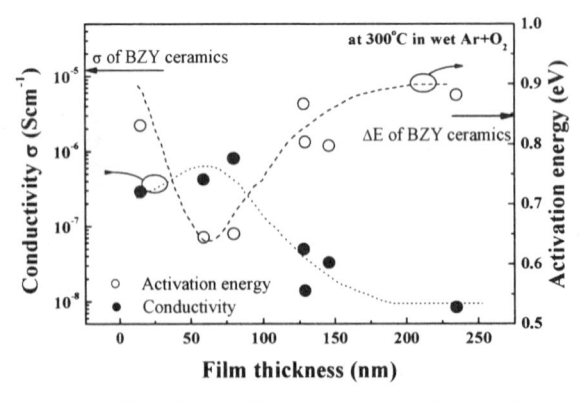

図7 電気伝導度と活性化エネルギーの膜厚依存性

第7章　レーザーアブレーション法による高速ナノイオニクス電解質の創製

膜-基板界面）で格子ミスマッチの差に応じ連続的に格子定数が変化するというモデルではこの現象は説明しにくく，ヘテロ界面近傍には転位や結晶の不連続部分が多く存在する事が予測された。図8にBZY薄膜とMgO基板界面の高分解能TEM像（上図）を示す。先に述べたように，大きさが10nm程度の大きさの柱状（カラム）構造をしていること，および界面にアモルファス層のような中間層は形成されていないことが確認できる。また，界面近傍から離れるにつれて柱状結晶の大きさが増加し，結晶性が向上している事が確認された。膜の結晶性に基板からの距離依存性がある事はBZY（001）ピークのロッキングカーブの半値幅膜厚依存性からも確認された。

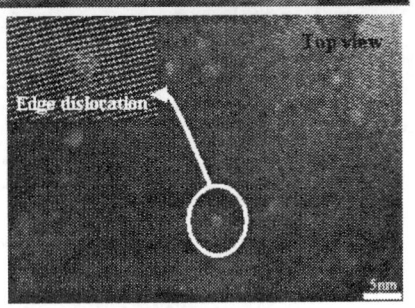

図8　$BaZrO_3$薄膜／MgO基板付近の高分解能透過電子顕微鏡像

　一方，薄膜上面から観察した結果（下図）からは，薄膜内部に高密度に刃状転移が導入されていることがわかった。これは，エピタキシャル成長の過程でカラム形成をすることにより，その界面において導入されている可能性がある。面内方向のプロトン伝導に対しては，これらの転移構造が影響を及ぼしている可能性がある。電気伝導度の膜厚依存性と構造解析結果から，薄膜／基板界面の格子不整合により導入された格子歪みがプロトン伝導性に影響を及ぼしている可能性がある。また，その影響の大きさを制御することにより，薄膜のプロトン伝導度を向上できる可能性がある。粒界導電率が変化する原因については現在のところ明確にはなっていないが，ヘテロ界面からの距離を考えると空間電化層による影響は考えにくく，製膜時に導入されたヘテロ界面における応力の影響や転位等の欠陥導入，結晶性の乱れが関係していると考えられる。

　BZY/MgO界面の間隔を制御することにより，界面において適切な応力を導入することが可能となり，電気伝導度の向上が期待できる。本研究では，MgO基板上に種々の周期でBZY/MgO多層膜を形成して，その周期性とプロトン伝導性の関係を調べた。図9に異なる周期を有するBZY/MgO多層膜のX線回折パターンを示す。BZY層の膜厚が厚いときには（001）配向をしているが，BZY層の厚さが低下してくると（110）回折ピークが観測されるようになる。また，周期が短い資料においては22度付近のメインピーク近傍にサテライトらしき構造が観測されるが，余り明瞭ではない。この結果は，ペロブスカイト型プロトン伝導体同士の超格子のX線回折においては非常に明瞭なサテライト構造が観測されるのとは対照的である。

ナノイオニクス―最新技術とその展望―

図9　BaZrO₃/MgO多層膜のX線回折パターン

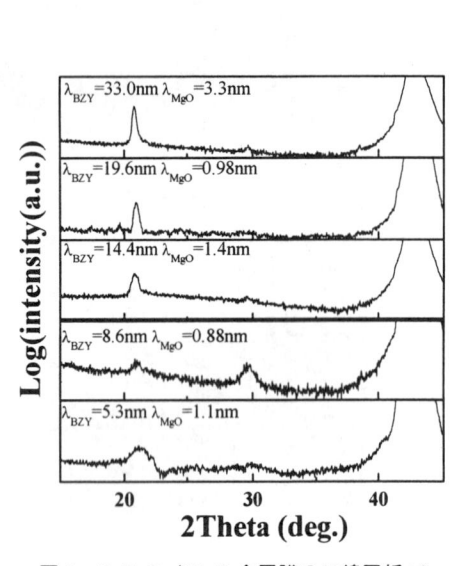

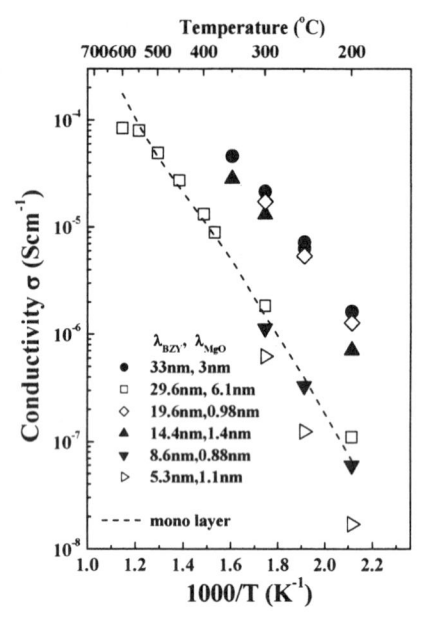

図10　BaZrO₃/MgO多層膜の電気伝導度

　図10に異なる周期のBZY/MgO多層膜の電気伝導度の温度依存性を示す。同位体効果の結果より，測定している電気伝導度はプロトン伝導によるものであることを確認している。周期によって大きく2つのグループに分かれている。電気伝導度が低いグループはBZY5単層膜と同様の値を示し，多層膜の効果が現れていないことがわかる。これに対して，一桁程度高い電気伝導度を示す試料があることから，各層の膜厚と電気伝導度との関係をより詳細に検討する必要が有るが，界面状態を制御することにより，BaZrO₃薄膜の電気伝導をを向上できることがわかった。

　また，これらの高い電気伝導度を示す試料を一定温度以上に加熱することにより，不可逆的に電気伝導度が低下して，単層膜における値と同じになることがわかってきた。このことは，MgO/BZY界面に導入されている応力がプロトン伝導性の上昇と関連していることを示唆している。

4　おわりに

　ナノイオニクスを基盤としたヘテロ界面の制御によるイオン伝導性の向上を目指して，ペロブスカイト型プロトン伝導体の一種であるBaZrO₃：Yにおける，界面構造とプロトン導電性に関して研究を行なった。その結果以下のことがわかった。

第7章 レーザーアブレーション法による高速ナノイオニクス電解質の創製

- $BaZrO_3$の粒界抵抗に対する粒界性格などの幾何学的な影響は小さい。
- 粒界近傍に形成された正帯電層の厚さは10nm以下で，障壁高さは約0.6V程度である。
- MgO基板上に形成された$BaZrO_3$薄膜は，柱状構造をしており基板界面からの距離により構造が変化しており，その電気伝導度は50nm程度の膜厚において極大値をとる。
- MgO/BZY多層膜を作製して界面において応力を導入することにより電気伝導特性を改善できる可能性がある。

謝辞

本研究は，井口史匡氏（東北大学）との共同研究によるものである。本研究は，文部科学省科学研究費補助金「特定領域研究」ナノイオニクス（439）により実施された。

文　献

1) C. C. Liang, *J. Electrochem. Soc.*, **120**, 1289（1973）
2) N. Sata *et al.*, *Nature*, **408**, 946（2000）
3) E. Schreck *et al.*, *Z. Physik B.*, **62**, 331（1986）
4) HL Tuller, *Solid State Ionics*, **131**, 143（2000）
5) S. Azad *et al.*, *Appl. Phys. Lett.*, **86**, 131906（2005）
6) F. Iguchi *et al.*, *Solid State Ionics*, **177**, 2381（2006）
7) F. Iguchi *et al.*, *Solid State Ionics*, **178**, 691（2007）
8) R. Meyer *et al.*, *Electrochem. Solid State Lett.*, **8**, E67（2005）
9) X. Guo *et al.*, *J. Am.Ceram. Soc.*, **86**, 77（2003）
10) K. D. Kreuer, *Annual, Rev. Mat. Res.*, **33**, 333（2003）

第8章　ナノ複合体のイオン伝導
―伝導度増加とパーコレーション問題―

河村純一[*1], 神嶋　修[*2], 前川英己[*3]

1　ナノ複合イオン伝導体研究の歴史

　複合体のイオン伝導機構が注目されはじめたのは，1970年代のLiangらによる絶縁体分散効果の発見からである。彼らは，ヨウ化リチウム（LiI）に絶縁体であるアルミナ（Al_2O_3）の微粒子を分散すると，イオン伝導度が1桁以上増大する事を報告した[1]。これに刺激されて，AgI-アルミナ系をはじめ，様々なイオン伝導体に絶縁体微粒子を分散した結果が報告された。この現象は，LiI表面での電気二重層形成による欠陥濃度の増加によるものだと説明がされた[2]。更に，Maierらによる薄膜での実験によりイオン伝導体と絶縁体の界面では欠陥濃度が増加する事が示された[3~5]。想定された電気二重層の厚さは数ナノメートルである。ここから，粒子サイズを数ナノメートル以下にすれば，界面電気二重層効果により莫大なイオン伝導度増加が起こると期待された。

　そこで，ナノ微粒子やナノ・メソ細孔体を用いた複合体の合成がここ数年は活発に行われるようになっている。ナノ構造体の作製法には半導体微細加工技術等を用いて作るトップダウン方式と，走査型トンネル顕微鏡などを用いて原子・分子から構築するボトムアップ方式とがよく知られている。最近では，そこに自己組織化法と呼ばれるアプローチが導入され，多様なナノ構造体が作製できるようになった。自己組織化とは，「分子や原子が勝手に集まって，生物のような高度な分子組織体をつくりあげること」[6]とされ，具体的には，有機分子や高分子のミクロ相分離などの自然現象を利用してナノスケールの構造を作製する方法である。詳しくは，専門書[6]や前川の解説[7~9]を参考にしていただきたい。

　ミクロ相分離やミセル形成，クラスレート構造などは，自己組織化という言葉が生まれる以前から様々な分野で研究されてきた現象であり，固体イオニクスの分野でも議論されてきた。ナフィオンに代表されるプロトン導電性の高分子膜中の水が10nm程度のイオンクラスターを作る事

---

*1　Junichi Kawamura　東北大学　多元物質科学研究所　物理機能解析分野　教授
*2　Osamu Kamishima　東北大学　多元物質科学研究所　物理機能解析分野　助教
*3　Hideki Maekawa　東北大学　大学院工学研究科　金属フロンティア工学専攻　准教授

第8章 ナノ複合体のイオン伝導

が1980年代から指摘され，近年のX線・中性子線回折や小角散乱（SAX，SANS）により極めて明確になってきた[10～12]。また，AgIを含む超イオン導電体ガラスにおいても，SAX，SANSにより，ナノメートル領域の中距離秩序構造の存在が明らかとなった1990年代には，不均一構造をもとにしたイオン伝導機構，特にパーコレーション理論の適用の是非が活発に議論された[13～18]。

一方，ナノ複合体のイオニクス分野への利用という面では，リチウム（イオン）電池と燃料電池への応用には，近年目覚ましいものがある。例えば，リチウム電池の正極材料として使われる，$LiCoO_2$，$LiMn_2O_4$，$LiFePO_4$などは，以前から微粒子化して用いられてきたが，近年ナノ微粒子化の技術が開発され，それを用いる事で充放電特性，とりわけレート特性が格段に良くなる事が報告されている[19]。これは，ナノ微粒子化により電解液や導電助剤との接触面積を増加させる効果と，正極中でのリチウムの拡散速度が小さいため短時間では100nm以上の内部までリチウムイオンが挿入脱離できない問題を克服したと考えられる。一方で，これまで電池の正極や負極としては機能しなかった材料が，ナノ微粒子化することで充放電反応を示し，新たな活物質として注目されるようになってきた[20]。更に，活物質のナノ化は，レート特性だけでなく起電力にも影響する事も指摘されている[21]。これらの問題については，本書の入山らの解説も参考にしていただきたい。

ナノ複合体の研究が進むにつれて，マクロに観測されるイオン伝導度とナノ領域での物性値は大きく異なる事が分かってきた。中性子散乱，光散乱，光カー効果，マイクロ波伝導度，核磁気共鳴など，ナノ秒・ピコ秒領域でのイオンの動きから予想されるより，実際にインピーダンス法で測定されるイオン伝導度は数桁も小さい。このような背景から，著者らはガラスや複合体などの複雑系においては，構造とイオンダイナミクスに空間・時間スケールの異なる階層を考え，ナノ領域からマクロ領域までイオンが拡散するパーコレーションの問題に注目すべきことを主張してきた[18]。一方，これらの研究からミクロなイオンダイナミクスとマクロをつなぎ，イオン伝導度を定量的に計算できる理論的枠組が必要な事を痛感し，様々な理論モデルについて検討を行なってきた。その結果，古くから知られる有効媒質近似が比較的簡単な計算で，さまざまな場合についてリーズナブルな結果を与える事が分かってきた。本稿では，複合体のイオン伝導度をミクロな情報から計算する方法を中心に紹介する。

2 複合体のイオン伝導理論

2種類以上の物質を混ぜ合わせた複合体のイオン伝導度は，構成成分の導電率とどのような関係があるのだろうか。ここでは導電率の組成依存性を表す理論の現状を紹介する。厳密な統計力学的取り扱いと，経験則的なレベルとでは大きな隔たりがあるが，まずは，よく使われる数式を

羅列しておこう。簡単のため，ここでは導電率 σ_1 と σ_2 を持つ二成分の複合体を考える。

2.1 直列近似

成分1と2が電極に対して直列に入っていると近似した場合，

$$\rho_1 = \phi_1 \rho_1 + \phi_2 \rho_2 \tag{1}$$

ここで，$\rho_1 = 1/\sigma_1$, $\rho_2 = 1/\sigma_2$，は，それぞれの抵抗率（比抵抗）であり，ϕ_1, ϕ_2 は体積分率である。

2.2 並列近似

$$\sigma = \phi_1 \sigma_1 + \phi_2 \sigma_2 \tag{2}$$

直列近似と並列近似は，それぞれ厳密な理論に対して伝導度の下限と上限を与える。

2.3 対数加成則

実験的には，導電率の対数が組成に対して直線的に振る舞う場合が良くある。これは経験的に対数加成則，Lichtenecker式などと呼ばれる。

$$\log\sigma = \phi_1 \log\sigma_1 + \phi_2 \log\sigma_2 \tag{3}$$

この式は，AgI と酸化物からなるオキシハライド系超イオン導電体ガラスにおいても良く成り立つことが知られ[22]，不均一構造モデルやパーコレーションモデルに対する強い反証の一つとなっている[23]。この式は，両成分が分子レベルで混合した場合に成り立つ。これについては，3節で詳しく述べる。

2.4 混合則 (mixing rule)

並列近似の(2)式を拡張したような形で，パラメータ α を導入した下記の式も知られる。

$$\sigma^\alpha = \phi_1 \sigma_1^\alpha + \phi_2 \sigma_2^\alpha \tag{4}$$

これは，mixing rule と呼ばれ，数学的には $\alpha=1$ で並列近似，$\alpha=-1$ で直列近似になり，更に $\alpha \sim 0$ では対数加成則になる。その意味では，非常に汎用性の高い式であるが，パーコレーション理論などから予言される中間組成での特異性を記述することはできない。

第8章 ナノ複合体のイオン伝導

2.5 Uvarovの一般化された混合則

上記の混合則を改良し、中間濃度域での直線性からの大きなずれを説明するために、Uvarovらはパラメータ α を二つ組み合わせた下記の式を提案している[24]。

$$\sigma^{\alpha_1\phi_1+\alpha_2\phi_2} = \phi_1\sigma_1^{\alpha_1\phi_1+\alpha_2\phi_2} + \phi_2\sigma_2^{\alpha_1\phi_1+\alpha_2\phi_2} \tag{5}$$

この式を用いて、Uvarovらは $LiI-Al_2O_3$、$AgCl-Al_2O_3$ 複合体などの絶縁体分散効果によるイオン伝導度増加を解析している[25]。

2.6 Brick-Wall近似

直列近似と並列近似の中間を表す方法として、ブロックが積み重なったような構造でモデル化した式もしばしば使われる[26]。ブロックの一辺の長さを D、ブロック間のすき間(粒界に相当)の幅を d とすると、粒界の体積分率 x_{gb} は、$3d/D$ と近似できる。ブロック内部の伝導度を σ_{gi}、粒界の伝導度を σ_{gb} とすると、マクロな伝導度はそれぞれの大小関係により、次のように表される。

$$\rho = \rho_{gi} + \frac{x_{gb}}{3}\rho_{gi} \qquad (\sigma_{gi} \gg \sigma_{gb}) \tag{6a}$$

$$\sigma = \sigma_{gi} + \frac{2}{3}x_{gb}\sigma_{gb} \qquad (\sigma_{gi} \ll \sigma_{gb}) \tag{6b}$$

これらの式は、セラミックスの粒界抵抗の影響を考えるのに使われる。この式の利点は、交流の場合に容易に拡張でき等価回路として書ける点である。通常、交流インピーダンス法で粒内と粒子間の抵抗率を複素インピーダンスプロット(通称Cole-Coleプロット)から分離する根拠は、(6a)式の直列近似条件に依っている。粒界の伝導度が粒内より大きければ、この方法は使えない事に注意が必要である。

2.7 Clausius-Mossoti-Wagnerの近似

これまでの式は、いずれも経験式やモデル式であり、必ずしも理論的な背景が保証されている訳ではない。これに対して、電磁気学に基づいてランダム媒質中の電場と電流・分極などをきちんと取り扱う事ができる。電磁気学で媒質中の一つの双極子(分極可能なもの一般)に働く有効電場を求めるのに使われるLorentzの内部電場の式から出発する。この有効電場を E_{eff} とすると、

$$E_{eff} = E + \frac{4\pi}{3}P \tag{7}$$

となる。ここで分極は $P = n\alpha E_{eff}$ と書けるので、実効誘電率 ε_{eff} は、

$$\varepsilon_{eff}-1=\frac{4\pi n\alpha E_{eff}}{E}=4\pi n\alpha\frac{\varepsilon_{eff}+2}{3} \tag{8}$$

$$\frac{\varepsilon_{eff}-1}{\varepsilon_{eff}+2}=\frac{4\pi}{3}n\alpha \tag{9}$$

となる。ここで，αとnは注目する双極子（分極可能なもの）の分極率と数密度である。双極子の代りに，誘電率ε_1で半径aの球を考えると，その分極率は，

$$\alpha=a^3\frac{\varepsilon_1-1}{\varepsilon_1+2} \tag{10}$$

となるから，結局

$$\frac{\varepsilon_{eff}-1}{\varepsilon_{eff}+2}=\frac{4\pi}{3}a^3n\frac{\varepsilon_1-1}{\varepsilon_1+2}=\phi_1\frac{\varepsilon_1-1}{\varepsilon_1+2} \tag{11}$$

真空の代りに，誘電率ε_2の媒質中だと考えると，

$$\frac{\varepsilon_{eff}-\varepsilon_2}{\varepsilon_{eff}+2\varepsilon_2}=\phi_1\frac{\varepsilon_1-\varepsilon_2}{\varepsilon_1+2\varepsilon_2} \tag{12}$$

を得る。この式は，誘電率ε_2の媒質中に，誘電率ε_1の球が体積分率ϕ_1だけ存在する場合の，全体の有効誘電率ε_{eff}を与える式と見る事ができる。複素誘電率と複素導電率は

$$\sigma^*=i\omega\varepsilon^* \tag{13}$$

で関係づけられるので，σ^*の実部σについても，(12)式と同様な式，

$$\frac{\sigma_{eff}-\sigma_2}{\sigma_{eff}+2\sigma_2}=\phi_1\frac{\sigma_1-\sigma_2}{\sigma_1+2\sigma_2} \tag{14}$$

が成り立つ。(12)(14)式はClausius-Mossotiの式，あるいはWagnerの式と呼ばれ，溶液のマクロな誘電率ε_{eff}や誘電損失$\varepsilon''_{eff}=\sigma_{eff}/\omega$から溶質分子の分極率や誘電緩和を求める際に用いられる。しかし，この式は，1と2（溶質と溶媒）を入れ替えた時に対称性を満足しない。従って，あくまで分散体1の濃度が低い場合の近似式と見る事ができる。(14)式をσ_{eff}について解くと近似式として，

$$\sigma_{eff} \approx \frac{2\phi_1}{3-\phi_1}\sigma_2 \quad (\sigma_2 \gg \sigma_1) \tag{15a}$$

$$\sigma_{eff} \approx \frac{1+2\phi_1}{1-\phi_1}\sigma_2 \quad (\sigma_2 \ll \sigma_1) \tag{15b}$$

が得られる。なお，Wagnerの式を高濃度まで拡張する試みが存在するが，本稿の趣旨からはずれるので割愛する[27]。

2.8 有効媒質近似[28, 29]

上記のClausius-Mossotiの式は，1と2について対称にならず，中間の組成については精度が悪い。この欠点を解決する方法として，下記の有効媒質近似の考え方がある。

まず，図1のような不均一混合媒質を考える。中心のグレーの部分を体積Vの球として，その周りをε_1とε_2の領域がランダムに取り囲んでいるとする。遠くの電場をE_0とし，グレーの部分の分極をP，その周りの1と2の領域の平均誘電率（これが今は分からない）をε_mとすると，(11)式と同様にして，

$$P = n\alpha E_0 = na^3 \frac{\varepsilon_i - \varepsilon_m}{\varepsilon_i + 2\varepsilon_m} E_0 = \frac{3}{4\pi} V \frac{\varepsilon_i - \varepsilon_m}{\varepsilon_i + 2\varepsilon_m} E_0 \tag{16}$$

が得られる。ここで，ε_iはグレーの部分の誘電率である。

ここで，注目する場所を色々変えて平均を取ると，それが周りの平均誘電率に等しくなるはずだと考える。しかも，その時には周りと中が同じ誘電率なので分極Pはゼロになる。従って，

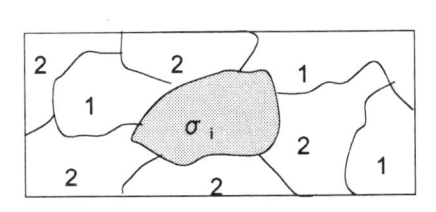

図1 有効媒質近似を考える不均質媒質

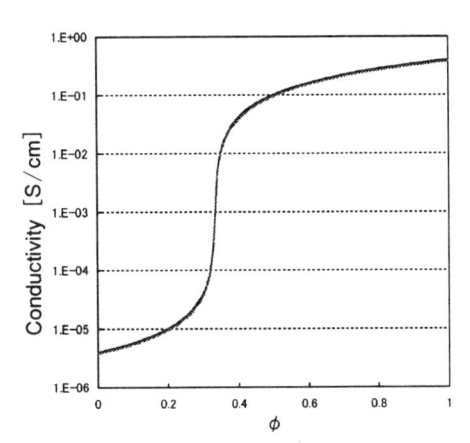

図2 2成分有効媒質近似による，平均伝導度σ_mの体積分率ϕ_2依存性

$$\frac{\langle P \rangle}{E_0} = \left\langle \frac{\varepsilon_i - \varepsilon_m}{\varepsilon_i + 2\varepsilon_m} \right\rangle = \sum_i \phi_i \frac{\varepsilon_i - \varepsilon_m}{\varepsilon_i + 2\varepsilon_m} = 0 \tag{17}$$

が得られる。導電率σで表すと,

$$\left\langle \frac{\sigma_i - \sigma_m}{\sigma_i + 2\sigma_m} \right\rangle = \sum_i \phi_i \frac{\sigma_i - \sigma_m}{\sigma_i + 2\sigma_m} = 0 \tag{18}$$

となる。この式は,Bruggeman の有効媒質近似の式と呼ばれ,iが1と2の場合には,

$$\sigma_M^2 + \{(-2\sigma_1 + \sigma_2)\phi_1 + (-2\sigma_2 + \sigma_1)\phi_2\}\sigma_M - \sigma_1\sigma_2 = 0 \tag{19}$$

となり,2次方程式となる。この根を求めれば複合体の平均導電率σ_mが求まる。図2に,(19)式から計算される電気伝導度σ_Mの体積分率ϕ_2依存性の例を示す。図2から分かるように,有効媒質近似からは,$\phi_2 = 0.33$で導電率は特異的に急変する。これは,次の厳密なパーコレーション理論からも予想される結果であり,高伝導相2の体積分率があるしきい値より少なければ,試料全体につながった伝導経路は形成されず,低伝導相の寄与だけになるだろうという直感とも一致する。

有効媒質近似からは,臨界しきい値$\phi_c = 1/3$となり,ϕ_cより高濃度側と低濃度側でそれぞれ

$$\sigma_m \approx \frac{1}{2}\sigma_m(3\phi_2 - 1) \qquad (\phi_2 \geq 1/3) \tag{20a}$$
$$\rho_m \approx \rho_0(1 - 3\phi_2) \qquad (\phi_2 \leq 1/3) \tag{20b}$$

と近似できる。これは,次のパーコレーション理論の言葉で表現すると,臨界しきい値$\phi_c = 1/3$,臨界指数$\mu = 1$ということになる。

有効媒質近似は,導電率の組成依存性が不連続な場合に適用できる。実際,後述するAg-Ge-Se系ミクロ分相ガラス[30]や有機無機複合ガラスなどに適用されている。また,LiI-TiO$_2$系の絶縁体分散効果についても適用されている[31]。

有効媒質近似の(18)式は,3成分以上にも拡張できる。1,2,3の3成分の混合系では,

$$\phi_1 \frac{\sigma_1 - \sigma_m}{\sigma_1 + 2\sigma_m} + \phi_2 \frac{\sigma_2 - \sigma_m}{\sigma_2 + 2\sigma_m} + \phi_3 \frac{\sigma_3 - \sigma_m}{\sigma_3 + 2\sigma_m} = 0 \tag{21}$$

を解いて,次の3次方程式の根をカルダノの方法か数値的に求めれば良い。

第8章　ナノ複合体のイオン伝導

$$A\sigma_m^3 + B\sigma_m^2 + C\sigma_m + D = 0$$
$$A = -4$$
$$B = 2\{(2\phi_3 - \phi_2 - \phi_1)\sigma_3 + (-\phi_3 + 2\phi_2 - \phi_1)\sigma_2 + (-\phi_3 - \phi_2 + 2\phi_1)\sigma_1\}$$
$$C = (2\phi_3 + 2\phi_2 - \phi_1)\sigma_3\sigma_2 + (2\phi_3 - \phi_2 + 2\phi_1)\sigma_3\sigma_1 + (-\phi_3 + 2\phi_2 + 2\phi_1)\sigma_2\sigma_1$$
$$D = \sigma_3\sigma_2\sigma_1$$
(22)

2.9 パーコレーション理論とスケーリング則

絶縁体Aにイオン伝導体Bを分散してゆくと，途中までは分散相はバラバラで遠方まではつながらず，マクロな直流イオン伝導度はゼロのままであるが，ある臨界濃度ϕ_cを超えると分散相がつながり直流伝導度が出現する。これは，統計力学のパーコレーション理論によって厳密に解析する事ができる[32,33]。例えば，囲碁のように，白と黒の石を盤面に並べたとき，白の陣地が端から端までつながる可能性を考える。これは，サイトパーコレーション問題と呼ばれ，導電率の濃度依存性は，下記のスケーリング表式で表される。

$$\sigma \propto (\phi_2 - \phi_c)^\mu \qquad (\phi_2 > \phi_c) \tag{23}$$

ここで，ϕ_cは臨界しきい値濃度，μは伝導度スケーリング指数である。一般には，ϕ_cとμは分散体の形や分布の仕方などに依存する。様々な格子や連続パーコレーション系に対する，臨界濃度とスケーリング指数の値は，数値計算により求められ教科書や総説にまとめられている[32~35]。

2.10 一般化された有効媒質近似

有効媒質近似は，不均一系の誘電率や導電率の全体的振る舞いを極めて良く記述できるが，厳密なパーコレーション理論による数値計算からは臨界しきい値は0.16程度となり1/3より小さく，臨界指数も数値計算では2程度になり有効媒質近似とは一致しない。

そこで，臨界点近傍での導電率の振る舞いを精密に解析するために，有効媒質近似の式(18)を改良して，厳密なパーコレーション理論の結果も取り込む試みが，McLaclanにより提案されている[36,37]。

$$\phi_1 \frac{\sigma_1^{1/s} - \sigma_m^{1/s}}{\sigma_1^{1/s} + A\sigma_m^{1/s}} + \phi_2 \frac{\sigma_2^{1/t} - \sigma_m^{1/t}}{\sigma_2^{1/t} + A\sigma_m^{1/t}} = 0$$
$$A = (1 - \phi_c)/\phi_c$$
(24)

この式は，(20)式に較べると，分母の係数2（EMAでは次元数で決まる）を臨界しきい値ϕ_cで決まるパラメータAに置き換え，伝導度の肩に指数1/sと1/tをパラメータとして導入している。
この式は，パーコレーション理論との整合性も良く臨界点近傍の精密なデータにもよく合う[37]。

固体イオニクス材料の複合系としては，YSZ-Y_2O_3分散系[38]やAgI-BN系[39]，AgI-$RbAg_4I_5$系[40]，α-AgI析出ガラス[41]等にも適用され，実験値との良い一致を見ている。

3 イオン伝導性ナノ構造体の例

3.1 絶縁体分散効果

冒頭で述べたように，ヨウ化リチウムにアルミナ微粒子を分散させた時の導電率増加がLiangらにより最初に報告された（図3）。伝導度の組成依存性は，単純にLiIとAl_2O_3の伝導度を組み合わせるだけでは表せない。その説明としてWagnerやMaierらのグループにより界面欠陥反応と電気二重層形成のモデルが提唱されている[3,42,43]。

また，Uvarovらは，独自の一般化された混合式(4)を用いて図3の振る舞いを説明している。同様な導電率増加は，AgI-Al_2O_3複合系でも見られ（図4），Uvarovらは詳細なXRD, DSCの結果を総合し，この系では界面にアモルファス層が形成されている可能性を指摘している。

一方，AgI-TiO_2系についても同様な導電率増加が見られ，Furusawaらは，TiO_2微粒子の周りに高伝導層が形成されるとして，その実効比抵抗ρ_rを独自の立方体シェルモデルから見積もり，周囲のAgIと微粒子との二成分有効媒質近似を考え，導電率の組成依存性を説明するのに成功している[31]。

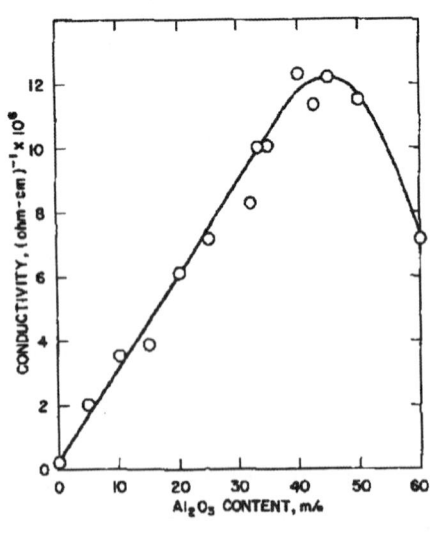

図3 LiangによるLiI-Al_2O_3複合体のイオン伝導度[1]

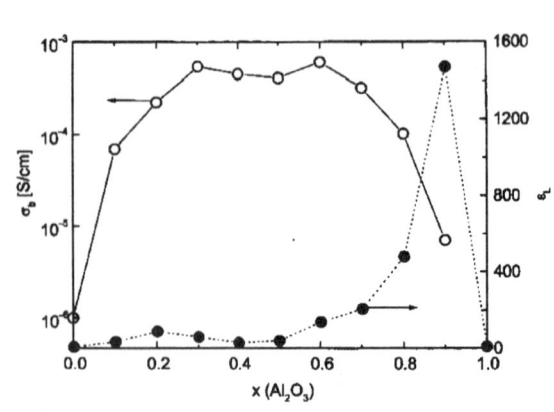

図4 UvarovらによるAgI-Al_2O_3複合体のイオン伝導度[25]

第8章 ナノ複合体のイオン伝導

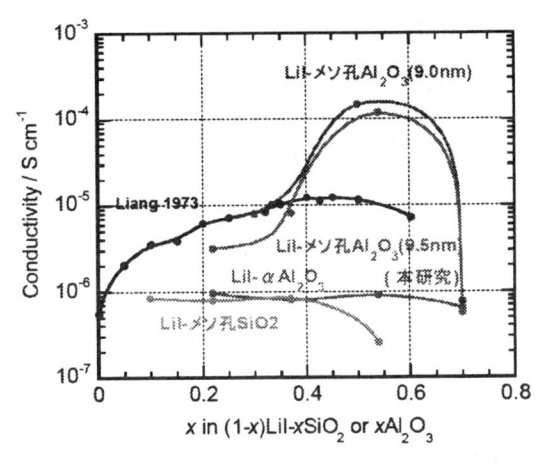

図5 メソ細孔 SiO_2, Al_2O_3 と LiI 複合体のイオン伝導度

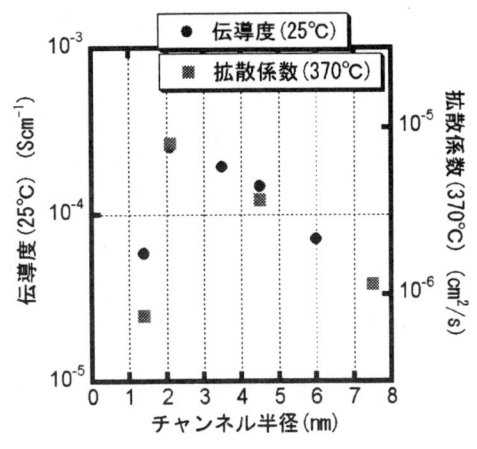

図6 メソ細孔 Al_2O_3-LiI 複合体の伝導度と Li 拡散係数の細孔径依存性

3.2 酸化物メソ多孔体とLiI複合系のイオン伝導度

　最近，前川らは，界面活性剤の自己組織化を利用して2～22nmの範囲で様々な細孔径を有するメソポーラスアルミナチャンネル体を作成し，溶融塩浸漬法によりヨウ化リチウムとの複合体を作成した。その結果，二ケタ以上のイオン伝導度の増加を見いだした[44]。

　メソポーラスアルミナ・ヨウ化リチウム複合体のイオン伝導度は，細孔径が小さい程大きくなるものの，4～7nmで最大値を示しそれ以下では小さくなる事が見出された。50LiI-50Al_2O_3組成，細孔径4.2nmで最大値$2.6×10^{-4}$S/cmの値を示した。これは，純粋なLiIの300倍，Liangらによる粉末混合体の20倍以上高い値である（図5，6）。

　このような大きなイオン伝導度の増加効果は，電気二重層形成のみでは説明が困難で，Li-7，Al-27核のNMRなどの測定からは，アルミナとLiIの界面で高伝導性のアモルファス相が形成されている可能性がある。この場合，LiI，Al_2O_3，界面層の3相からなる有効媒質近似を用いると，導電率の振る舞いは上手く説明でき，0.3付近で界面相がつながり出し，0.6以上ではアルミナ成分が多すぎて切断されると考えられる[43]。

　同様な例はAgBr，AgI-xy細孔アルミナについても報告され，AgBrは空間電荷層モデルで説明されるが，AgIの場合はc軸の積層不整の影響が大きいとされる[45]。

3.3 AgI-有機物系ガラス

　AgIとヨウ化アルキルアンモニウムからなる有機無機複合ガラスは，EXAFSや小角X線散乱などから，1nm程度の中距離秩序を持つ事が知られ，有機分子の周りをAgI取り巻くクラスター構造を取ると考えられる。その導電率は組成により絶縁体から超イオン導電体にまで変化し，パー

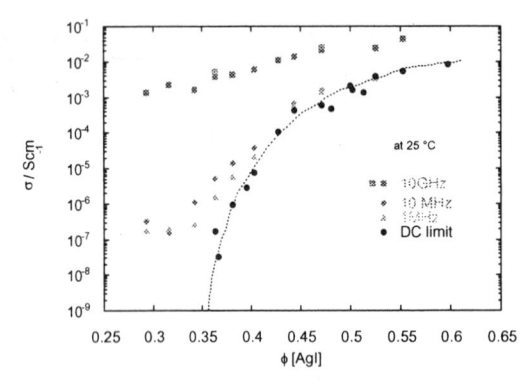

図7 AgI-有機物系ガラスのイオン伝導度のAgI体積分率依存性（パーコレーション型）

コレーション理論の予測通りの振る舞いを示す（図7）[46]。

3.4 AgI-酸化物系ガラス

一方，古くから知られるAgI-酸化物系ガラスでは，同じくX線の低角回折や小角散乱では1nm程度の秩序構造が見られ，AgIリッチ部分と酸化物骨格とがナノスケールで分離していると考えられる。それにもかかわらず，導電率の組成依存性にはパーコレーション転移は見られず，対数加成則（(3)式）が良く成り立つ（図8）。この疑問は，長らく謎であったが，AgIリッチ領域と酸化物骨格との界面に第三相として両者のランダム混合相を考え，3成分の有効媒質近似

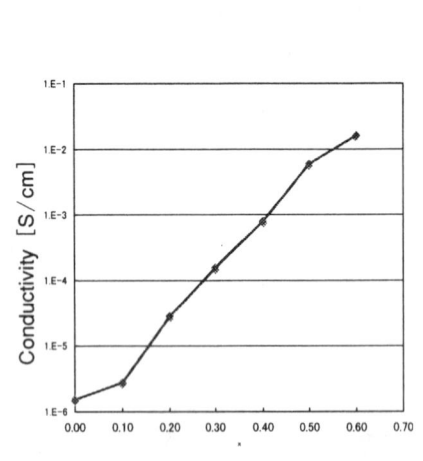

図8 AgI-AgPO$_3$系ガラスのイオン伝導度のAgI組成依存性（対数加成則）

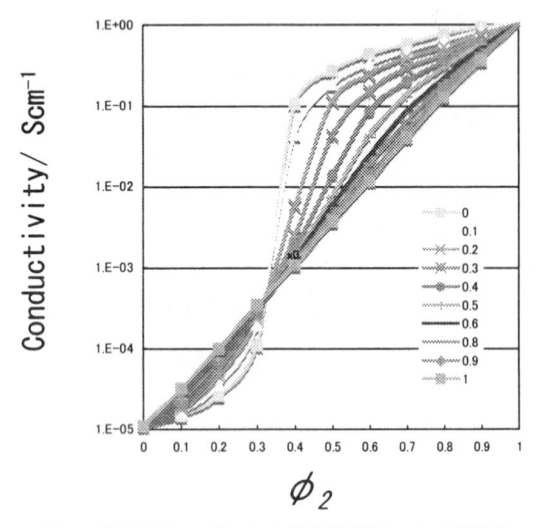

図9 界面混合モデルと有効媒質近似による伝導度の計算値
数字は界面層の体積分率

第8章 ナノ複合体のイオン伝導

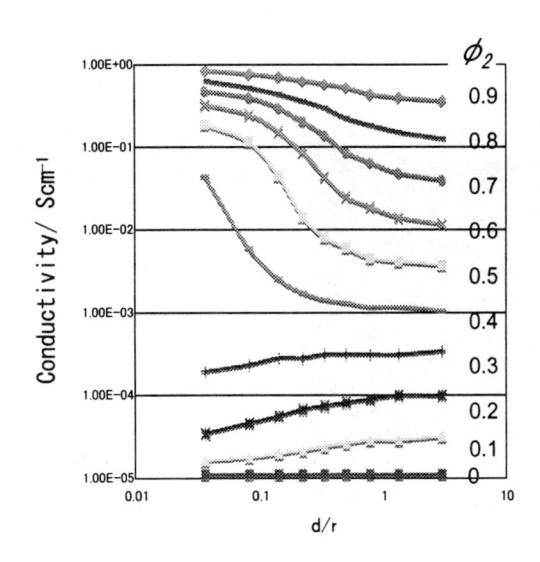

図10 伝導度（計算値）の界面層厚さdと粒径rの比に対する依存性

((21)式) を用いる事で統一的に説明できることが分かった[47]。

Ag酸化物低伝導相1とα-AgI類似の高伝導相2の界面に厚さdのランダム混合相3が形成される場合，3成分の有効媒質近似式(21)式を用いて計算した伝導度の高伝導相の体積分率ϕ_2依存性を図9に示す。同じデータを界面層の厚さに対してプロットしたのが図10である。界面層が薄い時は，二成分有効媒質近似と同じ$\phi_2 \sim 0.3$にパーコレーション転移を示すが，界面層が30％を越えると殆ど対数混合則に近くなる事が分かる。

3.5 α-AgI 微結晶析出ガラス

辰巳砂らは，AgI高濃度域のAgI-Ag$_2$O-B$_2$O$_3$融体を超急冷すると，ガラスマトリックス中に30nm程度のα-AgIナノ粒子が分散した微結晶析出ガラスができる事を1991年に報告した[48]。最近，野崎らは，この系のα-AgI析出量をAg-109核NMRから求め，イオン伝導度の測定結果と比較し，一般化された有効媒質近似((24)式)を用いて上手く説明できることを示した[41]。

3.6 銀カルコゲナイド分相ガラス

Ag-Ge-S-Seなどの銀カルコゲナイドガラスは，光ドープ現象等の特異な光電気化学的物性や固体界面における電子とイオンの協奏的振る舞いを示す興味深いガラスである。この系も，しばしば導電率にパーコレーション型の転移を示すが，詳細な電子顕微鏡観察の結果GeS$_x$，GeSe$_x$相とAgリッチ相とがナノからミクロンオーダーの相分離をしている事が明らかとなった（図11）。

Ag$_x$-(GeSe$_3$)$_{1-x}$系の導電率の組成依存性は，図12に示すように二液相分離理論と有効媒質近

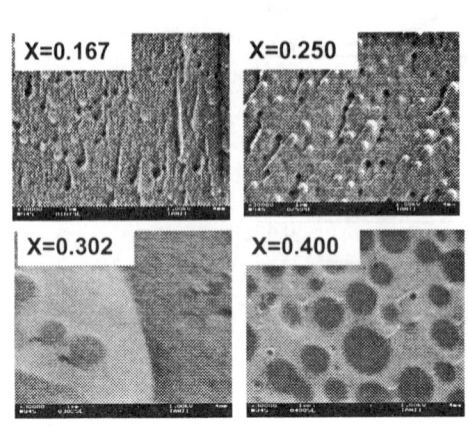

図11 Ag_x-$(GeSe_3)_{1-x}$ ガラスのFE-SEM写真[30]

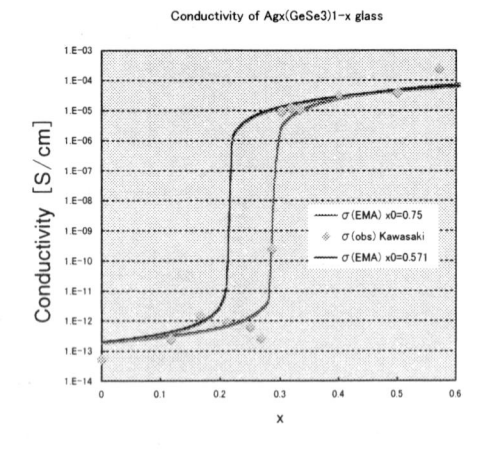

図12 Ag_x-$(GeSe_3)_{1-x}$ ガラスの電気伝導度の組成依存性と有効媒質近似による計算値

似を用いて上手く説明する事ができる[30]。

3.7 ナフィオン・水系

燃料電池用のプロトン電導体として使われるNafion膜は疎水的な炭化フッ素鎖部分と親水的なスルフォン基を含む側鎖からなり，加湿条件下では水を内側に含んだ10nm程度の逆ミセル構造を取る事がX線小角散乱などから分かってきた。この系のプロトン拡散係数をNMR法で測定した結果，低含水領域でパーコレーション型の転移を示す事が明らかとなった[49]。図13，14に，

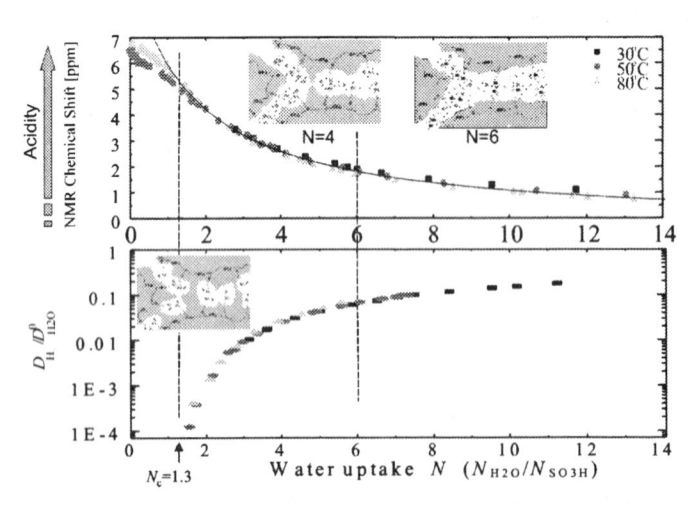

図13 Nafion-水系のプロトンNMR化学シフトと拡散係数の含水率依存性[49]

第8章 ナノ複合体のイオン伝導

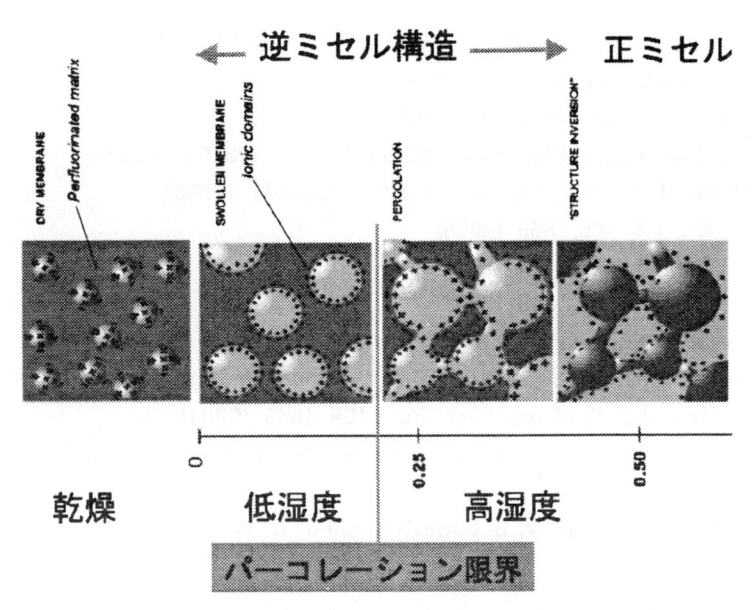

図14 Nafion-水系のMauritzによるナノ構造模式図[12]

拡散係数の測定結果と構造モデル[12]を示す。

4 結論

ナノサイズでの不均一構造を形成する事によるイオン伝導度の向上は，従来から言われる界面での電気二重層形成だけではなく，界面近傍での構造変化や第三相の形成なども大きく影響している。また，ナノ複合体のマクロなイオン伝導特性には，局所的なイオン伝導の増強効果と，高イオン伝導領域の連結性の確保（パーコレーション問題）とが競合する事から，最適なナノ複合構造を作る組成比を選ぶ事が重要である。その際，パーコレーション理論や有効媒質近似などに基づきマクロな導電率の理論予測が可能になってきた。

今後，原子レベルからナノレベルを経てマクロにいたるまでの階層構造に対する理解が進み，ナノイオニクス材料の開発と応用に役立つ事を期待する。

文　献

1) C. C. Liang, *J. Electrochem. Soc.*, **120**, 1289（1973）

2) T. Jow and J. B. Wagner Jr., *J. Electrochem. Soc.*, **126**, 1963 (1979)
3) J. Maier, *Solid State Ionics*, **70**, 43 (1994)
4) J. Maier, *Solid State Ionics*, **23**, 59 (1987)
5) N. Sata, K. Eberman, K. Eberl and J. Maier, *Nature*, **408**, 946 (2000)
6) 国武豊喜監修, ナノマテリアルハンドブック, NTS出版 (2005)
7) 前川英己, まてりあ, **45**, 359 (2006)
8) 前川英己, まてりあ, **45**, 464 (2006)
9) 前川英己, まてりあ, **45**, 540 (2006)
10) C. Heitner-Wirguin, *Journal of Membrane Science*, **120**, 1 (1996)
11) K. D. Kreuer, M. Ise, A. Fuchs and J. Maier, *Journal De Physique Iv*, **10**, 279 (2000)
12) K. A. Mauritz and R. B. Moore, *Chem.Rev.*, **104**, 4535 (2004)
13) J. D. Wicks, L. Borjesson, G. Bushnell-Wye and W. S. Howells, *Phys. Rev. Lett.*, **74**, 726 (1995)
14) J. Swenson, R. L. McGreevy, L. Borjesson and J. D. Wicks, *Solid State Ionics*, **105**, 55 (1998)
15) A. Bunde, *Solid State Ion. Diffus. React. (Netherlands)*, **75**, 147 (1995)
16) A. Bunde, K. Funke and M. D. Ingram, *Solid State Ion. Diffus. React. (Netherlands)*, **105**, 1 (1998)
17) T. Kudo and J. Kawamura, in Materials for energy conversion devices, edited by C. C. Sorrell, S. Sugihara and J. Nowotny (Woodhead Publ. in Materials, 2005), p. 174.
18) J. Kawamura, R. Asayama, N. Kuwata, and O. Kamishima, in Physics of Solid State Ionics, edited by H. T. T.Sakuma (Transworld Research Network, Kerala, India, 2005), p. 193.
19) T. Tsuji, T. Kakita, T. Hamagami, T. Kawamura, J. Yamaki and M. Tsuji, *CHEMISTRY LETTERS*, **33**, 1136 (2004)
20) L. F. Nazar, G. Goward, F. Leroux, M. Duncan, H. Huang, T. Kerr and J. Gaubicher, *International Journal of Inorganic Materials*, **3**, 191 (2001)
21) J. Yamaki, M. Makidera, T. Kawamura, M. Egashira and S. Okada, *Journal of Power Sources*, **153**, 245 (2006)
22) J. P. Malugani, A. Wasniewski, M. Doreau, G. Rikabi and A. A. Robert, *Matt. Res. Bull.*, **13**, 427 (1978)
23) S. W. Martin, *Solid State Ionics*, **51**, 19 (1992)
24) N. F. Uvarov, *Solid State Ionics*, **136-137**, 1267 (2000)
25) N. F. Uvarov, M. S. P. Vank, V. elezn, V. Studnika and J. Petzelt, *Solid State Ionics*, **127**, 253 (2000)
26) N. M. Beekmans and L. Heyne, *Electrochem. Acta*, **21**, 303 (1976)
27) 花井哲也, 不均質構造と誘電率：物質をこわさずに内部構造を探る, 吉岡書店 (2000)
28) 米沢富美子, 月刊フィジクス, **3**, 66 (1982)
29) N. Cusack, the physics of structurally disordered matter: an introduction (Adam Hilger, GBR, 1987)
30) Y. Tanji, N. Kuwata and J. Kawamura, *Solid State Ionics*, to be published (2007)

31) S. Furusawa, S. Miyaoka and Y. Ishibashi, *J. Phys. Soc. Japan*, **60**, 1666 (1991)
32) D. Stauffer, "Introduction to percolation Theory", Yaylor & Francis, London, (1985)
33) 小田垣孝, 裳華房 (1993)
34) A. Bunde and S. Havlin, Fractals and Disorderd Systems (Springer, 1994)
35) S. Kirkpatrick, *Rev.Mod.Phys.*, **45**, 574 (1973)
36) D. S. McLachlan, M. Blaszkiewicz and R. E. Newnham, *J. Am. Ceram. Soc.*, **73**, 2187 (1990)
37) J. Wu and D. S. McLachlan, *Phys. Rev. B*, **56**, 1236 (1997)
38) F. C. Fonseca and R. Muccillo, *Solid State Ionics*, **166**, 157 (2004)
39) K. Nozaki and T. Itami, *J. Phys.: Condens. Matter*, **16**, 7763 (2004)
40) K. Nozaki and T. Itami, *J. Phys.: Condens. Matter*, **18**, 2191 (2006)
41) K. Nozaki and T. Itami, *J. Phys.: Condens. Matter*, **18**, 3617 (2006)
42) J. Maier and J. M. Vohs, *Solid State Ionics*, **175**, 7 (2004)
43) A. G. Rojo, H. E. Roman, *Phys. Rev. B*, **37**, 3696 (1998)
44) H. Maekawa, Y. Fujimaki, H. Shen, J. Kawamura and T. Yamamura, *Solid State Ionics*, **177**, 2711 (2006)
45) H. Yamada, A. J. Bhattacharyya and J. Maier, *Adv. Funct. Mater.*, **16**, 525 (2005)
46) J. Kawamura, N. Kuwata and Y. Nakamura, *Solid State Ionics*, **113-115**, 703 (1998)
47) J. Kawamura, to be published (2007)
48) M. Tatsumisago, Shinkuma Y., Minami T., *Nature*, **354**, 217 (1991)
49) J. Kawamura, K. Hattori and J. Mizusaki, 2nd International Cont. Electroactive polymers; Materials & Devices (ICEP 2007) Goa, India, I-17 (2007)

第9章　ソフト化学的手法によるナノイオニクスバルク体の創製

森　利之*

1　はじめに

　バルク体（焼結体）の作製とその物性の関係に関する研究は、長年の歴史をもっており、その中で、多くの材料について、そのバルク体の可能性に関する重要な議論がなされ、多くの価値ある成果が生まれてきた。著者もそうした先人の優れた研究成果に学び、こうした研究をさらに発展させたいと望む一人であるが、その研究活動の中で、次のような疑問が生まれてきた。
　「我々は、材料のもつ本当の可能性をすべて引き出しているのであろうか？」
という疑問である。単純に比較することはできないが、ちょうど我々が自らの脳のことを必ずしもよく知らないままでいるために、そのほとんどを使わずにいるように、実は我々も既知の材料に関して、その姿を十分に知らないがゆえに、可能性や能力を十分に使いきれていないのではなかろうか？
　「ソフト化学的手法によるナノイオニクスバルク体の創製」に関する研究は、こうした観点にもとづき進められている課題である。我々が作製したバルク体の真の姿を注意深く観察し、その姿を理解したうえで、どうすれば材料の可能性は最大限に高めることができるのかということを「ナノスケールのレベルから考え、酸化物イオン伝導というマクロスケールの物性の設計に生かす道を探る」ことを目的に本研究は行われている。本研究では、こうしたバルク体中のナノレベルから酸化物イオン伝導というマクロ物性の設計を「バルク体中におけるナノイオニクス効果の設計」と位置づけ、材料としては、ドープドセリア焼結体をモデル材料として、科研費特定領域（ナノイオニクス）研究のなかで研究を実施してきたので、本解説では、これまでの研究成果と我々が目指す方向について、なるべく平易な言葉を用いて解説する。

2　焼結バルク体中に現れるナノ構造を理解する

　さきに述べた研究に取り組むためには、自らが作製したバルク体をできる限り、慎重に解析し、

---

*　Toshiyuki Mori　㈱物質・材料研究機構　燃料電池材料センター　副センター長　ナノイオニクス材料グループリーダー

第9章　ソフト化学的手法によるナノイオニクスバルク体の創製

作製した「バルク体中に現れるナノ構造を理解する」こと，「ナノ構造の特徴がなぜマクロ物性に影響を与えるのかを考察する」こと，さらには，「どうしたらマクロ物性設計のために観察されたナノ構造を最適化できるのか」を考え，「マクロ物性向上のための合成手法を提案」するという一連の研究を推進する必要がある。

そこでまず，この2節においては，我々が作製したバルク体中のナノ構造は，どのようになっているのか？　という点について検討した結果を紹介する。

ナノ構造の解析を行ううえで，バルク体はできるかぎり均一な組成・組織を持つ試料を作製する必要があることから，当研究グループ内において，これまで検討を行ってきた炭酸塩共沈法を用いて，分散性のよい，易焼結性球状粒子を作製し，バルク体を作製した[1~6]。図1(a)には，イットリウムドープドセリア系（$Y_xCe_{1-x}O_{2-x/2}$；$x = 0.1, 0.15, 0.2, 0.25$）の700℃において作製した仮焼粉末と，この仮焼粉末を用いて1450℃の焼結温度において作製した焼結体の走査型電子顕微鏡観察像を示す。図1(a)から合成した仮焼粉末は，平均粒子径が30nm程度であり，凝集の少ない粉末であり，得られた焼結体も高密度化していることが分かる。

実験室レベルのX線回折試験を用いてこれらの焼結体を調べると，すべてのバルク体とも単純なホタル石化合物であると思われる。しかし，通常のX線回折試験の検出限界以下に，重要な微細構造の特徴に関する情報が埋もれている。

図1(b)には，図1(a)に示したバルク体中のナノ構造の特徴を，電子回折により調べた結果を示す。この電子回折パターンには，白く輝くホタル石構造に帰属する反射と，このパターンのバックグランドにうすく見えるエクストラ・リフレクションと，それを取り巻くディフューズ・スキャッタリング（散漫散乱）が現われている。こうした，かすかなシグナルは，バルク体中に，極めて小さいながら，ホタル石構造ではない別の構造や，バルク体全体の平均組成とは異なる組成が混在していることを示しており，本研究では，こうした微小領域のことをマイクロドメインと呼ぶことにする。

図2には，イットリウムドープドセリア系焼結体中の導電率の温度依存性と，こうした焼結体中のナノスケールの微細構造の特徴を示す[6~8]。ナノスケールの微細構造の特徴は，高分解能電子顕微鏡（High resolution transmission electron microscopy：HRTEM）観察により行った。図中において破線で囲った部分が，本研究でいうマイクロドメインであると考察しているが，導電率が低く，活性化エネルギーの大きい組成を有するバルク体内には，大きなマイクロドメインが多数存在するが，その逆に，導電率が高く，活性化エネルギーが低い組成を有するバルク体中には，小さなマイクロドメインが存在している[9,10]。

図2中において，破線で囲まれた内部と外部とでは，なにが違うのであろうか？　組成が違うのであろうか？　それとも構造が異なるのであろうか？　それとも，観察面の大きな起伏がもた

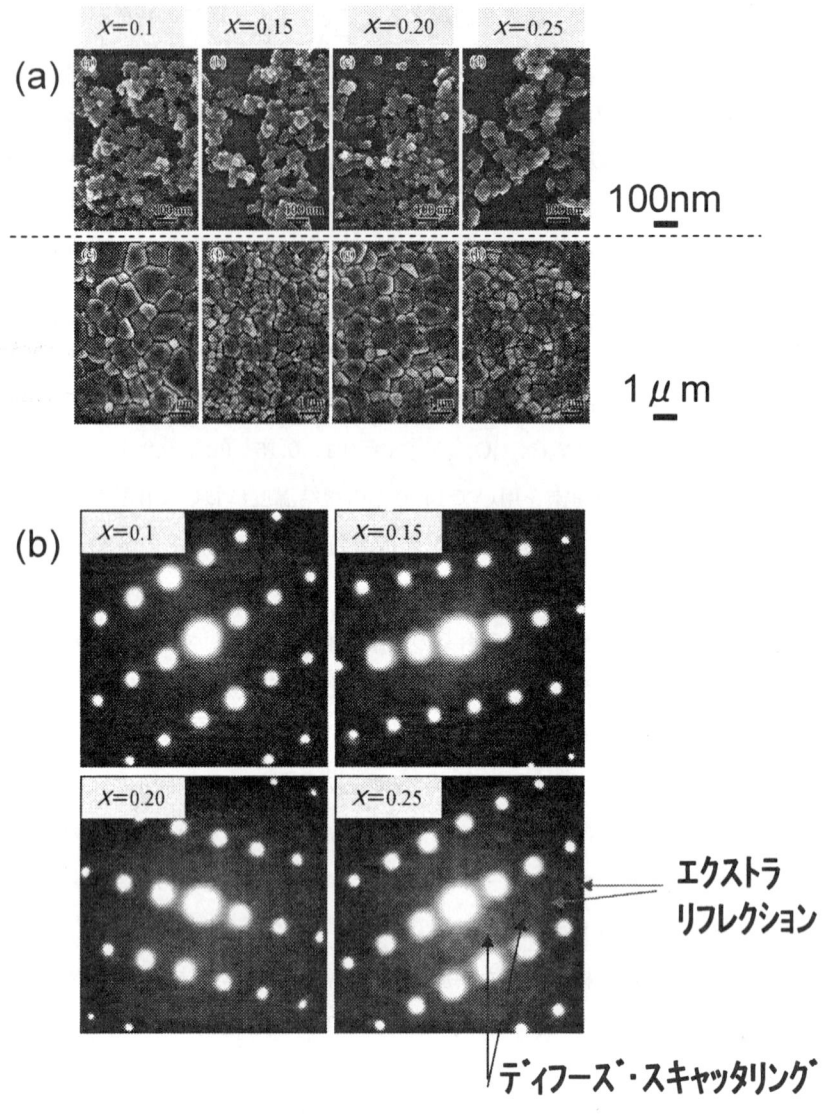

図1 仮焼粉末，焼結体の走査型電子顕微鏡観察(a)及び焼結体の電子回折図(b)

らす錯覚であるのか？　その可能性を一つ一つ吟味する必要がある。図3には，観察されたマイクロドメインのHRTEM像(a)と，この観察結果の逆高速フーリエ変換像(b)を示す。この図から，HRTEM像内に見えるマイクロドメインの形は，逆高速フーリエ変換像(b)にも現れていることが分かる。もし，HRTEM像(a)に見えている像が，観察試料表面の大きな起伏等がもたらす錯覚であるなら，逆高速フーリエ変換像(b)には，なにもあらわれないはずであり，この結果から，組成かまたは構造の違う，非常に小さい領域が，バルク体中に含まれていることが分かった。

では，この小さな領域は，組成が違うのか，構造が違うのか，または，構造も組成もマイクロ

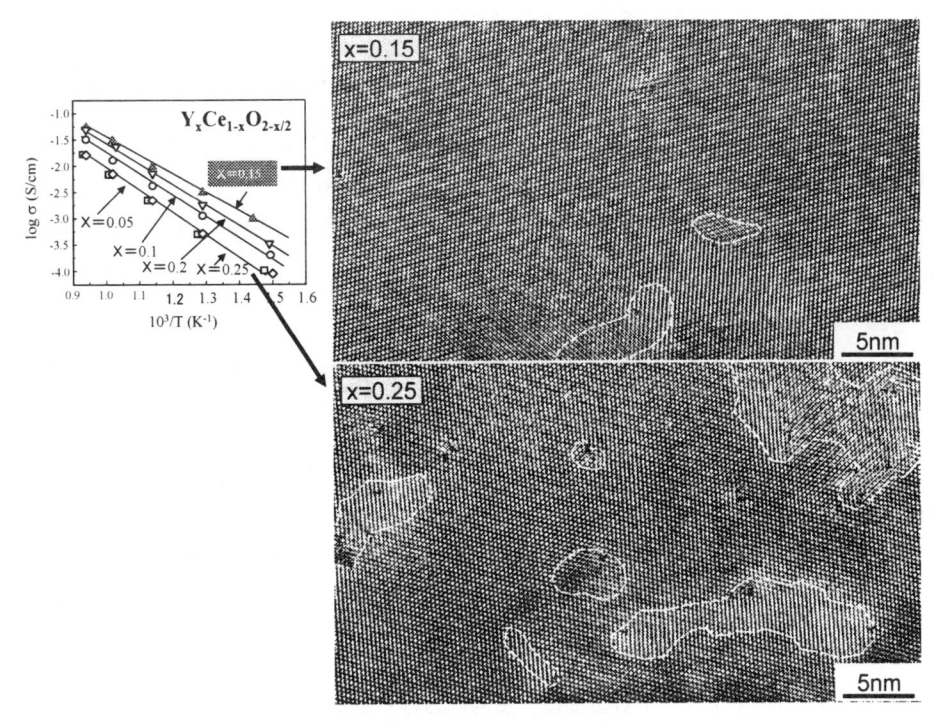

第9章　ソフト化学的手法によるナノイオニクスバルク体の創製

図2　導電特性と微細構造の関係
高分解能透過型電子顕微鏡写真内の白破線部分がマイクロドメイン。

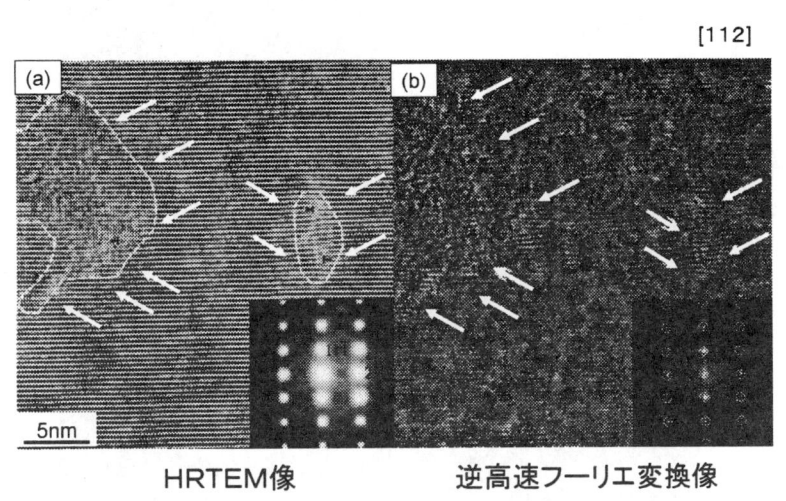

図3　高分解能透過型電子顕微鏡像（HRTEM像）と逆高速フーリエ変換像の比較

ドメイン外部とは異なるのであろうか？　また，こうしたマイクロドメインは，本当に材料全体に広がって存在しているのであろうか？　これらの点を明らかにするために，明視野像と暗視野像の比較を行った。組成か構造のどちらかが違う領域が混在している場合，一般には，明視野像

の中ではより暗く，暗視野像の中ではより明るく見える。図4には，これまでと同じくイットリウムドープドセリア焼結体を用いた観察結果を示す。この図から，バルク体内いたるところに，明視野像の中ではより暗く，暗視野像の中ではより明るく見える箇所が広がっていた。このことからマイクロドメインは，バルク体内に広域に広がって存在しているものと考察した。さらに，マイクロドメイン内部の組成の違いを観察するために，電子エネルギー損失分光（Electron energy-loss spectroscopy：EELS）法を用いて，元素のマッピングを行い，マイクロドメイン内部及び外部の組成の違いについて観察した結果を図5に示す[11]。この図5から分かることは，マイクロドメイン内部は，その外側（マトリックス部分）と比較すると，わずか2～3atm％であるが，ドーパント濃度が高くなっていることが分かった。

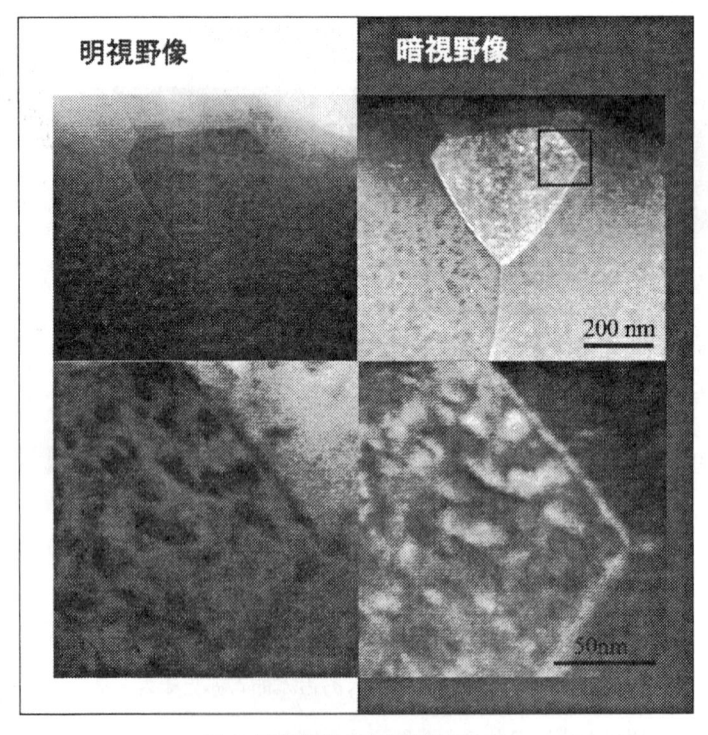

さらに，HRTEMなどのデータとの比較を目的として，放射光を用いたX線吸収微細構造（X-ray absorption fine structure：XAFS）解析を行った[12]。XAFSを用いることで，試料内のY-Y原子間距離や，Ce-Ce原子間距離の精密な測定を，室温や導電率測定温度である500℃において行うことができる。その結果を図6に示すが，もしYがCeサイトに完全に置換固溶しているのであれば，バルク体内部のY-Y原子間距離とCe-Ce原子間距離は等しくなるはずである。しかし，図6の結果から分かるように，室温における測定結果でも，500℃における測定結

図4　明視野像と暗視野像の比較

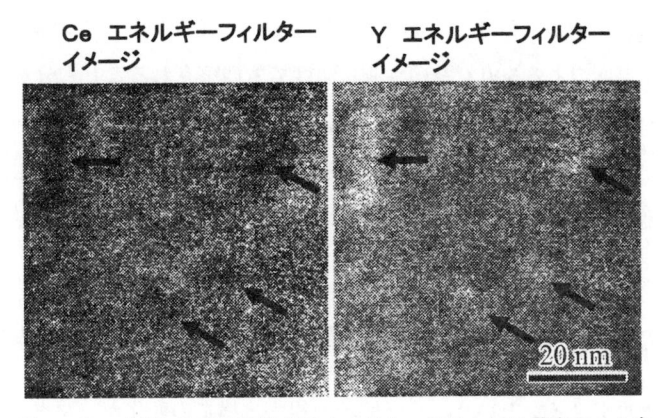

第9章 ソフト化学的手法によるナノイオニクスバルク体の創製

Ce エネルギーフィルター　　　Y エネルギーフィルター
イメージ　　　　　　　　　　　イメージ

図5　ドープドセリア焼結体中のナノスケールにおける元素のへん在

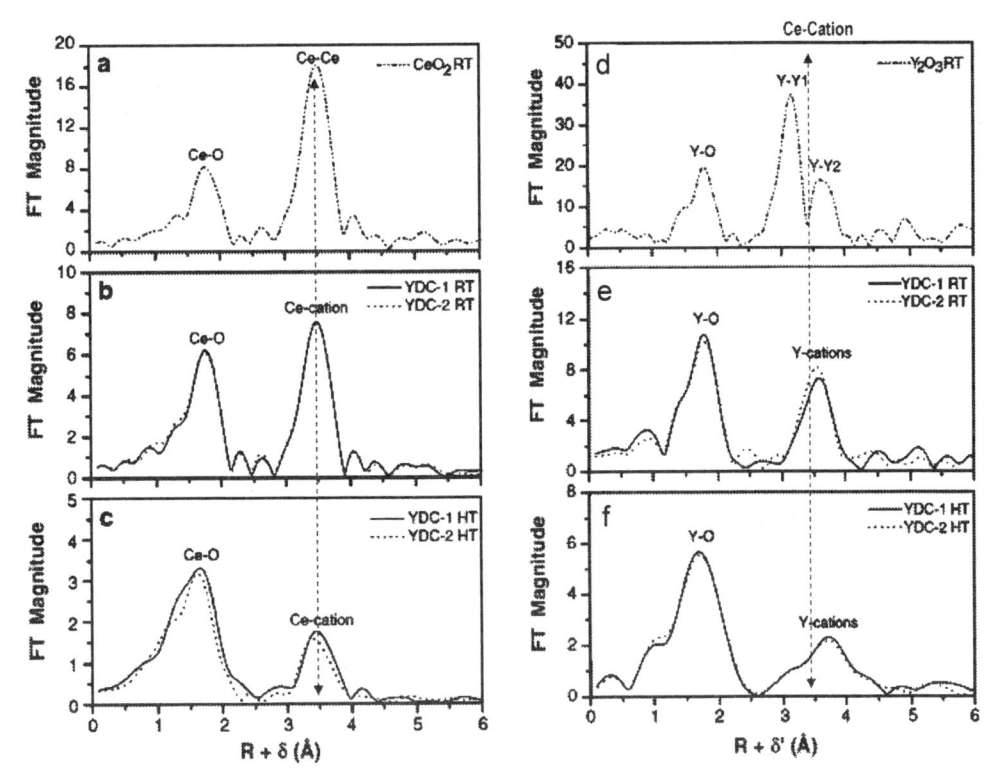

図6　XAFSを用いた局所構造解析

RT：室温のおける原子間距離測定，HT：500℃における原子間距離測定，YDC-1：平均粒径が数十ミクロン程度のYドープドセリア焼結体中の原子間距離，YDC-2：平均粒径が百ナノメートル程度のYドープドセリア焼結体中の原子間距離

果においても，ともに同様に，Y-Y原子間距離はCe-Ce原子間距離とは異なり，Y_2O_3内のY-Y原子間距離に近づく傾向を示していた。このことは，マイクロドメイン内部の構造は，マトリ

ックスとは異なることを示しており，こうした特徴をもつマイクロドメインは，室温の測定のみならず，導電率測定温度である500℃という測定温度でも観察されることも分かった。

　これまでの結果から，バルク体中に現れるマイクロドメイン内部は，マトリックス（マイクロドメインの外側）に比して，組成も構造も異なり，かつ材料中には広域に分散し，室温のみならず，導電率測定温度である500℃においても明確に観察されることが分かった。

3 ナノ構造の特徴がなぜマクロ物性に影響を与えるのかという点に関する考察

　次に，なぜマイクロドメインという，ナノ領域の組織・構造の変化が，マクロ物性であるイオン伝導に影響を与えるのであろうか？　という疑問が残る。この疑問に，明確な回答を与えるためには，第2節で解説したナノ構造解析結果の理論的解析や，ナノ構造観察結果にもとづく酸化物イオンの拡散現象の理論的解析が必要であるが，現状の分析結果から，我々の研究グループにおいて想定しているメカニズムについて簡単に紹介する。

3.1 酸化物イオン伝導体の場合

　ドープドセリアには，高酸素分圧領域において酸化物イオン伝導体として扱えるグループと，高酸素分圧領域においてもn型半導性が支配的であるものとの2種類が存在する。そこで，まず高酸素分圧領域において酸化物イオン伝導が支配的な伝導機構であろうと思われる材料について，ナノ構造とマクロ物性の関係について考察することとする。

　材料中のマイクロドメインについて，もうひとつ知っておくべき重要な情報がある。それが，マイクロドメイン内部の酸素欠陥の秩序化の割合である。酸素欠陥の秩序化の割合は，EELSスペクトルを注意深く解析することで知ることができる。

　図7(a)には，ナノプローブを用いてマイクロドメイン内部とマトリックスの酸素K吸収端の様子を調べた結果を示すが，スペクトル中のピークBの高さが，マイクロドメイン内部とマトリックスにおいて大きく異なることが分かる。このピーク強度の違いは，マイクロドメイン内部の酸素欠陥の秩序化の割合が，マトリックスにくらべて顕著に大きいということを示唆している。

　そこで，図7(b)には，Yドープセリア，Ybドープセリア，Smドープセリア，及びDyドープセリアといった各種ドープドセリアについて，マイクロドメイン内部の酸素欠陥の秩序化の様子を比較した結果を示す。比較のために，ドーパントを含まないセリアについても同様な検討を行い図7(c)のプロットを行った。図7(b)から，EELSプロファイル中における，ピークBの高さのみが変化していることが分かる。そこで，この変化の意味するところを考察するために，図7(c)のように，ピークBの高さの違いとドーパントとホストのカチオン半径の違いをプロットしたと

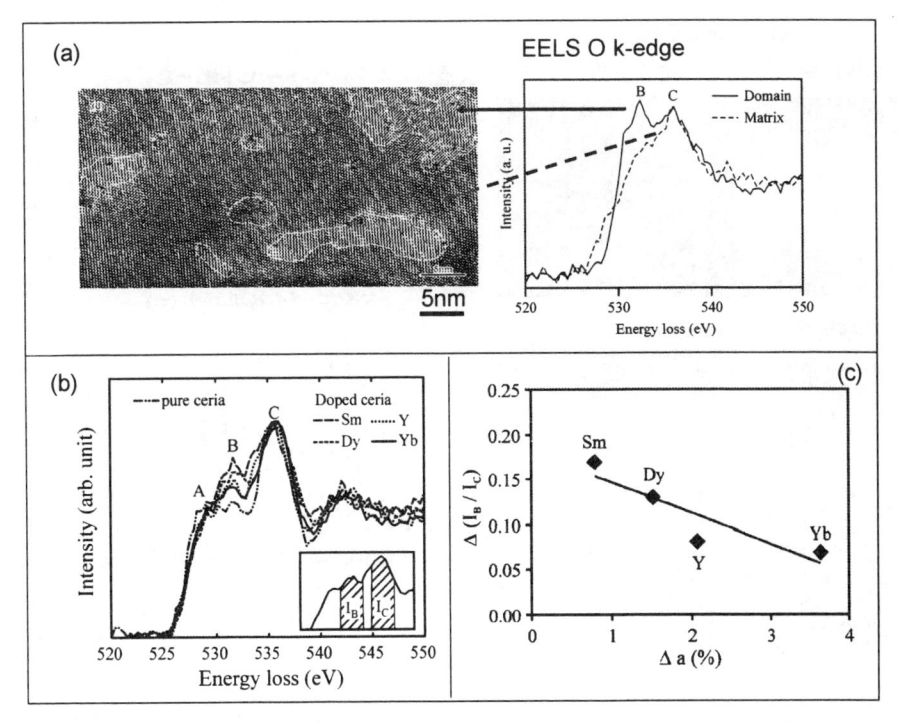

第9章 ソフト化学的手法によるナノイオニクスバルク体の創製

図7 マイクロドメイン内部と外部の酸素K吸収端のEELSスペクトル(a), 各種ドープドセリア焼結体から観察された酸素K吸収端のEELSスペクトル(b)及び各種ドープドセリア焼結体中におけるマイクロドメイン内部の酸素欠陥秩序化度の比較

ころ, 導電率の高いサマリウムドープドセリアがマイクロドメイン内部の酸素欠陥の秩序化がもっとも大きく, 導電率の低いYドープドセリアがマイクロドメイン内部の酸素欠陥の秩序化がもっとも小さいという結果になった[11, 13]。

この結果と酸素欠陥の拡散の関係をどのように関連づけて考えるかについて, 著者らの考えをまとめたものが図8である。著者らは, マイクロドメイン内部の酸素欠陥の秩序化の度合いとドーパントのへん在量の間には相関関係があると考えている。つまり, マイクロドメイン内部において酸素欠陥が秩序化しやすいサマリウムドープドセリアでは, ドーパントが比較的狭い領域に, 高い濃度で存在しているものと考察した。つまり, 比較的小さいマイクロドメインの中に, ドーパントは2から3atm％ほどへん在しており, 単位空間あたりのドーパントへん在濃度が高いことから, マイクロドメイン内部の酸素欠陥は秩序化しやすい状態になっている。一方, イットリウムドープドセリアやイッテリビウムドープドセリアのように, 酸化物イオン伝導度の比較的低いバルク体内部では, 比較的大きいマイクロドメインの中に, ドーパントは2から3atm％ほどへん在しており, 単位空間あたりのドーパントへん在濃度が低いことから, マイクロドメイン内部の酸素欠陥は秩序化しにくい状態になっていると考えられる。またマイクロドメイン周囲の電

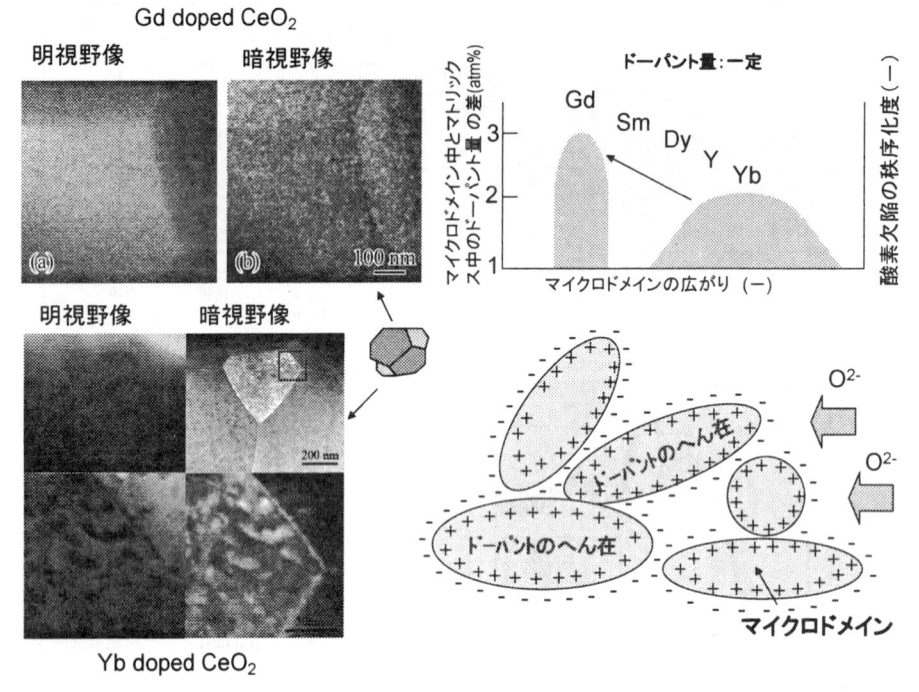

図8 ドープドセリア焼結体中のマイクロドメインの分布と、そのマイクロドメインが導電特性に影響を与える理由

気的中性を保つために，マイクロドメインの周囲には，負の電荷が現れることが予想される。つまり，マイクロドメイン周囲に負の電荷をもつ空間電荷層が存在することも考えられる。この場合，大きなマイクロドメイン同士は互いに近接し合っているので，空間電荷層も重なり合い，結果として負の電荷を有する酸化物イオンの拡散を妨げるものと考察した。

一方，マイクロドメイン内部は，酸素欠陥の秩序化が著しく大きいものの，その大きさは小さいサマリウムドープセリアやガドリウムドープドセリアの場合は，マイクロドメインの周囲に発生すると思われる空間電荷層の重なりは極めて小さいと考えられることから，酸化物イオンの拡散は比較的容易であると思われる。

こうしたナノ構造の違いが，ガドリウムドープドセリアバルク体中の酸化物イオン伝導における活性化エネルギーが，他のドープドセリアバルク体の中で，もっとも低い値を示す理由ではないかと考えている。

しかし，マイクロドメインの周囲に想定される空間電荷層の影響だけで，大きな伝導度の改善を期待することも，説明することも難しいとも考えられるので，現在は，これまでのナノ構造観察結果をもとに，マイクロドメイン内部とその周囲の欠陥構造に関する大規模数値計算を行っており，欠陥の会合の影響，空間電荷層の影響及び酸化物イオンの拡散の3者を，どのように関連

第9章　ソフト化学的手法によるナノイオニクスバルク体の創製

付けることが，最も妥当であるのかを検討中である。こうした検討結果をもとに，ナノ構造の変化がマクロ物性に与える影響を，より明確化できるものと期待しており，「ナノイオニクス」の理念にもとづく材料中のマクロ物性設計，すなわち「ナノイオニクス材料の設計」への道が拓かれるものと期待される。

3.2　半導体の場合[14～16)]

　高酸素分圧領域においても明瞭な半導体的特性を示す材料として，タービウムドープドセリアやホロミウムドープドセリアが知られている。著者らは，こうした材料についても，X線回折試験やHRTEMによるナノ構造解析を実施し，ナノ構造の特徴とマクロ物性（半導体的特性）の相関関係についても検討を行った。タービウムドープドセリアバルク体は通常の実験室レベルのX線回折試験による結晶相の解析では，$Tb_xCe_{1-x}O_{2-x/2}$で表される組成式において，0＜x＜0.8の範囲まで単純なホタル石構造からなる材料であるかのように見える。ホタル石構造であることが，酸化物イオン伝導を増大させるうえでの条件であれば，一見，この組成を有する材料もまた，良好な酸化物イオン伝導体となりうるように思える。しかし，導電率の温度依存性測定の結果からは，良好な直線性はえられず，顕著な半導体特性が認められる。この点を明らかにする答えもまた，ナノ構造の観察結果から得られるのではないかという考えから，タービウムドープドセリアバルク体中のナノ構造観察を行った。

　図9には，タービウムドープドセリアバルク体中のナノ構造のHRTEM観察結果とEELSによる分析結果を示す。HRTEMの観察の結果からは，異なる構造を有すると思われる微小領域が観察されたが，この観察結果だけでは，なぜ顕著な半導体的特性が現れるのかは理解できない。そこで，EELSによる分析を試みたところ，その問いに対する回答が得られた。HRTEM像において，破線で囲った微小領域とその外側を比べたEELSプロファイルの比較からは驚くべきことに，破線で囲まれた微小領域には，ドーパントであるタービウムが，マトリックスにくらべてはるかに多く（8から9atom％多く）へん在しており，またこの微小領域ではCe^{3+}が高濃度で観察された。イオン伝導体であるドープドセリアバルク体では，マイクロドメイン内部とマトリックスにおけるCe^{3+}は極めて微量であり，どちらもCe^{4+}が主たる構成要素であった。しかるに，顕著な半導体特性を示すドープドセリアバルク体に存在する，この微小領域内では，まったく異なるナノ構造の特徴が観察されており，著者らは，先に示したマイクロドメインと区別するために，これら微小領域をナノプレシピテートと称することにした。

　以上のように，詳細なナノ構造の解析を行うことで，ナノ構造の特徴がバルク体内のマクロ物性と相関性があることが分かってきた。

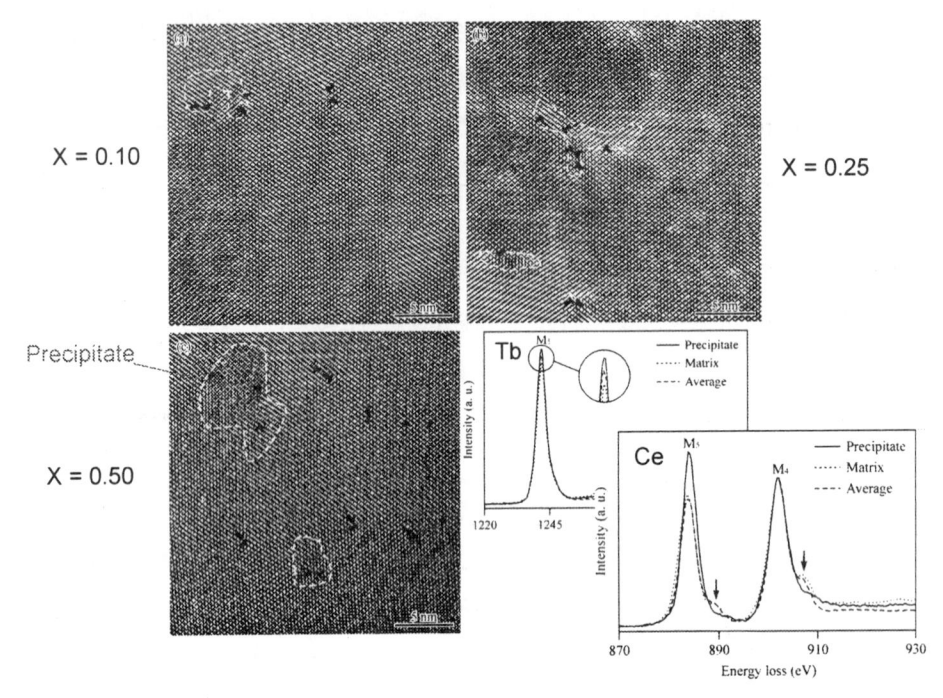

図9 タービウムドープドセリア焼結体中のナノプレシピテーション観察とナノプレシピテーション中の元素分析

4 ナノ構造の最適化とバルク体作製手法の提案

それでは，どのような微細構造を作製すれば，マクロ物性は最大化できるのであろうか？　この考えを整理するためには，なぜマイクロドメインは，バルク体中に発生するのかという問題を考える必要がある．合成した仮焼粉末は，均一な組成を有していると思われることから，焼結体を作製する過程で，マイクロドメインが発生した可能性がある．

図10には，2つの異なる焼結温度を用いて作製した，イットリウムドープドセリア焼結体中のドーパントのへん在の様子を，EELSの元素マッピングを用いて調べた結果を示した[10]．著者らは，易焼結体粉末を作製してバルク体を作製していることから，1100℃という焼結温度でも，1450℃という焼結温度においても，相対密度95％以上に緻密化した焼結体を作製することができる．この異なる2つの焼結温度を用いて作製した同じ平均組成を有するバルク固体を比較すると，1100℃という比較的低い焼結温度を用いて作製したバルク固体は，極めて均一な元素の分布をしており，マイクロドメインを観察することは難しい．しかるに一方，1450℃という焼結温度を用いて作製したバルク固体内部の微細構造は，劇的に変化した．

図10から分かるように，わずか350℃の焼結温度の違いが，ナノレベルにおける微細構造をま

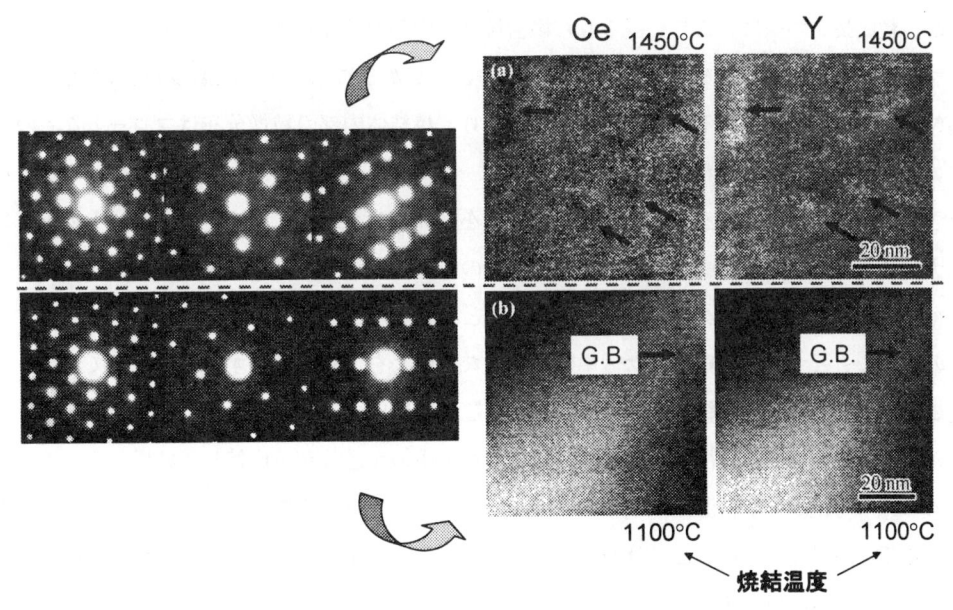

第9章　ソフト化学的手法によるナノイオニクスバルク体の創製

図10　ドープドセリア焼結体中のナノ構造の焼結温度による変化

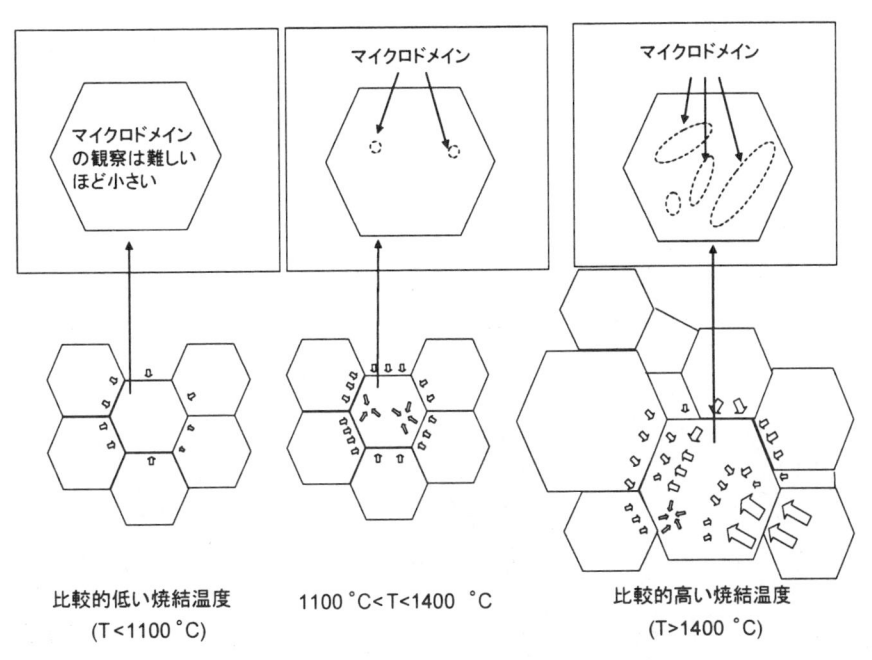

図11　マイクロドメイン生成機構に関する考察

ったく異なるものに変えてしまったのである。では，焼結過程でいったいなにが起こったのであろうか？

　この問い対する著者の考え方を図11にまとめた。1100℃という比較的低い温度では，焼結体

107

内では，粒成長が均一におこり，得られた緻密焼結体内部の粒径もほぼ均一である。こうした場合，マイクロドメインは観察されにくいほど小さい。しかるに一方，焼結温度が1450℃と比較的高い温度になった場合，不均一な粒成長がおこり，焼結体内部の粒径分布はブロードなものになる。このような不均質な粒成長過程においては，1つの粒子には，それを取り囲む他の粒子から大きなひずみが加えられる。この大きなひずみを緩和するために，粒内のドーパントカチオンが，ナノスケールにおいて，ほんのわずかだけその位置を変えることで，焼結体内部にドーパントのへん在が生まれ，マイクロドメインが生じると考察した。

この考えにもとづき，焼結バルク体中の不均一な粒成長を，極力抑制する方法として，パルス通電焼結（放電プラズマ焼結と呼ばれることもある）を用いて，ドープドセリア焼結体の作製を行った。常圧焼結体中の粒径分布とパルス通電焼結体中の粒径分布を比較した結果，その差は明瞭であり，平均組成と焼結温度がまったく同じであっても，焼結法をかえることで，均一粒成長をさせることが可能であることが分かった（図12）。図12に示したように，常圧焼結体中のマイクロドメインは極めて大きいものであったが，パルス通電焼結体中のマイクロドメインサイズは，極めて小さいものであったことから，ナノ構造の最適化が，バルク体中のマクロ物性の改善に効果をあげた例のひとつであろうと考察した[17]。

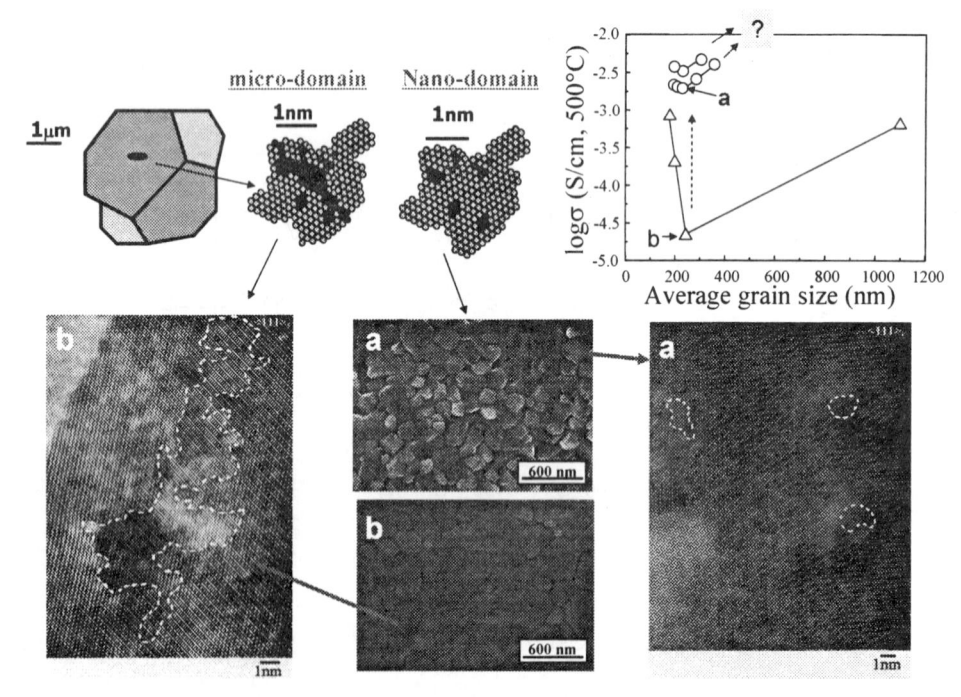

図12 マイクロドメインサイズの最小化による導電率の改善例
試料：ディスプロシウムドープドセリア

第9章　ソフト化学的手法によるナノイオニクスバルク体の創製

5　おわりに

　冒頭に述べたように，我々がこれまで扱ってきたバルク体中のナノ構造は，意外に未知なことが多く，我々は材料が本来持つ可能性のうちの，ほんの数％程度しか引き出せていない可能性もある。それはさながら，我々が，自らの脳を十分に知り，活用できていないことに例えられるかもしれない。

　約40年まえ，「ミクロの決死圏（英語タイトル：Fantastic Voyage）」という映画が上映され，幼いころ著者も，目を丸くしてこの映画を見たことを覚えている。この映画では，脳にダメージをうけた患者を救うべく，医師たちがマイクロサイズになり，人体内部を移動し，脳内部で脳の手術を行うという，当時としては画期的なSF作品であった。この映画はすばらしいものであったが，残念ながら，今も患者のために，医師をマイクロサイズにすることはできない。しかし，我々が手にした科学の目は，いまや材料中に埋もれたナノスケールまたはサブナノスケールの特徴を拡大し，まるで我々がその場にいて，直接その特徴を見つめることができるかのような正確さで，我々に情報を提供してくれる。そのうえ，そのナノスケールの材料中の組織・構造の特徴を，求める物性を最大化するために，最適なものに変えることも可能になっている。これらのことは，現実に我々が自らの手で行うことが可能なことであり，著者はこれこそが，「我々が追い求めるマテリアル・サイエンス」であり，「ナノイオニクス材料の設計」であると考える。

　ナノスケールの構造・組織を注意深く観察・解析する「Ultimate Analysis」と，その分析結果をもとに，どのようなナノ組織を作製すべきか，という問題に取り組む「Processing route design」を組み合わせることで，材料が潜在的にもつ能力を最大限に引き出し，イオニクス材料の革新的進歩を可能にするものと期待しており，本研究の主旨に賛同する方の研究の参考になれば，著者にとって望外の喜びである。

　　謝辞

　本研究は，物質・材料研究機構内の森研究グループメンバー（Y.Wang, D.R.Ou, F.Ye, T. Kobayashi, J. G. Li, R. A. Buchanan, M. Takahashi, H. Suga）及びクイーンズランド大学電子顕微鏡センタースタッフ（J. Drennan, J. Zou, G. Auchterlonie, J. Riches）の多大な協力と貴重な助言及び，科研費特定領域研究「ナノイオニクス」による研究助成により推進することができた。よって，ここに深く感謝の意を表する。

文　　献

1) J.-G. Li, T. Mori, T. Ikegami and T. Wada, *Chem. Mater.*, **13**[9], 2913-2920 (2001)
2) T. Mori, J. Drennan, J.-H.Lee, J.-G Li and T. Ikegami, *Solid State Ionics*, 154-155, 461-466 (2002)
3) Y. Wang, T. Mori, J.-G Li and T. Ikegami, *J. Am. Ceram. Soc.*, **85**[12], 3105-3107 (2002)
4) Y. Wang, T. Mori and J.-G. Li, T. Ikegami, and Y. Yajima, *J. Mater. Res. Soc.*, **18**[5], 1239-1246 (2003)
5) T. Mori, J. Drennan, Y. Wang, G. Auchterlonie, J.-G Li and A. Yago, *J. Science and Technology for Advanced Materials*, 4, 213-220 (2003)
6) D.-R. Ou, T. Mori, F. Ye, M. Takahashi, J. Zou and J. Drennan, *Acta Materialia*, **54**[14], 3737-3746 (2006)
7) T. Mori, J. Drennan, Y. Wang and J.-G Li, *J. Thermal Analysis and Calorimetry*, **70**, 309-319 (2002)
8) T. Mori and J. Drennan, *J. Electroceramics*, **17**[2-4], 749-757 (2006)
9) T. Mori, J. Drennan, Y. Wang, J.-H. Lee, J.-G Li and T. Ikegami, *J. Electrochem.Soc.*, **15**[6], A665-A673 (2003)
10) F. Ye, T. Mori, D. R. Ou, M. Takahashi, J. Zou and J. Drennan, *J. Electrochem.Soc.*, **154**[2], B180-B185 (2007)
11) D. R. Ou, T. Mori, F. Ye, T. Kobayashi, J. Zou, G. Auchterlonie and J. Drennan, *Applied Physics Letters*, **89**[17], 1911-1913 (2006)
12) Y. Wang, H. Kageyama, T. Mori, H. Yoshikawa and J. Drennan, *Solid State Ionics*, **177**, 1681-1685 (2006)
13) D. R. Ou, T. Mori, F. Ye, J. Zou and J. Drennan, *Electrochemical and Solid-State Letters*, **10**[1], 1-3 (2007)
14) F. Ye, T. Mori, D.-R. Ou, J. Zou and J. Drennan, *Materials Research Bulletin*, **42**, 943-949 (2007)
15) D. R. Ou, T. Mori, F. YE, J. Zou, G. Auchterlonie and J.Drennan, *J. Electrochem. Soc.*, (accepted for publication, 2007)
16) F. Ye, T. Mori, D. R.Ou, J. Zou, G. Auchterlonie, J. Drennan, *J. Applied Physics*, **101**, 113528-1〜113528-5 (2007)
17) T. Mori, T. Kobayashi, Y. Wang, J. Drennan, T. Nishimura, J.-G. Li and H. Kobayashi, *J. Am. Ceram. Soc.*, **88**[7], 1981-1984 (2005)

第10章　コンポジット系超イオン導電体におけるナノスケール効果

佐久間　隆*

1　はじめに

　二次電池および燃料電池の研究は，省エネルギーや環境対策の観点から注目されている。これら電池に利用される新材料の開発には，LiやHの拡散状況を的確に捉えるため，原子レベルでの構造やダイナミックスの理解が必要となる。超イオン導電体は，イオン伝導度が融点よりかなり低い温度で高い値をもつ物質である[1,2]。超イオン導電体の場合，かならずしも単相の材料が最適な特性をもつとは限らない。イオン導電率の大きな値を持つ材料は，単相ではなく複合系となることが多い。たとえば，焼結の過程で生ずる結晶状態とガラス状態との混合物質がイオン導電特性の良い材料となる。

　二次電池の正極材料として期待される$LiNiO_2$は，高温度で焼結する場合Liイオンが減少するなど問題があり，その作成方法は充分に確立されておらず，様々な手法が提案されている。我々は遊星ミルを用いてナノレベルの前駆体を作成し，比較的低い温度における焼結法により試料合成を行う方法を利用する。試料の合成過程では，前駆体と合成された物質の複合系といえる。焼成温度を変化させて複合系のX線・中性子線回折測定を行い，ブラッグラインの半値幅や散漫散乱強度の変化から，合成された$LiNiO_2$の量，この結晶の粒径サイズおよび原子熱振動などを考察する。

　これまでの材料研究では，手軽に使用できるX線回折測定が多くの実験室で使われてきた。LiやHなどの拡散イオン近傍に分布する，原子番号の比較的大きな原子の原子位置や格子定数などの変化から，原子番号の小さな拡散イオンの位置などが推定されていた。原子番号の小さなLiやHなどの拡散イオンは，X線を散乱させる電子数が少ないため，X線回折測定では観測にかかることは難しい。LiやHなどの拡散イオンについて，より正確なイオン位置，占有率などを得るためには，拡散イオンそのものの位置などを直接的に測ることが必要となる。この目的のために，LiやH(D)の位置を決定できる中性子散乱の利用が望まれる。平成20年から，茨城県東海村でJ-PARCの稼働が開始される。3GeVに加速された陽子が水銀ターゲットに衝突し，発生する中性子線はモデレータにより速度が減速される。この結果得られる1Å付近の連続した波長を

---

* Takashi Sakuma　茨城大学　理工学研究科　教授

持つパルス状の中性子線を用いて，TOF（Time of Flight）中性子散乱実験が行われる。様々な仕様をもつ中性子散乱装置の中で，茨城県により建設中の「中性子材料構造解析装置」は産業応用を目的としており，電池材料中の拡散イオン位置や原子熱振動の研究に利用が可能である。測定しうる面間隔および散乱ベクトルの領域も非常に広く，面間隔では$0.15<d(Å)<600$，また散乱ベクトルの大きさでは$0.01<Q(Å^{-1})<41.9$となる[3]。

「中性子材料構造解析装置」は，実験室で利用されている粉末X線回折装置と同様の使用ができる。様々な種類のガス雰囲気の調整が可能な，低温用のクライオスタットや高温用電気炉などをはじめ，特殊なアクセサリーが準備される。中性子散乱では，元素によって吸収や非干渉性散乱のため生ずる特殊な問題点がある。たとえば，天然のLi元素に含まれる^{6}Liは吸収の断面積が大きいため観測できる中性子散乱強度が減少する。このため，可能ならば^{7}Liに置換した試料の作成が望ましい。Hは非干渉性散乱断面積が大きいため原子位置の決定には適さず，水素原子位置を決定するためにはD（重水素）に置き換えることが必要となる。

完全結晶からの回折パターンには，するどい形状をもつブラッグラインのみで散漫散乱（バックグラウンド）は生じない。散漫散乱は，結晶中の乱れの情報，すなわち原子間の短距離秩序や原子熱振動の振る舞いなどを反映する。振動的な形状の散漫散乱は，イオン結晶β-AgI，AgBrや半導体Ge，GaAsなどで観測されており，散漫散乱の温度依存性の研究から，熱振動における原子間の相関効果（協力的な動き）がその原因であると考えられている[4～9]。熱振動における相関効果の値は，$\mu=2<\Delta r_s \cdot \Delta r_{s'}>/\{<\Delta r_s^2>+<\Delta r_{s'}^2>\}$で表わされる。ここで，$\Delta r_s$は$s$番目の原子に対するその熱平衡位置からのずれを示す。この相関効果の値が大きいほど，sとs'との協力的な動きが大きいことを表す。原子が独立熱振動をする場合，相関の値は0となる。散漫散乱には，最近接原子間の相関効果からの寄与が最も大きい。熱振動における相関効果の原子間距離依存性および温度依存性の研究が進んでいる。鉛化合物のX線および中性子回折測定から，これまで指摘されてきた最近接原子間の相関効果に加えて，より遠い距離における原子間相関効果の存在が明らかになっている。熱振動における原子間の相関効果について，材料の結合方法，原子の種類および原子間距離依存性などを明らかにすること，またこの手法を適用しナノスケールの特性を理解し新たなイオン導電物質の創製条件を考察することが重要である。

2　Liイオン導電体複合系の中性子回折

メカニカルアロイング法により作成したナノサイズの大きさをもつLiOHとNiOを，400℃から650℃で焼結することで，Liイオン導電体LiNiO$_2$を作成する。この焼結過程でブラッグラインの半値幅および散漫散乱の測定を行うため，日本原子力研究開発機構のJRR-3に設置されて

第10章 コンポジット系超イオン導電体におけるナノスケール効果

いる高分解能中性子回折装置（HRPD）を用いて，中性子回折測定を室温で行った[10]。原子炉から取り出される中性子線は連続波長をもつが，モノクロメータを用いて単色化（波長 $\lambda = 1.82 Å$）して試料に入射させる。試料により散乱した中性子は64本のカウンターで測定される。64本のカウンターの入ったボックスを，試料を中心に一定角度ずつ回転させることで，一定角度ステップを持つ，散乱角 $2\theta = 5°$ から $160°$ における領域の回折データが得られる。

試料として，400℃でアニールした場合，引き続き500℃で5時間アニールした場合，650℃で5時間アニールした場合の3種類を準備した。試料は容器からの干渉性散乱の影響がない直径8mmのバナジウム容器に入れ，室温において空気中で測定する。測定時間は1つの試料あたりそれぞれ約2日である。バナジウム容器は，ブラッグライン強度に影響を与えないが，非干渉性散乱によりすべての散乱角にわたりバックグラウンド強度を増加させる。測定で得られた中性子回折パターンを，図1に示す。ブラッグラインの半値幅および面積強度より，$LiNiO_2$の粒径サイズ，合成された$LiNiO_2$の量などを見積もることができる。$LiNiO_2$のブラッグライン強度は，各焼結温度の場合とも，層状構造を基本とした原子位置をもとに説明が可能である。400℃では，ブラッグラインの半値幅は非常に大きいが，焼結の温度が増加するとともに急速に小さくなる。シェラーの式から決定された，焼結温度と平均の結晶サイズの関係を図2に示す。$LiNiO_2$の粒径は焼結温度の増加とともに，20Åから130Å程度に大きくなる。また，400℃における散漫散乱は，LiOHが残っているため，水素原子からの非干渉性散乱の寄与のため大きくなることがわかる。この散漫散乱の変化から，反応過程（$2LiOH + 2Ni^{(II)}O \xrightarrow{O_2} 2LiNi^{(III)}O_2 + H_2O$）においてLiOHの量を見積もることができる。X線回折による測定に比較し，中性子回折測定ではリ

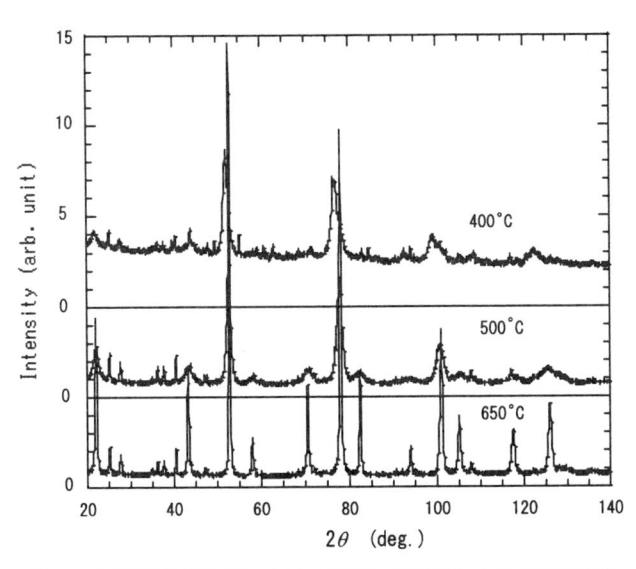

図1 3種類の焼結温度における$LiNiO_2$複合体の中性子回折強度

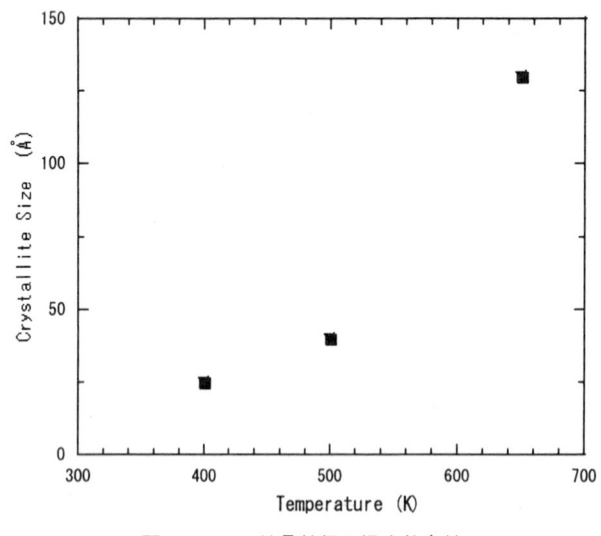

図2 LiNiO$_2$結晶粒径の温度依存性

チウムイオンが直接観測できる。LiOH，NiOおよびLiNiO$_2$からなる複合系において，LiNiO$_2$のみのブラッグラインが生じている角度領域に着目し，また，水素を含む系では水素の非干渉性散乱強度を考慮することで，反応過程において合成されたLi化合物の量を知ることができる。

同様の測定を二次電池の正極材料LiMn$_2$O$_4$において行った。メカニカルアロイング法により作成したLiOHとMnO$_2$を，400℃から800℃で焼結して合成されるLiMn$_2$O$_4$からなる複合系試料について，室温で中性子回折パターンを測定した。従来報告されているスピネル構造（空間群Fd3m）をもとに，中性子回折パターンのリートベルト解析が実行できる[11]。400℃では，ブラッグラインの半値幅は非常に大きいが，焼結の温度が増加するとともに小さくなる。この半値幅およびブラッグラインの面積強度より，LiMn$_2$O$_4$の粒径サイズ，合成されたLiMn$_2$O$_4$の量などを見積もることができる。ブラッグラインの半値幅について，シェラーの式から決定された平均のLiMn$_2$O$_4$結晶粒径サイズの温度依存性は，LiNiO$_2$と異なり，数10Åから1000Å程度へ急速に増加する。400℃および500℃における中性子散乱で得られる散漫散乱は，800℃の散漫散乱よりわずかに大きい。LiNiO$_2$の場合と異なり，400℃の焼結においてLiOHの量が非常に少なくなっていることがわかる。中性子回折測定では，水素を含む系において水素の非干渉性散乱強度が非常に大きい点を活用することで，合成過程における水素原子数の変化を知ることができる。

3 結晶およびガラス複合系超イオン導電体

超イオン導電体として知られるAgIは，室温でβ相（六方晶系）ないしはγ相（ZnS型構造）

第10章　コンポジット系超イオン導電体におけるナノスケール効果

となる。超イオン導電相のα相では，銀原子はbcc基本構造をもつ無秩序分布となる。熱振動因子のパラメータBは10 Å^{2}を超え，熱振動には大きな非調和性が生じている。α相ではイオン伝導の輸率がほぼ1となり，典型的な超イオン導電体として多くの研究が報告されている。AgIは他の物質と化合物を作り，たとえばAg$_3$SIやRbAg$_4$I$_5$など室温で大きなイオン導電率をもつ結晶となる[12]。これらの結晶では拡散イオンの銀原子は，単位格子中に含まれる銀原子数より多く存在できる原子位置があり，確率分布をともなう平均構造をもつ[13,14]。イオン導電率の大きな物質は結晶相のみでなく，ガラス構造をもつ超イオン導電性ガラスが知られている。超イオン導電性ガラス中でも熱振動因子のパラメータは大きな値をとることが，構造相関関数$S(Q)$の温度依存性から明らかにされた[15]。

(AgI)$_x$(NaPO$_3$)$_{1-x}$試料は，溶融状態からクエンチすることにより作成される。組成xの値が0の時にガラス構造をとるが，xの値が増加するとともにガラス相と結晶相の複合状態が現れる。またxの値が1に近づくと結晶相へと変化する。xの値が1の時，すなわちAgIは室温において電気導電率は10^{-5}Scm^{-1}と非常に小さいが，xの値が0.5程度になると室温の電気導電率はこの値より数桁あまり増加する。(AgI)$_x$(NaPO$_3$)$_{1-x}$複合系の$x=0.8$においてX線回折パターンに生ずるブラッグラインの解析から，室温でAgIのγ相およびβ相の結晶構造が共存することが判明した[16]。また，この組成におけるブラッグラインの半値幅の大きさは$x=1$の時より増加している。半値幅からシェラーの式を用いてAgIの結晶粒径サイズを見積もると，ナノレベルの小さな値となる。室温付近において組成xの値を変化させたときの電気導電率の増加は，AgI粒径の変化が関連していると考えられる。温度上昇とともにγ相およびβ相の割合が変化し，ブラッグラインの半値幅が急速に減少する。150℃付近にあるβ-α相転移点以上の温度では，ブラッグラインの半値幅は装置の分解能にほぼ一致しており，通常のAgI結晶における場合と同様に，粒径は1,000Å以上と大きくなる。電気導電率の組成依存性，温度依存性を議論するためには，結晶相の粒径，結晶相とガラス相の割合などの解析が必要となる。結晶相を含む複合体では，あえて単一の結晶相を目指した熱処理などを行わず，回折実験でブラッグラインの半値幅に着目し，複合系の状態で粒径の小さな結晶相をもつ状態を探索することが有効かもしれない。

4　イオン結晶における熱振動の原子間相関効果

超イオン導電体の特徴として，異常に大きな原子熱振動と拡散イオンのもつ確率分布があげられる。通常の物質では生じない熱振動による効果が，異常に大きな熱振動を持つ超イオン導電体では観測されることがあり，この点でも超イオン導電体は原子ダイナミクスの研究にとって重要な対象であるといえる[17]。超イオン導電体α-AgIでは，X線・中性子回折パターンに大きく

振動する強度変化をもつ散漫散乱が観測された。超イオン導電相では，拡散イオン間の短距離秩序度により生ずる振動する強度変化と，熱振動における原子間の相関効果とが重なり，複雑な散漫散乱の形状となる。熱振動に相関効果が存在するなら，すべての物質においてこの影響は観測できるはずであり，仮に秩序構造を持つ結晶でX線・中性子回折実験を行えば，熱振動の小さい低温度と熱振動の大きな高温度との回折強度の散漫散乱強度部分の差をとることにより，振動的な強度変化を導出できることが予想される。

　イオン結晶中で熱振動における原子間相関効果の存在を検証するため，日本原子力研究開発機構のJRR-3に設置されているHRPD回折計を用いて，銅ハライド（CuCl，CuBr，CuI）の中性子回折測定を行った。得られた回折パターンに現れる散漫散乱は，予想どおり，10 K付近の低温度では振動的なパターンは生じないが，室温付近の温度で明確な振動的な強度変化をもつ散漫散乱となる[18,19]。たとえば，CuClの280 Kにおける散漫散乱は，波長が1.8Åの場合，$2\theta=35$，60，100°付近にピークを持つ振動的な形状を示す。これらの回折パターン（ブラッグラインおよび散漫散乱）について，原子間の相関効果を第三近接原子まで取り入れた散漫散乱強度式を用いてリートベルト解析を行った。バックグラウンド強度関数として，従来利用されているルジャンドル関数でなく，熱振動の相関効果を取り入れた式を用い解析を行った。散漫散乱強度は，熱振動における原子間の相関効果として，第一近接原子のみを取り入れた場合より，第三近接原子まで取り入れたほうが，微細な形状を再現できることがわかった。10 Kおよび280 Kの場合とも，相関効果の値として，最近接原子間において0.7，第二近接原子間では0.5，第三近接原子間では0.1が得られた（図3）。CuClにおける最近接原子間Cu-Clおよび第二近接原子間の一部Cu-Cuからの散漫散乱への寄与を図4に示す。熱振動における相関効果は，原子間距離が大きくなると急激に減少し，第

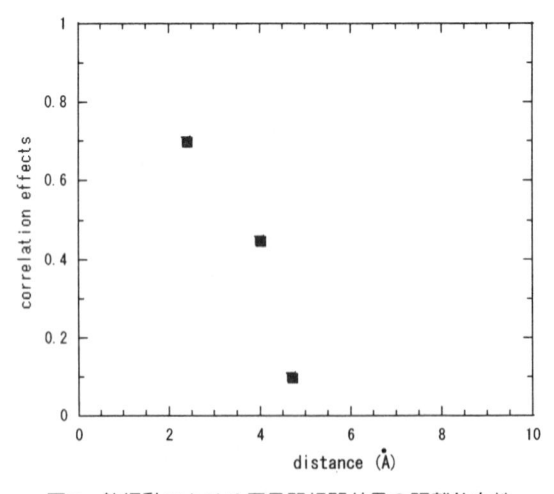

図3　熱振動における原子間相関効果の距離依存性

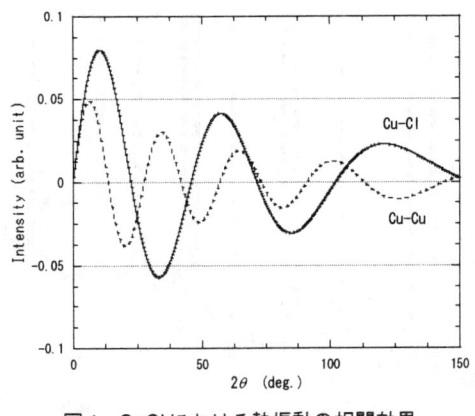

第10章 コンポジット系超イオン導電体におけるナノスケール効果

図4 CuClにおける熱振動の相関効果

三近接原子間以上の距離ではほぼ無視できること，また，物質の種類および温度による依存性は比較的小さいことが判明している。

5 Pb化合物における熱振動の原子間相関効果

PbSでは原子散乱因子（X線）および原子散乱長（中性子線）とも，鉛原子の値は硫黄原子の値より大きい。このため，最近接原子間に位置する鉛—硫黄原子の影響より大きな散漫散乱強度を，鉛—鉛原子間から生じることが期待される。距離の離れた原子間からの熱振動における相関効果が，直接的に観測できる可能性がある。この点を明らかにする目的で，PbSのX線および中性子線回折測定（図5）を，15 Kおよび294 Kにおいて行った[20]。CuKα線によるX線回折実験では，ほとんどの物質は散乱角2θ＝40, 80°付近に2つのピークを持つ振動的な形状を示す。これに対し，294 KにおけるPbSからの散漫散乱は，通常の物質に比較して数の多い，3つのピークを持つ振動的な形状を示す。熱振動以外の静的乱れの効果を取り除き，熱振動による効果を議論するため，294 Kの回折強度から15 Kの回折強度を差し引き，この強度差と相関効果を取り入れた理論モデルによる計算値と比較した。散漫散乱強度を計算するためには，ブラッグラインの解析から得られる近接原子間距離や配位数などとともに，熱振動における原子間相関効果の値が必要となる。相関効果の値として，Pb-S原子間において0.6，Pb-Pb，S-S原子間では0.45と仮定した。熱振動における相関効果は，原子間距離が大きくなると急激に減少し，第三近接原子間以上の距離ではほぼ無視できる。最近接原子Pb-S，第二近接原子Pb-Pb，S-Sについて，各成分からの散漫散乱強度変化への寄与を見積もると，X線回折および中性子回折の両方の場合とも，Pb-Pbの振動的強度変化とほぼ一致していることが分かった。

高温でフッ素イオン導電体として知られるPbF$_2$について，同様にX線回折および中性子回折測

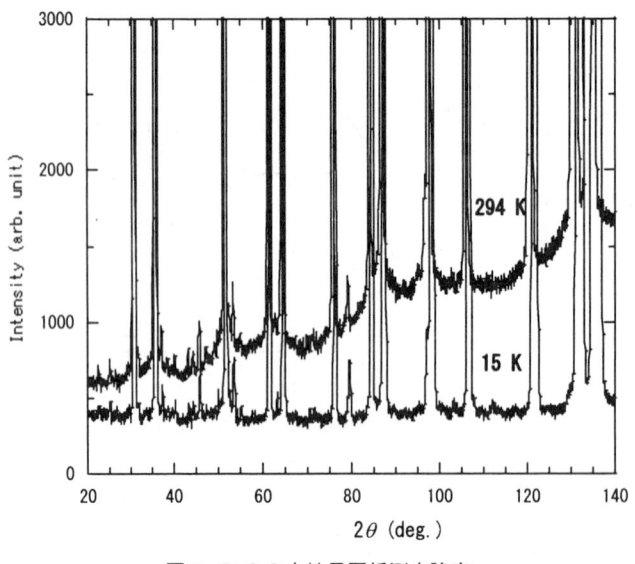

図5 PbSの中性子回折測定強度

定を行った。低温度で散漫散乱に存在する歪などによる静的乱れの効果を取り除くため，300 Kの回折強度から15 Kの回折強度を差し引き，この強度差と相関効果を取り入れた計算値と比較した。PbF_2結晶は室温相で斜方晶系に属するため多くのブラッグラインが生じ，ブラッグラインと散漫散乱との分離は立方晶系に属するPbS結晶と比較して難しくなる。散漫散乱強度を計算するためには，熱振動における原子間相関効果の値を決める必要がある。原子間相関効果の値は原子間距離とともにわずかずつ変化するが，PbSと同様の鉛―フッ素原子間，鉛―鉛原子間の値として近似させて計算を行った。X線回折および中性子回折の場合とも，距離の比較的離れたPb-Pb間からの寄与として，散漫散乱強度に生ずる振動的な振る舞いを説明できる。

6 おわりに

メカニカルアロイング法により作成した前駆体LiOH，NiO，また焼結により合成される$LiNiO_2$からなる複合系試料について，室温で中性子回折パターンを測定した。半値幅およびブラッグラインの面積強度より，$LiNiO_2$の粒径サイズ，合成された$LiNiO_2$の量を見積もることができる。中性子回折測定ではLiイオンを直接観測できるとともに，水素を含む系では水素の非干渉性散乱強度が非常に大きい点を活用することで，合成過程におけるLiイオンや水素原子数の温度変化を知ることができる。

イオン伝導率の大きな物質は結晶相とともに，ガラス構造をもつ超イオン導電性ガラスが知られている。溶融状態からクエンチすることにより作成される$(AgI)_x(NaPO_3)_{1-x}$複合系のブラッ

第10章　コンポジット系超イオン導電体におけるナノスケール効果

グラインの解析により，AgIの結晶粒径サイズを見積もるとナノレベルの非常に小さな値となる。室温付近において組成xの値を変化させたとき電気導電率の増加は，AgI粒径の変化が関連すると考えられる。結晶相を含む複合体では，あえて単一の結晶相を目指した熱処理を行わず，回折実験でブラッグラインの半値幅に着目し，複合系の状態で粒径の小さな結晶相をもつ状態を探索することが有効かもしれない。

　原子レベルの構造と動的な振る舞いの検出法として，散漫散乱の測定を利用できる。散漫散乱強度は，原子の静的な配列の乱れ，熱振動や拡散などの動的な乱れを反映する。すなわち散漫散乱強度の解析から，短距離秩序度（SRO）や熱振動における原子間の相関効果に関する知見が得られる。これまでの散漫散乱の解析では，ほとんどがSROに関するもので，我々は初めて熱振動における原子間相関の重要性を指摘し，その解析式を提出し検証した。X線・中性子回折測定を行った294 KにおけるPbSからの散漫散乱は，通常の物質に比較して数の多いピークを持つ振動的な形状を示し，振動の周期は第一近接原子間距離より長い距離に位置するPb-Pb間からの熱相関効果の寄与で決定されることが判明した。超イオン導電体では原子配列の静的な乱れ，異常に大きな原子熱振動が特徴としてあげられ，原子間の相関効果の理解はこれから材料評価を行う上で重要になると思われる。

　ブラッグラインの解析から，時間平均ないしは空間平均に相当する，原子位置およびデバイワーラー熱振動パラメータなどが得られる。散漫散乱はある瞬間における原子位置などの平均からのずれに関する情報を含み，ブラッグラインの解析からは得られない熱振動における原子間の相関効果やSROなどが新たに決定できる。「ある瞬間の情報」に関しては，EXAFSとの関係が注目される。これまでEXAFSでは，振動的な吸収率関数の解析から原子間距離，配位数，デバイワーラー熱振動パラメータなどが議論されてきた。散乱の物理的な過程は異なるが，EXAFSでこれまで議論されてきたこれらの物理量はブラッグラインの解析から得られる情報に相当するものである。しかし，散漫散乱の解析と同様に熱振動における原子間の相関効果を吸収率関数の解析に取り込む必要があると考えられる。この効果は，ブラッグラインの解析からは得られない，散漫散乱やEXAFSの解析で新たに得られる有用な情報である。

謝辞
　この研究は，科学研究費特定領域「ナノイオニクス」および茨城県からの研究委託「茨城県中性子ビーム実験装置の利用促進に係る中性子を活用した研究」の経費をもとに行われました。深く感謝いたします。Liイオン導電体試料の作成およびX線・中性子散乱測定にご協力いただきました，茨城大学理工学研究科の高橋東之教授，ハイルル バサール博士，香蓮およびサイネル シアギアン氏，茨城大学工学部の阿部修実教授，日本原子力開発機構の井川直樹博士および石井慶信博士に感謝いたします。

文　献

1) S. Hoshino, *Solid State Ionics*, **48**, 179 (1991)
2) R. B. Beeken *et al.*, "Modern Topics in Chemical Physics", p. 353, Research Signpost, Trivandrum (2002)
3) T. Ishigaki *et al., Physica*, **B385-386**, 1022 (2006)
4) T. Sakuma, *B. Electrochem.*, **11**, 57 (1995)
5) T. Sakuma *et al.*, "Physics of Solid State Ionics", p. 4150, Research Signpost, Trivandrum (2006)
6) T. Sakuma, *J. Phys. Soc. Jpn.*, **62**, 4150 (1993)
7) M. Arai *et al., J. Phys. Soc. Jpn.*, **70**, 250 (2001)
8) T. Sakuma *et al., Solid State Ionics*, **79**, 71 (1995)
9) A. Thazin *et al.*, "Proceedings of 8-th Asian Conference on Solid State Ionics", p. 777, World Scientific, Singapore (2002)
10) K. Basar *et al.*, "Proceedings of 10-th Asian Conference on Solid State Ionics", p. 121, World Scientific, Singapore (2006)
11) R. A. Young, "The Rietveld Method", Oxford University Press, Oxford (1993)
12) S. Hoshino *et al., J. Phys. Soc. Jpn.*, **47**, 1252 (1979)
13) S. Hoshino *et al., Solid State Commun.* **22**, 763 (1977)
14) T. Sakuma *et al., J. Phys. Soc. Jpn.*, **62**, 2048 (1993)
15) A. Thazin *et al., Solid State Ionics*, **175**, 675 (2004)
16) A. Purwanto *et al., Materials Research Bulletin*, **40**, 47 (2005)
17) 佐久間隆, 日本結晶学会誌, **37**, 199 (1995)
18) M. Arai *et al., Solid State Ionics*, **176**, 2477 (2005)
19) T. Sakuma *et al., Solid State Ionics*, **176**, 2689 (2005)
20) Xianglian *et al.*, "Proceedings of 10-th Asian Conference on Solid State Ionics", p. 185, World Scientific, Singapore (2006)

第11章　液晶ナノ分子凝集相における伝導

半那純一*

1　はじめに

　液晶は流動性と分子配向をあわせもつユニークな物質として知られている。液晶表示素子には，液晶物質の示すこの特徴を活かして，電場で液晶分子の配向を制御することによって得られる光学特性の変化が巧みに利用されている。液晶物質の表示素子への応用では，その原理から，流動性に富む粘性の低いネマティック液晶が用いられ，電気特性には高い絶縁性が求められる。1990年代になって，液晶物質において有機EL素子や有機トランジスタなどに用いられる有機半導体と同様な電子性の伝導が起こることが見出された[1,2]。この発見によって，液晶物質に新しいタイプの有機半導体として位置づけが与えられ，今日的な新たな関心がもたれるようになった。

　液晶物質の示す電気特性に興味が持たれ始めたのは意外に古く，1960年代の終わりのことである[3,4]。この興味の背景には二つの出来事が関係していた。一つは，前述の今日的な関心事とも係わりの深い，1950年代に始まった有機結晶物質における伝導に関する興味の延長である。液晶物質は結晶物質と類似の分子配向をもち，分子配向の異なる様々な相を示すことから，液晶物質の示す伝導に向けられた興味であった。もう一つは，米国のRCAのHeilmeierらによる液晶物質を用いた初めての表示素子の開発である[5]。Heilmeierらが取り組んだ表示素子は，前述の，現在，広く用いられている電場による液晶分子の配向制御を利用したものではなく，液晶セルに電圧を印加した際にイオンの泳動によって誘起される配向した液晶分子の擾乱に基づく光の散乱現象を利用した，DS（Dynamic scattering）モードと呼ばれるものであった。当時の液晶物質の伝導に関する興味はその原理が液晶物質におけるイオン伝導に深く関わっていたからであった。実際のところ，Heilmeierによる液晶表示素子の提案は，当時の多くの研究者の興味を引くこととなり，種々の液晶物質の電気伝導特性が調べられた[6,7]。その結果，液晶物質における伝導はイオン種の泳動に基づくイオン伝導によるものであることを示す多くの実験結果が報告されるに至った。こうした事実が積み重ねられるにつれて，液晶物質の示す電気伝導はイオン伝導によるものであるという認識が自ずと受け入れられるようになっていった。この背景には液晶物

---

* Jun-ichi Hanna　東京工業大学　大学院理工学研究科　教授

質が示す流動性のイメージが暗黙のうちにそれを支持することになったことは想像に難くない。この誤った考えは，1990年代になって液晶物質の電子伝導が発見されるまでの長い間にわたって，液晶の伝導について広く信じられることになる。

一方，液晶物質における電子伝導が確立されて以後，液晶物質における伝導に関する研究が進むにつれ，液晶物質におけるイオン伝導と電子伝導は，液晶分子のつくるナノスケールの分子凝集相の特質と密接に関係していることが明らかになってきた[8, 9]。

本稿では，液晶分子がつくる分子凝集相（液晶相）において観測される電子伝導とイオン伝導について，ナノ分子凝集相における電子伝導およびイオン伝導の伝導チャネルの形成と制御という観点から，これまでの研究から明らかにされた成果を紹介するとともに，その研究の先にある問題を整理し，議論する。

2 液晶物質における電子伝導の発見

1997年，Chandrasekhalらによって，これまでの棒状液晶とは異なる円盤状の分子形状をもつ液晶物質が見出された[10]。この液晶物質は棒状液晶に比べて，大きな芳香族π-共役電子系をもつものが多く，流動性に乏しく，むしろ分子結晶に近い特性を示すのが一般である。このため，円盤状液晶の発見以来，液晶物質の電子伝導への興味は棒状液晶物質から円盤状液晶物質に向けられ，特に，欧州を中心に研究が展開された。1988年には，英国のLeeds大学Bodenらのグループが，1％のAlCl$_3$で化学ドーピングしたTriphneylene誘導体の一つであるHexahexyloxytriphenylene（HAT6，H6T）のCol相で観測される2桁に及ぶ伝導率の異方性とESRによるラジカル濃度の測定結果をもとに，この伝導が正孔の輸送に基づく電子伝導によるものであることを指摘し[11]，また，1991年には，Shoutenらがマイクロ波吸収を用いたPorphyrin誘導体の過渡的な伝導度の測定から，この物質のCol相では$6 \times 10^{-3} cm^2/Vs$を超える高い移動度をもつことを示した[12]。これに続き，1993年，Bayreuth大学のHaarerらによって，図1に示すTriphneylene誘導体の一つであるHexapentyloxytriphenylene（H5T，HAT5）分子が柱状に凝集したCol相では，イオン伝導を疑う余地のない$10^{-3} cm^2/Vs$もの高いバルクの移動度を示すことがTime-of-flight（TOF）法による過渡光電流の測定から明らかにされ[1]，液晶物質における電子伝導がここに確立されるに至った。

一方，棒状液晶物質においては，1995年の終わりに，これとは独立に研究を行っていた筆者らによってSm相を示すphenylbenzothiazole誘導体[2, 13]および，phenylnaphthalene誘導体[14]において棒状液晶物質において，同様にTOF法による過渡光電流の測定から$10^{-4} cm^2/Vs$を超える高い移動度が観測されることが見出され，棒状の液晶物質においても電子伝導が起こることが明らかにされた。

第11章 液晶ナノ分子凝集相における伝導

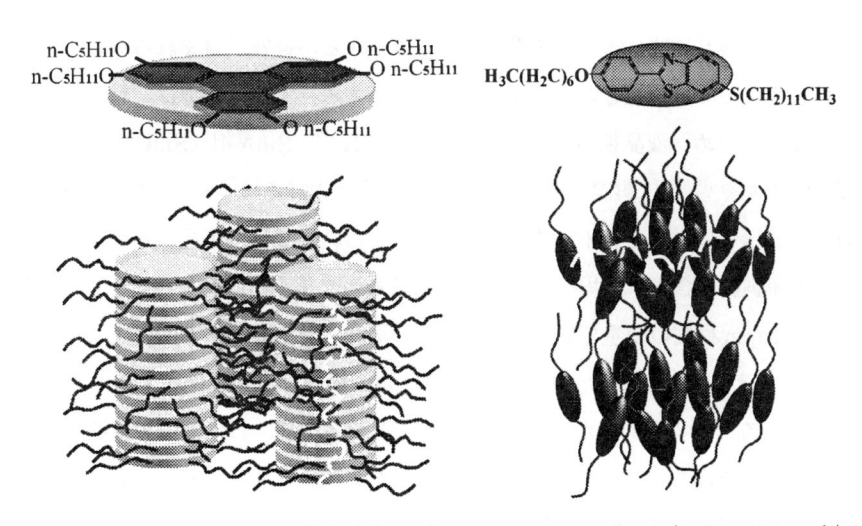

図1 電子伝導が最初に見出された円盤状液晶，Hexapentyloxytriphenylene（H5T，HAT5：左）と棒状液晶，2-(4'-Hepthyloxyphenyl)-6-dodecylthiobenzothiazole（7O-PBT-S12：右）

流動性にとむ棒状液晶においても電子伝導が観測されるという事実は，まさに，有機物に関する「流動性物質＝イオン伝導」という固定観念に対する反証でもあった。この結果，液晶物質における電子伝導は，棒状，円盤状物質に限らず，芳香族π-電子系をコア部に持つ液晶物質において見られる普遍的な現象であることが認識されるようになった。

3 液晶物質におけるイオン伝導

前述の通り，1970年代には，Heilmeierらが提案したDSモードによる液晶表示素子への関心から，粘性の低いネマティック液晶物質を中心に多くの液晶物質の電気伝導が調べられた。その結果，棒状の液晶物質における伝導がイオン伝導によるものであることが実験的に示され，液晶物質，特に，流動性に富む棒状液晶物質の伝導はイオン伝導によるものと一般に信じられるようになった。実際，当時，観測された液晶物質の移動度は$10^{-6} \sim 10^{-5} \mathrm{cm}^2/\mathrm{Vs}$と小さく，温度依存性が見られ，イオン伝導を強く支持する結果であった。1980年代に行なわれた艸林らによる光導電体の観点からの液晶物質の再検討では，観測される移動度の温度依存性が液晶物質の粘性の温度依存性に一致することが示されている[15]。今日のこれまで蓄積された知見から考えると，前述の結果は，後で詳しく述べるように，測定に用いた液晶物質の純度に問題があったものと判断される。

イオン伝導が起こる場合，伝導に関わるイオン種は必ずしもイオン性物質の解離によって生じたイオン種に限られるものではない。もともと電荷をもたない非イオン性の不純物が正孔や電子を捕獲したり，光イオン化することによって生じた不純物イオンもイオンとして同様に伝導に寄

与する.すなわち,液晶物質に電子や正孔のトラップとなる不純物が含まれる場合は,イオン化した不純物はイオンとして輸送され,イオン伝導を誘起する.イオン伝導は,粘性の小さな媒質の中で起こりやすいため,液晶相の中でも,粘性の低いN相,SmA相,SmCでは,特に,イオン伝導が起こりやすく[16, 17],実際,精製が十分でない液晶物質ではイオン伝導が支配的となる.

液晶物質の電子伝導にあたえる不純物の影響を検討した結果では,正孔あるいは電子に対してトラップとなる不純物が含まれる場合,TOF法による過渡光電流の測定を利用すると,含まれる不純物濃度が0.1ppm程度の微量であっても不純物によるイオン伝導を観測することができ[17],数十ppm程度を超える不純物が含まれる場合には,電子伝導は完全に消失し,イオン伝導しか観測されなくなることが実験的に示されている[16, 17].液晶物質における電子伝導が微量不純物に対して極めて敏感であるという理由は,伝導にあずかる状態密度(Density of States)の分布幅が狭く,正孔と電子の伝導が関わる局在準位間のエネルギーギャップに状態密度の分布が小さいことが指摘できる.実際,見積もられた液晶相における状態密度分布の幅は40～60meV程度と,アモルファス固体の示す状態密度の分布幅,100～120meVに比べて半分程度と,極めて小さい[18～20].

こうしたことを基に考えると,液晶物質において電子伝導が確立される以前に調べられた液晶物質における伝導は,高純度の試料を用いて行なわれた結果とは考えにくく,不純物によるイオン伝導を観測していた可能性が高い.

後述するように,棒状液晶のうち,スメクティック液晶物質については,異なるコア構造の液晶物質における伝導について調べられた結果から判断すると,純度が十分に高い場合は電子伝導が起こるものと考えることができるが,特に,ネマティック相における伝導については,その本因的な伝導がイオン伝導であるのか,電子伝導であるのかについては,改めて,高純度の物質を用いて再度,検討をしなおす必要がある.

4 電子伝導とイオン伝導の共存と液晶物質の凝集構造

前述のように,液晶分子がつくる円盤状分子がカラム状に凝集したカラムナー(Col)相や棒状液晶分子が層状に凝集したスメクティック(Sm)相などの分子凝集相における伝導は微量の不純物の影響を強く受ける.実際,液晶物質の純度を上げていくと,しばしば,電子伝導とイオン伝導の共存が見られるようになる.有機分子の凝集体における電子伝導では,分子から分子への電荷移動によるHopping伝導により伝導が起こるのに対し,イオン伝導ではイオン化した分子そのものが媒質中を移動するため,イオン伝導の移動度は,一般に,電子,正孔による電子伝導の移動度に比べて極めて小さく,10^{-6}～10^{-5}cm^2/Vs程度の値となる.このため,TOF法などを利用

第11章 液晶ナノ分子凝集相における伝導

した過渡的な光電流をS/N比良く測定することができれば，これらの二つの伝導に基づく光電流を時間的に分離して観測することができる。

実際，Sm液晶物質の一つである2-Phenylnaphthalene誘導体，2-(4'-octylphenyl)-6-dodecyloxynaphthalene (8-PNP-O12) では，図2に示すように，負電荷については電子による高速の電子伝導に加えて，不純物によると思われる負イオンによる遅い伝導が観測される。また，液晶物質において最初に電子伝導が報告されたTriphenylene誘導体の一つであるHexapentyloxytriphenylene (H5T, HAT5) においては，温度・電場に依存しない10^{-3}cm^2/Vsの高い移動度を示す正孔の輸送が観測されるのに対し，負電荷の輸送では，温度依存性を示す10^{-5}cm^2/Vs台の遅い伝導のみが観測されることが報告されていたが，精製を行なった試料においては，図3に示すように，正孔とほぼ同じ10^{-3}cm^2/Vsの高い移動度を示す電子による伝導が

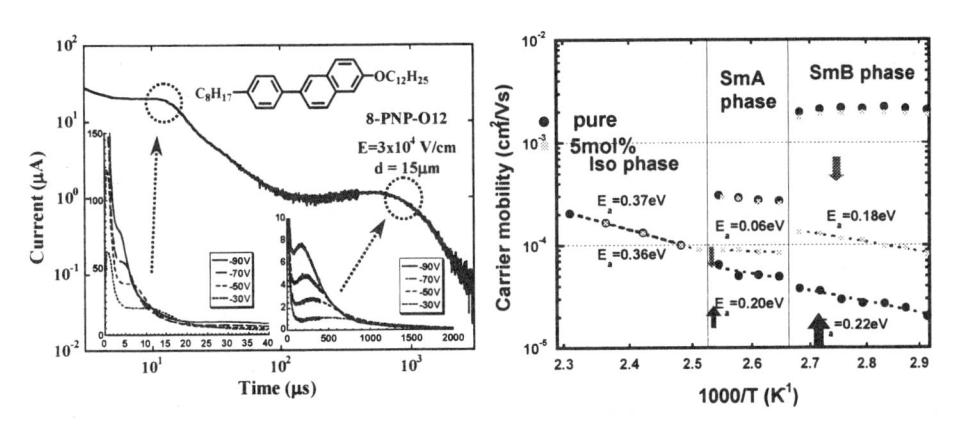

図2 棒状液晶2-phenylnaphthelene誘導体 (8-PNP-O12) の過渡光電流波形 (左) と移動度の温度依存性，および，n-Dodecaneで希釈した場合の移動度の変化 (右)

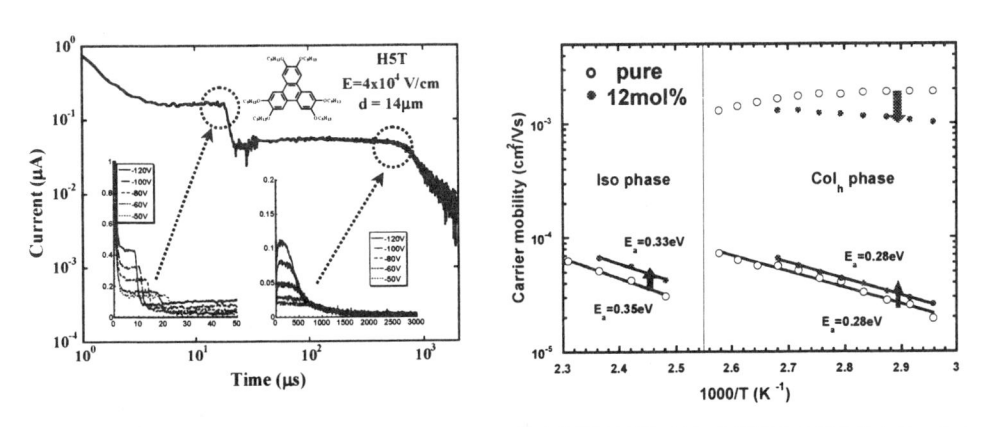

図3 円盤状液晶Hexapentyloxytriphenylene (H5T) の過渡光電流波形 (左) と移動度の温度依存性，および，n-Dodecaneで希釈した場合の移動度の変化 (右)

観測でき,同時に10^{-5}cm^2/Vs台の温度依存性を示す移動度によって特徴づけられる不純物によると思われるイオン伝導が観測される。これらの伝導が電子伝導とイオン伝導によるものであることは,炭化水素などの伝導に寄与しない粘性の小さな溶媒で希釈した液晶相における二つの移動度の振る舞いの違いから,実験的にも明らかにされている[8, 9]。すなわち,伝導が電子伝導によるものである場合,炭化水素の希釈により平均的な分子間の距離が増加するため,希釈により移動度が低下するのに対し,イオン伝導の場合は粘性の小さい炭化水素で希釈されるため,希釈によって移動度の増加が観測されることになる。実際,これらの二つの物質では,図2,3に示したように,電子伝導と思われる高い移動度は低下し,イオン伝導と思われる小さな移動度は,活性化エネルギーの低下を伴って,増大していることが分かる。

　図4は,棒状液晶物質の一つである2-Phenylnaphthalene誘導体の種々のSm相と円盤状液晶物質の一つであるTriphenylene誘導体の種々のCol相における,同一電界強度のもとで測定した過渡光電流波形である。いずれの液晶物質においても早い時間領域に,電子伝導による電荷の走行と遅い時間領域にイオン伝導によるイオンの走行を示す二つの肩が見られる。興味深いことに,Col相とSm相のいずれの液晶相においても,電子伝導は各相の分子配向の秩序性を反映して高次の液晶相ほど電荷の走行時間を示す肩が早い時間領域にシフトしているのに対し,イオンの走行時間を示す肩は一定の時間領域に限られており,この二つの伝導において大きな違いが見られる。これは,電子性キャリアとイオン性キャリアの伝導チャネルが基本的に独立であることを示唆している。この問題は,液晶分子がつくる分子凝集相の特質から,次のように考えることができる。

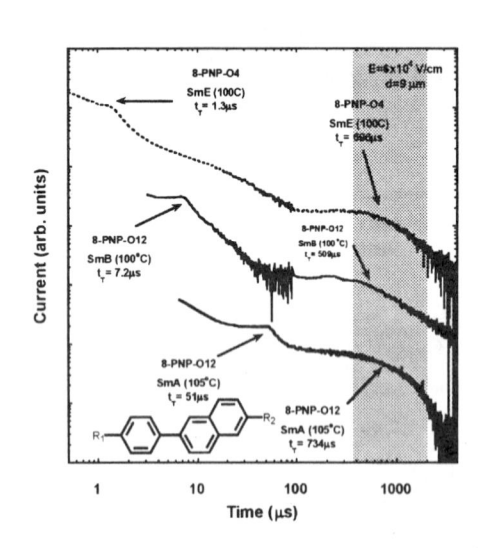

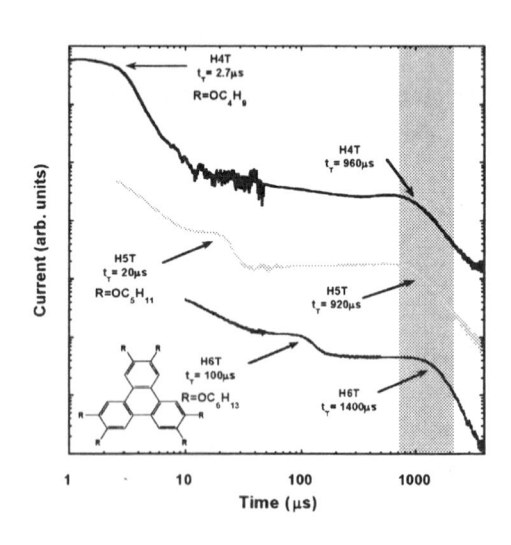

図4　同一電界下で測定した,同じ厚さをもつ棒状液晶2-Phenylnaphthalen誘導体,8-PNP-O12, 8-PNP-O4のSmA相,SmB相,および,SmE相,および,円盤状液晶Triphenylene誘導体,H4T,H5T, H6Tのプラスティック層,Colr相,Colh相,における過渡光電流波形における過渡光電流波形

第11章　液晶ナノ分子凝集相における伝導

　液晶分子は，一般に，芳香族π-電子共役系からなる剛直なコア部に柔軟な長い炭化水素鎖が置換した構造をもつ。このため，棒状分子がつくるSm相の場合，図1に示した様に，コア部と炭化水素鎖が微視的に相分離した分子凝集相を形成する。円盤状分子のCol相の場合も同様である。したがって，これらの液晶相においては，芳香族π-電子共役系が空間的に凝集した電子伝導に都合の良い伝導チャネルと柔軟な炭化水素鎖からなる液体様のイオン伝導に都合の良い伝導チャネルの独立した二つの伝導チャネルが本因的に形成されていることになる[8, 9]。電子性キャリア，すなわち，電子や正孔は，液晶分子のコア部，すなわち，芳香族π-電子共役系が緻密に配向した電子伝導チャネルを介して輸送されるため，その凝集密度と配向秩序に大きく影響されることとなる。実際，図4に示したように，液晶相の配向秩序に応じて，電子性キャリアによる移動度は桁で大きく変化する。一方，イオン性キャリアは，Sm相間，あるいは，カラム間の液晶分子の炭化水素部位が空間的に凝集したイオン伝導チャネルを介して輸送されると考えられる。この領域では，柔軟な炭素水素からなるため分子配向の秩序化は物質輸送を伴うイオン伝導に対しては違いを与えない。これは，図2に示したように，Sm相におけるイオン伝導の活性エネルギーはSm相の違いによって大きくは変化しないことから，液晶相による違いは小さいものと考えると説明は可能である。

　Sm相，Col相が前述のような独立した伝導チャネルをもつと考えると，これらの相では電界が印加されると，電子や正孔，イオンが存在する場合，それぞれの伝導チャネルを介して電荷の移動が起こることになる。また，こうした伝導チャネルの存在は，通常の可視域にほとんど吸収を持たない比較的エネルギーギャップの大きな液晶物質においては，熱平衡条件下で観測される伝導は基本的に，液晶中に外因的に生成されるキャリアの濃度によって決定されることを示唆する。

　以上の議論と得られた実験結果をもとに考えると，液晶相においてしばしばイオン伝導が観測される理由は，液晶物質特有の分子構造とミクロ相分離した凝集構造のためにイオン伝導に有利な伝導チャネルが形成されていることに加えて，ppmオーダーの微量の不純物によって容易にイオン種が形成されるためと考えることができる。1997年以前に報告された液晶物質におけるイオン伝導の多くは，測定に用いた試料中に含まれていた微量の不純物によって誘起された外因的なイオン伝導を観測していたと考えてよいであろう。

　ここに示した例から明らかなように，液晶相における伝導は，基本的に，正孔，電子，正イオン，負イオンのいずれもが伝導に寄与する極めて特異な系ということができる。

5 伝導に関わるキャリア生成[注1]

　液晶物質に限らず，HOMO-LUMOギャップの大きな有機物では熱的な平衡条件下において内因的に生成される電荷の密度は極めて小さい。そのため，その物質が電荷輸送能を示すとしても電流はほとんど流れない。つまり，絶縁体となる。このため，有機物の伝導では，混入した不純物との相互作用，金属などの導体（電極）との接触，光照射などにより外因的に生成された電荷が支配的となる。アモルファス有機半導体薄膜などの電荷輸送能をもつ有機物と金属などの導体と接触させると，導体の仕事関数と有機物の伝導レベルのエネルギー的な違いにより，導体から有機物へ電荷の移動には，多くの場合，エネルギー障壁が形成されることになる。このため，導体から有機物への電荷移動は抑制され，古典的に言えば，障壁を越えるに十分な熱エネルギーをもった電荷だけがこの障壁を越えて，有機物中へ移動し伝導に寄与することになる。このような電荷注入プロセスはRichardson-Schottky型の電荷注入プロセスとして知られ，有機固体／金属などの導体界面の電気特性はこれによって説明されている[21]。

　液晶物質と電極界面の電気特性を明らかにすることは，こうした材料系のデバイ応用を実現する上で重要である。前述のイオン伝導は別として，電極との接触による液晶物質／電極界面での電荷注入や光キャリアの生成過程については，液晶物質の電子伝導の発見から比較的日が浅いため，ほとんど検討されていないのが実情である。

　電極／有機物界面の電気特性について解析を行なう場合，有機アモルファス半導体と電極界面の特性については，アモルファス物質の示す移動度が強く電場，温度に依存するため，その依存性を明らかにした上で，バルクの問題と界面の問題とを分離して取り扱う必要があり，その解析は容易ではない。これに対し，液晶物質では移動度が電場・温度にほとんど依存せず，キャリアの飛程が十分大きいため，液晶物質において観測される定常的な電流—電圧特性は，電極からの電荷注入速度と結びつけて解析することが可能となる。

　Sm相を示す2-phenylnaphthalene誘導体（8-PNP-O12）に異なる電極材料を接触させた場合の電流—電圧特性の一例を図5に示す[22, 23]。

　この特性は，10^5V/cm以下の低電界側では電流は電圧に比例し，オーミック様の特性が見られ，10^5V/cm以上の高電界側では，電流の対数が電界の1/2乗に比例するSchottky型の特性が観測される。8-PNP-O12のオーミック様の特性を示す領域における見かけ上の伝導率は，ITO，および，Auの電極で違いがあるものの，SmA相で10^{-13}Scm^{-1}台，SmB相で10^{-12}Scm^{-1}台の値

注1）　物質中を電流が流れる場合，伝導に寄与する移動可能な電荷は"電流を担うもの"という意味でキャリア（charge carrier）と呼ばれる。キャリアには電子性キャリア（電子，正孔，ポーラロンなど）とイオン性キャリア（正，負イオン）がある。

第11章 液晶ナノ分子凝集相における伝導

である。実験に用いた試料は正孔の関する限り，TOF法による測定からはイオン伝導は観測されないことから，この伝導に対するキャリアは正孔によるものと考えられ，SmA相，SmB相における移動度から求めた各相におけるキャリア密度はいずれも$10^9 cm^{-3}$台と見積もられる。したがって，誘電率の低い媒質中では解離率が小さいと考えられるイオン性不純物が含まれた場合であっても，例え，ppmオーダーの微量が含まれると伝導率に大きな影響を与えることが分かる。測定に用いた試料はエタノールからの再結晶を繰り返し行なっており，伝導度に与えるイオン性不純物の効果は無視できる程度にまで低減されているものと判断できる。この条件下で伝導に関わるキャリアの生成には温度依存性が見られ，活性化エネルギーは電極材料によって若干の違いが見られるもののおよそ0.8～0.9eVである。しかしながら，キャリアがどのような機構によって生成しているかは現在までのところ明らかではない。

高電界側で観測されるSchottky型の特性は，液晶物質のHOMO，LUMO，および，電極に用いた電極材料の仕事関数の相対的位置から判断すると，電極からの正孔の注入に支配されていると考えられる。この系では，電界強度，温度に対して移動度の依存性がほとんど見られないため，電流—電圧特性の温度依存性から電極から液晶物質への電荷注入に関する活性化エネルギーを直接，見積もることができる。

図6は，電流—電圧特性の温度依存性を詳しく測定し，電界強度に対して，その活性化エネルギーをプロットしたもので，電界強度をゼロに外挿することにより，電極材料から液晶物質への電荷注入の際のエネルギー障壁の高さを見積もることができる。8-PNP-O12とITO，Ptの障壁の高さは，それぞれ，SmA相で，2.4eV，1.84eV，また，SmB相で1.73eV，

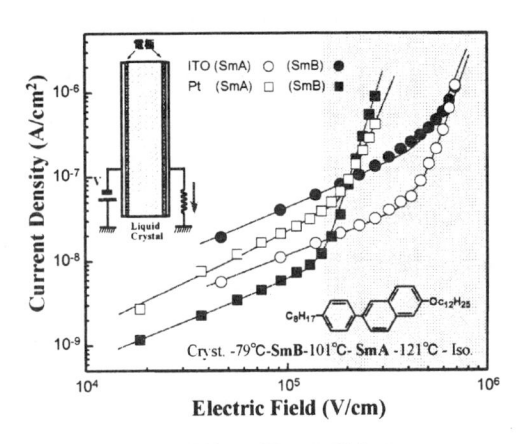

図5 Pt，ITO電極を用いた場合の2-phenylnapththelene誘導体（8-PNP-O12）における電流—電圧特性

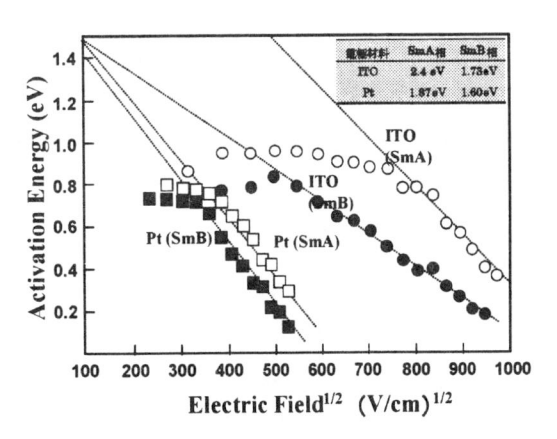

図6 Pt，ITO電極を用いた場合の2-phenylnapththelene誘導体（8-PNP-O12）における電流—電圧特性の温度依存性から求めた活性化エネルギーの電界強度依存性

1.60eVと見積もられる。興味深いことに，界面に形成される障壁の高さは同一の物質であっても液晶相に依存することがわかる[23]。この値は，Pt，ITOの仕事関数と，液晶分子のHOMOから見積もられる障壁の高さと比べると1eV以上も大きく，アモルファス有機半導体／電極界面で議論されるように，電極近傍での有機物質との相互作用によりダイポールの形成に伴う真空準位のシフトが起こっているものと考えられる[23]。

また，円盤状液晶であるTriphenylene誘導体のCol相についても同様な結果が得られている。これをもとに考えると，液晶物質／電極材料の界面における電荷注入特性は，従来の有機固体／電極材料の界面での電荷注入特性と同様と考えてよさそうである。したがって，液晶物質のデバイス応用には，電極の仕事関数と液晶物質のHOMO，LUMOのマッチングはともかくとして，電極からの電荷注入を促進するための何らかの工夫が必要となる。

光照射に伴うキャリアの生成機構については，Sm液晶の一つである2-Phenylnaphthalene誘導体の例では，光吸収によって生成したバルク中でのエキシトン同士の相互作用に基づくOnsager型の電荷生成過程と，結晶物質でよく知られているエキシトンとの相互作用により誘起される電極からの電荷注入により起こることが明らかにされている[24, 25]。正孔について言えば，前者は，Al電極などを用いた場合のように電極から液晶物質への電荷注入が起りにくい系で見られ，その生成量子効率は10^{-4}程度である。後者は，バルクでの電荷生成に比べて約1桁効率が高く，用いる電極材料の影響を大きく受ける。また，光キャリアの生成効率は，分子配向の秩序化に伴って増大することが報告されている。

実際に，液晶相におけるダイナミックなキャリアの生成と輸送過程に関する知見を得るため，2-phenylnaphthalene誘導体（8-PNP-O12）における過渡光電流の波形をもとに，光照射に伴うキャリア生成過程を考慮したキャリアの輸送方程式をもとにそのシミュレーションからキャリアの生成と輸送，電子伝導とイオン伝導の相関について検討を行なった。イオン伝導に関わるイオン種の生成機構と空間的分布，電子キャリアの輸送と不純物によるキャリアの捕獲と不純物のイオン化などの素過程を考慮したキャリアの生成と輸送モデルをたて，導かれる電流波形を実際に観測された波形にフィッティングさせた結果，観測された光電流波形は光照射に伴う正孔の生成と不純物の光イオン化に加えて，正孔の輸送に伴う不純物による正孔の捕獲とそれによる不純物イオンの生成を考慮したモデルが最も良い一致を与えることが分かった。このモデルをもとに，8-PNP-O12のSmA相，および，SmB相では，イオンとして輸送された電荷のうち，それぞれ，およそ90％，60％が光照射に伴う不純物の光イオン化によって生成していると見積もられる[26]。Sm相の違いによる不純物イオンの生成効率の違いが，何によって決定されているかは現在までのところも明らかではないが，電極界面におけるエキシトンの解離，電荷注入と併せて，不純物の界面への吸着等の影響を考慮する必要があろう。

第11章　液晶ナノ分子凝集相における伝導

6　キャリア注入特性の改善

前節で述べたとおり，電極／液晶界面における電気特性は，電極材料の仕事関数と液晶物質の伝導準位とのエネルギーレベルの差と有機物に見られる真空準位のシフトによって決まるエネルギー障壁に律速されるSchottky型の電流—電圧特性を示す。キャリア注入特性の改善を目指して，電極材料の仕事関数と液晶物質の伝導準位との違いによらない電荷注入特性の制御の可能性を探るため，SAM（Benzenethiol誘導体）による電極表面の修飾を行い，その電流—電圧特性とその温度依存性から電荷注入特性について検討を行なった[27]。図7，8はそれぞれ-Phenylnaphthalene誘導体（8-PNP-O12）のSmB相におけるSAM修飾の有無によるAu電極からのホール注入特性，および，その温度依存性からホール注入のエネルギー障壁に対応する活性化エネルギーを電場に対してプロットしたものである。修飾電極を用いた場合の電流—電圧特性は非修飾のAu電極を用いた場合と同様に基本的にSchottky型の特性を示し，いずれのSAM膜を用いた場合も非修飾のAu電極に比べて，大幅に電荷注入特性の向上と閾電圧の低電界側へのシフトが見られる。分極性の物質を用いて電極表面を化学修飾した場合は，ホールの注入障壁を低減する効果は電子受容性の強いp-Nitrothiophenolで修飾したAu電極の方が大きいものと考えられるが，ホール注入はむしろp-Methylthiophenolで修飾したAu電極の方がホール注入が増大している。この結果から，SAMによる電極の化学修飾によって認められた大幅な電荷注入の促進効果は電極表面への双極子の集積による金属電極の真空準位のシフトによるものでなく，AuからSAMのHOMO準位を介したホール注入の促進が起きていることが考えられる。

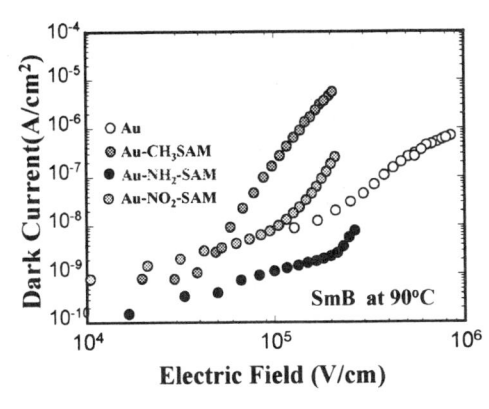

図7　2-phenylnapththelene誘導体（8-PNP-O12）のスメクティックB相における種々のチオフェノール誘導体で修飾したAu電極を用いて測定した電流—電圧特性

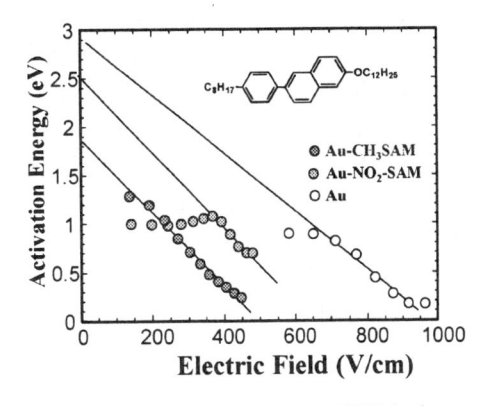

図8　2-phenylnapththelene誘導体（8-PNP-O12）のスメクティックB相における種々のチオフェノール誘導体で修飾したAu電極を用いて測定した電流—電圧特性の温度依存性から求めた活性化エネルギーの電界強度依存性

7 液晶分子凝集相の興味

これまで述べたように，液晶分子がつくるナノスケールの分子凝集相では，特異な分子構造をもつ分子の凝集構造のために，電子伝導とイオン伝導が起こる独立した伝導チャネルが形成されるため，電子性キャリアとイオン性キャリアがともに伝導に寄与する特異な伝導が起こっていると考えられる。

この系における伝導はキャリア生成によって支配されていることから，電子トラップとなる不純物やイオン性不純物の低減を図ることによって，高品質な有機半導体としての取り扱いが可能となる。特に，電極／液晶界面の電気特性の効率的な制御法が確立できれば，デバイス応用へ向けた大きな展開が期待できる。一方，積極的にイオン性キャリア濃度を制御することにより，イオン伝導体としての機能を引き出すことも可能であろう。

イオンの輸送という点に着目すると，移動度は電子性キャリアの示す移動度に比べて極めて小さく電流への寄与は小さいものの，物質移動を伴うため，積極的に物質移動を利用した新たな機能発現にも可能となろう。今後の進展が期待される。

文　　献

1) D. Adam, F. Closs, T. Frey, D. Funhoff, D. Haarer, J. Ringsdorf, P. Schuhmacher and K. Siemensmeyer, *Phys. Rev. Lett.*, **70**, 457（1993）
2) M. Funahashi and J. Hanna, *Phys. Rev. Lett.*, **78**, 2184（1997）
3) G. H. Heilmeir and P. M. Heyman, *Phys. Rev. Lett.*, **18**, 583（1967）
4) S. Kusabayashi and M. M. Labes, *Mol. Cryst. Liq. Cryst.*, **7**, 395（1969）
5) G. H. Heimeier, L. A. Zanoni and H. Burton, *Proc. IEEE*, **56**, 1162（1968）
6) G. Drefel and A. Lipnski, *Mol. Cryst. Liq. Cryst.*, **55**, 89（1979）
7) K. Yoshino, N. Tanaka and Y. Inuishi, *J. J. Appl. Phys.*, **15**, 735（1976）
8) H. Iino, J. Hanna and D. Haarer, *Phys. Rev. B*, **72**, 193203（2005）
9) H. Iino and J. Hanna, *J. Phys. Chem. B*, **123**, 22120（2005）
10) S. Chandrasekhal, D. K. Sedaschiva, K. A. Suresh, *Pramana*, **7**, 395（1997）
11) N. Borden, R. J. Bushby, J. Clements, M. V. Jesdason, P. F. Knowles, G. Williams, *Chem. Phys. Lett.*, **152**, 94（1988）
12) P. G. Shouten, J. M. Warman, M. P. de Haas, M-A. Fox and H.-L. Pan, *Nature*, **353**, 736（1991）
13) K. Tokunaga and J. Hanna, to be submitted（2007）
14) M. Funahashi and J. Hanna, *Appl. Phys. Lett.*, **71**, 602（1997）

第11章　液晶ナノ分子凝集相における伝導

15) K. Okamoto, S. Nakajima, M. Ueda, A. Itaya and S. Kusabayashi, *Bull. Chem. Soc. Jpn.*, **56**, 3830 (1983)
16) M. Funahashi and J. Hanna, *Chem. Phys., Lett.*, **397**, 319 (2004)
17) H. Ahn, A. Ohno and J. Hanna, *Jpn. J. Appl. Phys.*, **44**, 3764 (2005)
18) A. Ohno and J. Hanna, *Appl. Phys. Lett.*, **82**, 751 (2003)
19) I. Bleyl, C. Erdelen, H.-W. Schmidt and D. Haarer, *Phil. Mag. B*, **79**, 463 (1999)
20) M. Funahashi and J. Hanna, *Mol. Cryst. Liq. Cryst.*, **410**, 529 (2004)
21) M. Matsumura, T. Akai, M. Saito and T. Kimura, *J. Appl. Phys.*, **79**, 264 (1996)
22) 戸田徹, 半那純一, 谷忠昭, 日本写真学会誌, **69**, 42 (2006)
23) T. Toda, J. Hanna and T. Tani, *J. Appl. Phys.*, **101**, 024505-024511 (2007)
24) H. Zhang and J. Hanna, *J. Phys. Chem. B*, **103**, 7429 (1999)
25) H. Zhang and J. Hanna, *J. Appl. Phys.*, **88**, 270 (2000)
26) H. Ahn, A. Ohno and J. Hanna, *J. Appl. Phys.*, 101, to be submitted (2007)
27) 戸田徹, 半那純一, 谷忠昭, 日本写真学会誌, **70**, 38 (2007)

第12章　金属ヘテロ界面における高温型プロトン伝導体の新規イオン機能の探索

松本広重*

1　はじめに

　金属と半導体酸化物の接触界面には，電荷の移動により空間電荷層が生じる。イオン伝導性固体中で，このような電荷の再配分が欠陥平衡に作用して，イオンの濃度や移動度に変化が生じるというのが，本書で扱われているナノイオニクス現象である。電子の移動は，接触する二つの物質の間での仕事関数（電子の電気化学ポテンシャル）の違いにより起きるので，このような現象は異種材料の界面においてより顕著に起きると予想される。ここで対象とする高温型プロトン伝導体中のプロトンは，電子や正孔と化学平衡の関係を持つため，電荷の移動による影響を強く受けると考えられる。

　ここで述べるのは，高温型プロトン伝導体に白金との界面を導入したときにどのようなことが起きるかについて調べたものである[1]。結果を先に述べると，ある種のプロトン伝導体に白金の微粒子を分散させたところ，そのイオン伝導性や正孔伝導性が著しく低下した。すなわち，筆者らが観測したのは負のナノイオニクス効果であった。

　いくつかの実験結果をつないで考えてみると，プロトン伝導体に起こった電気伝導度の低下は，ナノイオニクス現象に基づくものであると説明できる。ここでは，高温型プロトン伝導体の欠陥平衡とそれに期待されるナノイオニクス効果，実験結果の解釈とその検証について述べる。

2　高温型プロトン伝導体の欠陥平衡

　高温型プロトン伝導体は，母結晶を構成する金属イオンの一部をそれよりも原子価の低いカチオン（いわゆるアクセプター）で置換した材料である。例えば，$SrZr_{0.9}Y_{0.1}O_{3-\alpha}$は典型的な高温型プロトン伝導体であるが，$SrZrO_3$中の$Zr^{4+}$の一部が$Y^{3+}$により置換されている。このようなドーピングの結果として生じる酸素空孔に過剰の酸素が入ることにより，以下のような欠陥平衡

---

* Hiroshige Matsumoto　九州大学　大学院工学研究院　応用化学部門　未来化学創造センター　准教授

第12章 金属ヘテロ界面における高温型プロトン伝導体の新規イオン機能の探索

に従って正孔が生じる。

$$V_O^{\cdot\cdot} + \frac{1}{2}O_2 \rightleftarrows O_O^{\times} + 2h^{\cdot},\ K_1 = \frac{[O_O^{\times}][h^{\cdot}]^2}{[V_O^{\cdot\cdot}]p(O_2)^{1/2}} \quad (1)$$

ここで$V_O^{\cdot\cdot}$, $O_O^{\times}$, $h^{\cdot}$, および$H_i^{\cdot}$はそれぞれ，酸素空孔，格子酸素，正孔およびプロトン，Kは平衡定数，[ ]は欠陥種の濃度（以下の記述では，組成式当たりとする），$p($ $)$は気体の分圧を表す。正孔はプロトンとの間に以下のような欠陥平衡を持つ。

$$H_2O + 2h^{\cdot} \rightleftarrows 2H_i^{\cdot} + \frac{1}{2}O_2,\ K_2 = \frac{[H_i^{\cdot}]^2 p(O_2)^{1/2}}{p(H_2O)[h^{\cdot}]^2} \quad (2)$$

(1)+(2)より，

$$V_O^{\cdot\cdot} + H_2O \rightleftarrows O_O^{\times} + 2H_i^{\cdot},\ K_3 = K_1 K_2 = \frac{[O_O^{\times}][H_i^{\cdot}]^2}{p(H_2O)[V_O^{\cdot\cdot}]} \quad (3)$$

水の生成反応を化学平衡の形で書けば，

$$H_2 + \frac{1}{2}O_2 \rightleftarrows H_2O,\ K_W = \frac{p(H_2O)}{p(H_2)p(O_2)^{1/2}} \quad (4)$$

(2)+(4)より，

$$H_2 + 2h^{\cdot} \rightleftarrows 2H_i^{\cdot},\ K_4 = K_2 K_W = \frac{[H_i^{\cdot}]^2}{p(H_2)[h^{\cdot}]^2} \quad (5)$$

なお，対象とするプロトン伝導性酸化物の電子伝導は強還元雰囲気でなければ生じないため考慮しない。これらの欠陥種の濃度は，サイトバランスおよびチャージバランスを保つために，以下の条件を満たさなければならない。

$$[O_O^{\times}] + [V_O^{\cdot\cdot}] = 3\ (サイトバランス) \quad (6)$$
$$2[V_O^{\cdot\cdot}] + [h^{\cdot}] + [H_i^{\cdot}] = A\ (チャージバランス) \quad (7)$$

ここで，Aはアクセプター濃度であり，$SrZr_{0.9}Y_{0.1}O_{3-\alpha}$であれば$A=0.1$である。このような欠陥平衡によって生じるプロトンは格子酸素と水素結合によって結ばれて存在しており，600～800℃程度の高温で熱的に格子酸素間のホッピングにより移動することができる。

(3)式は，アクセプターのドープにより生じた酸素空孔に雰囲気中の水（水蒸気）が取り込ま

れ，結晶格子中にプロトンが生じる平衡反応と見ることができる。平衡定数K_3が大きいほど酸素空孔が減り，プロトンが増える。したがって，K_3が大きければプロトン伝導体になり，K_3が小さければ酸化物イオン伝導体（正確には酸素空孔伝導体）になると見ればよい。一方，(1)式によれば，酸素分圧の1/4乗に比例して正孔濃度が増大する。実際に多くの高温型プロトン伝導体では，高温酸化的雰囲気において正孔が主要な電荷担体となる。

このような平衡に支配されるプロトンや正孔の濃度は，(6)式に表されるサイトバランスや(7)式のチャージバランスに制限される。仮に，プロトン伝導体を酸素分圧や水蒸気分圧が低い雰囲気（例えば真空中）においたとすると，アクセプターによる正電荷は酸素空孔によって補償され，$A=0.1$なら$[V_O^{\cdot\cdot}]=0.05$となる。酸素分圧が上がれば(1)式によって正孔が増え，水蒸気分圧が上がれば(3)式によってプロトン濃度が増える。しかし，その総和は(7)式が示すようにAを超えない。プロトン伝導体は，適当な湿潤還元雰囲気で純粋なプロトン伝導性を示すが，この場合にでも(7)式が示すとおり，$[H_i^{\cdot}]$の上限値はAである。$SrZr_{0.9}Y_{0.1}O_{3-\alpha}$では$A=0.1$であり，プロトンをできるだけ詰め込んだとしても(7)式による制限からAを超えることはない。

3　金属接触界面

プロトン伝導性酸化物が金属と接触した場合を考える。接触前には両相の仕事関数（フェルミエネルギー）は異なるであろうが，接触後には両相のすべての場所にわたってフェルミレベルが等しく揃わなければならない。言い換えると，フェルミエネルギーは電子の電気化学ポテンシャルであるから，電子はその電気化学ポテンシャルが揃うまで高い方から低い方へと移動する。接触する金属の仕事関数が，プロトン伝導相に比べて大きい場合には，プロトン伝導相から金属相へと電子の移動が起こり，プロトン伝導相は正に帯電して，図1(a)のようなバンドの曲がりを生じるように正孔の濃度が増加する。逆に，金属相の方がプロトン伝導相に比べて仕事関数が小さいのが図1(b)の場合で，プロトン伝導相は負に帯電しようとする。どちらの場合にも，プロトン伝導性酸化物の金属界面近傍には電荷を帯びた空間電荷層が生じる。

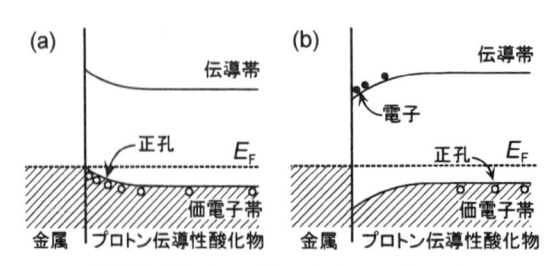

図1　金属プロトン伝導性酸化物界面の模式図

第12章　金属ヘテロ界面における高温型プロトン伝導体の新規イオン機能の探索

このように，バルクとは異なる電子構造を持つプロトン伝導性酸化物の界面近傍層では，前節で述べた欠陥の濃度やそれらの平衡も変化すると考えられる。まず，空間電荷層が形成されているので，チャージはバランスしない。すなわち，バルクと違って(7)式は成り立たない。仕事関数が大きな金属と接触した場合（図1(a)）にプロトン伝導性酸化物の界面近傍に予想される変化は以下の通りである。まず，仕事関数の差により正孔濃度が増加する。そして，正孔と平衡するプロトンの濃度も(2)式か(4)式に従って増大する。増加した正孔とプロトンは空間電荷層を形成する。金属の仕事関数が小さい場合には全く逆のことが予想される。すなわち，正孔濃度やプロトンの濃度が減少し電気伝導性の小さい領域が形成されることになる。

このような領域，すなわち空間電荷層—プロトンの濃度がバルクに比べて増えたり減ったりする領域—の厚さは，半導体の理論によれば，元々の仕事関数のギャップ，もともとの電荷密度，誘電率から決定されるが，ナノメートルのオーダーであると考えられ，このことがナノイオニクス現象と呼ばれるゆえんである。すなわち，空間電荷層により欠陥平衡が変化した領域は，界面に沿って数nm～数十nmの極薄い層として形成される。

このような薄い層が，実際のマクロな電気物性に表れるとしたら，材料の微構造はどのようでなければならないのであろうか。その一例が図2である。灰色の相のイオン伝導性が黒の相との界面において変化すると仮定する。図2(a)の場合，縞の間隔が空間電荷相の幅と同程度であれば，横方向の電気伝導度に変化が現れるはずである。このような微構造によって実際にナノイオニクス現象によりイオン伝導体の電気伝導度が変化することが報告されている[2]。図2(b)の場合には黒の相でできた粒子の間の距離が空間電荷層の厚さよりも短ければ，イオン伝導の変化する領域が連続することになり，やはり電気伝導度の変化が観測されることになる。Liイオン伝導体にアルミナを分散した系でイオン伝導性の変化が報告されている[3,4]。本研究では，図2(b)の構造を目指し，プロトン伝導体への白金の分散によるイオン物性の変化を検討した。

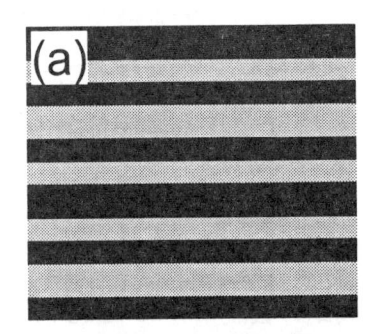

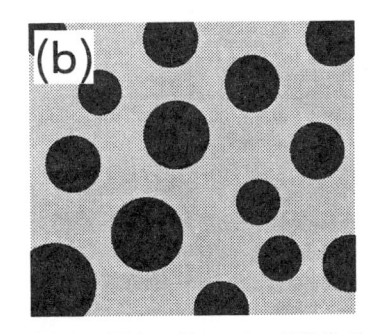

図2　ナノイオニクス現象が発現する微構造の例（灰色の相のイオン伝導性が黒の相との界面において変化すると仮定）

4 白金を分散した$SrZr_{0.9}Y_{0.1}O_{3-\alpha}$の電気伝導度

白金を分散した$SrZr_{0.9}Y_{0.1}O_{3-\alpha}$について行った実験の結果を以下に示す[1]。白金の量を0〜4vol％まで変化させたコンポジットを調製した。ナノイオニクス現象を観測するには，できるだけ白金を微分散することが必要である。そこで，硝酸塩もしくは塩化物を原料とした燃焼合成法により原料粉を調製し，これを通常の固相焼結（空気中，1650℃）によって焼成することにより得た試料は，図3にX線回折パターンを示すとおり，白金（図中の○）と$SrZr_{0.9}Y_{0.1}O_{3-\alpha}$（無印）の2相でできていた。白金の量とともに$ZrO_2$相の生成が確認されたが，ピークは微少であり，その性質には影響しないと考えている。

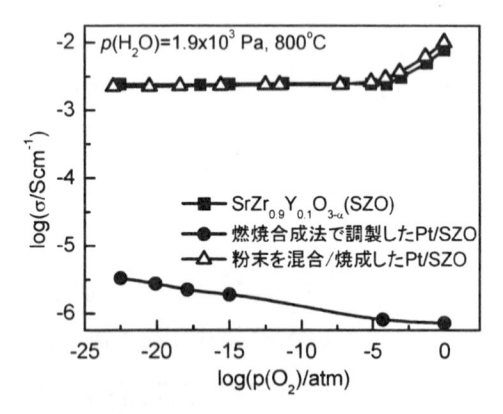

このようにして調製した白金と$SrZr_{0.9}Y_{0.1}O_{3-\alpha}$のコンポジットの導電率測定の結果を図4に示す（800℃）。白金を含まない焼結体（図中の■）の導電率は，約2×10^{-3} S cm^{-1}であるのに対して，燃焼合成法により調製した4vol％の白金を含むコンポジット試料（同●）では，それよりも3桁〜4桁低い導電率が観測された。図中の△は比較のために，$SrZr_{0.9}Y_{0.1}O_{3-\alpha}$と白金の粉末を混合して同様の条件で焼結させたものの導電率である。この場合には，白金を含まない典型的な高温型プロトン導電体の導電性に一致しているのが分かる。これらのサンプルのTEM観察の結果を図5(a)および(b)に示す。燃焼合成法による(a)では0.5〜数nmの白金が分散しているのに対して，導電率の低下が見られなかった試料では(b)に示すように数十〜数百nm程度の白金粒子酸化物中に点在するのが観察された。これらのことから，燃焼合成法により調製した

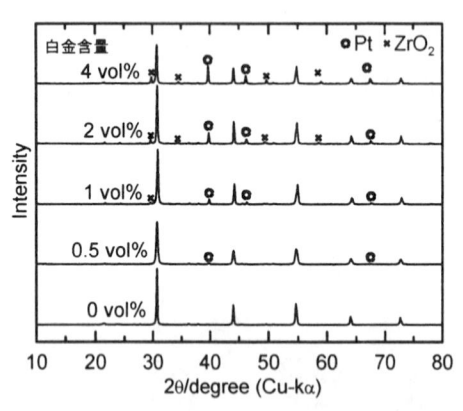

図3　燃焼合成法を用いて調製した白金と$SrZr_{0.9}Y_{0.1}O_{3-\alpha}$のコンポジットのXRDパターン[1]
（The Electrochemical Societyの許可を得て複製）

図4　白金と$SrZr_{0.9}Y_{0.1}O_{3-\alpha}$のコンポジットの導電率[1]
コンポジットの白金含量はいずれも4vol％。800℃，直流4端子法により測定。雰囲気の制御は，酸素―アルゴンおよびアルゴン―水素混合ガスにより行った。
（The Electrochemical Societyの許可を得て複製）

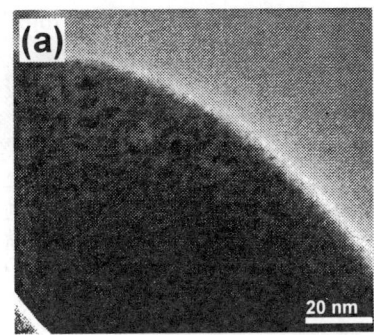

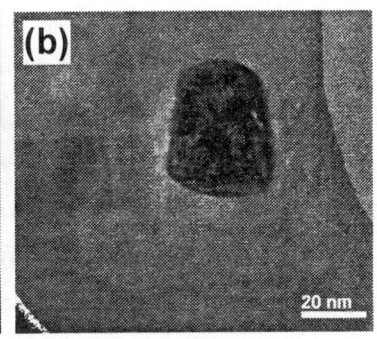

第12章 金属ヘテロ界面における高温型プロトン伝導体の新規イオン機能の探索

図5 白金と$SrZr_{0.9}Y_{0.1}O_{3-\alpha}$のコンポジットのTEM写真
(a)燃焼合成法により調製，(b)白金と$SrZr_{0.9}Y_{0.1}O_{3-\alpha}$の混合物を焼成して調製

$SrZr_{0.9}Y_{0.1}O_{3-\alpha}$と白金とのコンポジットの導電率の減少は白金相の微分散による効果であると考えられる。

図6は，燃焼合成法により調製した白金／$SrZr_{0.9}Y_{0.1}O_{3-\alpha}$コンポジットの導電率の白金添加量依存性である。興味深いことに，白金の導入量が0.5あるいは1vol％である時には導電率の減少はほとんど起こらず，白金を含まないバルクの値に近い導電率を示す。これに対して，2vol％以上の白金を加えると導電率が大きく低下する。すなわち，導電率は白金体積分率に対して不連続に変化し，約1.5vol％付近を閾値としたシグモイド曲線を描く。縦軸には導電率の対数をとってあるので導電率は桁で変化する。白金量が少ないときの導電率は白金がない場合とほとんど変わらないが，ある程度以上の白金を入れるととたんに導電率が大きく減少していることがわかる。

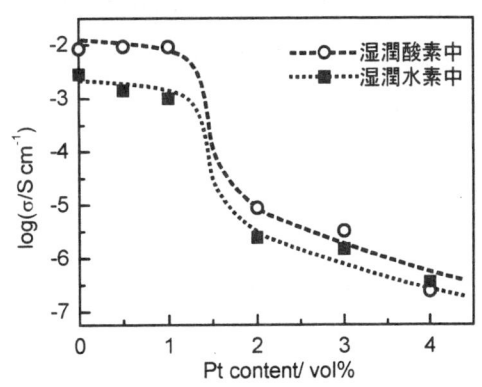

図6 燃焼合成法で調製した白金／$SrZr_{0.9}Y_{0.1}O_{3-\alpha}$コンポジットの導電率の白金含量依存性 (800℃)[1]
(The Electrochemical Societyの許可を得て複製)

5 パーコレーションモデル

このような体積分率に対する導電率の変化は，パーコレーションモデル（浸透理論）により説明できる[5]。図7に示すように，無色で表す伝導相の中に斜線で表した抵抗の高い材料でできた粒子が分散されていることを考える。(a)のように高抵抗粒子の密度が小さく，伝導相がつながっている場合には電気は浸み出すことができ，材料は導通を持つ。しかし，(b)のように高抵抗

粒子が電気の流れを完全に遮断すると電気は流れなくなる。パーコレーション理論によれば，この模式図から分かるとおり，伝導相に高抵抗相が分散したような系の電気伝導度は組成に対して不連続に変化する。数学的に，このように電気がしみ出す／遮断される変化は体積的に不連続であり，3次元のモデルからはおよそ伝導相の分率で25～30％が閾値であるといわれている[5]。

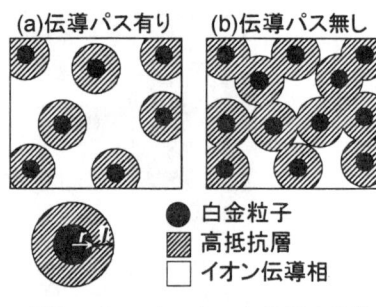

図7 パーコレーションモデルの模式図[1]
（The Electrochemical Society の許可を得て複製）

さて，パーコレーションモデルによる図6の説明において明らかなことは，実験的に調製した白金分散 $SrZr_{0.9}Y_{0.1}O_{3-\alpha}$ において，白金の分散は高抵抗層を生じているということである。すなわち，残念ながら，図1において，プロトンの濃度の増大が期待される(a)ではなく，電荷坦体が消失してしまう(b)のようなモデルによって，図6に示すような電気伝導度の不連続な低下が表れたと考えることができる。分散した白金と接触した界面近傍で $SrZr_{0.9}Y_{0.1}O_{3-\alpha}$ は負に帯電し，図7の模式図に示すように抵抗の高い層を形成する。白金の粒子が抵抗の高い皮に包まれたような格好となる。このような電気の伝導を遮るような粒子が図7(b)のように伝導パスを遮ったときに，電気伝導度の劇的な低下が表れるのだと考えられる。

以上の説明では，体積で1.5％の白金の導入によって，高抵抗粒子の体積的な分量がパーコレーションモデルにおける閾値を上回らなければならない。このような説明が可能であるか検討するために，以下のような簡単な計算を試みる。図7においてすべての白金粒子（黒色のコア部）が均一に半径 r を取り，高抵抗層の厚さが l であるとする。図5(a)に示したTEM観察から，白金の粒径はおよそ，$2r=0.5～3nm$ と見積もることができる。パーコレーションモデルにおける高抵抗層の体積分率の閾値を70％と仮定する。導電率変化に対する白金分率の閾値が1.5vol％であることを考えると，以下の関係が成り立つ。

$$r^3 : (r+l)^3 = 1.5\text{vol}\% : 70\text{vol}\% \tag{8}$$

$2r=0.5～3$ nm に対してこれを解くと，

$$l = 0.7～4\text{nm} \tag{9}$$

すなわち，白金の粒子のまわりに厚さが0.7～4nmの極薄い空間電荷層が生成したと考えれば，図6を説明することができる。この見積りでは高低抗層の重なりを無視しているが，その影響は小さい。実際にはこのような小さな白金粒だけでなく，粒径が100nm程度の大きな白金粒がSEMにより観察されており，白金のすべてが微分散されているわけではないということが分か

第12章　金属ヘテロ界面における高温型プロトン伝導体の新規イオン機能の探索

ってきた。したがって，高抵抗層の厚さは上に見積もったよりは厚いことになる。しかし，例えば導入された白金の1％のみが0.5～3nmの微粒白金になっていたと仮定しても，高抵抗層の厚さは4～24 nmと見積もられる。やはり，非常に薄い高抵抗層の生成により，図6のような導電挙動が説明可能である。

6　白金／$SrZr_{0.9}Y_{0.1}O_{3-\alpha}$界面の直流分極特性

以上のように，白金との界面において$SrZr_{0.9}Y_{0.1}O_{3-\alpha}$相にプロトンや正孔の乏しい空間電荷層が生成するという考えから，白金分散$SrZr_{0.9}Y_{0.1}O_{3-\alpha}$に生じた電気伝導度の低下現象を説明した。白金との系面で本当にそのような空乏層が生成しているのであろうか。今のところ実験的に十分に検証できていないが，白金／$SrZr_{0.9}Y_{0.1}O_{3-\alpha}$界面の直流分極特性について以下のようなことが分かってきている。

図8に示すような配置を用いて，白金／$SrZr_{0.9}Y_{0.1}O_{3-\alpha}$界面の直流分極特性を調べた。2節で述べたとおり，実験を行った乾燥酸素雰囲気において，$SrZr_{0.9}Y_{0.1}O_{3-\alpha}$の主要な電荷単体は正孔である。したがって，上記の結果から予想される図1(b)のようなバンドベンディングが起こっている場合には，正孔のショットキー障壁が観測されるはずである。

電流電圧特性を調べた結果，図9に示すように整流性が観察された。しかし，その極性は上記の予想とは逆であった。点電極から対極に電流が流れるように分極した場合（電圧が正の場合）の方が逆に分極した場合に比べて大きな電流が流れる。これは，n型半導体の場合にはショットキー障壁の形成（バンドの曲がり方は図1(a)のよう）に相当する。上記の通り，本実験条件において$SrZr_{0.9}Y_{0.1}O_{3-\alpha}$試料はp型半導体であり，この考えをそのまま適用するのは難しい。また，

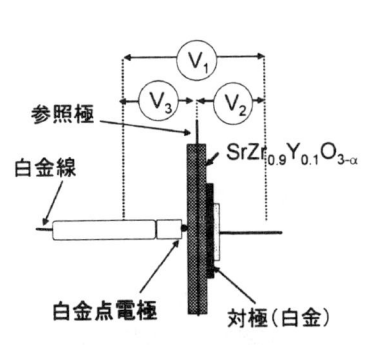

図8　白金／$SrZr_{0.9}Y_{0.1}O_{3-\alpha}$界面の直流分極測定に用いた白金点電極と対極の配置

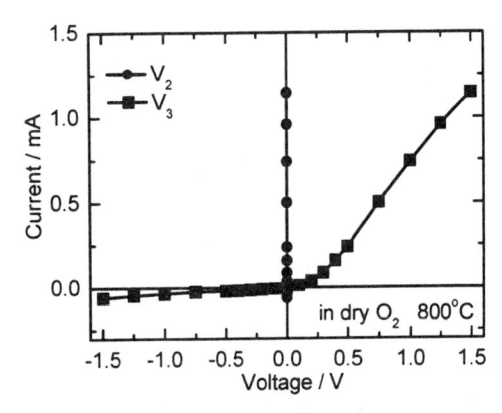

図9　白金／$SrZr_{0.9}Y_{0.1}O_{3-\alpha}$界面のI-V特性（図8の$V_2$と$V_3$）

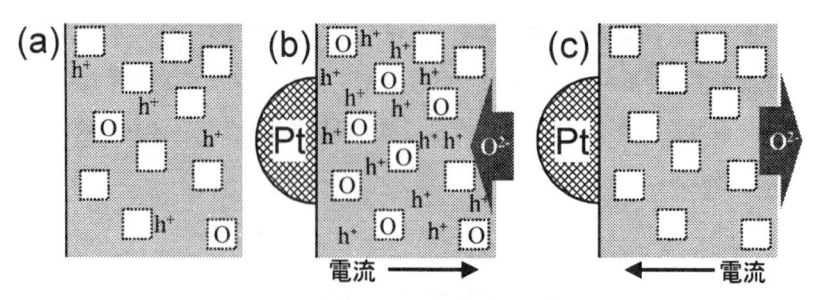

図10 SrZr$_{0.9}$Y$_{0.1}$O$_{3-\alpha}$の欠陥構造の模式図
(a)バルク状態，(b)陽分極状態，(c)陰分極状態

本実験においては，正に分極した場合には，電圧変化後に電流が静定するのに10～30分程度の時間を要した。このような長い緩和課程が酸素イオンの動きによると仮定すると図10に示すような説明が可能である。図10(a)のように，SrZr$_{0.9}$Y$_{0.1}$O$_{3-\alpha}$は，乾燥酸化雰囲気中で酸素空孔が部分的に酸素を取り込んで正孔伝導性を示す。正の電圧を印加した図10(b)の場合には酸素イオンが集まることにより正孔伝導性を増し，逆に図10(c)の場合にはいわゆる空乏層が生じる。すなわち，図9においてみられた整流性は，界面におけるSrZr$_{0.9}$Y$_{0.1}$O$_{3-\alpha}$中の酸素の非化学量論により生じていると考えられる。

図9において，I-Vの傾きが変わる点はプラス側に偏っており，電圧のかかっていない状態では，白金と酸化物の界面には図10(c)に示すような空乏層が生じている可能性が考えられる。すなわち，白金との界面でSrZr$_{0.9}$Y$_{0.1}$O$_{3-\alpha}$が正孔の欠乏した状態となることが示唆される。これは図1(b)に示すような状態に対応しており，白金との界面でSZO中に正孔やプロトンが欠乏した高抵抗層の生成を支持する結果と考えている。

7 おわりに

ナノイオニクス現象の一例として，高温型プロトン伝導体に白金との界面を調べた結果と考察について述べた。観測されたのは負のナノイオニクス効果であり，プロトン伝導体の電気伝導度を著しく落とす結果であった。しかし，このように，イオン伝導体の物性が劇的に変化するのは興味深い現象であると思われる。ここに示したようなアイデアは，高速イオン伝導路の設計に役立つと考えられる。今後，そのような方向から新しいイオン機能の創製が期待される。

謝辞
　図5のTEM写真は，名古屋大学丹司敬義教授から提供された。本稿のほとんどの実験は，修士学生の古谷佳久君によるものである。

第12章　金属ヘテロ界面における高温型プロトン伝導体の新規イオン機能の探索

文　　献

1) Matsumoto H. *et al.*, Effect of Dispersion of Nanosize Platinum Particles on Electrical Conduction Properties of Proton-Conducting Oxide SrZr$_{0.9}$Y$_{0.1}$O$_{3-\alpha}$. *Electrochemical and Solid-State Letters*, **10**(4), p. P11-P13（2007）
2) Sata, N. *et al.*, Mesoscopic fast ion conduction in nanometre-scale planar heterostructures. *Nature*, **408**（6815）, p. 946-949（2000）
3) Liang C.C., CONDUCTION CHARACTERISTICS OF THE LITHIUM IODIDE-ALUMINUM OXIDE SOLID ELECTROLYTES. *Journal of the Electrochemical Society*, **120**（10）, p. 1289-1292（1973）
4) Poulsen F.W. *et al.*, Properties of LiI-Alumina composite electrolytes. *Solid State Ionics*, **9-10**（Part 1）, p. 119-122（1983）
5) 小田垣孝，パーコレーションの科学（1993）

第13章 電子分光法によるnano-NEMCA現象の追求

山口　周[*1]，樋口　透[*2]，尾山由紀子[*3]，三好正悟[*4]

1　はじめに

　近年ナノイオニクス現象[1])，すなわち「ヘテロ界面において形成されたナノスケールでおこる空間電荷層による間接的効果として生じる（イオンの動的／静的変調によって現われる）化学現象」が固体化学分野の大きなトピックスとして急速に展開している。我々の研究グループでは，このナノイオニクス現象によってヘテロ界面付近に生じると考えられるイオン欠陥や電子欠陥の濃度変調を積極的に利用した新しい界面機能の設計の実現を目指している。ここで注目しているのはナノサイズ効果そのものではなく，ヘテロ界面付近の数ナノメートル程度で起こっている速度論的特性に現れる界面現象を，マクロな電気化学特性に反映させる方法の開拓である。このナノイオニクス現象に基づいた新しいヘテロ界面の「化学機能」の基本的特性を理解して機能設計するためには，界面付近で起こる様々な特性変化を電子構造に基づいて理解する必要がある。

　一般に金属／半導体ヘテロ接触界面においては，両者の仕事関数の相異から電荷の移動により空間電荷層が形成されてバンド屈曲が生じ，いわゆるショットキーバリアが形成される。金属とイオン伝導体やイオン—電子混合伝導体との接触界面でも，金属／半導体界面と同様に電荷の移動が生じるが，電荷を持ったイオンあるいはイオン欠陥も十分な速さで移動出来るために，イオン（あるいはイオン欠陥）と電子（電子欠陥）の両者による緩和が生じる点が半導体と大きく異なる。この様子はBredikhinら[2])による論文に詳しい。このイオン欠陥による緩和過程により，空間電荷層は極端に薄くなり，表面電荷のみが重要になると予想されている。

　このようなイオンと電子による緩和過程の結果，界面近傍のイオン欠陥や電子欠陥が変調された空間電荷層（界面層）が形成される。イオンや電子（ホール）移動が生じる動的条件では，これらの欠陥を反応サイトとする電荷移動素反応が欠陥濃度に依存することが期待され，結果として界面層の影響を強く受けた特性が速度論的性質に表れることが予想される。この速度論的性質

---

*1　Shu Yamaguchi　　東京大学　大学院工学系研究科　マテリアル工学専攻　教授
*2　Tohru Higuchi　　東京理科大学　理学部　応用物理学科　助教
*3　Yukiko Oyama　　東京大学　大学院工学系研究科　マテリアル工学専攻　助教
*4　Shogo Miyoshi　　東京大学　大学院工学系研究科　マテリアル工学専攻　助教

第13章　電子分光法によるnano-NEMCA現象の追求

に現れるナノイオニクス現象を化学機能として定義して，その基礎特性を解明し，機能設計の方法を開発することが目標になる。ここではこのような電子構造に基づいた視点で固体表面の化学的活性を議論するとともに，ナノイオニクスの概念をもとにした化学機能開拓の展望をまとめる。

2　表面の反応活性と電子構造

異なる物質から構成されるヘテロ界面では，それぞれの物質の仕事関数が異なるため，界面を通して局所的な電荷移動が生じ，空間電荷層がこの緩和過程の結果として形成される。したがってヘテロ界面近傍ではこの空間電荷に伴って内部電位の屈曲（あるいは内部電位の分布）が生じることになる。例えば最も簡単な例に相当する金属とイオン―電子の混合伝導性酸化物を接触させた界面について考えてみることにする（図1(a)[3]参照）。イオン―電子混合伝導体では，イオン欠陥と電子欠陥が伝導に寄与し，チャージキャリア種iの部分電気伝導度，σ_iは以下の関係式で表される。

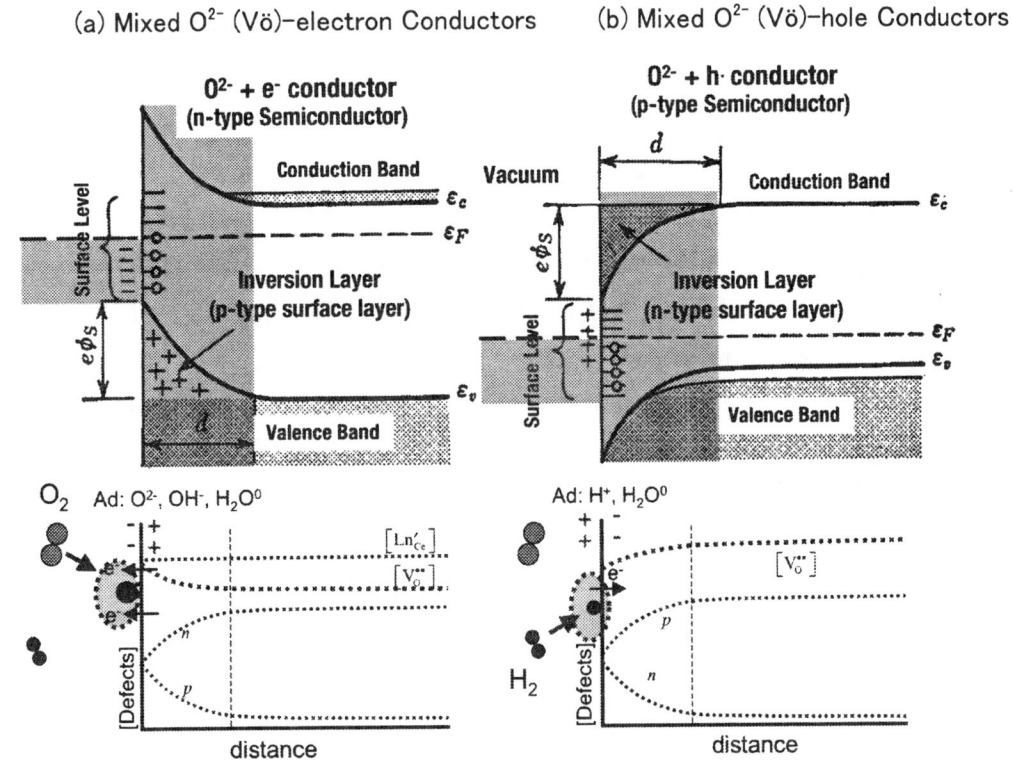

図1　(a){金属/気体}―{酸化物イオン―電子}混合伝導体接触界面，および(b){金属/気体}―{イオン―正孔}混合伝導体のヘテロ接触界面における空間電荷層形成の模式図（「半導体物性II」[3]をもとにして描いた模式図）

$$\sigma_i = z_i F c_i v_i \tag{1}$$

ここで，z_i はキャリアの電荷数，c_i はキャリア濃度，F はファラデー定数，v_i はドリフト移動度である。アクセプタドープにより電子と酸素空孔が共存する酸化物，例えば Ln^{3+} などで置換した CeO_2 を想定すると，それぞれのキャリア密度，$[V_Ö]$，n により，部分伝導度を下式のように表すことができる。

$$\sigma_{V_Ö} = 2F[V_Ö] v_{V_Ö} \tag{2}$$

$$\sigma_{e'} = Fn v_{e'} \tag{3}$$

移動度が変化しないと仮定できる場合，キャリアの部分伝導度はその濃度に比例する。それぞれのキャリア濃度は局所的な欠陥平衡(A)により支配されるが，電場の存在する場合にはイオン，電子欠陥の電気化学ポテンシャルと整合しなければならない。

$$\tilde{\eta}_{V_Ö} = \mu_{V_Ö} + 2F\phi = (\mu_{V_Ö}^{\ominus} + RT \ln[V_Ö]) + 2F\phi \tag{4}$$

$$\tilde{\eta}_{e'} = \mu_{e'} - F\phi = (\mu_{e'}^{\ominus} + RT \ln n) - F\phi \tag{5}$$

すなわち内部電位のプロファイルに従ってイオン欠陥，電子欠陥濃度が変化することになる。ただし重要な点として，物質・電荷輸送が生じていない電気化学的平衡状態においては，荷電化学種は電気化学ポテンシャル，中性化学種についてはその化学ポテンシャルが酸化物中で一定となっていることに注意する必要がある。したがって(4)式の位置微分から示されるようにそれぞれの位置において内部電場を打ち消すような化学ポテンシャル場が形成され，全体の平衡関係はそれぞれの活量（濃度）が相補的に変化することによって維持される。

$$O_O^\times = V_Ö + 2e' + \frac{1}{2} O_2(g) \tag{A}$$

$$\mu_{O_O^\times} = \tilde{\eta}_{V_Ö} + 2\tilde{\eta}_{e'} + \frac{1}{2}\mu_{O_2(g)} = \mu_{V_Ö} + 2\mu_{e'} + \frac{1}{2}\mu_{O_2(g)} \tag{6}$$

なおこのとき，電気的中性条件は以下のように表される。

$$[Ln'_{Ce}] + n = 2[V_Ö] + p \tag{7}$$

単純なリジッドバンドモデルを仮定した場合，(B)式で表される真性イオン化反応が同時に成立するため，酸素空孔生成に伴いホール濃度は減少する。この反応の標準エネルギ（$\mu_{e'}^{\ominus} + \mu_{h^\cdot}^{\ominus}$）

第13章 電子分光法によるnano-NEMCA現象の追求

はバンドギャップエネルギに相当し，局所的なひずみが存在する場合には，後述のように変形ポテンシャルの影響によるバンドギャップエネルギの変化が起こる可能性がある。

$$0 = e' + h^\bullet \tag{B}$$

$$0 = \tilde{\eta}_{e'} + \tilde{\eta}_{h^\bullet} = \mu_{e'} + \mu_{h^\bullet} \implies \Delta_r G^\ominus = \mu_{e'}^\ominus + \mu_{h^\bullet}^\ominus = -RT \ln n \cdot p \tag{8}$$

$Ce_{1-x}Gd_xO_{2-x/2}$のような欠陥蛍石型構造では，ドーパント濃度と酸素空孔濃度が圧倒的に高く，これらが電荷補償を担うと考えることができる（$[Ln'_{Ce}] \approx 2[V_O^{\bullet\bullet}]$）。すなわち多数キャリアはほぼ厳密に電気的中性条件を満足する必要があり，その濃度はヘテロ界面近傍においてもバルクにおける電気化学的平衡によるものと本質的に同じとなるが，少数キャリアである電子の分布は空間電荷層（あるいは内部電位の変化）により大きく変調されるものと予想される。加えて多数キャリアであるLn'_{Ce}の移動度が非常に小さいために実質的に移動できないという条件下では，多数欠陥種であるイオン欠陥は内部電位にかかわらず一定の分布を示し，界面付近で少数キャリア濃度だけが大きく変化するというSchottky型[4]の分布になる。もし，多数キャリアも移動できる状況にあると，優勢なイオン欠陥であるLn'_{Ce}と$V_O^{\bullet\bullet}$の濃度変調が現れる可能性があり，水溶液電解質における電気二重層形成と類似した状況，すなわちGouy-Chapman型[1,5]の緩和が電解質（混合伝導体）中の界面近傍で生じる可能性がある。このような状況を考える上で気をつけなければいけないのは，界面近傍での電気的中性条件と（電気）化学ポテンシャル分布以外の影響，例えば局所的な応力が化学ポテンシャルに及ぼす影響を考慮に入れる必要が生じる。そもそも，Schottky型とGouy-Chapman型にかかわらず，正味の電荷分布がこの界面付近のポテンシャル分布を決定するという前提で空間電荷層を規定している。ただし，正味の電荷過剰量（アンバランス）は非常に小さいという事実[6]を考慮に入れると，全体としての電気的中性条件はほぼ維持されるという仮定が多くの場合有効であると考えられてきた。

一方，局所的な力学的相互作用等の電気・化学ポテンシャル以外の局所ポテンシャルが重要な場合，すなわちイオン欠陥濃度の変化による体積変化が主な要因である場合には，応力成分による弾性エネルギの影響を加味する必要がある。また，界面エネルギを考慮に入れると，それぞれの化学ポテンシャルの標準状態における値は，バルクの値とは異なると考えられる。特に界面近傍で急峻に応力が存在するような場合には，これによる余分なエネルギを考慮に入れた平衡関係を考える必要がある。別な表現としては，(A)式の反応の平衡定数が界面近傍では見かけ上変化しても良いということになる。具体的には，変形ポテンシャルにより局所的なバンドギャップエネルギの変調が起こるため，np積一定という束縛条件が必ずしも成立しないという可能性を意味している。

さて，我々の大きな興味の対象の一つである酸化物プロトン伝導体のいくつかの系では，プロトンの部分伝導度が粒界やヘテロ界面，表面においてその影響を強く受けることが知られている。$BaCe_{1-x}Ln_xO_3$系を例にとってその欠陥平衡と界面におけるイオン分布を次に考えてみる。プロトン欠陥の電気化学ポテンシャルは以下のように表すことができる。

$$\tilde{\eta}_{OH_O^\cdot} = \mu_{OH_O^\cdot} + F\phi = (\mu^{\ominus}_{OH_O^\cdot} + RT\ln[OH_O^\cdot]) + F\phi \tag{9}$$

一方，新たな化学種である水素（プロトン）が加わると同時に，プロトン欠陥の欠陥生成反応(C)が(A)と変形した(A')に新たに加わる。

$$O_O^\times + 2h^\cdot = V_O^{\cdot\cdot} + \frac{1}{2}O_2(g) \tag{A'}$$

$$\mu_{O_O^\times} + 2\tilde{\eta}_{h^\cdot} = \tilde{\eta}_{V_O^{\cdot\cdot}} + \frac{1}{2}\mu_{O_2(g)} \Longrightarrow \mu_{O_O^\times} + 2\mu_{h^\cdot} = \mu_{V_O^{\cdot\cdot}} + \frac{1}{2}\mu_{O_2(g)} \tag{10}$$

$$2OH_O^\cdot = V_O^{\cdot\cdot} + O_O^\times + H_2O(g) \tag{C}$$

$$2\tilde{\eta}_{OH_O^\cdot} = \tilde{\eta}_{V_O^{\cdot\cdot}} + \mu_{O_O^\times} + \mu_{H_2O(g)} \Longrightarrow 2\mu_{OH_O^\cdot} = \mu_{V_O^{\cdot\cdot}} + \mu_{O_O^\times} + \mu_{H_2O(g)} \tag{11}$$

電気的中性条件は下式のように表される。

$$[Ln'_{Ce}] = 2[V_O^{\cdot\cdot}] + [OH_O^\cdot] + p \tag{12}$$

Bサイト上にあるドーパントの移動が可能な高温では$[OH_O^\cdot] \sim 0$となるため，$[Ln'_{Ce}] \approx 2[V_O^{\cdot\cdot}] + p$の条件が成立し，ドーパントと酸素空孔，並びに少数キャリアと見られるホールがともに空間電荷層の形成に参加するGouy-Chapman型の緩和となる。逆にプロトン欠陥が圧倒的に優勢（この時，多くの場合プロトン伝導が支配的）な温度範囲では，Bサイトのアクセプタドーパントは凍結された状態にあり，プロトン，酸素空孔とホールによって緩和が生じる。ただし，この場合にも水素と酸素（あるいは水蒸気）の電気化学ポテンシャルが一様になるが，このとき少数キャリアにイオン欠陥種が存在するために厳密にはSchottky型分布にはならない。このことが近年大きく取り上げられているペロブスカイト型プロトン伝導体の粒界におけるイオン移動の高インピーダンス[7]やホスト電解質の違いによる電極反応の大きな相違の原因となっているものと推定される。

　以上のようにイオン欠陥も含むヘテロ接触界面における緩和過程の準静的分布は，キャリア濃度の大きさと種類によって大きく変化することが予想される。静的条件における分布を考える上で重要な点は，内部電位分布および力学的緩和や表面エネルギの寄与を考慮に入れた構成成分の

第13章　電子分光法によるnano-NEMCA現象の追求

　中性化学種の化学ポテンシャルと構成イオンの電気化学ポテンシャルは場所によらず一定であり，この静的平衡条件を満足するためにイオン欠陥と電子欠陥の再分布が生じると考えられることである。電圧を印加して電流を流す，あるいは電気化学的反応が進行しているような動的環境下では，キャリア濃度とその移動度の積である部分電気伝導度，あるいは輸率が動的緩和を支配することになる。

　これまで見てきた金属／酸化物ヘテロ界面近傍における荷電イオン欠陥，電子欠陥の濃度変調と同様のバンド屈曲は，気体との界面や真空自由表面においても生じる。ガスと接触する表面では，表面の化学吸着によって電荷移動がおこり，界面近傍に空間電荷層が生じると考えられている。このとき界面には吸着原子と固体との間での電荷移動によって吸着準位が形成される。例えばn型$SrTiO_3$（STO）上に酸素が化学吸着した場合，Ti3d軌道と混成して形成する結合性のO2p軌道（価電子帯）上端より約1eVほど高エネルギ側に表面準位を形成するとの報告がある[8]。これはバルク中でのTi3d→O2pの電子の移動で形成される結合の不安定性を表しており，直感的な理解と一致する。このような化学吸着したガス種のイオン化反応による電荷移動は，その表面がn型あるいはp型のどちらであるかによって，電子移動反応の向きとその起こりやすさが決まる。例えば，優勢な化学吸着種が求電子的である場合には，ガス種は電子を受け取ってLigandイオンとなって還元され，p型表面が形成される。

　表面における気相ガスの反応は，酸化物イオン―電子混合伝導体の場合には，(A)式あるいはこれを変形した下式で表され，①反応物として反応に関与するガス化学種と電子欠陥から生成する表面吸着イオン（表面イオン欠陥）の供給速度，あるいは，②生成した酸化物イオンの酸化物バルク中への拡散速度（酸素空孔による部分電流密度）によってその総括的な反応速度が支配されると考えることができる。

$$\frac{1}{2}O_2(g)+2e' \rightarrow O^{2-}(ad) \Rightarrow O^{2-}(ad)+V\ddot{o} \rightarrow O\ddot{o}^{\times} \tag{A''}$$

表面近傍においてもキャリア移動度はバルクとそれほど変化せず，キャリアの数密度がキャリアの部分電気伝導度を決定すると考えると，表面近傍に電子欠陥による部分電流密度が極小となる電子／ホールのキャリア逆転層が生じる場合は，(A'')式の反応速度がこれに依存して不活性な表面になることが予想される。イオン欠陥濃度が高くほぼ一定の条件で，電子の状態密度が高い場合には，空間電荷層における電子欠陥濃度が大幅に変化することはなく，したがって表面の不活性化が起こらない（変化しない）と考えられる。このように固体表面の吸着化学種の反応性は，マトリックスの電子構造と表面構造とに影響されると予想される。また，イオン欠陥と電子欠陥の電気化学ポテンシャルは，欠陥反応を通じて結びつけられた共役関係にあり，界面で形成される局所的な欠陥によって誘起された準位が界面準位としてバンドをクランプするものと考えられ

一方，水素および酸素（あるいは，水蒸気）に関連した2種類のイオン欠陥と電子欠陥が反応を支配するプロトン（または酸素空孔）と電子（ホール）の混合導電体である酸化物プロトニクス材料の場合にはさらに複雑になる（図2(a)，(b)参照）。具体的には，以下の反応（A'''）と反応（D）は，（C）あるいは（C'）で示される総括反応の部分中和反応となっている。

$$\frac{1}{2}O_2(g) \rightarrow O^{2-}(ad) + 2h^{\cdot} \Rightarrow O^{2-}(ad) + 2h^{\cdot} + V_{\ddot{o}} \rightarrow O_{\ddot{o}}^{\times} + 2h^{\cdot} \tag{A'''}$$

$$\frac{1}{2}H_2(g) + h^{\cdot} \rightarrow H^+(ad) \Rightarrow H^+(ad) + O_{\ddot{o}}^{\times} \rightarrow OH_{\ddot{o}}^{\cdot} \tag{D}$$

$$H_2O(g) + O_{\ddot{o}}^{\times}(s) + V_{\ddot{o}} \rightarrow OH^-(ad) + H^+(ad) + O_{\ddot{o}}^{\times}(s) + V_{\ddot{o}}(s)$$
$$\Rightarrow (2OH^-(ad) + 2V_{\ddot{o}}) \rightarrow 2OH_{\ddot{o}}^{\cdot} \tag{C'}$$

この反応（A'''）と（D）の部分中和反応は表面における酸点・塩基点および酸化・還元反応に関与

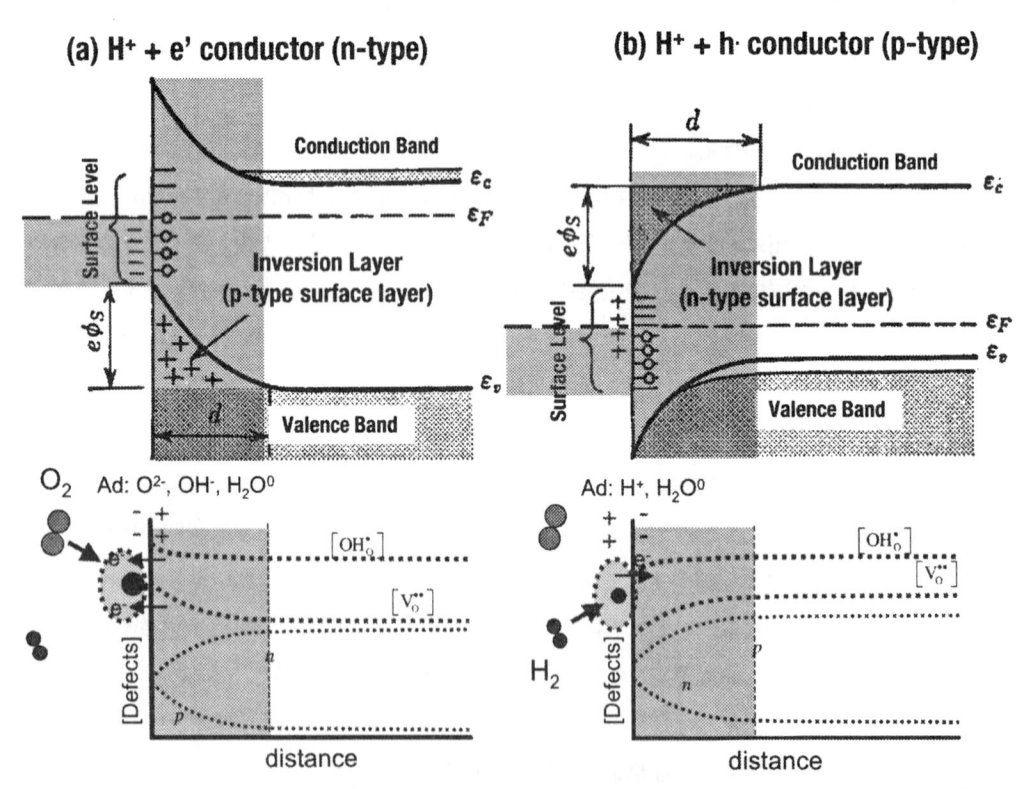

図2　(a) {金属/気体}—{H^+＋（O^{2-}）＋電子} 混合伝導体接触界面，および(b) {金属/気体}—{H^+＋（O^{2-}）＋正孔} 混合伝導体のヘテロ接触界面における空間電荷層形成の模式図
（「半導体物性II」[3])をもとにして描いた模式図）

第13章 電子分光法によるnano-NEMCA現象の追求

する反応化学種濃度に強く依存すると考えられるため、バンド屈曲による影響はそれぞれに異なる影響を与え、反応の非対称性（あるいは選択性）が現れる可能性が考えられる。

表面活性を向上させる方法として注目しているのは表面電荷の影響である。イオン欠陥による緩和が生じた場合には空間電荷層の厚さが極端に薄くなり、表面電荷の影響が特に強く現れる可能性がある。表面電荷の存在は化学吸着種の種類と安定性に強く影響を及ぼすことが予想されており、電解質から供給されるイオンラジカルによる局所的なラジカルクラスタの安定性を変調する可能性に期待している（図3参照）。近年、電解質から供給されたイオンがその数倍から数百倍の電気化学反応に対する活性触媒（あるいはラジカル）を生成するという、いわゆるNEMCA（Non-Faradaic Electrochemical Modification of Catalytic Activity）効果と呼ばれる現象が報告されている。現状では、現象論としてはその存在は疑いがないものとなっているが、未だにその機構については解明されていない。我々は、界面付近の表面電荷および空間電荷層形成に基づいた上記のモデルがNEMCA効果と密接に関連していると考え、その機構の解明を目指している。さらには、反応サイトをナノ空間で設計して、例えば異相で個別の反応を選択的に起こすことができると、マクロスケールでこの非対称性を利用した反応場の設計を実現することになる。

我々の研究ではここで取り上げた簡単な例にとどまらず、様々な仕事関数を有する物質のヘテロ接触界面におけるRedOx反応の変調を利用した新しい化学機能の制御や新機能発現を目指しており、ナノイオニクスに基づいた新しい反応設計の指針を、電子構造をもとにして開拓しようと考えている。キーワードは、イオン欠陥生成に伴う局所的電子構造であり、界面の電子構造の特性を最新の電子分光法を用いて解析し、その電気化学的特性との関係を解明して、この界面の

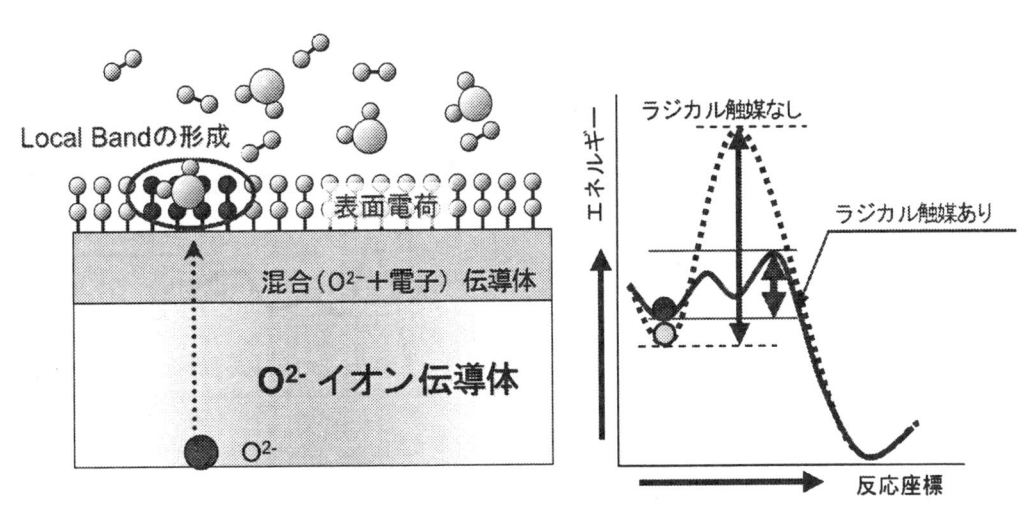

図3　混合伝導体表面のガス化学吸着層への酸化物イオン供給による表面ラジカル形成とこれによる触媒効果の模式図（右図）

新しい化学機能の設計指針を探ることが我々の「夢」である。

3 電子分光法を用いた研究のアプローチ

　界面・表面の反応活性を電子構造と結びつけた理論的概念は古くからあるが，我々はこれを*in-situ*でダイナミックに計測しようとしている。具体的には，最新の計測技術を利用して，光電子分光装置内で分極条件を変化させた状態での表面の電子状態を直接的に観察しようとするものであり，表面や界面の電子状態と電気化学的特性の関係を調べている。このようなアプローチのきっかけとなったものは，これまで筆者らが酸化物系イオン伝導材料の電子構造に関する一連の研究[9]のなかで見出した真空自由表面におけるバンド屈曲である。

　図4には，LaをドープしたSrTiO$_3$のフェルミ準位付近の電子構造を逆光電子分光法（IPES），ならびにTi2pおよびO1sから励起して測定した軟X線吸収分光法（それぞれTi2p-XAS, O1s-XAS）により観察した結果を示している。これらはいずれも伝導帯にあたるTi3dの反結合性軌道のt_{2g}，e_g軌道を観察していることになる。XASスペクトルは，励起により内殻軌道に形成したホールと外殻軌道電子との相互作用，および表面付近のバンド屈曲の影響を受けているが，逆光電子分光では前者の影響を受けない。また，表面から比較的深い情報を観察できる軟X線発光分光との比較などから表1に示すような推定を行った。これらはいずれもペロブスカイト型酸化物にアクセプタドープした酸化物系であり，プロトン（酸素空孔）—ホール混合伝導体である。真空自由表面はn型的であり，バンドは下に屈曲している。考えられる欠陥

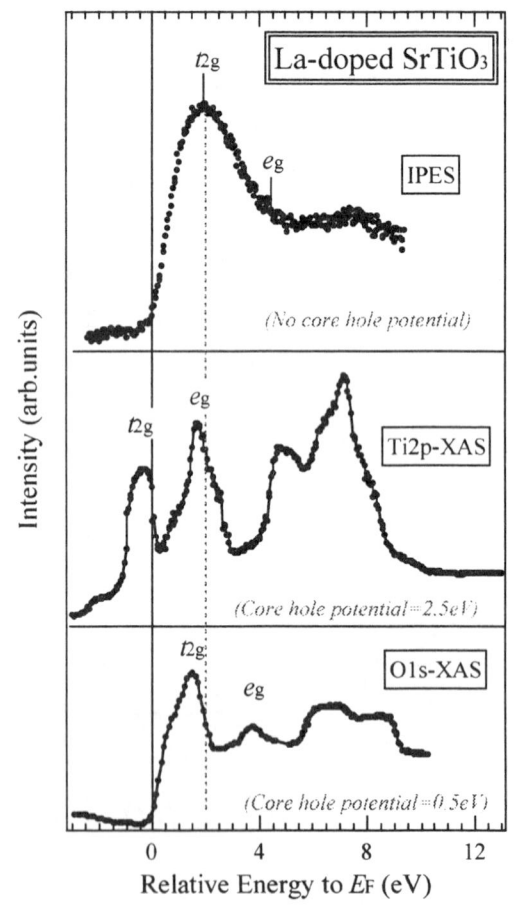

図4　逆光電子分光法（IPES），Ti2p，O1s-励起による軟X線吸収分光法（XAS）で観察されるTi3d軌道のエネルギシフト

第13章 電子分光法によるnano-NEMCA現象の追求

である酸素空孔およびプロトンの濃度は温度と雰囲気で変化するが，これらが電子構造を局所的に変調しているというより，ホストマトリックスによってコア-ホール相互作用や真空自由表面におけるバンド屈曲の様子が決定されているように観察されている。

より直接的に表面付近のバンド屈曲の様子を調べた幾つかの結果を以下にまとめて示した。図5はプロトン伝導体として知られているInをドープしたCaZrO$_3$のO1s-XASの角度分解測定の結果である。観察しているのはTi3dの反結合軌道（非占有準位）であり，伝導帯が大きな状態密度で観察されている。入射角（試料面からの角度）の違いによってフェルミエネルギの位置が異なり，模式図のようにn型的表面を形成してバンドは下に向かって屈曲していることが推定される。

より情報脱出深さが深く，またXASのようにコア-ホール相互作用による影響がない逆光電子分光法（IPES）によって測定したScドープSrTiO$_3$（STO）（p型伝導体）とNbドープSTOの結果を図6(a)，(b)に示した。n型STOではスペクトルシフトが観察されないが，p型ではバンド屈曲によると思われるスペクトルのシフトが観察されている。データの信頼性に検討の余地が残されており，確定的な結論に至っていないが，n型ではドナー準位（あるいは欠陥準位）付近で

表1 様々な電子分光法によって推定したアクセプタをドープしたペロブスカイト酸化物の真空自由表面におけるバンド屈曲とコア-ホール相互作用

		Titanate	Zirconate	Cerate
Core-Hole (IPES vs O1s XAS)		0.9	0.5	0.1
Band Bending (PES vs SXES)	Dry	1.4	1.2	0.4
	Wet	1	0.6	0.2

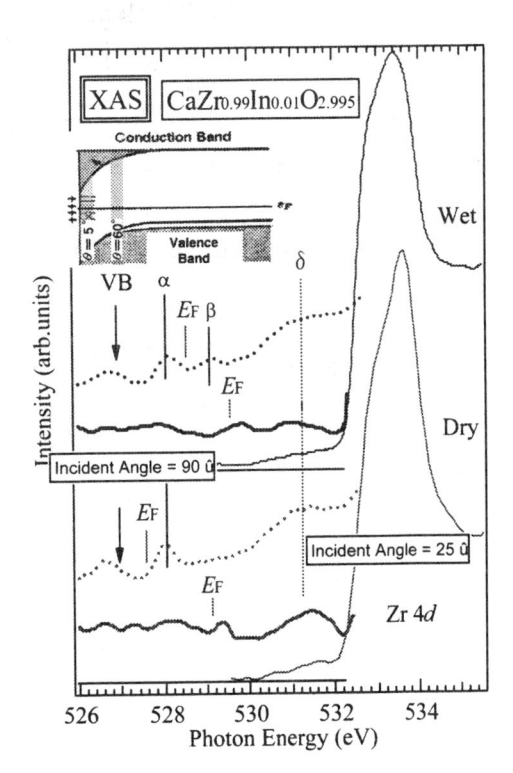

図5 XASによる（H$^+$(+Vö)+hole）混合伝導体の入射角によるスペクトルの変化

バンドがクランプされていると推定される。一方，p型では表面準位はクランプされず，大きく屈曲を示していると推定される。これはアクセプタ準位とドナー準位の状態密度に加えてその移動度も関与しているものと考えられる。詳細な分光測定とこれらの表面における電気化学的反応速度に関する検討が今後の課題である。

図7には，NdをドープしたCeO$_2$の表面とバルクの光電子分光（PES）とO1s-XASの結果を示している。光電子分光法（PES）により観察される占有準位をみると，O2pとCe4fの混成によって構成される価電子帯の主要な成分は非結合軌道と結合軌道と思われる成分B，Cに加え，価電子帯の頂部に成分Aが存在する。XASにより非占有準位を観察すると，主にCe4fから成る

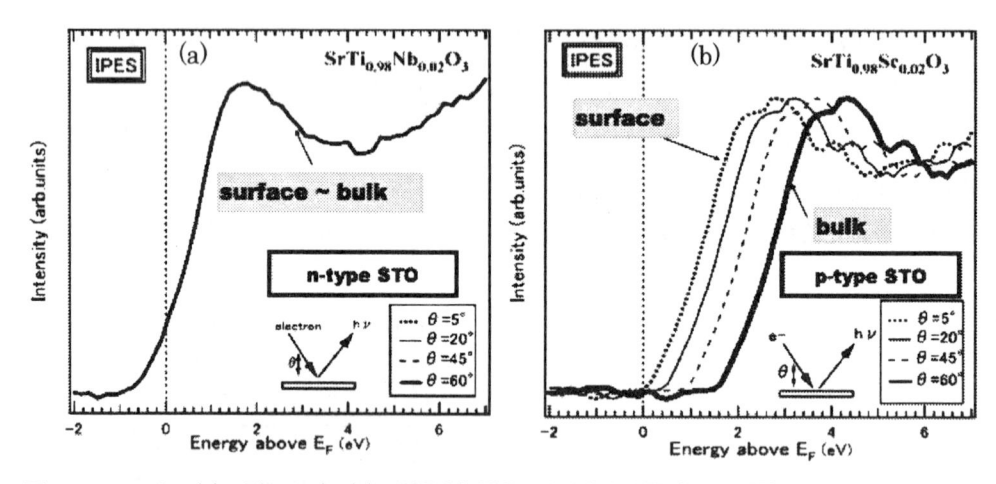

図6 IPESによる(a)n型および，(b)p型混合伝導体の真空自由表面（へき界面）の角度分解測定結果 Ti3dを主成分とする伝導帯（非占有準位）

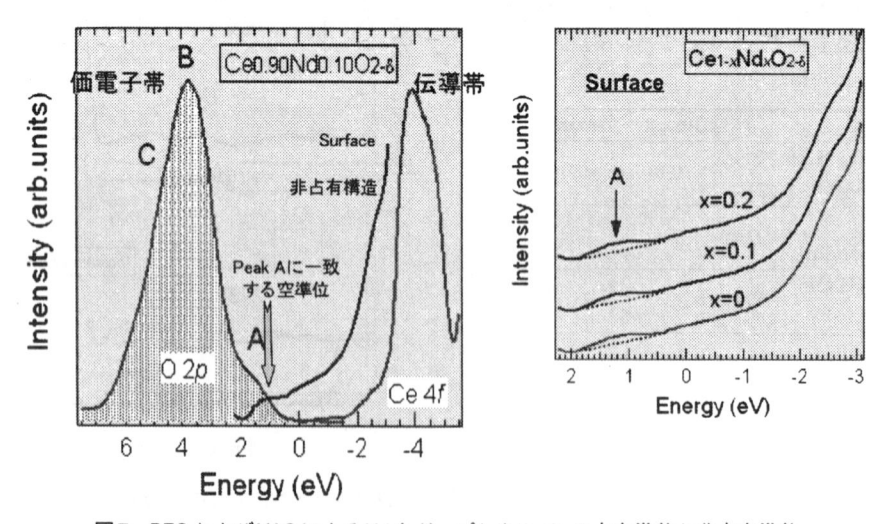

図7 PESおよびXASによるNdをドープしたCeO$_2$の占有準位と非占有準位

第13章 電子分光法によるnano-NEMCA現象の追求

大きな状態密度を有する伝導帯が観察される。

表面では伝導帯のすぐ下に表面欠陥に関連すると思われる準位とともに成分Aにはホールが形成されていることがわかる。以上より，バルクにおいては$Ce^{4+}=Ce4f^0+O2p^6$であるのに対し，表面では$Ce^{3+}=Ce4f^1+O2p^5$と表される電荷移動が起こって表面の準位がクランプされるとともに，バンドが下側に屈曲していることが推定される。すなわち真空自由表面には正の表面電荷があり，酸化物側にはn型表面層が形成して電荷補償していると考えられる。また伝導帯直下の欠陥準位の存在は，酸素欠陥と類似したイオン欠陥の存在を示唆している。このような電子構造とイオン欠陥，ならびに電気化学的な特性に関する検討を現在進め，表面付近で生じているイオン欠陥・電子欠陥の変調と反応活性の相関関係の解明を目指している。

4 おわりに

界面のイオン欠陥と電子欠陥の局所的な変調による新しい化学機能を設計して，反応場の活性というマクロな性質の飛躍的向上を実現することが我々の描いているナノイオニクスの「夢」であり，本稿では欠陥化学的表現を利用して基礎的事項を整理するとともに電子分光法を用いた実験的アプローチのいくつかを紹介した。未整理の部分もあるが，in-$situ$で分極したときの表面の電子構造観察など，新しい実験技術を利用しながらその機構に迫っていきたい。

文　献

1) J. Maier, *Nature Materials*, **4**, 805-815（2005）
2) S. Bredikhin, T. Hattori and M. Ishigame, *Phys. Rev.*, **B50**, 2444-2449（1994）
3) 犬石嘉雄，浜川圭弘，白藤純嗣，「半導体物性Ⅱ（基礎物理科学シリーズ9）」，朝倉書店（1977）
4) J. Maier, "Physical Chemistry of Ionic Materials", John wiley & Sons, Ltd.（2004）
5) 例えば，喜多英明，魚崎浩平著，「電気化学の基礎」，技報堂出版（1983）
6) 増子昇，高橋政雄，「電気化学」，アグネ技術センター（1993）
7) 例えば，F. Iguchi, T. Yamada, N. Sata, T. Tsurui and H. Yugami, Solid State Ionics, 177, 2381-2384（2006）；または，酸素イオン伝導体に関する次の論文にもとづいた推定，X. Guo and R. Waser, *Progress in Materias Science*, **51**, 151-210（2006）
8) 水崎純一郎，川田達也，Private Communication（2006）
9) 例えば，樋口透，塚本恒世，山口周，辛埴，服部武志，マテリアルインテグレーション，**18**(7)，pp. 28-36（2005）

第14章 高温固体表面の動的挙動の計測による nano-NEMCA効果の検証

川田達也*

1 固体電解質上の電極反応の応用と速度論

　固体酸化物燃料電池やガスセンサなど，酸化物イオン伝導体やプロトン伝導体を用いる電気化学デバイスでは，電極での気－固相反応が，その特性を決める鍵となっている。エネルギー変換デバイスでは，電極反応の過程で生じるエネルギーロスを如何に低減させるかが開発の焦点となり，また化学センサでは電極での反応性を制御して特定の化学種に対する選択性を持たせるなどの努力がなされる。

　これらのガス電極では，可動イオン種の界面移動，電荷移動，電極層内での拡散，化学反応，吸脱着など様々な過程が直列・並列に進行し，その速度や反応中間体が過電圧に応じてダイナミックに変化するという複雑な反応場が形成されている。Vayenasら[1]は，このような固体電解質上の電気化学反応場で，炭化水素の部分酸化などに対する触媒活性が大きく変調されることを見いだし，「NEMCA効果（Non-Faradaic Electrochemical Modification of Catalytic Activity）」と名付けた。この名前にも表されているように，通電による触媒反応の増加幅は，ファラデー則で見積もられるイオンの供給量をはるかに越えるものであり，触媒表面の性質そのものが動的に変調を受けると考えられている。NEMCA効果の機構については，電極の仕事関数の変化や反応中間体のスピルオーバーなどの観点から論じられてきたが，過電圧と仕事関数の相関や表面吸着種の形態など，不明な点が多く残されている。

　このように固体電解質上のガス電極では表面状態のダイナミックな変化を知ることが重要である。しかし対象とする系は通常，高温で雰囲気制御された環境下に置かれているために，直接的な観察は困難であり，電気化学測定で得られた情報からの推論が中心となってきた。これまでに多くの研究が報告されてきたが，反応メカニズムを提示して，それを明確に実証している例は数少ない。固体酸化物上の電極反応の理論的な取扱い方についてさえ，統一されていないのが現状である。動的な電極表面を評価する実験手法の開発と，それらの情報に基づいた基礎理論の構築が急がれる。

＊　Tatsuya Kawada　東北大学　大学院環境科学研究科　環境科学専攻　教授

第14章　高温固体表面の動的挙動の計測によるnano-NEMCA効果の検証

　一方，このような動的な変調に対して，本書の主題である「ナノイオニクス」は，ヘテロ界面や微粒子試料のナノ領域に誘起される静的な変調を主な研究対象としている。他の章でも述べられているように，仕事関数の異なる材質のヘテロ接合や，界面での局所的な応力，あるいはナノ粒子化による表面張力の効果などは，イオニクス材料の局所的な電子状態と欠陥濃度を変化させる場合がある。このような変化は物質輸送に影響を及ぼすが，表面を横切って電荷が移動する気一固相反応にはさらに大きな影響が予想される。固体電解質上の電極は原理的にヘテロ界面を含むため，通常の電極でもナノイオニクス的効果が働いている可能性があるが，これまではそのような観点での議論はあまりなされてこなかった。

　これら，静的／動的な物性の変調を解明することで，高温電極反応論に新しい展開をもたらすことが可能となろう。さらに，これらを組み合わせたnano-NEMCA電極を設計することができれば，新たな高機能・高性能電極の創製に繋がるものと期待される。

2　高温電極反応の速度論と過電圧

　高温電極での電気化学反応に含まれる種々の過程のうち，特に，電荷移動過程とその理論的な根拠については，いくつかの異なる考え方に基づく取扱いがなされてきた[2]。

　一つの考え方は，水溶液系の電極反応論で用いられているButler-Volmer式とその仮定[3]を直接固体電解質系に適用しようとするものである。水溶液系では，電極近傍に拡散してきたイオンと電極との間を電子が移動し，過電圧はその活性化エネルギーを変化させるように働く。固体系にこの考え方を適用するためには，電解質表面のイオンと電極との間に同様の構造が存在すると考えることになる。

　これに対し，固体系では電解質中にもマイナーキャリアとしての電子が存在するので，電子は電極／電解質相間を直接移動でき，特定のイオンのみとの間に電子のポテンシャル差が生じるとは考えにくいとする見方がある。このとき，局所平衡の仮定に基づけば，電解質内部での中性粒子の化学ポテンシャルが定義でき，過電圧は，この化学ポテンシャルの平衡時からの変化幅に帰着する。

　後者の考え方をとる場合，過電圧は，電解質／電極間での電荷移動を伴ったイオンの移動および電極層内での物質輸送や電極表面での化学反応を進行させる駆動力として消費される。Mizusakiら[4]はPt／YSZ系の酸素電極反応の速度を物質輸送と化学反応のみで表現した。電荷移動を含む活性化過程の過電圧は，反応に寄与する化学種の濃度を変化させることで反応速度に寄与するものとしている。一方，Fleig[5]は，局所平衡に立脚しつつも，吸着種のイオン化に伴う電子移動の活性化過程を速度式に取り入れることを試みている。いずれの場合でも，局所平衡

に基づくならば，反応の駆動力を化学ポテンシャルの変化と看做せることには変わりない。

このような局所平衡が成り立つことを示す種々の実験事実が報告されている。筆者等は，モデル電極として酸化物イオンと電子の混合伝導体である$La_{1-x}Sr_xCoO_3$ををとりあげ，その過電圧の意味について実証的な検討を行ってきた[6〜8]。この系ではSrを$x=0.2$以上添加すると，空気中でも酸素の空孔が生成し，酸化物イオンが速やかに拡散する。このため，1μm程度の厚さの緻密薄膜電極の場合，拡散は律速とならず表面反応が全反応速度を支配する。もしも，局所平衡が成り立つのであれば，電極内部の酸素ポテンシャルは気相との平衡から電極過電圧分だけシフトした値となると考えられる。実際にこのように電極内部の酸素ポテンシャルが変化しているとすると電極の酸素欠陥濃度は電極内部の酸素ポテンシャル変化に対応して増減し，

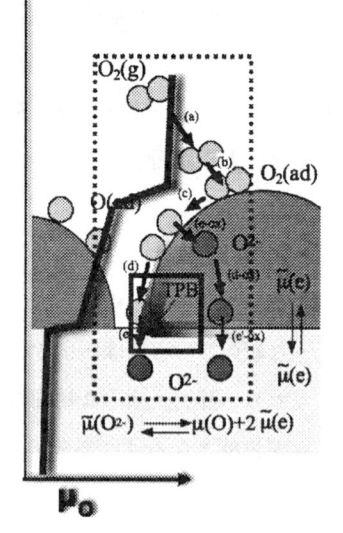

図1 酸素電極反応と酸素ポテンシャル分布の模式図

交流インピーダンス測定では，その変化量が容量成分として計測されるはずである。実際に$La_{0.6}Sr_{0.4}CoO_3$膜についてインピーダンスを測定したところ，その容量成分は金属電極などと比較して極端に大きい。

しかし一方で，このようにして電気化学的に見積もった$(La,Sr)CoO_3$膜の酸素不定比量を詳細に調べると，報告されているバルクの値よりも小さいことがわかった。局所平衡に基づいた理論構築に破綻があったのか，あるいは薄膜の物性がバルクと異なるためか，電気化学測定のみからでは結論に至らなかった。最近，雨澤ら[8]は，上記の$(La,Sr)CoO_3$膜について放射光X線を用いたCoのk吸収端の測定を高温・雰囲気制御・通電の条件下で行い，電圧印加によって$La_{0.6}Sr_{0.4}CoO_3$電極中のCoの価数が確かに変化すること，また，その変化量は，雰囲気制御によって酸素分圧を変化させた場合とよく一致することを見いだした。このことは，上述の局所平衡の仮定が妥当であることを示している。

薄膜のようにヘテロ界面の影響が大きな系では，その物性がバルクと異なることが，これまでにも報告されている。ただし，ここで問題にしている膜は1μm程度の厚さをもつため，ヘテロ界面の電子的な変調が膜全体の物性に影響を及ぼすとは考え難く，基板との相互作用による応力や製膜過程に起因するなんらかの状態変化が膜内に残留していることが不定比性の変化の原因と推察される。今後，この原因を解明することは，ナノイオニクス材料の設計においても重要であると考えられる。

第14章 高温固体表面の動的挙動の計測によるnano-NEMCA効果の検証

3 NEMCA効果と表面の動的計測手法の開発

　前節で示したように，電極／電解質界面の挙動や過電圧を局所平衡に基づいて扱えるのであれば，反応中間体としての表面吸着種の種類や濃度も，境界条件を過電圧によって制御された一連の物質輸送／化学反応過程の流れの中で考えることができる。ガス電極において気ー固相間での反応速度が物質輸送に比べて遅い場合，反応サイトは表面反応を進めるのに有利になるように電極上に広がる。この場合，反応中間体も電極／電解質界面近傍に留まらず，電極表面上の広い範囲に存在することになる。逆に表面反応が速い場合には，界面近傍のわずかな部分のみが変調を受けることになる。電極各部で，このような反応中間種の濃度分布や駆動力としての化学ポテンシャルの分布を知ることができれば，NEMCA効果も記述・設計できるようになると期待される。燃料電池やガスセンサの反応速度や選択性も，このような反応素過程の広義のNEMCA的制御によって向上させることが可能であろう。いずれの場合もこのような動的な変化を知ることが重要である。

　このような非平衡な定常状態をモニタする手法として，種々のその場観察手法が提案されてきた。Janekら[9]は，光電子顕微鏡（PEEM）を用いて，真空中で白金電極上に酸素がスピルオーバーする様子を観察している。この手法では測定雰囲気の制御をすることができないが，吸着種の種類や拡散速度に関する知見が得られる点で興味深い。Liuら[10]は500℃に加熱した(Sm,Sr)CoO_3に通電しながら制御された酸素分圧下で赤外発光分光法測定を行った。彼らによれば，O_2^-による発光がみられ，その強度がカソード分極とともに減少したという。このことから，彼らは反応中間体としてO_2^-が重要であると結論している。

　村井ら[1]は，YSZ上の白金電極の挙動を，電気化学in-situ PMIRRAS（偏光変調赤外線反射吸収分光）によって観察している。PMIRRASは，偏光した赤外線を試料に浅く照射し，反射する赤外線のうち試料表面に垂直なp偏光したものを抽出することで表面での振動を選択的に測定するものである。彼らは，高温の電気化学セルを導入して図2のようなin-$situ$測定装置を作製した。この装置を用いて測定を行ったところ，Liuらと同様に1100cm^{-1}付近の吸収が観察され，これがカソード分極とともに減少した。ただし，この吸収は電極表面の状態によって変化し，系統的な整理には至っていない。この測定の過程で，気相を介して混入したSiO_2系の不純物が混入した場合，1200cm^{-1}にSi-O振動によると見られる大きな吸収が見られた。このような場合には電極反応抵抗が大きく，また1100cm^{-1}の吸収も見られなかった。SiO_2は酸素電極反応に対して阻害要因となることが知られており，この結果との関連性に興味が持たれる。

　この他，イオン化した吸着種の同定に使用し得る手法として，試料表面に電場を印加して吸着種を脱離させる方法が考えられる。加熱した固体を真空中に設置し，その表面に対向する電極を

ナノイオニクス―最新技術とその展望―

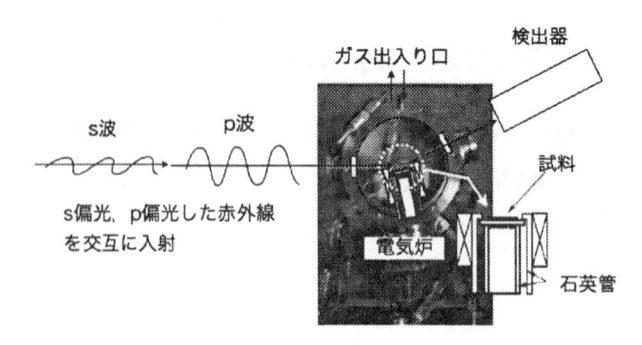

図2 偏光変調高感度赤外線反射吸収分光による高温その場測定の概略

設け，これらの間に高電圧を印加すると，固体表面に吸着・イオン化した残留ガス等が熱イオン放出によって真空中に脱離する。この固体がイオン導電体であれば，これを通して供給されたイオンが表面吸着状態を介して取り出される。これを質量分析計で同定すれば，表面のイオン種に関する情報が得られる可能性がある。鳥本ら[12]，藤原ら[13]は，YSZ表面からO^-イオンが放出することを見いだし，酒井ら[14]は，O^-イオン電流が複数の時定数を持つ減衰曲線で表されることから，表面近傍のイオンが複数の形態で存在する可能性を指摘している。この手法はイオン放出挙動の機構自体が解明されていないため表面化学種の測定方法として直ちに実用になるものではないが，気―固相反応に関連する現象として興味深い。

一方，表面の化学ポテンシャルの測定法として，筆者等は，起電力法によるセンシングの方法を検討している。これは，動作している電極の表面に多孔質の酸化物イオン導電体をセンサとして接触させ，このセンサの別の面に気相と平衡となるように設けた参照電極と試料との間の起電力を測定するものである。この場合，起電力は試料と多孔質センサとの接点付近の酸素ポテンシャルの，気相との平衡からのシフト量を表すと考えられる。筆者等は，この手法を，YSZ上の貴金属電極の挙動[15]や酸化物電極の表面過程の解析[16]に応用することを試みてきた。前述のように，$(La,Sr)CoO_3$緻密電極では表面反応速度が分極を支配する。表面反応は，吸着・解離，イオン化，バルクへの移動など複数の過程からなるが，たとえば，吸着過程が律速であるとすると，この反応の反応物と生成物との間，つまり，気相と吸着種との間に酸素ポテンシャルのギャップが形成されることになる。多孔質センサの接点が表面の化学種と平衡になっているなら，このギャップに相当する起電力がセンサに検出されるはずである。実際，様々なガス雰囲気で測定した分極の値と多孔質センサの起電力とを比較すると，図3に示すように，分極に追随するように多孔質センサが応答していることがわかる。データをよく見ると，分極の値と多孔質センサの値との間には若干の開きがある。この測定の原理から，この開き分は吸着種がさらに電極内部に移動する過程の駆動力を表していると考えられる。このセンサの応答は電極や集電方式の違いに依存

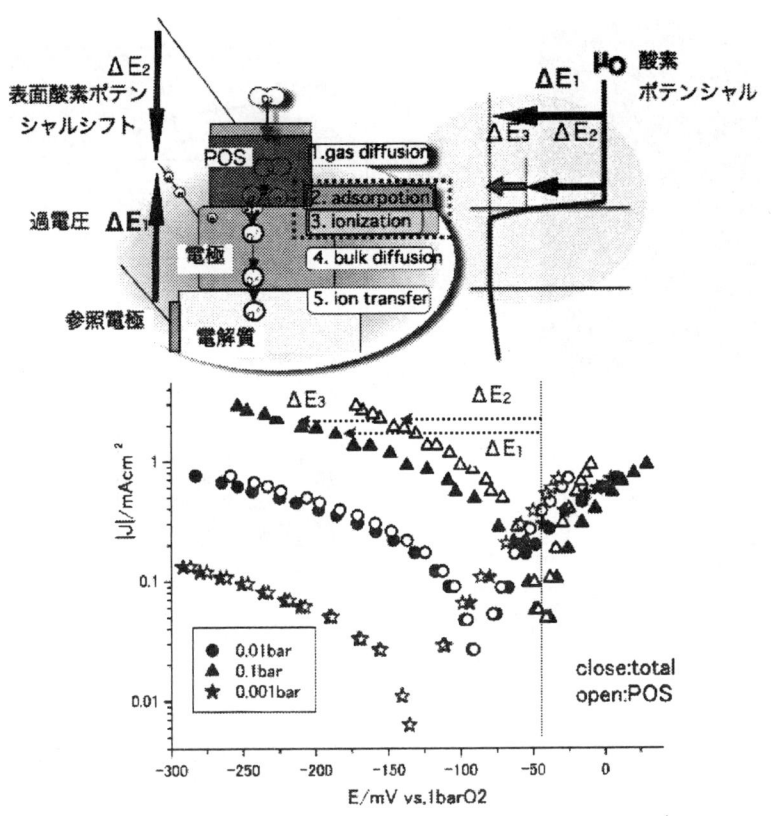

第14章　高温固体表面の動的挙動の計測によるnano-NEMCA効果の検証

図3　混合導電性酸化物電極の酸素還元反応と，多孔質酸素センサ（POS）による表面酸素ポテンシャルの測定
分極（ΔE_1）の内容を，気相〜表面吸着までの過程（ΔE_2）と，それ以外の過程（ΔE_3）に分離することを狙った。

するので，定量的な解析がどこまでできるのか，他の実験結果とも併せて検討を行っている。

同様の方法を，より小さなプローブで実現することも可能で，これにより表面酸素ポテンシャルの二次元分布を得ることができる[17]。図4は，この測定のために作製したプローブの写真である。原子間力顕微鏡（AFM）のサーマルプローブとして市販されている白金ワイヤの先端をYSZの粒子で多孔質状にコーティングしたもので，図3で示した多孔質酸素センサと同様の構造がチップ先端に形成されるようにした。このプローブでの測定はノイズに敏感で絶対値の評価は困難であったが，電極電位を変化させるなどの状態変化に対する応答性をみることで，電極表面上の酸素の拡散に対応したシグナルを得ることが出来る。図4は（La,Sr）MnO$_3$とYSZのモデル界面にこの手法を適用した例である。試料は，電極／電解質／気相の三相境界線を観察できるように（La,Sr）MnO$_3$の焼結体をYSZ粉末に埋め込んで焼結し切断・研磨したもので，これに対極，参照極を設け，通常の電気化学測定を行いながらセンサ起電力をモニタした。このセンサはノイ

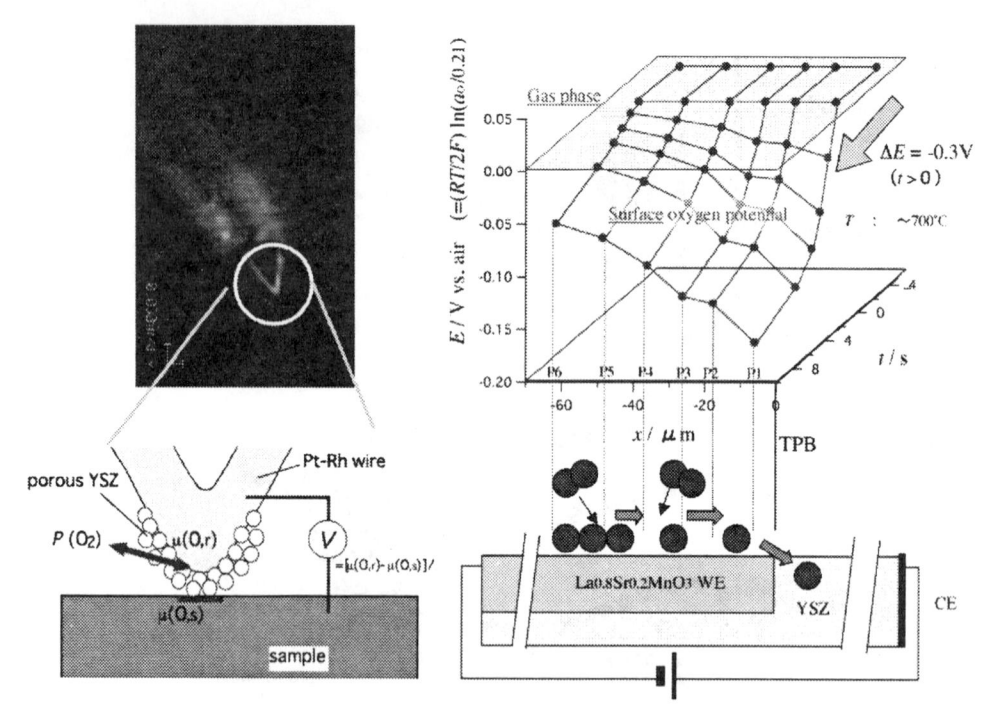

図4 酸素ポテンシャルマイクロプローブの構造と測定例
グラフは，YSZに埋め込んだ (La,Sr)MnO_3電極に－0.3Vの過電圧を印加した直後からの電極表面上の酸素ポテンシャルを，位置と時間の関数として表している．

ズに影響されやすく信号が不安定であったが，試料電極に交流やステップ状の直流を印加した場合には，これに対応して再現性よくセンサが応答した．センサのシグナルは電極／電解質界面付近で大きく，そこから電極上を遠ざかる程シグナルが小さく応答までの遅れが大きくなる．この測定は，電極表面での酸素ポテンシャルの動的な変化を二次元的に捉えたものと考えている．

4 気－固反応のナノイオニクス－表面種の静的な変調

上述したNEMCA効果は，速度論的・動的に反応場を修飾するが，異種物質を接合したヘテロ界面やナノ粒子の表面では，接合効果やサイズ効果によっても反応場の性質が変化する可能性がある．イオニクス材料のヘテロ界面近傍では，電子系の平衡化に伴う電荷の移動や接合による応力の発生などに起因して，欠陥平衡やその輸送特性がバルクとは異なることが期待される．このようなナノイオニクス効果は，ヘテロ接合部分と気相とが接する所謂三相界面の近傍では気－固相反応場に変化をもたらすであろう．NEMCA効果が動的な反応場の変調であるのに対し，ナノイオニクス効果は静的な反応場の変調とみることができる．

第14章　高温固体表面の動的挙動の計測によるnano-NEMCA効果の検証

　このようなヘテロ接合反応場の構造は通常のガス電極でも形成されているはずであり，燃料電池や化学センサなど多くの場面でもナノイオニクス効果が働いている可能性がある。しかし，電解質に電極を付与することによって気－固相反応が促進する現象は電極の触媒効果によるものと捉えられており，界面近傍での電極自体のあるいは電解質自体の物性の変化の可能性についてまでは追求されてこなかった。ナノイオニクスの観点で眺めると，これまでに報告されているいくつかの現象についてもヘテロ界面効果によるものがあるように思われる。例えば，酸化物イオン導電体上の白金電極での酸素の反応は白金上に吸着した酸素の拡散が律速となっているとされるが，その反応速度の絶対値は電解質の種類によって異なる。また，SOFCの燃料極に用いられるNiサーメット電極では，セラミックス材料の種類によって炭化水素系燃料からの炭素析出の耐性が異なるとの報告がある。また，担持触媒の反応性が触媒材料そのものだけでなく担体材料にも依存することは広く知られている。これらの現象については，電極形状などを考慮して詳細に比較する必要があるが，電解質とのヘテロ接合の形成が電極上の吸着種や電解質側の欠陥構造になんらかの影響を与えている可能性は否定できない。もしも，これがヘテロ接合の効果であるとすれば，実用電極に対する新たな設計指針を与えるものになると期待できる。

5　(La,Sr)CoO$_3$/(La,Sr)$_2$CoO$_4$ヘテロ界面でのナノイオニクス効果の可能性

　酸化物イオン導電体に関してナノイオニクス的な高速反応場を探索する方法としては，酸素同位体を用いて反応経路を可視化する手法が有効である。図5に実験の概略を示す。試料をある温度，酸素圧力のもとで平衡化させた後に，ガスを同じ圧力で$^{18}O_2$を付加したものに切り替え，一定時間処理し，急冷する。このとき試料内部での同位体の拡散プロファイルは拡散係数と表面反応速度によって決まるが，バルクでの拡散係数が一定であれば，表面反応速度が大きい場所ほど同位体の表面濃度が大きくなる。したがって表面近傍での同位体分布を二次イオン質量分析計で測定すれば，表面反応速度分布が同位体濃度分布として可視化できることになる。

　近年，佐瀬ら[18]はこの手法を用いてLaCoO$_3$系酸化物のヘテロ接合界面付近で酸素の気－固相交換反応が著しく促進される現象を見いだした。図6はLa$_{0.6}$Sr$_{0.4}$CoO$_3$の焼結体について，500℃で3分間同位体交換を行った後の同位体分布である。当初，(La,Sr)CoO$_3$の粒界が高速反応場となることを予想して，粒界と粒内部との区別がつきやすいように，あらかじめ高温処理によって粒成長させた試料を用いたが，粒界ではそのような異常は見ら

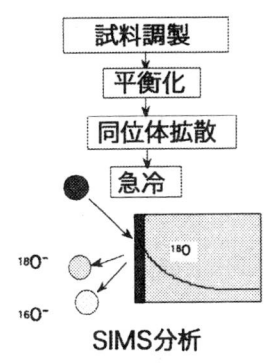

図5　同位体交換/SIMS分析による酸素拡散の測定

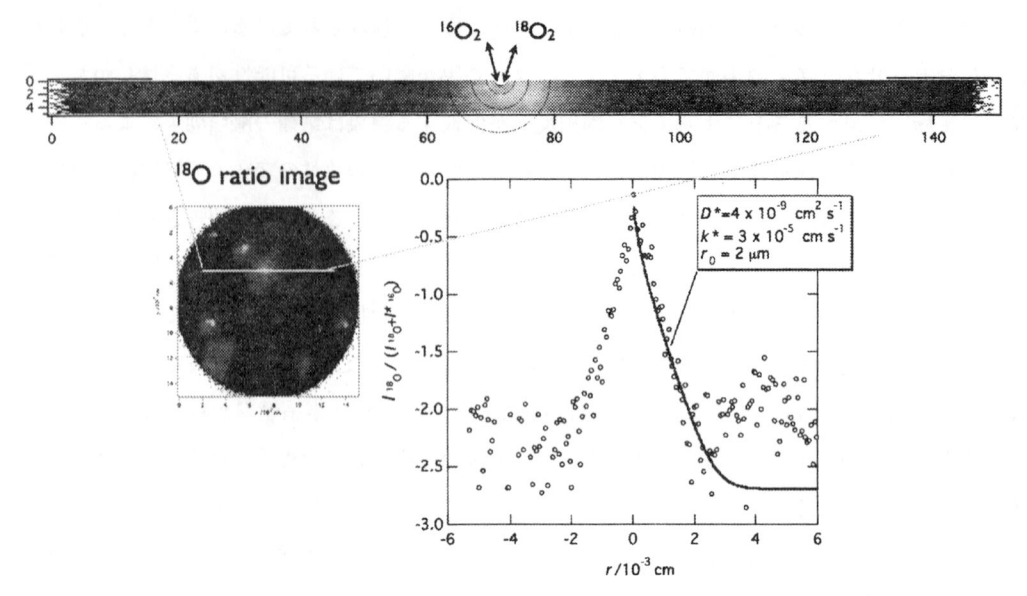

図6 (La,Sr)$_2$CoO$_4$相が析出したLa$_{0.6}$Sr$_{0.4}$CoO$_3$焼結体を，500℃で3分間^{18}O$_2$中で処理した後の，同位体比（[^{18}O]/([^{16}O]+[^{18}O])）のプロファイル
図の明るい部分ほど同位体比が大きい。析出相の周囲から母相中に同位体が拡散しており，析出相近傍での表面交換反応速度が高いことがわかる。

れなかった。代わりに，高温処理の際に試料の一部が熱分解して析出した(La,Sr)$_2$CoO$_4$相の周囲で^{18}O同位体濃度が非常に高くなっていることを見いだした。同位体濃度分布をさらによく観察すると，酸素は(La,Sr)$_2$CoO$_4$粒子の内部ではなく(La,Sr)CoO$_3$/(La,Sr)$_2$CoO$_4$のヘテロ界面部分を起点として(La,Sr)CoO$_3$中へ拡散しているように見える。この拡散プロファイルの解析から，母相の(La,Sr)CoO$_3$中での拡散係数は通常の(La,Sr)CoO$_3$単独相と同様であり，(La,Sr)$_2$CoO$_4$近傍の高い同位体濃度は表面反応速度の増大に起因することがわかった。見積もられた表面反応速度係数は，(La,Sr)CoO$_3$単相の表面に比べて1000倍程度の大きさとなる。

この現象をさらに詳細に検討するために，(La,Sr)CoO$_3$/(La,Sr)$_2$CoO$_4$の積層膜をCeO$_2$-Gd$_2$O$_3$基板上にPLDによって製膜し，同位体交換プロファイルを調べた。この場合にも同様に(La,Sr)$_2$CoO$_4$と(La,Sr)CoO$_3$の接触部分で同位体交換速度が増大していることがわかった（図7）。(La,Sr)$_2$CoO$_4$は，それ自身も高い表面反応速度定数と拡散係数を示すとする報告[19]もあるが，ここに示した結果を見る限り，酸素はこれらの酸化物それぞれの単相ではなく，ヘテロ界面で選択的に反応していることが明らかである。

上記の現象がナノイオニクス効果によるものであるか否かは，平衡状態での相関係や局所的な組成変動などの観点からの詳細な検証を待って判断する必要がある。(La,Sr)$_2$CoO$_4$は組成によっては実験条件で熱力学的に不安定であり，同位体交換実験の際に平衡に達していなかった可能

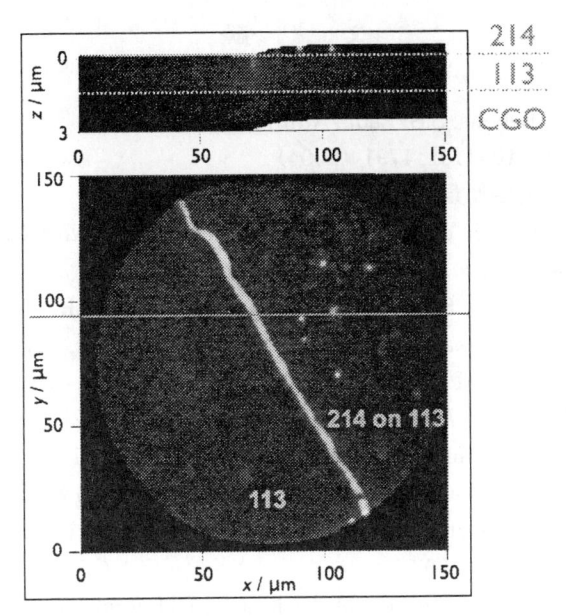

第14章　高温固体表面の動的挙動の計測による nano-NEMCA 効果の検証

図7　$Ce_{0.9}Gd_{0.1}O_{1.95}$（CGO）基板上に $La_{0.6}Sr_{0.4}CoO_3$（113相）と $La_{1.5}Sr_{0.5}CoO_4$（214相）を重ねて製膜した試料の酸素同位体拡散プロファイル

性もある。一方，$(La,Sr)_2CoO_4$ は格子間酸素を持つことが知られているので，酸素空孔を持つ $(La,Sr)CoO_3$ との界面ではちょうど酸素交換が起こりやすい環境ができていた可能性も考えられる。接合部では両相のフェルミレベルを一致させるように電子が移動しようとし，それに伴う欠陥の再配置もあるだろう。さらに，類似の系の酸素交換反応についての情報を収集し，ナノイオニクス的効果による気ー固相反応の促進の可能性を検討していきたい。

6　ナノNEMCA―静的・動的な界面変調の融合へ

　上記のように，気ー固相反応における「ナノ」や「NEMCA」に関わる現象の機構には，まだ解明されていない部分が多いが，各種の「その場」測定などの実験手法も徐々に整いつつあるので，これらの精度を上げ，適用範囲を拡げていくことで，現象の理解が深まるものと思われる。将来的には，界面の静的な変調であるナノイオニクスの効果と動的な変調であるNEMCA効果とを組み合わせることで，より高度な機能／性能をもつ界面と，これを利用した新しい電極・反応場創出の道が開かれると期待される。

文　献

1) C.G. Vayenas, S.S. Bebelis, S.S. Lada, *Nature*, 343 (1990)
2) S. Adler, *Chem. Rev.* **104**(10), 4791 (2004)
3) 電気化学会編「電気化学便覧 第5版」, 丸善 (2000)
4) J. Mizusaki, K. Amano, S. Yamauchi, K. Fueki, *Solid State Ionics*, **22**, 313 (1987)
5) J. Fleig, *Phys. Chem. Chem. Phys.*, 2005(7), 2027 (2005)
6) T. Kawada, K. Masuda, J. Suzuki, A. Kaimai, A. Kawamura, K. Nigara, J. Mizusaki, J. Hugami, H. Arashi, N. Sakai, H. Yokokawa, *Solid State Ionics*, **121**, 271 (1999)
7) T. Kawada, T. Suzuki, M. Sase, A. Kaimai, K. Yashiro, Y. Nigara, J. Mizusaki, K. Kawamura, H. Yugami, *J. Electrochem. Soc.*, **149**, E252 (2002)
8) K. Amezawa, A. Unemoto, T. Kawada, M. Sase, A. Kaimai, K. Sato, K. Yashiro, J. Mizusaki, M. Rai, Y. Orikasa, Y. Uchimoto, "Investigation on SOFC Cathodic Reaction by In Situ X-Ray Absorption Spectroscopy", Proc. 4th Intl. Conf. Flow Dynamics, Sendai, 26-27 September, 2007
9) B. Luerssen, J. Janek, S. Günther, M. Kiskinova, R. Imbihl, *Phys. Chem. Chem. Phys.*, 2002(4), 2673 (2002)
10) X.Y. Lu, P.W. Faguy, M.L. Liu, *J. Electrochem. Soc.*, **149**(10), A1293 (2002)
11) T. Murai, K. Yashiro, A. Kaimai, T. Otake, H. Matsumoto, T. Kawada, J. Mizusaki, *Solid State Ionics*, **176**(31-34), 2399 (2005)
12) Y. Torimoto, A. Harano, T. Suda, M. Sadakata, *Jpn. J. Appl. Phys. Part2*, **36**, L238 (1997)
13) Y. Fujiwara, T. Sakai, A. Kaimai, K. Yashiro, Y. Nigara, T. Kawada, J. Mizusaki, *J. Electrochem. Soc.*, **150**(11) E543 (2003)
14) T. Sakai, PhD Theses, Graduate School of Enginnering, Tohoku University (2007)
15) T. Kawada, B.A. van Hassel, T. Horita, N. Sakai, H. Yokokawa and M. Dokiya, *Solid State Ionics.*, **70/71**, 65 (1994)
16) T. Kawada, M. Sase, J. Suzuki, K. Masuda, K. Yashiro, A. Kaimai, Y. Nigara, J. Mizusaki, K. Kawamura, H. Yugami, in Solid Oxide Fuel Cell VII, H. Yokokawa and S.C. Singhal eds., Electrochem. Soc. PV2001-16, p.529 (2001)
17) T. Kawada, M. Kudo, A. Kaimai, Y. Nigara, J. Mizusaki, in Solid Oxide Fuel Cell VIII, S. Singhal and M. Dokiya eds, The Electrochem. Soc. Inc. , NJ, p. 470 (2003)
18) M. Sase, F. Hermes, K. Yashiro, T. Otake, A. Kaimai1, T. Kawada, J. Mizusaki, N. Sakai, K. Yamaji, T. Horita and H. Yokokawa, "Fast ^{18}O Incorporation Paths along the Hetero Phase Boundary with $(La,Sr)CoO_3/(La,Sr)_2CoO_4$", Proceedings of the 7th European SOFC Forum, Luzern, 2006, edt. by Ulf Bossel, (CD-ROM) B-66
19) C.N. Munnings, S.J. Skinner, G. Amow, P.S. Whitfield, I.J. Davidson, *Solid State Ionics*, **176**, 1895 (2005)

第15章　ヘテロ接触界面のイオン移動現象のその場観察

内本喜晴[*1], 雨澤浩史[*2], 酒井夏子[*3]

1　はじめに

　安定化ジルコニアなどの高温（数百～1000℃）で高いイオン導電率を示す固体イオニクス材料を用いた高温電気化学デバイスは，固体酸化物燃料電池（Solid Oxide Fuel Cells，SOFC），酸素センサ・NOxセンサ等のセンシングデバイス，リアクタ等の多くの実用的用途がある。これは，高温における高い反応速度，全固体型であるハンドリングのしやすさ，安定性，固体イオニクス材料の高いイオン選択性，など大きな実用的利点があるためである。高温電気化学デバイスにおける反応は，電解質／電子導電性電極／反応（あるいは生成）ガスの三相が接したナノ領域の「ヘテロ接触界面」で起こるガス電極反応である。このナノ領域でのヘテロ接触界面のイオン移動現象（ナノイオニクス現象）を支配する因子を明らかにし，イオン移動速度を制御する方法を明らかにするためには，これまでにない新しい計測手法の適用が必要となる。

　本章では，高温ナノイオニクス現象を明らかにするための我々の取り組みのうち，①二次イオン質量分析（SIMS）法，②その場X線吸収（XAFS）法，③ナノXAFS法について，紹介する。

2　二次イオン質量分析（SIMS）法

　高温ナノイオニクス現象を解析するには，従来の電気化学的手法に加え，同位体ラベリングと二次イオン質量分析（SIMS）を組み合わせた検討手法が非常に有効である。SIMSの原理について簡単に紹介する（図1）。真空下で試料表面に収束した一次イオンビームを照射すると表面近傍の元素が遊離し，その一部がイオン化される。（二次イオン）二次イオンは単独で存在する場合と，複数の原子がクラスターを作っている場合がある。試料に電圧を印加し，この生じた二次イオンを陰イオンまた陽イオンの形で検出して質量分析を行う。SIMSの特徴としては，すべての元素が分析可能（水素～重金属，特に軽元素に対して高感度）であること，同位体分析が可

[*1] Yoshiharu Uchimoto　京都大学　大学院人間・環境学研究科　相関環境学専攻　教授
[*2] Koji Amezawa　東北大学　大学院環境科学研究科　都市環境・環境地理学講座　准教授
[*3] Natsuko Sakai　㈱産業技術総合研究所　エネルギー技術研究部門　主任研究員

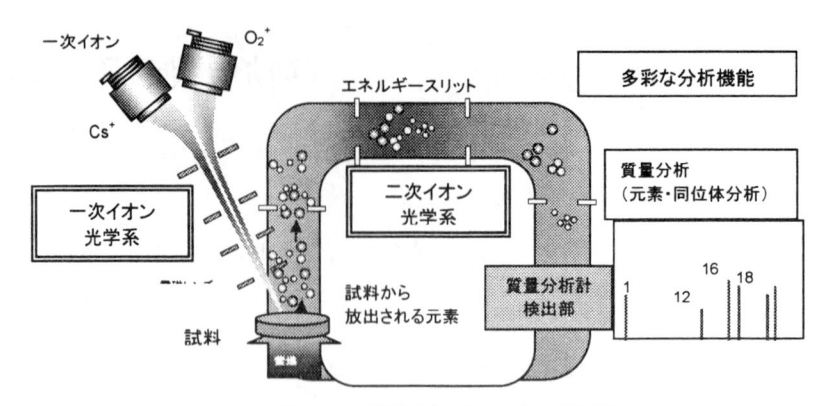

図1 二次イオン質量分析（SIMS）の模式図

能であること，微量成分から主成分までの検出が可能（ppmオーダー〜数十％）であること，ナノオーダーの深さ方向分析（表面分析）が可能であること，ミクロンオーダーの面分析であること，深さ方向＋面分析の組み合わせで三次元分析可能であることが挙げられる。

　ヘテロ接触界面で起こる高温ナノイオニクス現象を明らかにするための手法として，安定同位体を用いた酸素表面交換反応および電極反応を行い，急冷した試料の同位体分布を二次イオン質量分析（SIMS）することによって反応の活性点分布および拡散路を明らかにすることができる。従来の電気化学法ではマクロなイオン，電子の動きを電流・電圧変化で把握するのに対し，安定同位体とSIMSを用いると，イオンの移動軌跡を視覚化できる。

　以下に，金（Au）および白金（Pt）/YSZ界面における酸素交換反応の活性点分布について，温度の影響，水蒸気の影響，および電場の影響を検討した例について記述する。

温度および電極種類の影響

　$p(O_2) = 7$ kPa，$p(H_2O) \sim 150$ Pa，電圧0Vで，温度を変えて処理した試料のPt/YSZ界面近傍における^{18}O-強度分布を図2に示す。極表面は吸着・汚染の影響が大きいため，表面から約400nm内部に入った情報を示している。500℃では^{18}O-の強度は殆ど観測されなかった。600℃ではYSZ上の^{18}O-強度が高くなるが，YSZ上の分布はほぼ一様である。しかし700℃処理試料では，Pt/YSZ境界にそって^{18}O-の強度が高い領域が帯状に観測され，この領域で酸素交換反応がとくに促進されている現象を観測した。同試料の^{18}O-度分布（二次イオン強度比 $I(^{18}O-)/\{I(^{16}O-)+I(^{18}O-)\}$）の線分析結果を図3に示す。700℃処理試料における^{18}O-強度の高い領域は，Pt/YSZ界面から約10μmの範囲で観測される。また，界面から垂直方向への^{18}O拡散はもちろん，横方向への拡散もみられている。なお，Au/YSZ界面においても700℃処理試料では，同様に界面近傍に^{18}O-の濃度が高い領域が観測された。しかしPt/YSZに比べる

第15章 ヘテロ接触界面のイオン移動現象のその場観察

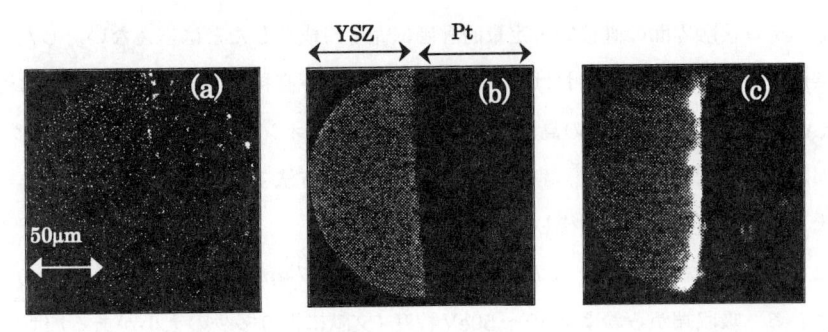

図2 Pt/YSZ界面付近の^{18}O-二次イオンイメージ
(a) 500℃, (b) 600℃, (c) 700℃. $p(^{18}O_2)=7kPa$, $p(H_2O)\sim 150Pa$, $E=0Vt\sim 300s$

と^{18}O-の相対強度が小さく,界面からの幅も狭い傾向がみられた。全体的に金電極上では,白金電極に比べて,表面でも内部でも^{16}O-,^{18}O-の強度が小さかった。水崎らは電気化学法により,YSZ上の白金電極表面の酸素吸着平衡定数を推定しているが[1],彼らのデータを今回の実験条件に適用すると,白金表面の酸素被覆率は約0.5(700℃,$p(O_2)=7kPa$)となる。一方YSZ上の金電極表面の酸素被覆率はvan Hasselらにより約0.01(760℃,$p(O_2)=101kPa$)と報告されており[2],今回のSIMS観測結果もこのような金属電極表面の酸素被覆率の違いによるものと推測できるが,定量的な考察にはさらなる解析が必要である。

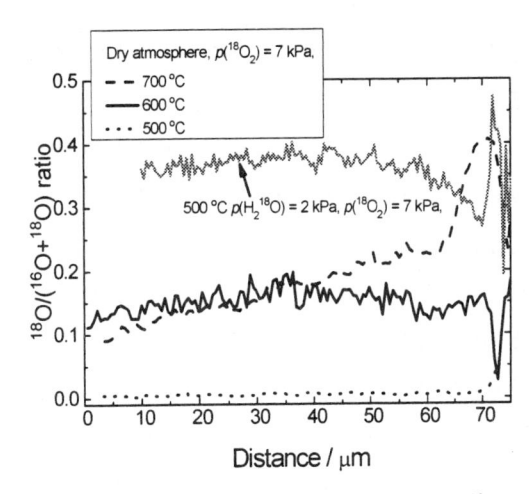

図3 種々の条件で処理したPt/YSZ付近の^{18}O濃度分布

3 その場X線吸収(XAFS)法

これまでの高温電気化学系における電極反応評価は局所平衡の考え方を前提に行われてきたものの,実際の系において局所平衡が成立するか否かを直接的・定量的に証明した実験結果はこれまで皆無であった。既存の実験方法は電極反応に付随的な物理現象を観測し,解釈しているにすぎなかったためであり,電極状態を$in\ situ$条件で直接的に観測する評価方法が未確立であるためである。最近,XPS,IR,PEEMなどの測定を用いて電極状態を直接評価する試みがなされている。しかしながら,これらの測定では真空など実際の作動条件とは異なる条件を必要とする

など，高温ヘテロ接触界面の直接的・定量的評価に完全に成功したとは言えない。したがって高温ヘテロ接触界面の反応条件下における電極のその場状態を直接評価する手法の確立は渇望されている。XAFS法は，ナノ領域での高温ヘテロ接触界面のイオン移動現象（ナノイオニクス現象）を，現象が起こる雰囲気，温度で，測定することができる方法であり，高温ナノイオニクス現象の解明に大きな役割を果たすと期待している。

一般的にXAFSと総称されるスペクトルは，便宜上，吸収端からのエネルギーにより2つの領域に分別される。吸収端からおよそ30～50eV程度（文献により多少の大小がある）付近までの，大きな吸収係数の変化を伴うスペクトルはX線吸収端近傍構造（X-ray Absorption Near Edge Structure：XANES）と呼ばれる。XANESは内殻電子の空軌道あるいはバンドへの遷移に対応するため，空状態の密度を反映する。そして吸収原子の配位状態，電子状態などの情報をも与える。

それに続く高エネルギー領域に見られる波うち構造は広域X線吸収微細構造（Extended X-ray Absorption Fine Structure：EXAFS）と呼ばれる。EXAFSはX線によって叩き出された電子が光電子となり放出され，周囲の原子によって散乱される干渉効果によって生じる。これを解析することでX線吸収原子の周囲にある原子の配位数，吸収原子―散乱原子間距離や局所歪などの知見を得ることができる。XANESとEXAFSは解析法や微細構造の発生が異なっているので通常別個に考えられているが，電子構造と局所構造という相補的な情報を同一の測定で得ることができるのがXAFS測定の特長である。

以下に，酸化物イオン伝導体上／緻密混合伝導体薄膜電極界面（$La_{0.6}Sr_{0.4}CoO_{3-\delta}$/GDC）反応の反応機構解明にその場XAFS法を適用した例について紹介する。これは，東北大学川田達也教授との共同研究である。

$p(O_2) = 10^5$ Paで熱処理した$La_{1-x}Sr_xCoO_{3-\delta}$におけるCo$K$-$edge$ XANESを図4に示す。図には四角で囲った吸収端付近のスペクトルを拡大して併記している。Sr添加量xが増加するにつれ，吸収端エネルギー位置は高エネルギー側にシフトした。またプリエッジ領域は低エネルギー側にシフトするとともに強度が増加した。このことは次式（eq. 1）の電気的中性条件にしたがってLaをSrで置換した電荷補償の一部をCoが担っており，Co^{4+}が生成したため

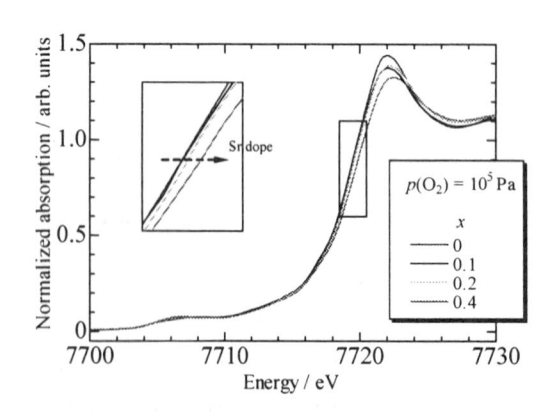

図4 種々の酸素分圧雰囲気でアニールした$La_{1-x}Sr_xCoO_{3-\delta}$のCo$K$吸収端XANES

第15章 ヘテロ接触界面のイオン移動現象のその場観察

と考えることができる。

$$[Sr'_{La}] + [Co^{\times}_{Co}] = [V^{\bullet\bullet}_O] + [Co^{\bullet}_{Co}] \qquad (eq.\ 1)$$

また$p(O_2) = 10^3$, 10^1Paで熱処理したものについても，CoK吸収端のシフトが観測されたため，吸収端エネルギー位置E_0をCoの形式価数 $[3 \times (1-x) + 2 \times x - 2 \times (3-\delta)]$ に対してプロットした。結果を図5に示す。これらの間には良い相関が確認され，$La_{1-x}Sr_xCoO_{3-\delta}$における酸素ポテンシャルがCoの形式価数で評価しうることが明らかになった。

その場XAFS測定に使用した電気化学セルの概略図を図6に示す。$La_{0.6}Sr_{0.4}CoO_{3-\delta}$（LSC）緻密薄膜電極はPLD法により$Ce_{0.9}Gd_{0.1}O_{1.95}$（GDC）基板上に製膜した。XAFS測定はSPring-8 BL01Bビームラインにおいて，CoK吸収端について蛍光法により行った。モノクロメーターにはSi（111）を用いた。また溶融石英製ミラーを用いて高次光の除去を行った。図7に測定時の概略図を示す。紙面右手より放射光源からの入射X線がサンプルチャンバに導入され，試料表面に照射される。その入射X線により試料のCo内殻電子を励起させ，その際生じる蛍光X線を上側の単素子SSD（Solid State Detector）検出器で検出した。チャンバのX線入射部および蛍光検出部はアルミニウムを蒸着したカプトン膜によって被い，チャンバ内のガス雰囲気の制御を可能とした。単結晶や配向した多結晶においては，X線回折ピークがX線吸収スペクトルにおける重大なノイズとなることが知られている。回折ピーク強度を減らすには試料が回折角にある時間を減らすことが有効である。そこで小型加熱炉をもつチャン

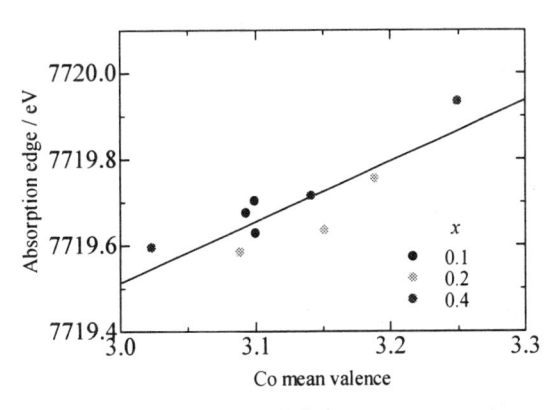

図5 種々の酸素分圧雰囲気でアニールした$La_{1-x}Sr_xCoO_{3-\delta}$のCo$K$吸収端シフト

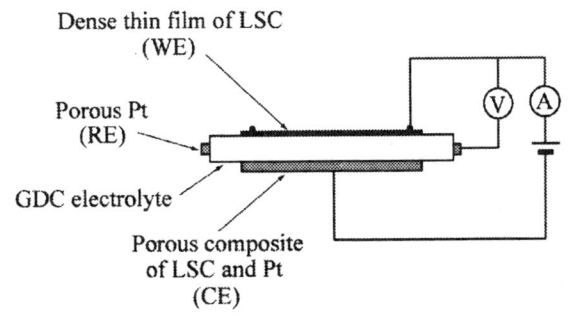

図6 その場XAFS測定セルの模式図

バ中心部を可動リングに二点で保持させ，この軸と垂直な方向の二点で可動リングを外枠に固定し，試料部の中心軸をやや偏心させてモータロッドに接続するジンバル構造を組み込んだ．ジンバル構造により電極を運動させることによってX線回折によるノイズの除去を試みた．

図8に800℃，開回路状態において$p(O_2)$を変化させたときの$La_{0.6}Sr_{0.4}CoO_{3-\delta}$電極における，Co$K$-$edge$ XANESを示す．雰囲気中の酸素分圧が下がるにつれ吸収端エネルギー位置が低エネルギー側にシフトしており，酸素空孔の生成に伴いCoの形式価数が下がったことに対応していると考えられる．一方，$p(O_2)=10^3$Paにおいて電圧を印加したときのCoK-$edge$ XANESを図9に示す．図8と同様に，吸収端エネルギー位置は印加電圧によっても変化し，カソード側／アノード側に分極すると，それぞれ低／高エネルギー側にシフトした．すなわちカソード側／アノード側の分極が電極中の酸素ポテンシャルの減少／増加と対応し，Coの形式価数の低下／増加として観測されたと考えられる．

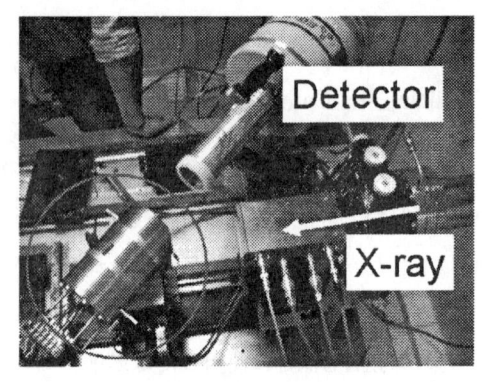

図7 その場XAFS測定セルのセットアップ

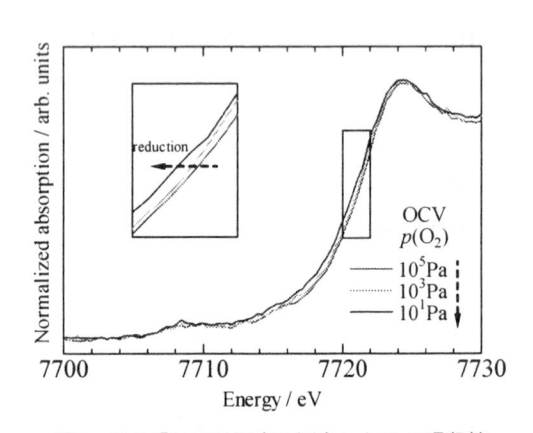

図8 その場XAFS測定で測定したCoK吸収端 XANES
800℃で種々の酸素分圧における$La_{0.6}Sr_{0.4}CoO_{3-\delta}/Ce_{0.9}Gd_{0.1}O_{1.95}$電極／電解質界面の開回路電圧条件下での測定結果．

電極中の酸素ポテンシャルの定量的な評価のため，前述の方法で吸収端エネルギー位置E_0を算出した．次式（eq. 2）で定義される電極中の実効的な酸素ポテンシャル$p(O_2)_{eff}$に対してE_0をプロットした図を図10に示す．ここで，$p(O_2)_{eff}$は次式（eq. 2）から算出した．

$$p(O_2)_{eff} = \exp\left\{\frac{2\mu_{O, eff}}{RT}\right\} = p(O_2)\exp\left\{\frac{4F\eta}{RT}\right\} \quad \text{(eq. 2)}$$

Rは気体定数，ηは印加電圧から$Ce_{0.9}Gd_{0.1}O_{1.95}$によるIR損，iR_{bl}を差し引いた過電圧をそれぞれ表す．分極による吸収端エネルギー位置のシフトは，対応する$p(O_2)$変化によるシフト量と良く一致したことが定量的に確認された．

第15章 ヘテロ接触界面のイオン移動現象のその場観察

一般的に酸化物イオン伝導体上にある電極において，過電圧ηは次式（eq. 3）に示すように，電極／電解質界面における酸素ポテンシャル$\mu_{O,int}$の，平衡状態における値$\mu_{O,gas}$からのずれと解釈される。

$$2F\eta = \mu_{O,int} - \mu_{O,gas} \quad (eq.\ 3)$$

ここでFはファラデー定数である。いま，律速反応が1つだけと仮定すると，電極内の酸素ポテンシャル分布は図11のように律速反応に応じて大別される。すなわち律速反応が表面反応のときは，(i)のように電極表面で酸素ポテンシャルの勾配が生じ，電極中の酸素ポテンシャルはほぼ一定値と見なすことができる。従って，このとき電極内での実効的な酸素ポテンシャル$\mu_{O,eff}$は，$\mu_{O,eff} = \mu_{O,int}$と表される。律速反応が電極内の酸化物イオン拡散あるいは電極／電解質界面での電荷移動反応のときは，電極内の実効的な酸素ポテンシャルはそれぞれ(ii)，(iii)で示されるように，$\mu_{O,int}$とは異なる値をとる。

以上の結果より，$Ce_{0.9}Gd_{0.1}O_{1.95}$電解質上の$La_{0.6}Sr_{0.4}CoO_{3-\delta}$緻密電極では，分極によって電極内の酸素ポテンシャルが変化し，その変化量が対応する$p(O_2)$変化によるものとほぼ一致することが判明した。すなわち，分極時の電極付近の酸素ポテンシャルは図11中に示す(i)の分布をとり，電極表面で酸素ポテンシャルが変化していることが判明した。したがって，今回測定した$Ce_{0.9}Gd_{0.1}O_{1.95}$電解質上の$La_{0.6}Sr_{0.4}CoO_{3-\delta}$混合伝導性緻密電極におけるカソード反応は表面反応律速であることが確認された。本研究で用いたその場XAFS法は，高温におけるヘテロ接触界面での種々の酸素雰囲気・分極下における電極の状態を直接的・定量的に観測した初めての研究である。

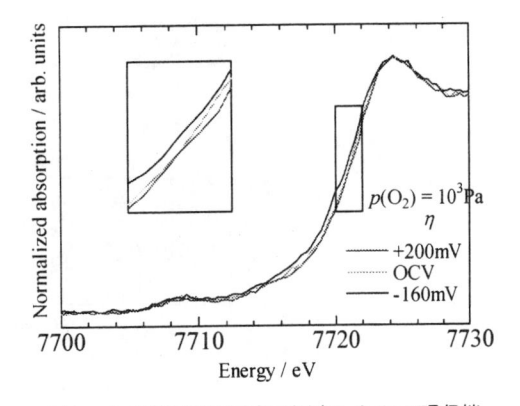

図9　その場XAFS測定で測定したCoK吸収端XANES
800℃，$p(O_2) = 10^3 Pa$において電圧を印加したときの$La_{0.6}Sr_{0.4}CoO_{3-\delta}$/$Ce_{0.9}Gd_{0.1}O_{1.95}$電極／電解質界面の測定結果。

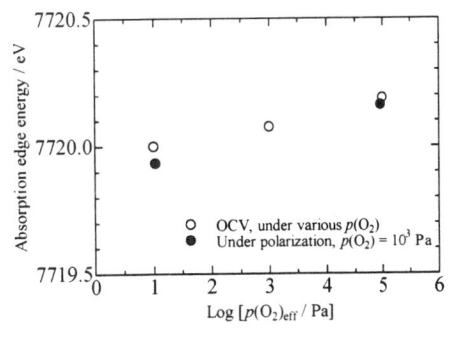

図10　吸収端エネルギー位置E_0を電極中の実効的な酸素ポテンシャル$p(O_2)_{eff}$に対してプロットした図

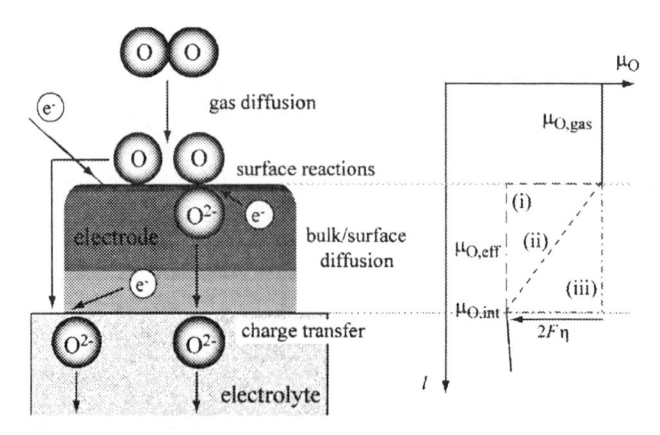

図11 過電圧を印加したときの酸素ポテンシャルの分布の模式図
(i) 律速反応が表面反応の場合，(ii) 律速反応が電極内の酸化物イオン拡散の場合，
(iii) 律速反応が電極／電解質界面での電荷移動反応の場合

4 ナノXAFS法

　前節で述べた通り，高温電気化学反応を理解し，デバイス性能を向上させるためには，反応あるいは生成ガス／電解質／電子伝導性電極からなる三相界面の化学状態を把握することが重要である．本節では，このような局所の化学状態を分析する手法として，高温，雰囲気制御下において微小部位（100nmオーダー）のXAFS測定を可能とするナノXAFS法について紹介する．

　微小部位のXAFS測定を行うためには，局所に集光された高輝度X線が必要である．このため，筆者等によるナノXAFS法の測定は，SPring-8のビームラインBL37XUにおいて行われている．このビームラインでは，K-B（Kirkpatrick-Baez）集光系を用いることにより，硬X線領域の高輝度アンジュレータ光の集光（～700nm）が可能である．すなわち，縦と横に配置した2枚のX線ミラーを用いることにより，縦方向と横方向の集光を独立に行い，縦方向と横方向の焦点を試料上に一致させることができる．実際の測定では，このように集光された硬X線を用い，試料照射時に発生する蛍光X線による元素マッピングをまず始めに行い，その結果をもとにXAFS測定の部位を決定する．XAFS測定は，蛍光法あるいは透過法により行う．蛍光法による測定を行う場合には，通常の測定の場合と同様，試料の濃度・厚みに制約があり，濃厚試料では自己吸収によるスペクトル歪が生じるため，解析に注意を要する．透過法による測定を行う場合には，X線が透過し，かつ十分な信号が得られるよう，元素・目的に応じて適切な厚み（通常数十μm）の試料を用いる必要がある．透過法によるナノXAFS法では，測定部位周辺のみが薄膜化されていればよいため，試料の薄膜化には，任意の部位（例えば二相界面や析出物）を任意の厚みに加工することができる収束イオンビーム加工装置などが有効である．

第15章 ヘテロ接触界面のイオン移動現象のその場観察

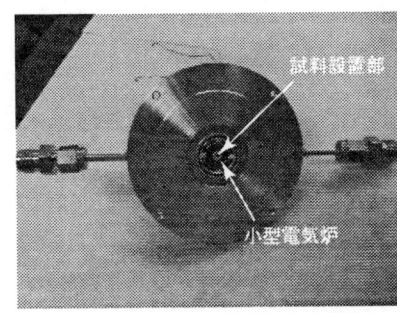

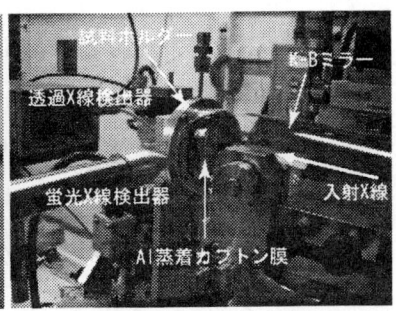

図12 ナノXAFS法に用いる高温試料ホルダーおよびそのビームライン設置時の概観

図12に，ナノXAFS法に用いる試料ホルダーならびにこれをビームラインにセットした際の概観を示す。ホルダーはアルミニウム製で，中央に小型電気炉（内径2～3mm）が設置されている。試料は，小型電気炉のX線照射側先端に固定される。雰囲気制御を行う場合には，このホルダーに，アルミニウム蒸着カプトン膜製のX線窓とガスの導出入口を備えた蓋を装着させる。

ナノXAFS法の測定例として，$Ce_{0.9}Gd_{0.1}O_{1.95}$ 基板上の $La_{0.6}Sr_{0.4}CoO_3/La_{1.5}Sr_{0.5}CoO_4$ 複合膜について得られた結果を以下に示す。ペロブスカイト型 $La_{0.6}Sr_{0.4}CoO_3$ 相は低温作動型SOFCのカソードとして期待される材料であるが，これを K_2NiF_4 型 $La_{1.5}Sr_{0.5}CoO_4$ 相と複合化することにより，$La_{0.6}Sr_{0.4}CoO_3/La_{1.5}Sr_{0.5}CoO_4$ ヘテロ界面において，各相単体の場合と比べ，酸素交換反応が促進される現象が報告されている[1]。ナノXAFS測定に用いた複合膜は，パルスレーザーディポジション（PLD）法により互いの膜の一部分が重なるように製膜し，それぞれの相が単独に存在する部分と積層して存在する部分が形成されるようにした。複合膜を1073Kまで加熱した状態で，蛍光X線によりLaならびにCoの元素マッピングを行った結果を図13に示す。$La_{1.5}Sr_{0.5}CoO_4$ を $La_{0.6}Sr_{0.4}CoO_3$ 上に積層した部分（図中右下半分）では，$La_{0.6}Sr_{0.4}CoO_3$ 単独の部分（図中左上半分）と比較して，Laの強度が強く，Coの強度が弱く観測されている。この結果から，元素マッピングにより膜上の位置を特定できること，また $La_{0.6}Sr_{0.4}CoO_3/La_{1.5}Sr_{0.5}CoO_4$ 積層部分からの蛍光X線は，上部にある $La_{1.5}Sr_{0.5}CoO_4$ 相からの影響を強く受けていることがわかる。

1073K，空気中において，$La_{0.6}Sr_{0.4}CoO_3$ 単独部（図13-①），$La_{0.6}Sr_{0.4}CoO_3/La_{1.5}Sr_{0.5}CoO_4$

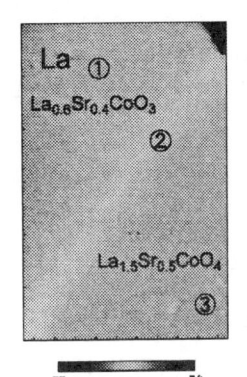

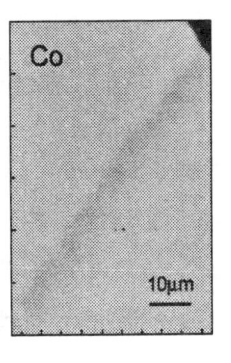

図13 蛍光X線による $La_{0.6}Sr_{0.4}CoO_3/La_{1.5}Sr_{0.5}CoO_4$ 複合膜の元素マッピング（1073K，空気中）

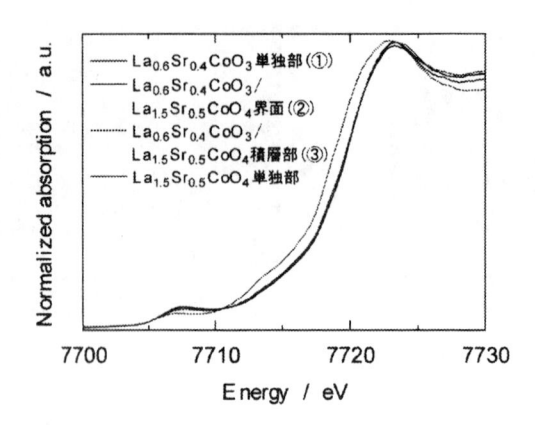

図14 ナノXAFS法によるLa$_{0.6}$Sr$_{0.4}$CoO$_3$/La$_{1.5}$Sr$_{0.5}$CoO$_4$複合膜のCoK吸収端のXANESスペクトル（1073K，空気中）

界面（図13-②），La$_{0.6}$Sr$_{0.4}$CoO$_3$/La$_{1.5}$Sr$_{0.5}$CoO$_4$積層部（図13-③），La$_{1.5}$Sr$_{0.5}$CoO$_4$単独部（図13の図外）の位置で蛍光法により測定されたCoK吸収端のXANESスペクトルを図14に示す。La$_{1.5}$Sr$_{0.5}$CoO$_4$単独部とLa$_{0.6}$Sr$_{0.4}$CoO$_3$単独部のスペクトルを比較すると，前者では後者に比べて，吸収端位置が大きく低エネルギー側にシフトしている。このことは，La$_{1.5}$Sr$_{0.5}$CoO$_4$におけるCoの形式価数がLa$_{0.6}$Sr$_{0.4}$CoO$_3$におけるそれよりも低いことを表している。これに対し，La$_{0.6}$Sr$_{0.4}$CoO$_3$/La$_{1.5}$Sr$_{0.5}$CoO$_4$界面およびLa$_{0.6}$Sr$_{0.4}$CoO$_3$/La$_{1.5}$Sr$_{0.5}$CoO$_4$積層部のスペクトルでは，吸収端位置がLa$_{0.6}$Sr$_{0.4}$CoO$_3$単独部のそれとほぼ同じである。これらのXANESスペクトルが蛍光法によって測定されていること，また蛍光X線による界面および積層部の元素マッピングでは上部のLa$_{1.5}$Sr$_{0.5}$CoO$_4$相からの影響が強く見られたことを考慮すれば，界面および積層部のXANESスペクトルは主にLa$_{1.5}$Sr$_{0.5}$CoO$_4$中のCoの化学状態を反映していると考えられる。つまり，界面および積層部にあるLa$_{1.5}$Sr$_{0.5}$CoO$_4$中のCoは，La$_{1.5}$Sr$_{0.5}$CoO$_4$単独部中のCoに比べ高価数状態にあると考えられる。このようなCoの形式価数の増加は，La$_{1.5}$Sr$_{0.5}$CoO$_4$の酸素不定比性に影響を及ぼす（例えば酸素の取り込みなど）と考えられ，これがLa$_{0.6}$Sr$_{0.4}$CoO$_3$/La$_{1.5}$Sr$_{0.5}$CoO$_4$界面における酸素交換反応促進の一因となっている可能性が示唆された。

ここでは蛍光法を用いた化学状態分析についての結果を紹介したが，透過法を用いれば試料の自己吸収による影響を受けない測定が可能であり，電子構造の評価やEXAFS振動による局所構造の解析を行うこともできる[4]。ナノXAFS法は，今後，高温ヘテロ界面のように特殊条件下にある微小部位の化学状態や電子・局所構造を局所分析するための有用な手法になると期待できる。

第15章　ヘテロ接触界面のイオン移動現象のその場観察

文　　献

1) J. Mizusaki, K. Amano, S. Yamauchi, K. Fueki, *Solid State Ionics*, **22**, 323 (1987)
2) B.A. van Hassel, B.A. Boukamp, A.J. Baagraaf, *Solid State Ionics*, **48**, 155 (1991)
3) M. Sase, F. Hermes, K. Yashiro, T. Otake, A. Kaimai, T. Kawada, J. Mizusaki, N. Sakai, K. Yamajui, T. Horita, H. Yokokawa, in Proceedings of the 7th Euro Solid Oxide Fuel Cell Forum, U. Bossel Ed., Luzern, 2006, B066
4) K. Amezawa, A. Unemoto, T. Terada, Y. Orikasa, Y. Uchimoto, Y. Terada, 2007年電気化学秋季大会, 2007, 1C31

第Ⅱ編　材料開発・応用

第1章　高密度表面欠陥型ナノプロトニクス材料のメカノケミカル合成

松田厚範*

1　はじめに

電池をはじめとする電気化学素子を小型化し，その信頼性・安全性を向上させるキーマテリアルとして，優れた固体電解質材料の開発が強く望まれている。なかでも，プロトン（H^+）あるいはオキソニウムイオン（H_3O^+）を荷電担体とするプロトン伝導性固体材料は，燃料電池，ニッケル—金属水素化物電池および電気二重層キャパシタなどのエネルギー素子をはじめ，表示素子やセンサなどの電解質としての応用が期待されている。特に，クリーンなエネルギー源としての期待が高まる燃料電池の電解質においては，高いプロトン伝導性に加えて，化学的耐久性，耐熱性，耐酸化性，低コストなどの項目を満足する新しい電解質材料の開発が強く求められている。

プロトン伝導体の開発と燃料電池電解質への応用に関して，メカノケミカル処理によって無機固体表面に欠陥構造やランダム構造を高密度導入し，中温領域において，低加湿・無加湿条件でも高い導電率を維持する新規な無機系ナノプロトニクス材料を合成する試みが行われている。メカノケミカル法では，遊星型ボールミルなどを用いたミリング処理によって得られる衝撃・磨砕などの大きな機械的エネルギーを利用することによって，高温プロセスを必要とせずに新規結晶化合物や非晶質材料を合成する，あるいは試料に欠陥を高密度に導入することができる。ここでは，①リン酸塩系固体酸のメカノケミカル処理，②硫酸水素セシウム—リン酸水素セシウム系複合体のメカノケミカル合成，③ヘテロポリ酸のプロトンをCsで一部置換した部分中和塩のメカノケミカル合成，④ヘテロポリ酸と酸化物のメカノケミカル処理などについて詳しく述べる。

2　リン酸塩系固体酸のメカノケミカル処理

トリポリリン酸アルミニウム（$AlH_2P_3O_{10}・2H_2O$）やセスキリン酸アルミニウム（$AlH_3(PO_4)_2・3H_2O$）は，100℃以上の温度領域でも結晶水を保持し，化学的に安定なリン酸アルミニウム系固体酸である[1]。これらの結晶化合物を遊星型ボールミルを用いてミリング処理すると，

---

*　Atsunori Matsuda　豊橋技術科学大学　工学部　物質工学系　教授

欠陥が高密度にその構造中に導入され，いずれも非晶質化する。得られた非晶体は，処理前の結晶化合物に比べて導電率が〜4桁上昇し，中温領域無加湿条件下で10^{-4}〜10^{-6} S cm^{-1}の値を示す[2]。

ミリング処理に伴う$AlH_2P_3O_{10}\cdot 2H_2O$および$AlH_3(PO_4)_2\cdot 3H_2O$のX線回折パターンの変化を図1に示す。ミリング時間の増大に伴って構造欠陥が導入され，いずれの固体酸も370 rpmの条件では12時間程度で完全に非晶質化することがわかる。図2に，ミリング処理前後の$AlH_2P_3O_{10}\cdot 2H_2O$および$AlH_3(PO_4)_2\cdot 3H_2O$の^{31}P MAS-NMR測定の結果を示す。ミリング処理後0 ppm付近のピークの割合と幅が増加することから，メカニカルエネルギーの付与によって結晶構造が崩れ，縮合度の低いリン酸種が増加することがわかった。

図3には，$AlH_2P_3O_{10}\cdot 2H_2O$および$AlH_3(PO_4)_2\cdot 3H_2O$を130℃，相対湿度（RH）0.7％で保

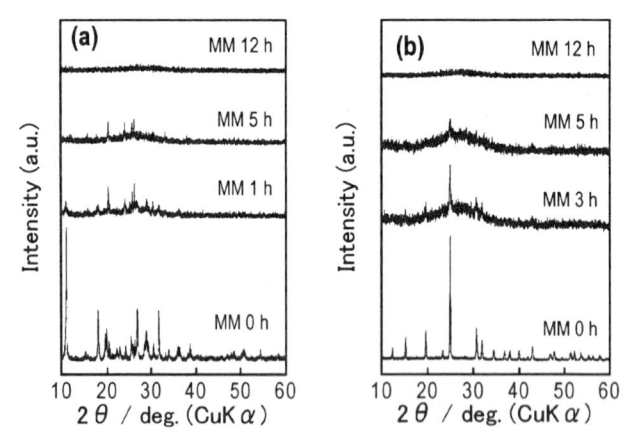

図1 ミリング処理に伴う(a) $AlH_2P_3O_{10}\cdot 2H_2O$および(b) $AlH_3(PO_4)_2\cdot 3H_2O$のX線回折パターンの変化
　　 ミリング処理は，フリッチュ製遊星型ボールミルP7を用いて370 rpmで行った。

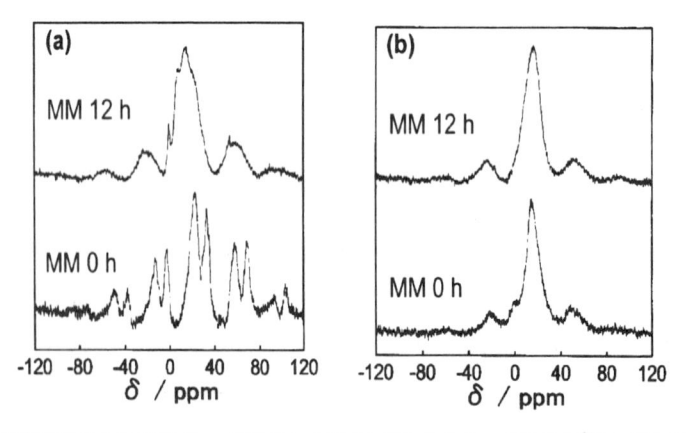

図2 ミリング処理前後の(a) $AlH_2P_3O_{10}\cdot 2H_2O$および(b) $AlH_3(PO_4)_2\cdot 3H_2O$の^{31}P MAS-NMRスペクトル

第1章　高密度表面欠陥型ナノプロトニクス材料のメカノケミカル合成

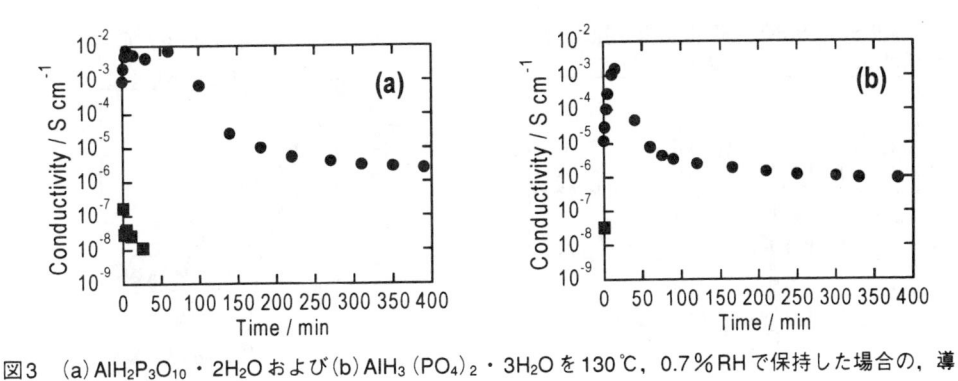

図3　(a) $AlH_2P_3O_{10}\cdot 2H_2O$ および (b) $AlH_3(PO_4)_2\cdot 3H_2O$ を130℃, 0.7%RHで保持した場合の, 導電率の経時変化
図中, ■はミリング処理を行っていない試料, ●は370 rpmで12時間ミリング処理を行った試料を表している。

持した場合の, 導電率の経時変化を示す。いずれの固体酸もミリング処理によって導電率が10^{-7} Scm^{-1}から$10^{-3}\sim 10^{-2}$ Scm^{-1}に増大している。また, ミリング処理前の試料は同条件で30分以内に測定限界以下に導電率が低下するのに対して, ミリングした試料は6時間以上保持しても10^{-6} Scm^{-1}以上の導電率を維持することがわかる。これは, 生成した縮合度の低いリン酸種が伝導に寄与するためと考えられる。一方, ミリング処理後に固体酸の耐水性は低下する傾向があるため, 高い導電率と化学的耐久性の両方を確保するためには, 固体酸表面のみに欠陥構造を導入することが重要であると考えられる。

3　硫酸水素セシウム―リン酸水素セシウム系複合体のメカノケミカル合成

$CsHSO_4$やCsH_2PO_4は無加湿条件下で200℃付近の中温領域で高いプロトン伝導性を示すが, 高温相から低温相への転移により急激な導電率の低下が起こる[3]。$CsHSO_4$-CsH_2PO_4系試料にミリング処理を行うことによって, $Cs_3(HSO_4)_2(H_2PO_4)$や$Cs_5(HSO_4)_3(H_2PO_4)_2$が生成し, 室温から180℃程度の広い温度範囲において無加湿条件下でも高い導電率が維持されることが見出された[4]。

ミリング処理に伴う$50CsHSO_4\cdot 50CsH_2PO_4$（モル%）試料のX線回折パターンの変化を図4に示す。ミリング処理によって$Cs_3(HSO_4)_2(H_2PO_4)$や$Cs_5(HSO_4)_3(H_2PO_4)_2$が生成し, 処理時間が長くなると$Cs_5(HSO_4)_3(H_2PO_4)_2$の生成量が多くなることがわかる。以上の結果から, 複数の固体酸を組み合わせて, メカノケミカル処理を施すことによって複合固体酸や複塩が合成できることが初めて示された。導電率測定結果の一例として, ミリング処理前後の$50CsHSO_4\cdot 50CsH_2PO_4$試料の昇降温過程における導電率の温度依存性を図5に示す。ミリング処理を行った試料は, 室温から190℃の温度範囲において, ミリングしていない試料よりも高い導電率を示している。ま

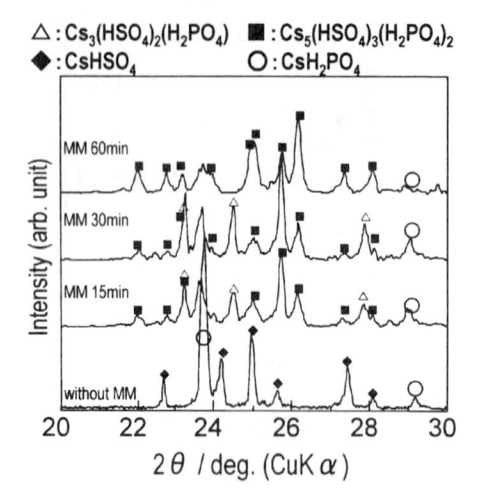

図4 ミリング処理に伴う 50CsHSO$_4$・50CsH$_2$PO$_4$（モル％）試料のX線回折パターンの変化

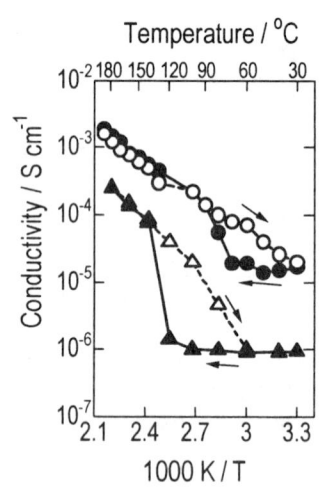

図5 ミリング処理前後の 50CsHSO$_4$・50CsH$_2$PO$_4$ 試料の昇降温過程における導電率の温度依存性

図中，▲（昇温），△（降温）はミリング処理を行っていない試料，●（昇温），○（降温）は 20 rpm で 30 分間ミリング処理を行った試料を表している。

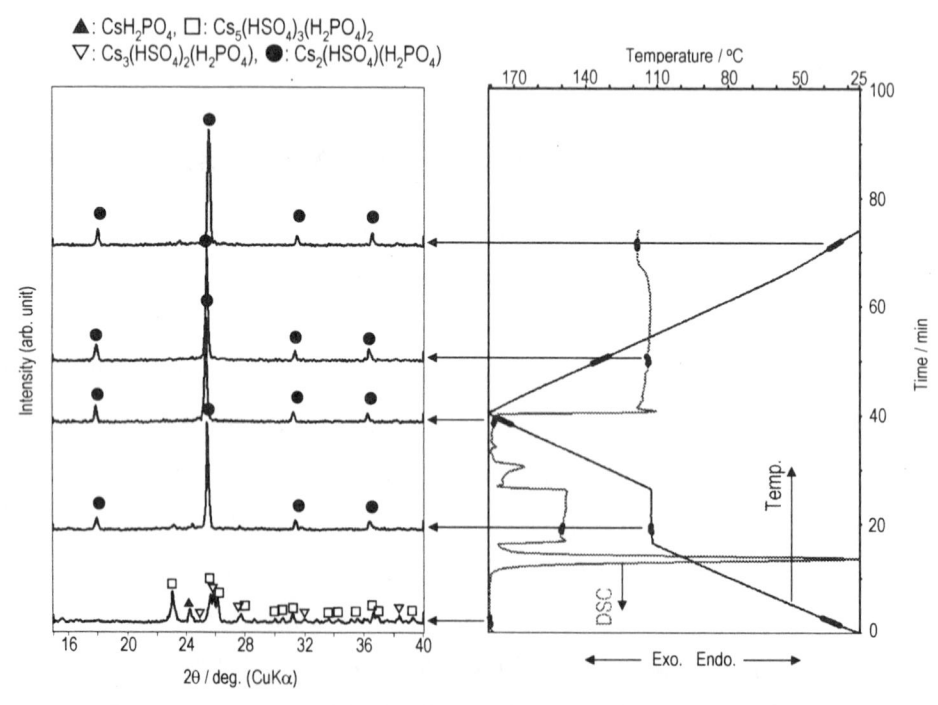

図6 720 rpm で 30 分間ミリング処理を行った試料の高温 XRD-DSC 測定の結果

第1章　高密度表面欠陥型ナノプロトニクス材料のメカノケミカル合成

た冷却過程においてミリング前の試料は急激な導電率の低下が見られるが，ミリングした試料では急激な導電率の低下が起こらず，昇降温を繰り返しても比較的高い導電率を維持することもわかった。

720 rpmで30分間ミリング処理を行なった50CsHSO$_4$・50CsH$_2$PO$_4$試料の高温XRD-DSC測定の結果を図6に示す。ミリング処理によって生成したCs$_3$(HSO$_4$)$_2$(H$_2$PO$_4$)とCs$_5$(HSO$_4$)$_3$(H$_2$PO$_4$)$_2$の回折ピークは，100℃の吸熱ピークの後見られなくなり，Cs$_2$(HSO$_4$)(H$_2$PO$_4$)高温相に帰属される回折が認められた。さらに，冷却過程では，DCSにピークは観測されず，これに対応してCs$_2$(HSO$_4$)(H$_2$PO$_4$)高温相が室温付近まで保持されていることがわかる。従って，Cs$_2$(HSO$_4$)(H$_2$PO$_4$)高温相の生成が昇降温を繰り返した場合の高い導電率に寄与しているものと考えられる。SEM観察の結果，190℃で保持した後も試料の融解は認められず，特徴的な板状結晶が生成していることや，Cs$_2$(HSO$_4$)(H$_2$PO$_4$)高温相は，通常雰囲気で1日放置することによって低温相へ転移することなどが明らかとなっている。

4　ヘテロポリ酸のプロトンをCsで一部置換した部分中和塩のメカノケミカル合成

ヘテロポリ酸の一種であるリンタングステン酸（WPA：H$_3$PW$_{12}$O$_{40}$・nH$_2$O）は，非常に高い導電率を有するプロトン伝導体であるが，その耐水性が問題となっている[5]。WPAのプロトンをCs$^+$で置換した部分中和塩（Cs$_x$H$_{3-x}$PW$_{12}$O$_{40}$）が，水に難溶でありながら強い酸強度を有することなどが報告されている[6]。メカノケミカル法を用いて作製したCs$_2$CO$_3$-WPA系およびCsHSO$_4$-WPA系複合体のプロトン伝導性材料としての可能性が検討されている[7]。いずれの複合体においてもWPA単体よりも耐水性が向上し，CsHSO$_4$よりもCs$_2$CO$_3$を出発原料として用いた方が，WPAのプロトンがCs$^+$で効率的に置換される。

ミリング処理前後の40Cs$_2$CO$_3$・60WPA（mol%）複合体の化学的耐久性について比較評価した結果を図7に示す。ミリング処理は乾燥窒素雰囲気中500 rpmで60分間行っている。ミリング処理前の混合物では，加湿雰囲気下（60℃，90%RH）においてペレットが吸湿して潮解している。一方，ミリング処理によってCs$_x$H$_{3-x}$PW$_{12}$O$_{40}$が生成した複合体では，潮解は見られない。WPAのCs部分中和塩の生成によって耐水性が顕著に増大したものと考えられる。ミリング処理を行ったCs$_2$CO$_3$-WPA系複合体の導電率の60℃における相対湿度依存性を図8(a)に示す。いずれの複合体も湿度の上昇に伴って導電率が増大し，WPA含量の多い複合体が非常に高い導電率を示すことがわかる。図8(b)には，ミリング処理を行った40Cs$_2$CO$_3$-60WPA複合体の乾燥窒素雰囲気における導電率の温度依存性を示す。乾燥雰囲気では，温度の上昇に伴う物

図7 ミリング処理前後の40Cs$_2$CO$_3$・60WPA (mol%) 複合体の化学的耐久性評価結果
ミリング処理は乾燥窒素雰囲気中500 rpmで60分間行っている。耐久性試験は、60℃, 90%RHで保持して行っている。

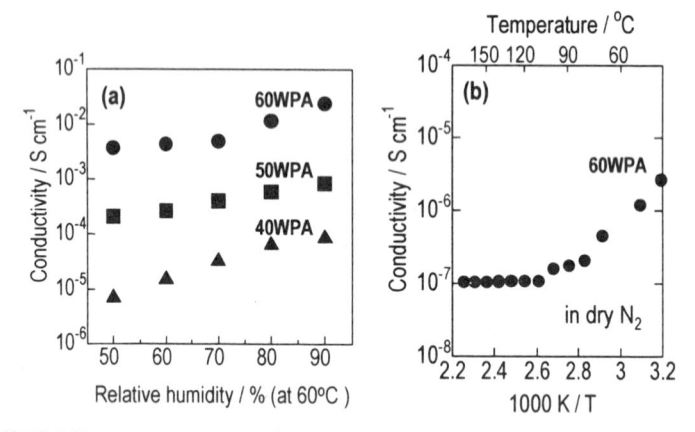

図8 ミリング処理を行ったCs$_2$CO$_3$-WPA系複合体の(a)導電率の60℃における相対湿度依存性と(b)乾燥窒素雰囲気における導電率の温度依存性

理吸着水と結晶水の脱離によって導電率は低下することがわかる。

次に、95CsHSO$_4$・5WPA (mol%) 複合体の化学的耐久性の評価結果を図9に示す。ミリング処理は乾燥窒素雰囲気中500 rpmで60分間行った。Cs$_2$CO$_3$-WPA系と同様に、今回のWPA含量が少ないCsHSO$_4$-WPA系複合体においても処理によって複合体の耐水性は、顕著に向上し

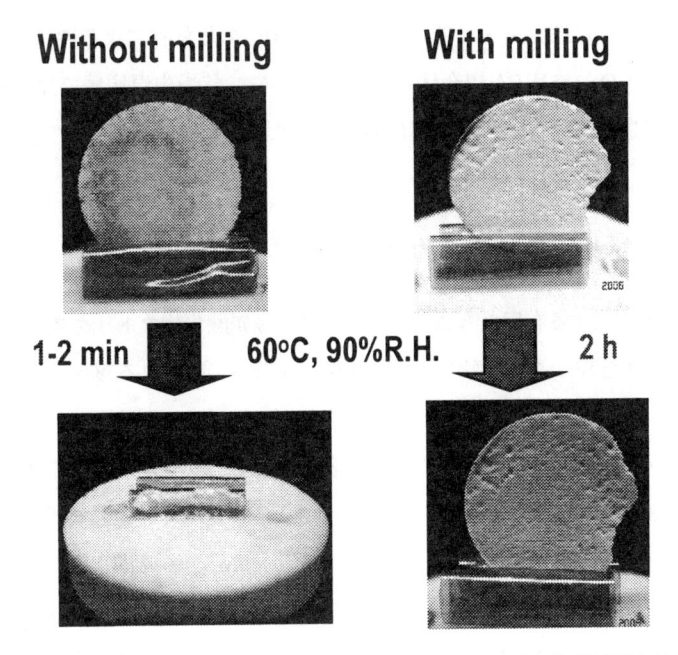

第1章　高密度表面欠陥型ナノプロトニクス材料のメカノケミカル合成

図9　ミリング処理前後の95CsHSO$_4$・5WPA（mol％）複合体の化学的耐久性評価結果
ミリング処理は乾燥窒素雰囲気中500 rpmで60分間行っている。耐久性試験は，60℃，90％RHで保持して行っている。

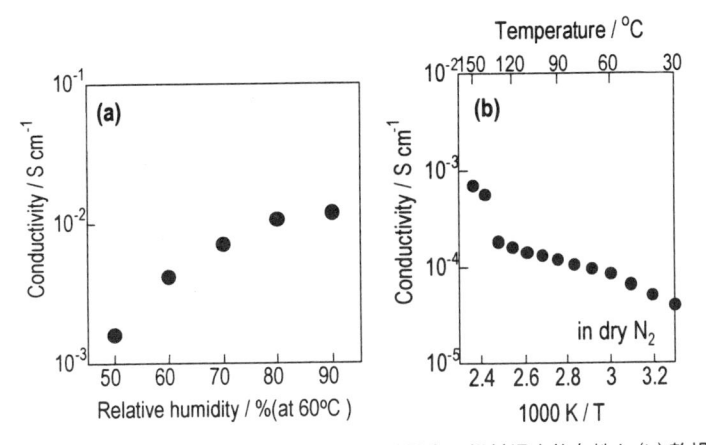

図10　95CsHSO$_4$・5WPA複合体の(a) 60℃における導電率の相対湿度依存性と(b)乾燥窒素雰囲気における導電率の温度依存性

ている。このことからWPAとCsHSO$_4$をミリング処理することによって部分中和塩が生成し，これが耐水性を改善していることが示唆される。95CsHSO$_4$・5WPA複合体の導電率の60℃における相対湿度依存性を図10(a)に，乾燥窒素雰囲気における導電率の温度依存性を図10(b)にそれぞれ示す。加湿雰囲気下（60℃，90％RH）において10^{-2} Scm以上の非常に高い導電率

を示し，乾燥雰囲気ではCsHSO₄・の低温相から高温相への相転移による導電率の急峻な増大が認められた。95CsHSO₄・5WPA複合体は加湿条件下や，乾燥中温領域で比較的高い導電率を示すことからその構造とプロトン伝導機構に興味が持たれる。

5 ヘテロポリ酸と酸化物のメカノケミカル処理

WPAを化学的に安定化する有用な方法の一つとして，金属酸化物マトリクス中に分散させることが考えられる[8]。WPAとSiO₂の混合物にミリング処理を行って得られる複合体の構造とプロトン伝導性が調べられている。SiO₂（水晶）とWPAの混合物（P/Si＝0.1原子比）をミリング処理した場合には，欠陥構造が導入されてSi-OH基やP-OH基が生成し，プロトン伝導性が向上する[9]。

ミリング処理をおこなったWPA-SiO₂（P/Si＝0.1モル比）系複合体の^{29}Siおよび^{31}P MAS NMRスペクトルを図11に示す。ミリング処理は，370 rpmで40時間実施している。^{29}Si MAS NMRの結果からは，ミリング処理によって低磁場側の−110ppm付近のQ³種に帰属されるピークの面積割合が増加し，Si-OH基が生成していることがわかる。また，^{31}P MAS NMRの結果

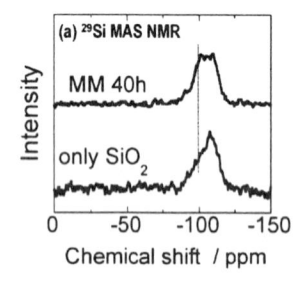

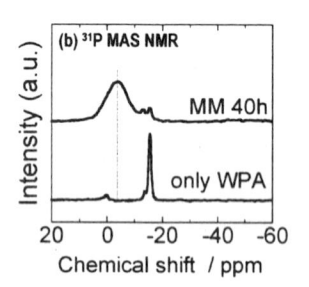

図11 ミリング処理をおこなったWPA-SiO₂（P/Si＝0.1モル比）系複合体の(a)^{29}Si MAS NMRスペクトルおよび(b)^{31}P MAS NMRスペクトル
ミリング処理は，370 rpmで40時間行っている。

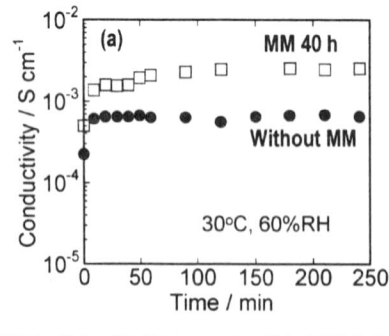

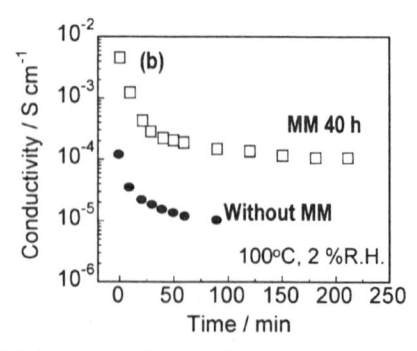

図12 WPA-SiO₂（P/Si＝0.1モル比）系複合体を(a)30℃，60％RHで保持した場合の導電率の経時変化，(b)その後100℃，2％RHで保持した場合の導電率の経時変化

第1章　高密度表面欠陥型ナノプロトニクス材料のメカノケミカル合成

からは，ミリング処理によってWPAのP周りの構造が大きく変化し，5 ppm付近にピークが出現することから，P-OH基を有するリン酸の低縮合種が生成していることが明瞭にわかる。これらのことから，ミリング処理は固体中に欠陥構造を導入する有効な手法であるといえる。

WPA-SiO$_2$（P/Si＝0.1モル比）系複合体を30℃，60％RHで4時間保持した場合と，その後100℃，2％RHで保持した場合の導電率の経時変化を図12に示す。ミリング処理を行った複合体は処理を行わない混合物に比べて伝導性が高く，30℃，90％RHで，3×10^{-3} S cm^{-1}の導電率を示し，さらに100℃，2％RHの中温領域で1×10^{-4} S cm^{-1}の比較的高い値を維持した。Si-OH，P-OHの生成と，Si-O-P結合を有するホスホシリケート骨格[10]の形成が中温領域における高い導電率に関与していると考えられる。

6　おわりに

リン酸アルミニウム系固体酸のメカノケミカル処理，硫酸水素セシウム—リン酸水素セシウム系複合体のメカノケミカル合成，リンタングステン酸のプロトンをCsで一部置換した部分中和塩のメカノケミカル合成，さらにリンタングステン酸とシリカのメカノケミカル処理などについて述べた。ミリング処理を利用して衝撃・磨砕などのメカニカルエネルギーを試料に付与することによって，結晶化合物に欠陥構造を高密度で導入したり，非晶質化することができる。また，複数の固体酸から複合固体酸や複塩を合成したり，ヘテロポリ酸のプロトンを他のカチオンで置換した部分置換塩を調製することができる。これらのことから，メカノケミカル法が有用なプロトン伝導体の設計・合成手法であるといえる。今後，得られるプロトン伝導性複合体のプロトンダイナミックスと導電率の関係を^{1}H NMRなどに基づいて詳細に解析することと，これらの複合体を実際に燃料電池用電解質として応用し，そのポテンシャルを実証することが重要となる。

文　献

1) M. Tsuhako et al., Bull. Chem. Soc. Jpn., **48**, 1830（1975）
2) A. Matsuda et al., Solid State Ionics, **176**, 2899（2005）
3) S. M. Haile et al., Solid State Ionics, **77**, 128（1995）
4) A. Matsuda et al., Solid State Ionics, **177**, 2421（2006）
5) M. Misono, Ctal. Rev., Sci. Eng., **29**, 269（1987）
6) T. Okuhara et al., Chem. Mater., **12**, 2230（2000）

7) A. Matsuda *et al.*, *Solid State Ionics*, **178**, 723 (2007)
8) M. Tatsumisago *et al.*, *Solid State Ionics*, **59**, 171 (1993)
9) A. Matsuda *et al.*, *Solid State Ionics*, **178**, 709 (2007)
10) A. Matsuda *et al.*, *Electrochim. Acta* **47**, 939 (2001)

第2章　コア／シェル複合構造を持つ単分散ナノ結晶の創製

小俣孝久*

1　はじめに

　結晶の粒子サイズや膜厚がナノメートルオーダーになると発現するいわゆるナノサイズ効果は，その発現機構の観点から2つのカテゴリーに大別される。第一は小さな結晶そのものが本質的な役割を果たすもので，半導体のナノ結晶やナノ薄膜で現れる量子サイズ効果がこれに該当する。第二は粒子サイズや膜厚が小さくなることで必然的にその密度が増大する，界面や界面付近の領域が本質的な役割を果たすもので，多孔質アルミナ中に含浸したLiI[1]やBaF_2とCaF_2との多層薄膜[2]で観測されている高いイオン導電率など，固体イオニクス材料におけるナノ効果はこれに該当する。前者の代表例である半導体での量子サイズ効果あるいは量子閉じ込め効果は，発光ダイオードやレーザーへと応用され，実用的な技術として既にその地位を確立している。一方，後者の代表例である固体イオニクス材料でのイオン導電率の増大は，元来導電率の小さな物質について顕著に現れているものの，それを実用素子へと展開するには及んでいない。ナノ効果を利用した実用可能な材料の創製は，固体イオニクス研究者に課せられた使命ともいえる。

　固体イオニクス材料の応用展開の中でも，固体酸化物型燃料電池（Solid Oxide Fuel Cell；SOFC）は，資源・環境問題の解決策として期待される大きな研究ターゲットである。イットリア安定化ジルコニア（Y_2O_3-stabilized zirconia；YSZ）を固体電解質として使用したSOFCは，YSZの導電率が十分に高くなる800℃以上の高温で運転されるので，それを構成する部材に高コストな材料を使わざるを得ない，起動に時間がかかるなどの改善すべき点を有する。それらは，導電率の高い固体電解質の登場により解決されるので，この課題に前記のナノ効果からアプローチするという試みは，極めて自然な展開である。これまでに報告されているYSZやGd_2O_3などをドープしたセリア（GDC）のナノ結晶からなる固体電解質の導電率のアレニウスプロットを図1に示す[3〜5]。YSZやGDCなどにおいても，結晶粒径が小さいものほど導電率が高く，ナノ効果の発現が認められる。注目すべきは図1にあわせて示したGd_2O_3をドープしたCeO_2とZrO_2の多層薄膜の導電率である[6]。導電率の値をそのまま他の報告と比較してよいかという多少の心

---

*　Takahisa Omata　大阪大学　大学院工学研究科　マテリアル生産科学専攻　准教授

ナノイオニクス―最新技術とその展望―

配はあるが，その導電率は，特に500℃以下の低温でYSZナノ結晶やGDCナノ結晶のいずれよりも高い。ナノ効果による顕著な導電率の増大が報告されているBaF_2/CaF_2多層薄膜やLiI/Al_2O_3ナノ複合体では，いずれもヘテロ界面がナノ効果の主役を担っていることを考慮すると，YSZやGDCなどSOFCに関わる材料でもヘテロ界面を高密度に有する材料系を積極的に研究していく必要性を感じさせる。

ヘテロ界面のほとんどは，これまでその多くがMBEやPLDなどの気相プロセスにより挿入されてきた。気相プロセスは一般的に設備やコストの面で実用材料の製造方法としてはあまり適した方法ではなく，液相法などで作製したナノ結晶の粉末を出発物質としたセラミックスプロセスでヘテロ界面を高密度に挿入できることが望ましい。ところが粉末では，特に粒子サイズが極めて小さいナノ結晶粉末の場合，凝集という避け難い問題があり，単に複数物質のナノ結晶を混合しても高密度なヘテロ界面の挿入は実現しない（図2(a)）。この問題は，第一の物質の粒子一つ一つの表面を第二の物質で被覆したコア/シェル型の複合ナノ結晶を出発とすることで，図2(b)に示したように解決できる。本稿では，このような視点から著者らが最近行っている，コア/シェル型複合ナノ結晶の作製とそれを用いた高性能固体電解質の創製の現状と今後の展開について述べる。

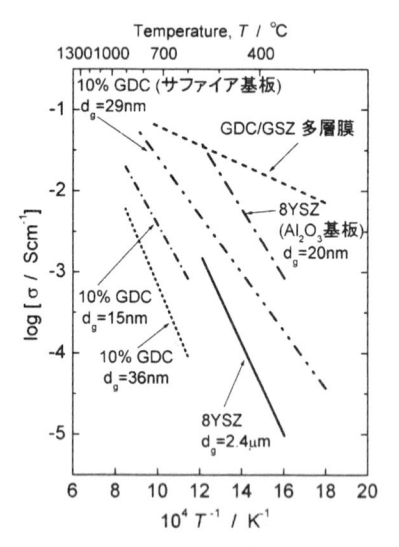

図1 YSZ，GDCナノ結晶からなる薄膜，バルク体の電気伝導度

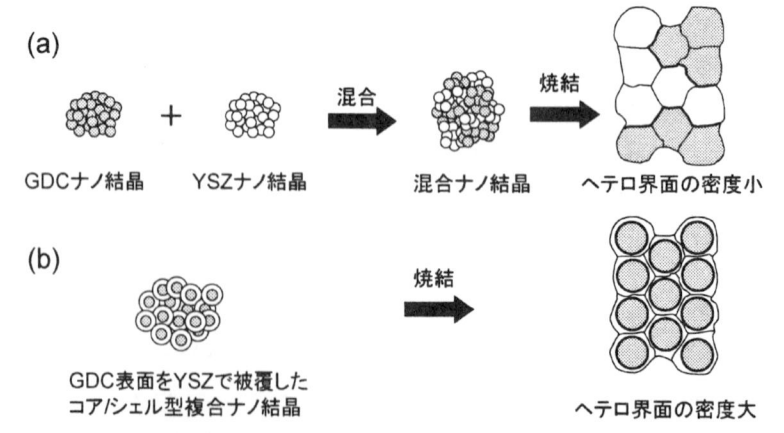

図2 ナノ結晶を出発原料としたパウダープロセスで作製される多結晶体中のヘテロ界面

第2章　コア／シェル複合構造を持つ単分散ナノ結晶の創製

2　コア／シェル型複合ナノ結晶の作製

　コア/シェル型の複合ナノ結晶は，コアとなるナノ結晶を種結晶としてその表面にシェルとなる結晶を成長し作製する。このような結晶成長を実際に行うにあたって，ナノ結晶一粒一粒を被覆するために種結晶となるナノ結晶はそれぞれが孤立した状態を保っていること，コアやシェルの各相は非晶質ではなく結晶として析出し，後の加熱など作製したコア/シェル構造を壊すような操作を必要としないことなどの条件を満たすプロセスが必要となる。ZrO_2やCeO_2をベースとしたナノ結晶は，通常水溶液を用いた沈殿法もしくはゾルゲル法により作製されるが，それらの方法では析出物はオキシ水酸化物や水酸化物となり結晶化には熱処理が必要となる。結晶化に伴う体積変化によりコア/シェル構造が壊れる心配があるので適した方法とはいえない。酸化物が直接析出するには，非水溶媒系でかつ主な生成物に水が含まれない反応を用いる必要がある。脱アルキルハライド法と呼ばれる非水溶媒系のゾルゲル法や酢酸塩などのカルボン酸塩を有機溶媒中で分解する方法がそれにあたる。著者らのグループではこれまでのところ，ZrO_2をベースとしたナノ結晶には脱アルキルハライド法で，CeO_2をベースとしたナノ結晶にはアセチルアセトナトの熱分解で作製している[7,8]。全体の反応式を次の式(1)，(2)に示す。

$$Zr(OCH(CH_3)_2)_4 + ZrCl_4 \rightarrow 2ZrO_2 + 4\,CH(CH_3)_2Cl \tag{1}$$

$$Ce^{III}(acac)_3 \rightarrow Ce^{IV}O_2 + xCO_2 + yH_2O \tag{2}$$

　アセチルアセトナトの熱分解では水を生成するが，この反応は200℃以上で行われるので実際上問題とならない。

　上記の反応を，アミノ基やカルボキシル基などの極性の強い官能基を有し界面活性剤として働く長鎖有機分子を含む高沸点の有機溶媒中で行うと，生成したナノ結晶の表面が界面活性剤分子により覆われ，ナノ結晶が一粒一粒解離・分散したコロイド溶液が得られる。コロイド溶液にメタノールなどの低級アルコールを添加すると，ナノ結晶は凝集し回収できる。回収されたナノ結晶粉末の表面は界面活性剤分子に覆われているので，有機溶媒中に再び分散でき，それらをシェルとなる物質の原料溶液に分散することで種結晶として使用できる。界面活性剤が結晶の表面を被覆すると，結晶の成長には界面活性剤の脱離が必要となり，成長速度は緩やかになる。そのため結晶サイズをnmのオーダーで精密に制御することも可能となる。反応は通常200～350℃程度で行うため，室温への冷却により直ちに反応を停止できるという利点もある。ZrO_2ナノ結晶へのY_2O_3のドーピングなど不純物のドーピングは，$Y(OCH(CH_3)_2)_3$あるいはYCl_3など溶解した原料溶液を用いればよい。図3に$Zr(OCH(CH_3)_2)_4$，$Y(OCH(CH_3)_2)_3$，$ZrCl_4$のオレイルアミン溶液を340℃で2時間反応後の生成物のXRDと格子定数を示す。図中のY含量はICP発光

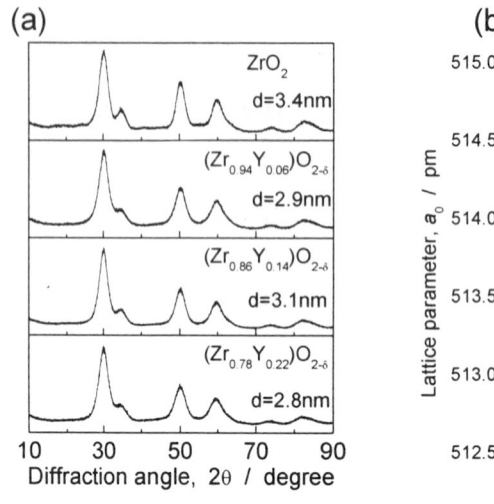

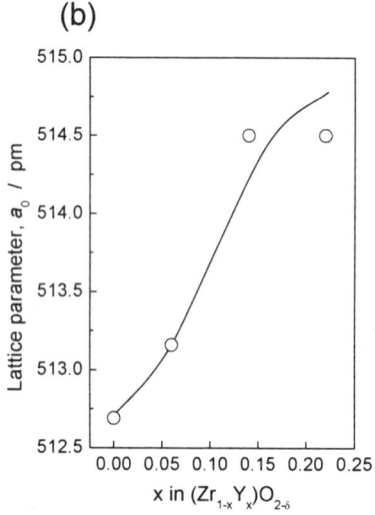

図3 YSZナノ結晶の(a)XRDパターンと(b)格子定数

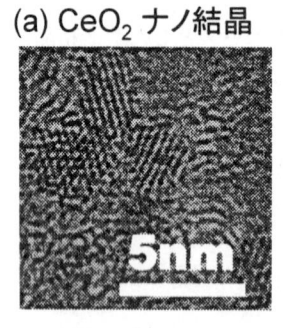

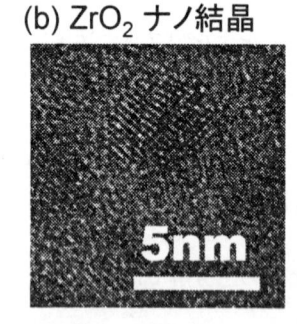

図4 (a)CeO$_2$および(b)ZrO$_2$ナノ結晶のHRTEM像

分析による分析値である。Y含量とともに格子定数が増大しており，ZrO$_2$中へのドーピングが進行していることを示している。高機能材料において不純物のドーピングは必須の技術であり，本プロセスはそれを達成することが比較的容易である。この利点はZrO$_2$，CeO$_2$系材料の開発にとどまらず，多方面に活用し展開していくべきものといえる。

前記の方法で作製されたZrO$_2$およびCeO$_2$ナノ結晶の高分解能透過電子顕微鏡像（HRTEM）と，X線小角散乱（SAXS）から求めた粒径分布を図4，5にそれぞれ示す。HRTEM像は得られたナノ粒子が良質のナノ単結晶であることを示している。SAXSの解析から得られた粒径分布は非常にシャープであり，単分散と表現できる粒径分布であることを示している。この方法の唯一ともいえる欠点は，一度の析出反応で例えば10nm以上の大きなナノ結晶を作製することは難しいことである。大きなナノ結晶を作製したい場合には，得られた結晶を種結晶として，その表面への析出・成長を繰り返すことで対応せざるを得ない。図6は，ZrO$_2$ナノ結晶を種結晶として分

第2章　コア／シェル複合構造を持つ単分散ナノ結晶の創製

図5　SAXSにより求めた，(a) CeO_2 および (b) ZrO_2 ナノ結晶の粒径分布

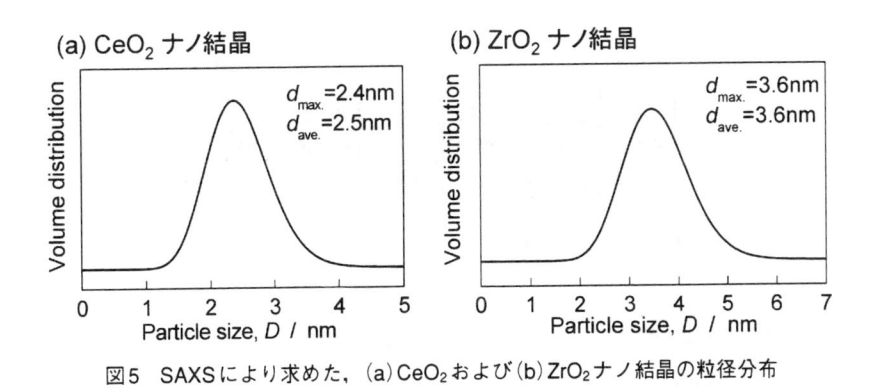

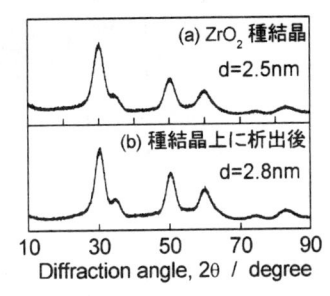

図6　繰り返し析出による ZrO_2 ナノ結晶の粒径増大のXRDによる観察
(a) 種結晶とした ZrO_2 ナノ結晶，(b) 種結晶上への ZrO_2 を成長処理後

散した ZrO_2 原料溶液の反応により得られた結晶のX線回折を示している。回折線の幅から算出した粒径は，反応の前後で2.5nmから2.8nmへと増大しており，そのような方法により粒径を増大させ得ることが見てとれる。

　コア/シェル型の複合ナノ結晶の作製に話題を進める。プロセスの概略は次のようになる。コアとなる CeO_2 ナノ結晶のコロイド溶液に低級アルコールを添加し，凝集させ回収する。回収された CeO_2 ナノ結晶を ZrO_2 ナノ結晶の原料溶液中に分散する。その後加熱により反応すると，CeO_2 ナノ結晶の表面に ZrO_2 が析出・成長し，コア/シェル型の CeO_2/ZrO_2 複合ナノ結晶となる。これらのプロセスを模式的に示したのが図7である。詳細は文献[7]を参照されたい。この一連の反応後の生成物のHRTEM像を図8に示す。種結晶の CeO_2，すなわちコアとなる CeO_2 ナノ結晶（図8(a)）は直径約2.4nmであるのに対し，ZrO_2 被覆処理後のそれは約4.8nmであった。被覆処理後の試料の平均組成は14at.％Ce-86at.％Zrであり，粒径2.4nmの CeO_2 表面を厚さ約1.0nmの ZrO_2 が被覆した組成となり，HRTEMによる観察とほぼ一致する。すなわち，生成物がコア/シェル型 CeO_2/ZrO_2 複合ナノ結晶であることを示している。

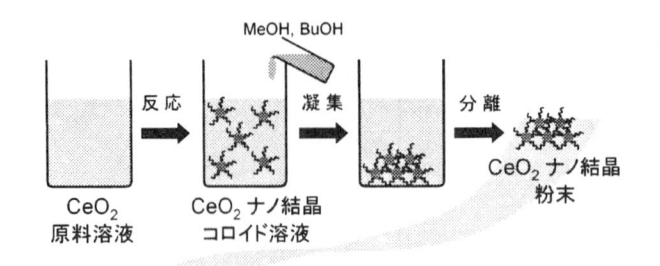

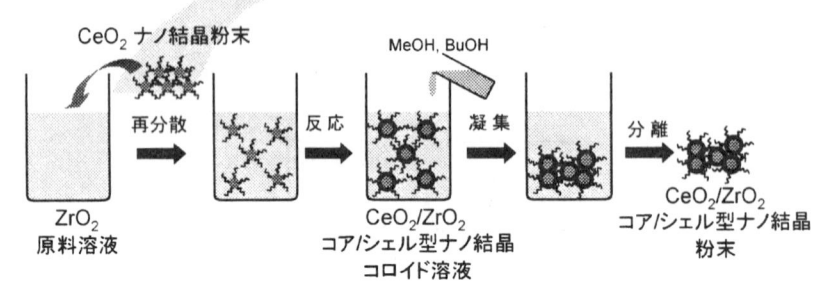

図7　コア/シェル型 CeO_2/ZrO_2 複合ナノ結晶の作製手順の模式図

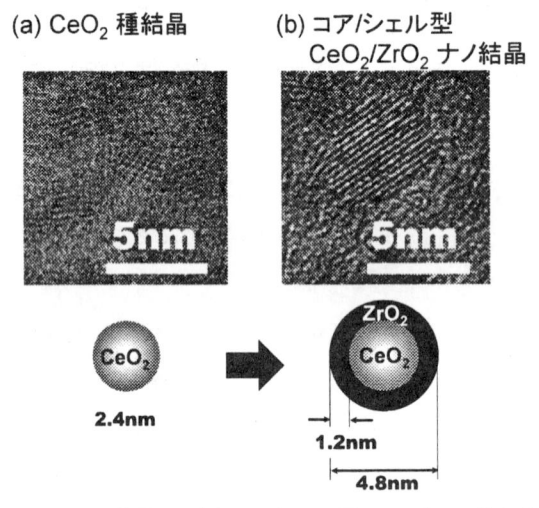

図8　(a) コアとした CeO_2 ナノ結晶と，(b) コア/シェル型 CeO_2/ZrO_2 複合ナノ結晶の HRTEM 像

3　複合ナノ結晶からバルク体へ

コア/シェル型複合ナノ結晶をイオニクス材料へと発展するにあたって，複合ナノ構造に作り込まれたヘテロ界面を保持したままバルク体を作製するための緻密化プロセスが重要となる。ここまでに紹介した CeO_2 と ZrO_2 やそれらに不純物をドーピングした物質のように結晶構造の類似した相互に固溶しやすい物質系の場合，高温での加熱はヘテロ界面の消失につながる。ヘテロ界

第2章　コア／シェル複合構造を持つ単分散ナノ結晶の創製

面を維持した緻密化は，比較的低温でごく短時間の処理で完結するプロセスで行わなければならない。ホットプレスやSPS（Spark Plasma Sintering）のような圧力を加えながらの焼結はその候補である[9, 10]。最近，CeO_2ナノ結晶の粉末を，超高圧下で粒成長なしに緻密化した例が報告された[11]。超高圧化では300℃程度の低温でも緻密化が進行し，理論密度の93％までの緻密化が達成されている。相互に固溶しやすい物質系の場合には特に，このような手法がヘテロ界面の維持に有効となるだろう。今後はこのような緻密化手法を用い，コア/シェル型複合ナノ結晶を出発としたバルク体を作製し，そのイオニクス特性の解明へと研究は展開されていく。

4　おわりに

コア/シェル型の複合ナノ結晶は，1つ1つの粒子にヘテロ界面が作り込まれたナノ粒子であり，界面が主役を果たす機能の発現に有効であることは疑う余地がない。それらが実用化の緒につくためには，ヘテロ界面を維持して緻密化するという当面の課題を如何に解決するかにかかっている。その課題が解決されると，真にナノメートルオーダーで混合されたコア/シェル型の複合ナノ結晶を，混合効果が主役となる種々の分野へと展開できると期待できる。

一方で，本稿で紹介した研究を行う過程から，コア/シェル型複合ナノ結晶の創製という所期の目的に加え，新たな展開も見えてきた。その起点は，本稿で紹介した方法によると数nmの良質ナノ単結晶が作製できることにある。イオニクス材料のナノ結晶はほとんどの場合水溶液法により作られており，その場合には得られるナノ粒子粉末が水酸化物やオキシ水酸化物であり，加熱による結晶化で粒成長し，得られる結晶は10nm以上の大きさのものであった。このため，10nm程度以下のナノ結晶のイオニクス特性は未だ解明されていない。数nmの良質ナノ単結晶が得られたことで，真のナノ領域におけるイオニクス特性，すなわち"True-Nanoionics"と呼べる研究にチャレンジする素地が作られたことになる。さらに，近年その発展が著しいナノ結晶のアッセンブル技術との組み合わせによる展開も視野に入ってきた。最近，ブロックコポリマーをテンプレートとしてアッセンブルしたメソポーラスCeO_2ナノ結晶なども報告されており[12]，アッセンブルによる高機能化への期待は高まる。例えば，数nmの固体電解質と金属のナノ結晶のアッセンブルによるメソポーラスサーメット電極（図9）の実現など楽しみは多い。イオニクス材料に限らずナノ科学，ナノ材料をこれまで牽引してきたのは，それらを作製する技術の進歩であった。作製技術の更なるブラッシュアップにより，ナノ領域の科学技術は次なるステージに導かれていくことを期待する。

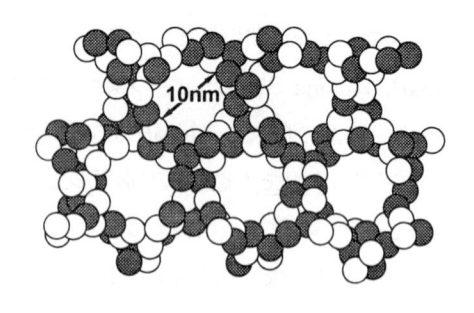

○ 固体電解質ナノ結晶　　● 金属ナノ結晶

図9　ナノ結晶をアッセンブルしたメソポーラスサーメット電極の模式図

謝辞

　本研究は文部科学省科学研究費補助金「特定領域研究：高温ナノイオニクスを基盤とするヘテロ界面制御フロンティア」および　ホソカワ粉体工学振興財団よりの研究助成により行われた。ここに謝意を表する。

文　　献

1) C. C. Liang, *J. Electrochem. Soc.*, **120**, 1289（1973）
2) N. Sata *et al., Nature*, **408**, 946（2000）
3) I. Kosacki *et al., Solid State Ionics*, **136-137**, 1225（2000）
4) T. Suzuki *et al., Solid State Ionics*, **151**, 111（2002）
5) J. L. M. Rupp and J. Gauckler, *Solid State Ionics*, **177**, 2513（2006）
6) S. Azad *et al., Appl. Phys. Lett.*, **86**, 131906（2005）
7) T. Omata *et al., J. Electrochem. Soc.*, **153**, A2269（2006）
8) T. Omata *et al.*, Proc. 16th Iketani Conference Masuko Symposium, 75-82（2006）
9) Q. Li, T. Xia *et al., Mater. Sci. Eng. B*, **138**, 78（2007）
10) U. Anselmi-Tambrini *et al., Scripta Mater.*, **54**, 823（2006）
11) 高村仁ほか，第32回固体イオニクス討論会講演要旨集，p. 142（2006）
12) A. S. Deshpande *et al., Small*, **1**, 313（2005）

第3章　固体酸化物形燃料電池における高温反応場界面形成の科学

菊地隆司*

1　はじめに

　固体酸化物形燃料電池（SOFC）は，高温作動のため種々の燃料を用いて発電が可能で，他の熱機関との複合化により高効率発電が可能であるという特長を持つ。一方で，高温作動であるがゆえに構成材料が限られており，特に，高温発電下においては構成材料の凝集や材料間の反応が起こりやすく，セルの信頼性・耐久性の向上のためには，反応場である電極および電極／電解質界面の制御は重要な課題である。これら接合界面の制御や反応場形成過程の理解は，信頼性・耐久性向上のみならず，性能向上や機能発現の面からも重要である。電極／電解質界面は，一般に金属とイオン伝導性酸化物，あるいは酸化物電極触媒と酸化物電解質など異種物質を物理的に接合して作製され，マイクロメートルオーダーの粒子が接合した微構造を有している。SOFCの発電デバイスとしての性能は，この界面における触媒作用や数原子単位の距離の物質移動・電荷移動によるところが大きく，界面近傍の数原子レベルの微小領域における，化学反応や構造変化が燃料電池の性能を決定するのに重要な鍵を握っている。例えば，電極を構成する金属をナノサイズ化し混合伝導体上に高分散させることにより，電極活性が飛躍的に向上することが報告されている[1,2]。これは電極反応場である三相界面の拡大と関連づけて説明されることが多いが，三相界面拡大の効果よりもさらに大きな性能向上がみられることも報告されている。この理由として，電極を構成するナノサイズの金属粒子と混合伝導体の接合により，金属粒子表面の電子状態が改変され，反応活性が大きく変化したことが考えられるが，このような観点からの検討は十分にはまだなされていない。また，構成材料間の反応を防ぐ目的で電極と電解質との間に混合伝導体を中間層として挿入すると電極活性が大きく向上することや[3,4]，混合伝導体コンポジット電極材料では界面導電率が数十倍向上すること[5]，電解質のイオン伝導度が電極活性に大きく影響すること[6]が報告されている。本稿では，SOFCの電極および電極／電解質界面にかかわる現象として，特に通電効果として知られている，通電による構成材料および界面状態の変化が電池性能に影響を与える現象の発現過程について，電極／電解質接合界面，電極内の電子・イオン導電体の

＊　Ryuji Kikuchi　京都大学　大学院工学研究科　物質エネルギー化学専攻　准教授

接合界面，および電極表面構造変化に着目して展開してきた研究について紹介する。

2 通電効果

　通電効果とは，発電時にセルに電流が流れることにより特性が改善する効果であり，発電性能および長期安定性に大きな影響をおよぼすことが知られている。通電効果は発電装置の規模に依らず，実験室レベルの小さなセルから，大規模な実セルやセルスタックでもみられる現象である。一般に，通電開始初期の数十時間から数百時間の通電で発電特性が向上し，特性は安定するが，発電条件・セル構成によっては電極抵抗が増大し性能の低下が見られる場合もある。通電効果の要因には諸説あり，電極の変化としては，電極微構造変化，電極結晶粒成長と多孔度の変化，電極表面組成変化等があげられ，電極・電解質界面の変化としては，界面接触抵抗の低減，各層間における不純物相の形成および分解，電極および電解質構成元素の相互拡散等があげられる。諸説ある中で，空気極／電解質界面における不純物相の生成および分解，空気極微構造の変化による三相界面の拡大，および空気極表面組成の変化に起因する酸素還元反応の活性化を通電効果の要因とする報告が多い。Ivers-Tifféeらは，燃料極にNi-YSZ（イットリア安定化ジルコニア），電解質にYSZ，空気極に（La, Sr）MnO_3（LSM）を用いた一般的な構成のSOFCスタックで通電効果を観察しており，端子電圧が600 mV以上，空気極の過電圧が350 mV未満となるように一定電流を流すことで，セルスタックの発電性能が向上し，10時間程度で性能がほぼ一定になることを報告している[7]。通電効果は空気極側での特性改善によるところが大きく，この通電効果の要因として，焼成時に空気極／電解質界面に生成した低導電率の不純物相$La_2Zr_2O_7$が通電により分解し性能が向上すること，空気極の三相界面近傍の微構造が変化することをあげている。一方，高電流密度の通電で空気極の過電圧が大きくなる条件では，通電により空気極／電解質界面に気孔と共に$La_2Zr_2O_7$が生成し，最終的に空気極層が剥離し著しく性能が劣化するという報告がある[8]。また，JiangとLoveは，Ptを対極，YSZを電解質，LSMを作用極とするセルを構成し，通電によりLSM表面のMnOx種，SrOが減少し，酸素還元反応活性が向上するために，発電性能が向上するとしている[9]。Baumannらは，空気極材料として$La_{0.6}Sr_{0.4}Co_{0.8}Fe_{0.2}O_\delta$（LSCF）を用いてスポット電極を形成し，電解質にYSZ，対極にAgを用いて，通電によるLSCF表面組成の変化をXPSにより分析した[10]。空気極での電圧降下が1 Vを超えるような強い分極状態を数分間保持することにより，LSCF最表面のSrおよびCoが増加，LaおよびFeが減少，電極表面での酸素交換反応が活性化され，発電性能が向上するとしている。しかし，この通電による性能向上は可逆的で数時間後には元に戻るとしている。このような可逆的な挙動はChenらもLSMについて報告しており，LSM中のMnの還元と酸化に起因するとしている[11]。

第3章　固体酸化物形燃料電池における高温反応場界面形成の科学

このように，これまで報告されている通電効果は，空気極および空気極／電解質界面に起因し，その現れる時間スケールも様々である。われわれも，空気極／電解質界面および空気極表面の変化いずれもが通電効果に関連しており，それぞれ時間スケールの異なる現象であることをこれまでに見いだしている。比較的短時間でみられる通電による性能向上（活性化）は可逆的であり，一方，長時間の通電でみられる活性化過程は不可逆的である。特に，空気極の活性化現象には振動現象が見られ，空気極―参照極間の電位差がある一定値以上になると現れ，測定雰囲気の酸素分圧に依存することを初めて見いだした。以下に詳細をまとめる。

3　実験方法

燃料極にNi-ScSZ（スカンジウム安定化ジルコニア）を，空気極に$La_{0.6}Sr_{0.4}MnO_3$（LSM）を，電解質にScSZを用いた。それぞれの電極材料粉末にバインダーを加えペースト状にし，ScSZ円板に塗布した後，所定の温度で焼成することにより，多孔質電極を調製した。発電時には，図1に示すように発電装置にセルをセットし，燃料極側には0℃で加湿した水素を，空気極側には酸素を供給し，発電試験を行った。所定の温度において200 mA cm^{-2}の定電流を流し，端子電圧の経時変化および発電前後でのインピーダンス測定を行い，通電による特性変化を調べた。また空気極／電解質および空気極における通電効果を調べるために，対極と参照極にPt，作用極にLSM，電解質にYSZを用いたセルを作製した。LSMの焼成条件は

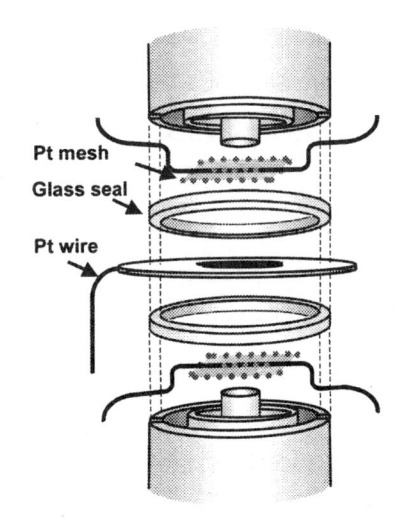

図1　発電装置図

1150℃で5時間とした。このセルに電流をカソーディックおよびアノーディックに流し，種々の酸素分圧下で端子電圧の経時変化を観察し，インピーダンス測定により，通電による発電特性の変化を調べた。

4　不可逆的な活性化過程

図2に燃料極にNi-ScSZ，電解質にScSZ，空気極にLSMを用い，定電流通電前の発電初期，および定電流を通電した後での電流電圧特性を示す。800℃で200 mA cm^{-2}の電流密度で24時間通電することにより，電流電圧特性が向上した。さらに24時間（合計48時間）通電しても，

ほとんど電流電圧特性は変化しなかった。通電による電流電圧特性曲線の変化は，特に開回路近傍で大きく現れており，またオーミックな抵抗は大きく変化していないことから，通電により電極反応過電圧が大きく減少したものと考えられる。また，図3に示すように，通電前後に開回路状態で測定したインピーダンスでは，燃料極側のインピーダンスはほとんど変化していなかったのに対し，空気極側のインピーダンスが大きく低減していた。したがって，空気極および空気極／電解質界面での変化が，発電特性の向上に関連していることが分かる。インピーダンスから見積もられるオーミックな抵抗成分は，通電前後でわずかに減少するもののほとんど変化せず，またLSM／ScSZ界面のEDXによる元素分析や，LSM／YSZ界面のXPS分析結果では，界面における元素分布の大きな変化や，界面近傍での各元素の価数にほとんど違いは見られなかった。より高い空間分解能を持つ機器分析を用いて，通電による界面構造変化と性能向上の関連を明らかにすることが必要であるが，長時間の通電で空気極の過電圧が大きく低減した理由の一つは，通電により空気極の微構造が変化し，反応サイトが増加したことが考えられる[7, 11]。

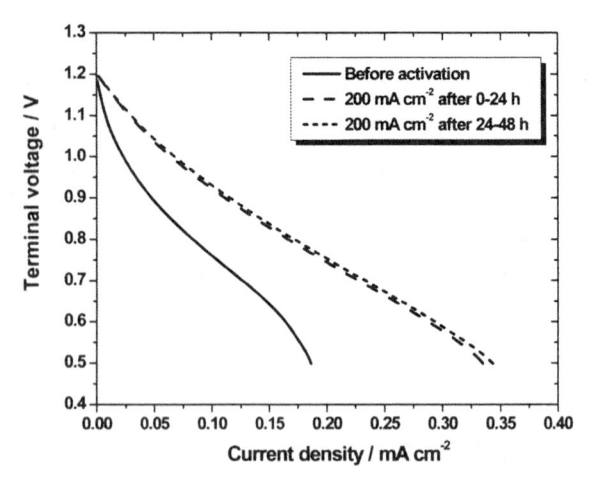

図2 電流密度200 mA cm^{-2}での通電による電流電圧特性の変化
セル：Ni-ScSZ／ScSZ／LSM，発電温度：800℃，燃料極供給ガス：0.6％H_2O／H_2，空気極供給ガス：O_2

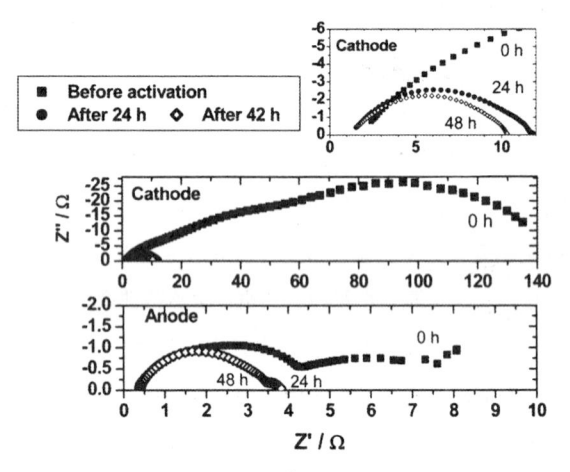

図3 電流密度200 mA cm^{-2}での通電によるインピーダンスの変化
セル：Ni-ScSZ／ScSZ／LSM，発電温度：800℃，燃料極供給ガス：0.6％H_2O／H_2，空気極供給ガス：O_2

5 可逆的な活性化過程

次に,LSM/YSZ/Ptに空気中850℃において25 mA cm^{-2}の電流密度でカソーディックに電流を通じたときの端子電圧の経時変化およびインピーダンスの変化を図4に示す。この測定では,空気中で一定の電流密度で60分間カソーディックに通電したあと,電流をとめた状態でインピーダンスを測定し,再度通電するというサイクルを繰り返した。通電開始後120分まではインピーダンスは一様に減少し,性能が向上することがわかる。しかしさらに通電し180分経過後にはインピーダンスは逆に増加した。通電時の端子電圧は周期的に振動し,120分までは時間の経過に伴って振幅と周期が大きくなる傾向が見られた。3回目のサイクルでは,初期に同様に端子電圧の振動が見られたが,途中から端子電圧が一定になった。カソーディックな通電処理を180分間おこなった後(3サイクル終了後)のセルに,逆方向にアノーディックに通電したときのインピーダンスの変化を測定した。結果を図5に示す。アノーディックな通電処理は,カソーディックな通電処理の時と同様に空気中850℃において25 mA cm^{-2}の電流密度でおこなった。30分間のアノーディックな通電によりインピーダンスは減少し,カソーディックな通電処理60分後のインピーダンス(図4(a))とほぼ同等の大きさとなった。これは,カソーディックな通電によりいったん劣化した特性が,アノーディックな通電により回復すると

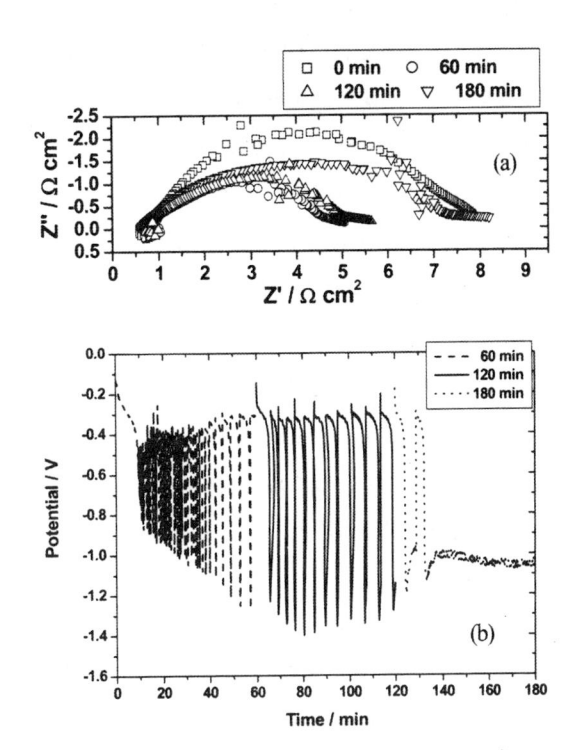

図4 (a)空気中850℃,電流密度25 mA cm^{-2}でのカソーディックな通電によるインピーダンスの変化および(b)通電時のLSM一参照極間の端子電圧の経時変化

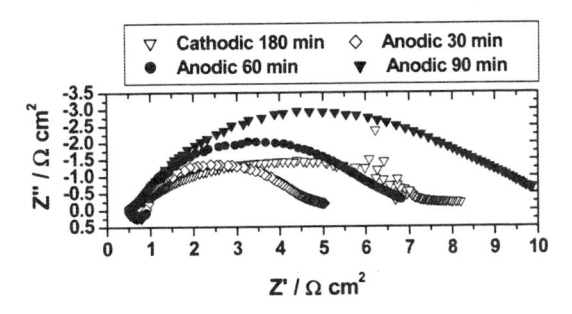

図5 空気中850℃,電流密度25 mA cm^{-2}でのカソーディックな通電後にアノーディックに通電したときのインピーダンスの時間変化

いう可逆的な挙動を示していると考えられる。しかし，さらにアノーディックに通電するとインピーダンスが増大し，90分経過後にはアノーディックな通電開始時よりもインピーダンスは増加し，性能が低下した。Chenらは同様のセル構成で通電の効果を検討しており，カソーディックまたはアノーディックな分極による可逆的な挙動を報告している[11]。彼らは通電によりLSM中のMnイオンの部分的な還元と酸化が起こることによる酸素欠陥の生成および消滅と，可逆的な挙動の関連を示唆しているが，空気極の微構造変化も同時に起きているため，彼らの試験では両方の効果が現れているものと考えられる。

LSM/YSZ/Ptにカソーディックに電流を通じたときの端子電圧の振動現象と酸素分圧の関係を図6に示す。850℃において酸素分圧が0.21 atmで300 mA cm^{-2}の電流密度でカソーディックに通電した場合には，図4(b)で見られたように，端子電圧の振動が見られた。引き続き，酸素分圧を1 atmまであげると端子電圧の振動は消

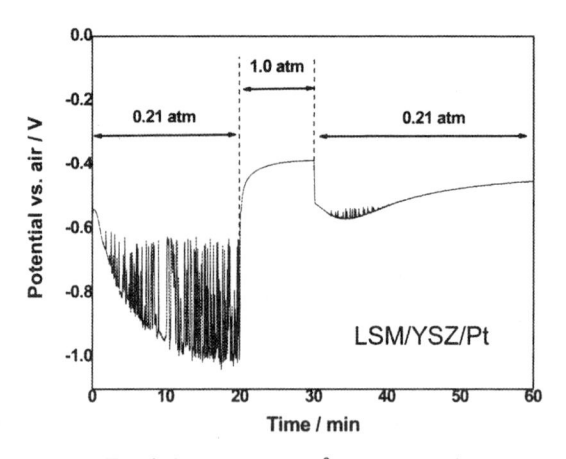

図6 電流密度300 mA cm^{-2}でのカソーディックな通電時の，種々の酸素分圧下でのLSM―参照極間の端子電圧の経時変化

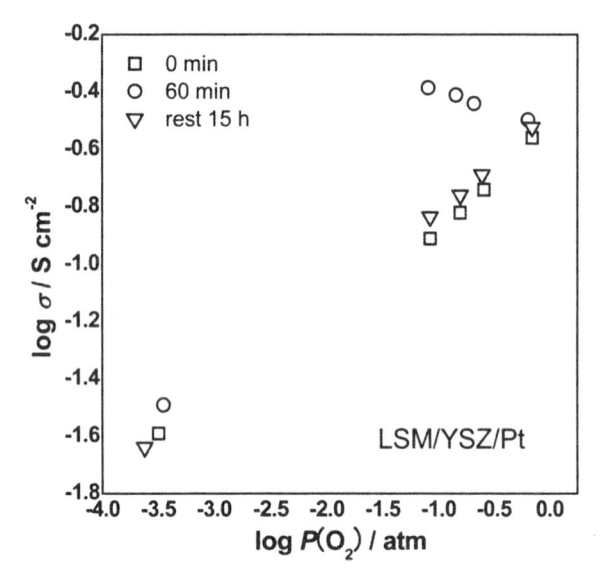

図7 LSM/YSZ間の界面導電率と酸素分圧の関係

失し，一定の値となった。これは酸素分圧が高いと，十分な酸素が三相界面に供給されるため，カソーディックな通電でのMnの部分的な還元が阻止されるためであると考える。一方，酸素分圧が低い状態では，酸素の供給が不十分で，カソーディックな電流を通じた状態で，部分的なMnの還元と酸化が繰り返されるため，端子電圧が振動したものと考える。高酸素分圧雰囲気のあと，再度酸素分圧の低い条件にさらしても端子電圧の振動は見られなかった。

種々の酸素分圧下で，60分間カソーディックに電流を通じる前と後，および通電後同一の酸

第3章　固体酸化物形燃料電池における高温反応場界面形成の科学

素分圧下に15時間保持した後に，開回路状態でインピーダンスを測定し，界面導電率を求めた。結果を図7に示す。界面導電率は酸素分圧依存性を示し，いずれの酸素分圧でも60分間の通電により通電直後は界面導電率が向上し，性能が向上した。次に電流を止め同一の雰囲気で15時間保持すると，界面導電率は低下し，通電前の値に戻るという可逆的な挙動を示した。したがって，60分程度の短い時間で起きる通電効果は，LSMの酸素不定比性と強く関連しており，また，可逆的な挙動を示すことから，空気極の微構造変化のような不可逆的な要因を含まない現象であると考えられる。

6　おわりに

SOFCにおける通電効果を検討した。通電による性能向上（活性化）には空気極／電解質界面および空気極の変化いずれもが関連しており，それぞれ時間スケールの異なる現象であることを明らかにした。空気極／電解質界面に起因する通電効果は長時間の通電後に現れる不可逆な過程であり，一方，空気極の活性化は短時間の通電で現れ，電流を止めると性能が通電前の状態に戻り，またカソーディック—アノーディックと電流の向きを変えると性能向上・低下と作用する方向が切り替わる可逆性がみられた。また，空気極活性化に関連した通電効果では，参照極—空気極間の端子電圧の振動を経て活性化がみられ，この振動現象が見られる参照極—空気極間電位差は測定雰囲気の酸素分圧に依存することを初めて見いだした。発電特性は，このような振動現象を伴い向上することから，今後活性な状態が発現する機構と活性な維持される条件を明確にすることにより，SOFCの発電特性および耐久性の更なる向上に寄与するものと期待している。

文　　献

1) H. Uchida, N. Mochizuki, and M. Watanabe, *J. Electrochem. Soc.*, **143**, 1700-1704（1996）
2) S. Suzuki, H. Uchida, M. Watanabe, *Solid State Ionics*, **177**, 359-365（2006）
3) Y. Matsuzaki and I. Yasuda, *Solid State Ionics*, **152-153**, 463-468（2002）
4) R. Kikuchi, M. Futamura, T. Matsui, K. Eguchi, J. Kugai, K. Furusho, M. Shimomura, and K. Hata, In：S. C. Singhal and J. Mizusaki, Eds., Proc. 9th Int. Symp. Solid Oxide Fuel Cells, Electrochem. Soc. Proc. Series PV vol. 2005-07, The Electrochemical Society, Pennington, NJ（2005），1674-1683
5) E. P. Murray, M. J. Sever, and S. A. Barnett, *Solid State Ionics*, **148**, 27-34（2002）
6) H. Uchida, M. Sugimoto, and M. Watanabe, In：H. Yokokawa and S. C. Singhal, Eds.,

Proc. 7th Int. Symp. Solid Oxide Fuel Cells, Electrochem. Soc. Proc. Series PV vol. 2001-16, The Electrochemical Society, Pennington, NJ (2001), 653-661
7) E. Ivers-Tiffée, A. Weber, K. Schmid, and V. Krebs, *Solid State Ionics*, **174**, 223-232 (2004)
8) M. Heneka and E. Ivers-Tiffee, In : S. C. Singhal and J. Mizusaki, Eds., Proc. 9th Int. Symp. Solid Oxide Fuel Cells, Electrochem. Soc. Proc. Series PV vol. 2005-07, The Electrochemical Society, Pennington, NJ (2005), 534-543
9) S. P. Jiang and J. G. Love, *Solid State Ionics*, **138**, 17-28 (2001)
10) F. S. Baumann, J. Fleig, M. Konuma, U. Starke, H.-U. Habermeier, and J. Maier, *J. Electrochem. Soc.*, **152**, A2074-A2079 (2005)
11) X. J. Chen, K. A. Khor, and S. H. Chen, *Solid State Ionics*, **167**, 379-387 (2004)

第4章 新規酸素イオン伝導体のナノ薄膜を用いる超低温作動型SOFCの開発

石原達己*

1 はじめに

　現在，地球温暖化現象の抑制を目的として，京都議定書に基づき，議長国であるわが国は現状から10％を超えるCO_2の排出量の抑制が要求されており，新しい省エネルギー技術の開発への期待が高まっている。このような動きの中で，燃料電池技術が注目され，その実用化に向けた取り組みが，精力的に行われている。現在，実用化を目前として注目されているのは電解質にナフィオンなどのH^+伝導性ポリマーを用いたセルである。このポリマー電解質型燃料電池（PEFC）では作動温度が室温から80℃程度と低く，起動に時間を要さず，出力密度が高いことから注目されているが，電解質の加湿の制御を厳しく行わないと電解質が劣化しやすいことに加え，燃料としてCOを含まない水素しか用いることができないことや，高価なPtを大量に使用する必要があることなどから，実用化を前に克服しなくてはいけない多くの課題が依然として存在するのが現状である。PEFCでは高い変換効率の得られる，理論起電力に近い電圧域では電流密度が低く，一般的には出力の得られる端子電圧の低い領域を用いてセルを運転することから，エネルギー変換効率は40％以下と低くなる。これに対し，電解質に酸化物を用いる酸化物固体電解質燃料電池（SOFC）は，電解質に金属酸化物を用いることから化学的な安定性に優れ，作動温度が高くなるので，電極にNiなどの安価な金属を用いることができ，かつ理論起電力に近い高い電位領域での作動が可能なので，エネルギー変換効率が高いという特長があり，また，燃料の制約が無く，炭化水素を始め，多様な燃料を用いることができるという特長がある[1]。このようにSOFCは多くの特長があるので，燃料電池の中では最も実用化が期待される燃料電池ではあるが，現在までに，電解質に用いられてきたY_2O_3安定化ZrO_2のイオン伝導度が十分高くないことから，作動温度が1000℃と高く，材料学的な制約から開発が大きく遅れていた。しかし，ここ数年，新しい材料やシールを用いないセルの開発が行われるに従い，その実用化が目前に迫ってきている。とくに，作動温度を低温化することで，従来になく新しいSOFCの構造や応用が可能となっており，その魅力が再確認されるようになってきた。一方で，イオン伝導性材料においてはナノサイ

＊　Tatsumi Ishihara　九州大学　大学院工学研究院　応用化学部門　教授

ズ効果により,バルクでは得られない大きなイオン伝導が発現する可能性が指摘され,ナノサイズ効果を利用した新規な電気化学デバイスの創出が期待されている。

本稿では,SOFCの開発の現状を紹介するとともに,現在,筆者たちが進めているナノサイズ効果による酸素イオン伝導性の向上とこれを利用した,500℃程度でも作動可能なSOFCの開発の現状を紹介する。

2 低温作動型SOFC開発の現状

SOFCの電解質としては現在,主に酸素イオン伝導体が用いられている。図1にはSOFCの電解質としてよく検討されている代表的な電解質材料の酸素イオン伝導度の比較を示した[1]。現在までに,SOFCの電解質としては長い歴史を有する安定化ZrO_2が最も一般的に使用されている。燃料電池の作動温度としては,通常の数10μm程度の電解質を用いるのであれば,電解質の伝導度が$\log(\sigma/\text{Scm}^{-1}) = -1$に到達する温度と考えてだいたいよく,図1からYSZを電解質としたセルでは作動温度は1000℃程度となる。実際に,YSZを用いたセルではSiemens-Westinghouse社および三菱重工のセルでは作動温度は約1000℃である。Siemens-Westinghouse社は円筒型デザインを採用することで,高温で課題となるガスのシールを不要とし,現在,SOFC本体で180kWのユニットの開発に成功し,ガスタービンで排熱を回収することで,トータル220kWの発電システムの開発に成功している。

一方,近年,作動温度を低温化した中温作動型SOFCの開発が加速している。SOFCの作動温度を低温化するには,低温まで優れたイオン伝導性を有する電解質材料が必要である。この点で,低温作動可能なSOFCの開発は新規電解質を用いる研究と前述したYSZの薄膜を用いる研究に分類される。YSZの薄膜を用いる研究では酸素イオン伝導性に劣るYSZを数μmレベルの薄膜を作成し,これを用いて燃料電池の作動温度の低下を図るものである。この方式でのセルの開発にはいくつかの製膜方法が検討されているが,コロイダ

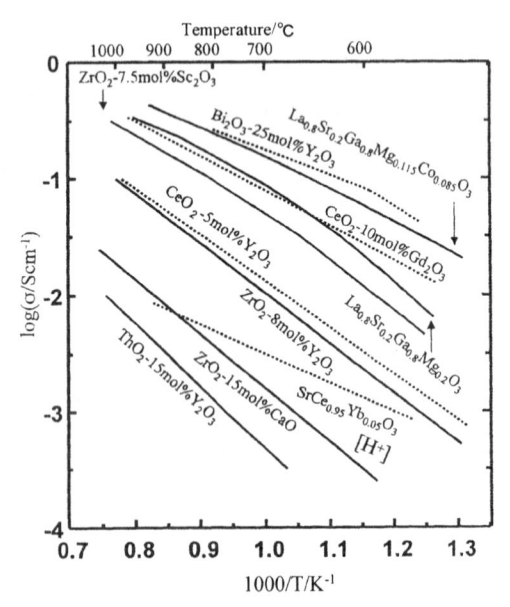

図1 SOFCの電解質としてよく検討されている代表的な電解質材料の酸素イオン伝導度の比較

第4章 新規酸素イオン伝導体のナノ薄膜を用いる超低温作動型SOFCの開発

ルスプレー方式を用いて,Virkarらは低温でも大きな出力を有するセルの開発に成功している[2]。一方,Julich研究所は真空スリップキャスト法を用いて,低温まで大きな出力を有するセルの開発を行っている。これに対し,General Electric社のMinhらはカレンダーロール方式を用いて厚さ$7\mu m$のYSZ膜を作成し,700℃でも700mW/cm^2という大きな出力密度を達成しており,現在,スタッキング化が検討されている[3]。また,京セラは1kWの据え置き型発電システムを試作し,実証試験を開始した[4]。このように本質的に酸素イオン伝導に劣るYSZではあるが,良質な数μm程度の薄膜を作成することができれば,低温まで大きな出力を有するセルを開発することができるので,700℃程度の温度での作動を目的にSOFCへの応用が検討されている。今後,長期的な安定性と量産性が確保されるならば,興味ある展開になるかもしれない。

さらに低温で作動可能なセルの開発を目的に,CeO_2系および筆者らが開発した$LaGaO_3$系電解質を用いるSOFCの検討も進んでいる。CeO_2系酸化物は耐還元性に問題があったが,作動温度が低下するに従い電子伝導が発現しなくなるので,酸素イオン伝導が広い酸素分圧下で維持されるようになり,燃料電池の電解質への応用が可能となる。とくにCeO_2薄膜を電解質としたセルでは,英国のベンチャー企業であるCERES Powerが開発した金属基板上に製膜したセルが注目されるが,現状では単セルでは優れた発電性能が得られるが,セルスタックは,まだ,十分その特長が発現できていない。一方,三菱マテリアルと関西電力は$LaGaO_3$系酸化物の自己支持板を電解質とする平板型セルの開発を行っている。このセルでは平板型SOFCで課題となるガスシールを不要としたセルであり,750℃程度でも作動が可能で,現在,図2に示すような10kWのモジュールの開発まで成功している。電解質抵抗が小さいので,自己支持膜型であるにもかかわらず,60%(LHV)近い,高いエネルギー変換効率の達成が報告されている。

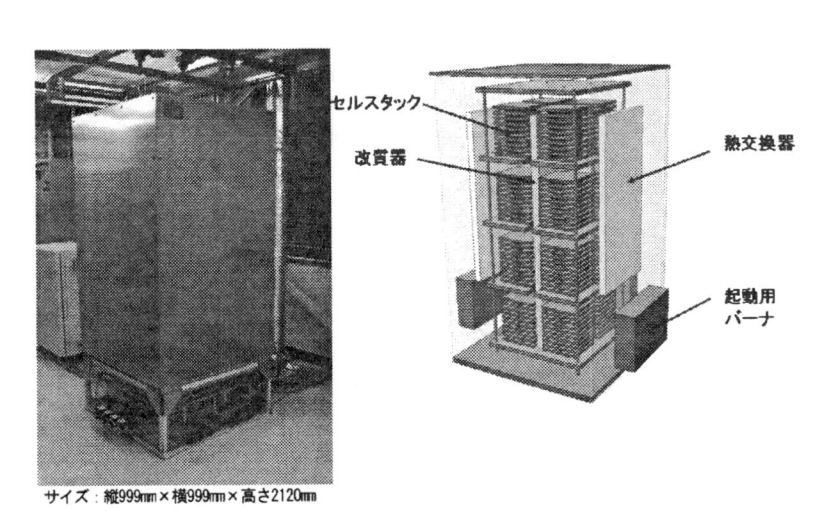

サイズ:縦999mm×横999mm×高さ2120mm

図2 $LaGaO_3$を用いた10kWの発電モジュール

以上のように中温作動型SOFCが開発されるようになり、材料的な制約が少なくなるとともにSOFCの優れた多くの特長が再認識されるようになり、実用化が加速されてきたが、作動温度は依然として700℃以上であり、まだ、起動に大きなエネルギーを要するとともに、長時間が必要であり、さらに低温で作動が可能なセルの開発が求められている。

3 酸素イオン伝導体におけるナノイオニクス効果

電子やホールなどの電子的キャリアーでは移動度が大きく、数nm程度の大きなDebay長を有することから、半導体ではナノサイズレベルで観測される種々の興味ある現象が報告されてきた。近年、イオン伝導体においてもナノサイズ効果が現れることが報告され、注目されている[5]。酸素イオン伝導体におけるナノサイズ効果はY_2O_3安定化ZrO_2において、Kosackyらが最初に報告した[6]。Kosackyらの結果は誤差が多いものの、伝導度が粒子サイズの低下とともに向上し、伝導に必要な見かけの活性化エネルギーは低下するという興味ある現象を見出した。その後、KimらもCeO_2について詳細な粒子サイズの検討を行い、粒子サイズが小さくなるほど、酸素イオン伝導度は低下するというナノイオニクス効果を報告した[7]。従来の常識では固体中でのイオンの移動度はきわめて遅いので、イオン伝導に対するDeby長は0.1nm以下と考えられており、イオン伝導ではナノサイズ効果は発現しないと考えられていたので、これらの報告は極めて興味ある結果である。一方、近年ThevuthasanらはCeO_2とZrO_2からなる積層膜ではナノサイズの薄膜の相互積層により、酸素イオン伝導が向上することを報告している。積層数の増加とともに伝導度は増加し、図3に示すように10層程度積層した際に最も大きな酸素イオン伝導が発現するという興味ある現象を報告している[8]。このような伝導度の向上は、積層膜の界面での刃状転移によると考察しているが、いずれにしても興味ある現象である。

筆者たちもナノレベルの薄膜化が酸素イオン伝導に及ぼす影響を検討してきた[9]。La_2GeO_5系酸化物はLaとOからなる結晶面をGeO_4とLaと酸素からなる結晶面が積層した構造からなる複合酸化物で、Laを欠損させることで、酸素欠陥が導入され、酸素イオン伝導を示すようになる。700℃以上の高温では$LaGaO_3$に匹敵する酸素イオン

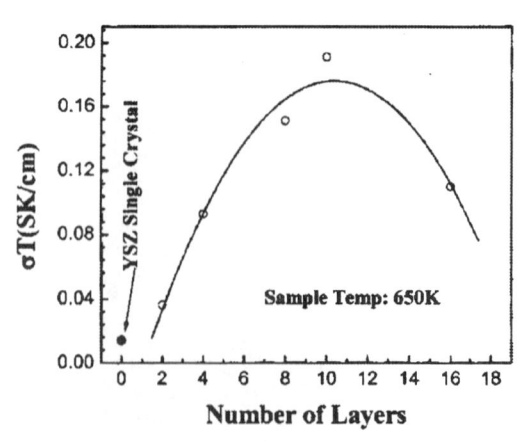

図3 CeO_2とZrO_2からなるナノ積層膜の650Kの酸素イオン伝導度の相互積層数依存性

第4章　新規酸素イオン伝導体のナノ薄膜を用いる超低温作動型SOFCの開発

伝導を示すものの，700℃以下の低温結晶相は酸素が会合し，大きな伝導に必要な活性化エネルギーを示し，酸素イオン伝導度の低下が著しい。結晶構造から考えるとこの材料は大きな酸素伝導の非対象性を有し，結晶の方位を制御することで，さらに大きな酸素イオン伝導の発現が期待できる。

そこで，新規酸素イオン伝導体であるLa$_2$GeO$_5$系酸化物の薄膜化が伝導度に及ぼす影響を検討した。図4には異なる膜厚のLa$_{1.61}$GeO$_5$の伝導度のアレニウスプロットを示す。図に示すようにバルク材料で認められた700℃付近での大きな伝導度の折れ曲がりは薄膜化により大きく変化した。すなわち高温での伝導度は向上しないものの，低温での伝導度が大きく向上した。これは高温での結晶相が安定化したか，低温で会合した酸素が開放され，移動できるようになったためと考えている。そこで，伝導度に及ぼす膜厚の影響をさらに詳細に検討した。図4に示すように700℃以上の高温では伝導度は薄膜化によらず，一定であったが，低温相では伝導度は膜厚の低下とともに向上することがわかった。そこで，図5には600℃における窒素中の伝導度の膜厚依存性を示した。多結晶Al$_2$O$_3$基板では，伝導度は膜厚の低下とともに向上するが，50nm以下では伝導度は膜厚に依存せず，ほぼ一定となった。そこで，ナノレベル化により，酸素イオン伝導度は向上することがわかった。これは，薄膜化による，La$_2$GeO$_5$系酸化物に表面緩和現像に伴う，残留応力による格子欠陥の導入および移動度の向上によると推定している。一方，数10nm以下の薄膜化では伝導度はむしろ低下する傾向にある。これは用いた基板の表面の平滑性が不十分であるためと推定される。そこで，表面を鏡面研磨した単結晶サファイヤ基板を用いて，25nm程度の薄膜を作成した。その結果，図5中に示すように，25nmのLa$_2$GeO$_5$系酸化物薄膜の伝導度は，多結晶Al$_2$O$_3$基板上に作成した薄膜の伝導度の膜厚依存性の延長線上にあり，

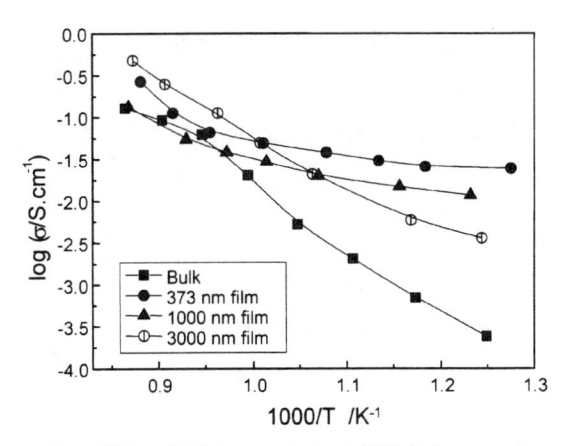

図4　異なる膜厚のLa$_{1.61}$GeO$_5$の伝導度のアレニウスプロット

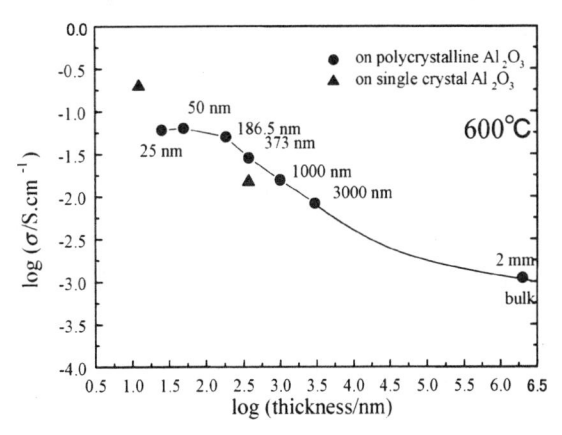

図5　600℃における窒素中のLa$_{1.61}$GeO$_5$の伝導度の膜厚依存性

期待したように薄膜化により，伝導度はさらに向上するものと推定される。25nmの膜厚のLa_2GeO_5系酸化物薄膜の600℃の伝導度はバルクの伝導度に比べると2桁程度という非常に大きな向上が認められ，ナノサイズ効果はLa_2GeO_5系酸化物には大きな影響があり，低温での伝導度の向上に有効であることがわかった。低温での電荷担体について，さらに詳細に検討した。伝導度が広い範囲で酸素分圧に依存しないこと，および^{18}Oによる酸素拡散が高速で行われることから伝導種は酸素イオンであり，薄膜化により酸素イオン伝導度が向上できることがわかった。ほぼ同じような効果がペロブスカイト型酸化物の$LaGaO_3$においても発現することを確認しており，酸素イオン伝導においてはナノサイズ効果は正の効果を発現すると考えられる。

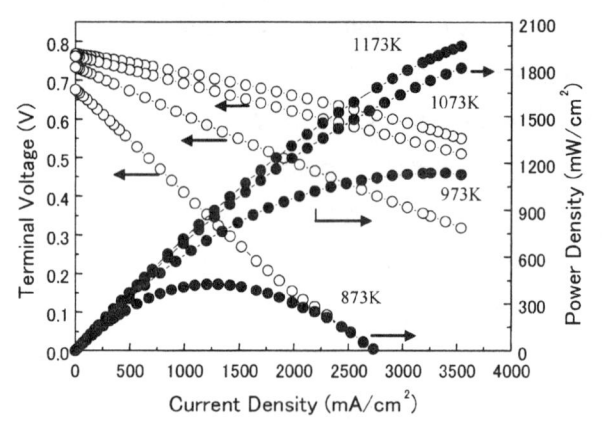

図6　膜厚5μmのLSGMと400nmの$Ce_{0.8}Sm_{0.2}O_2$（SDC）2層膜電解質を用いたSOFCの発電特性
燃料：3vol％H_2，酸化剤：O_2，アノード；Ni-Fe-SDC，カソード：$Sm_{0.5}Sr_{0.5}CoO_3$

このような酸素イオン伝導の向上現象は500℃以下という超低温で作動可能なSOFCの開発において重要であり，薄膜化により，発電特性を低下させること無く，大きな変換効率のセルの開発へとつなげる成果として期待される。

4　新規酸素イオン伝導体膜を利用した低温作動型SOFC

500℃以下の温度でも作動可能なSOFCの開発を目的に，高酸素イオン伝導体の$La_{0.9}Sr_{0.1}Ga_{0.8}Mg_{0.2}O_3$（LSGM）の薄膜化を検討した。従来のSOFCではせいぜい数10μm程度の薄膜を用いるセルについて検討されているが，本研究では前節で述べたようなナノレベルの薄膜化に観測される優れた酸素イオン伝導の応用を検討するために数100nmレベルの薄膜化を，レーザーアブレーション法を用いて目指した。

種々の酸素イオン伝導体を組み合わせた2層薄膜のSOFC電解質への応用を検討したところ，図6に示すように膜厚5μmのLSGMと400nmの$Ce_{0.8}Sm_{0.2}O_2$を積層した2層膜ではほぼ理論起電力を示すとともに，図6に示すように極めて大きな出力を示し，出力密度は500℃で0.5W/cm^2以上の出力を達成できることがわかった[10]。このセルでは400℃でも発電可能であり，80mW/cm^2の出力を得ることができた。図7には400℃におけるセルの内部抵抗を示した。厚さ5μmという

第4章 新規酸素イオン伝導体のナノ薄膜を用いる超低温作動型SOFCの開発

薄い電解質を用いているにもかかわらず，セルの内部抵抗はIR損が殆どであり，電極の過電圧は小さいことがわかった。このIR損は電解質の抵抗から考えるとはるかに大きな値である。レーザーアブレーション法で作成した電解質の表面は平滑度が高く，アノード側の密着性は良好なものの，カソード電極が剥がれ易いためと推定される。今後，内部抵抗のさらに削減による高出力化が期待できる。

5μmではまだ十分なナノサイズ効果が発現していないことから，さらに薄膜のセルについての検討を行った。図8には開回路起電力および最大出力密度の膜厚依存性を示した。図8に示すように開回路起電力は5μm以上の膜厚ではほぼ理論起電力を示したが，膜厚が3μmになると開回路起電力が低下するとともに，出力密度も低下した。これは膜厚が過度に薄くなると，基板を還元して，多孔質化する際に電解質が割れるか，薄膜化により，ホール伝導が顕著になるため，セルが内部短絡状態になるためと思われる。何れにせよ，現状ではナノレベルの薄膜によるセルの作成は成功しておらず，今後，さらに詳細な薄膜の作成条件の検討が要求される。SOFCの電解質にはピンホールの無い薄膜が必要であることから，ナノレベルの薄膜を用いるSOFCを開発するには多孔質基板にも優れた平滑性が要求され，新しい概念の基板の作成が必要となる。

ナノレベルの電解質膜を用いるSOFCの開発を目指して，新しい概念の多孔質基板の作成を検討した。本研究では選択還元法により，ナノ細孔を有する多孔質基板の作成を検討している[11]。NiOとFe$_2$O$_3$の還元のし易さの差を利用し，還元過程で，細孔を導入するもので，逐次型の還元を利用することで，収縮を生じることなく，細孔を導

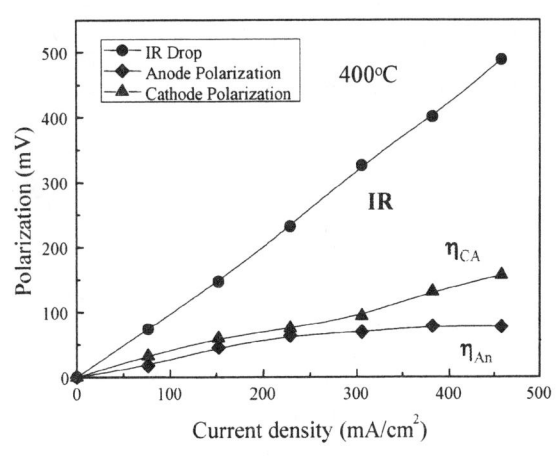

図7 400℃におけるLSGM-SDC2層電解質セルの内部抵抗

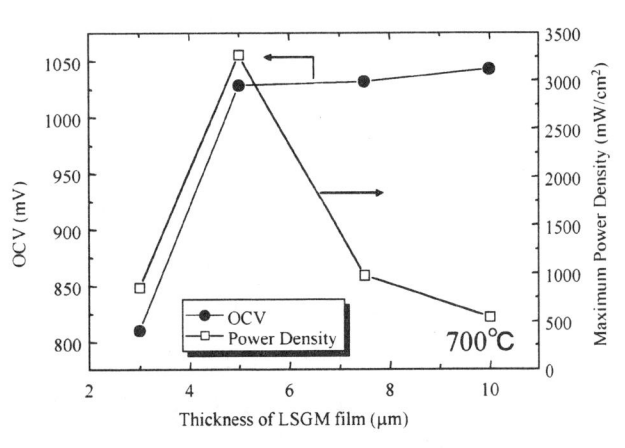

図8 開回路起電力および最大出力密度のLSGM膜厚依存性

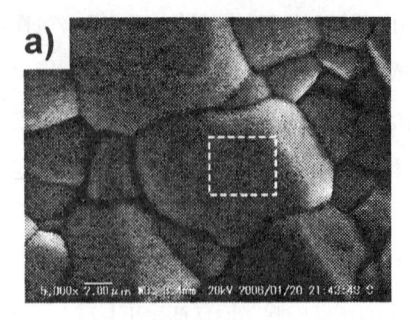

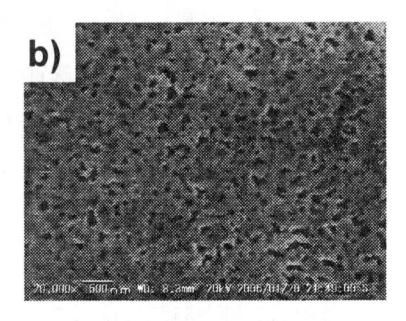

図9 選択還元法で作成したNi-Fe基板の表面(a)および表面の拡大図(b)

入できる特徴がある。この方法では還元温度を選択することで，ナノレベルの細孔を導入することが可能であり，かつ40％程度の大きな気孔度の金属多孔質を得ることが可能であった。図9には作成した基板の表面および表面の拡大図を示した。図9(a)の低倍率の観測からとくに大きなクラック等の発生は認められず，十分平坦な基板が作成できることがわかる。一方，図9(b)には高分解能での観察結果を示した。大変興味あることに基板中にはナノサイズの細孔が形成されており，細孔のサ

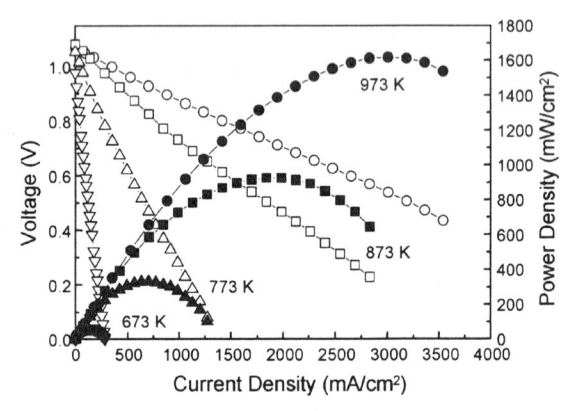

図10 選択還元法で，作成した多孔質Ni-Fe金属基板上のLSGM（5μm）/SDC（400nm）膜を用いるSOFCセルの発電特性
燃料：3vol％H_2O-H_2，酸化剤：O_2，アノード：Ni-Fe，カソード：$Sm_{0.5}Sr_{0.5}CoO_3$

イズも均一であることがわかる。これは選択還元法で基板を作成したことで，ほぼ均一なサイズの細孔を有する基板が合成できることを示している。この基板は十分大きな水素透過速度を有しており，細孔サイズは小さいながら，生成した水の除去も問題なく行えた。図10にはLSGM（5μm）/SDC（400nm）のコンポジット膜を用いたセルの発電特性を示した。Ni-Fe-SDCサーメット基板を用いたセルに比べると金属基板では反応サイトである3相界面が2次元的なので，図6のサーメット電極基板に比べると出力密度は大きく低下したものの，図10に示すように大きな出力密度に到達しており，700℃で1.6W/cm^2という優れた発電特性を示すことがわかる。一方，開発を目的とした500℃では最大出力密度は350mW/cm^2程度であった。そこで，本セルは十分低温でも大きな出力を有しており，作動可能であると期待できる。一方，開回路起電力に着目すると，すべての温度で，1V以上の値を得ており，熱膨張係数の大きく異なる金属上においてもクラック等を発生することなく，安定に使用できることがわかる。今後，内部抵抗を解析

第4章　新規酸素イオン伝導体のナノ薄膜を用いる超低温作動型SOFCの開発

し，高出力化することができると，イオン伝導におけるナノ効果により優れた酸素イオン伝導を利用した500℃以下でも作動可能なSOFCの開発が行えるものと期待される。

5　おわりに

本稿では実用化が加速されるSOFCの現状と新しいSOFCの動向におけるナノサイズ効果についてまとめた。ナノサイズ効果による酸素イオン伝導の向上は，SOFCを400℃程度でも十分，高出力で運転できる可能性を示唆する効果であり，薄膜化技術と基板作成技術の展開により，従来は考えられなかった温度域でもSOFCが運転できると期待される。SOFCは多くの特長があるので，起動特性が向上することで，さらにその魅力が増すものと考えている。今後のナノサイズ効果を利用したセルが開発できることを期待したい。

文　献

1) 高須，吉武，石原編，「燃料電池の解析手法」，化学同人（2005）
2) J. W. Kim, A. V. Virkar, K. Z. Fung, K. Mehta and S. C. Singhal, *J. Electrochem. Soc.*, **146**, 69（1999）
3) N. Q. Minh, Solod Oxide Fuel Cells IX, PV. 2005-07, p. 76（2005）
4) 京セラホームページより（http://www.kyocera.co.jp/news/2006/0505.html）
5) J. Maier, *Solid State Ionics*, **148**, 367（2002）
6) I. Kosacky, V. Petrovsky, H. U. Anderson, *Appl. Phys. Lett.* **74**, 341（1999）
7) S. Kim, J. Maier, *J. Electrochem. Soc.*, **149**, 173（2002）
8) S. Azad, O. A. Marina, C. M. Wang, L. Saraf, V. Shutthanandan, D. E. McCready, A. El-Azab, J. E. Jaffe, M. H. Engelhard, C. H. F. Peden and S. Thevuthasanc, *Appl. Phys. Lett.*, **86**, 131906（2005）
9) J. Yan, H. Matsumoto, M. Enoki and T. Ishihara, *Electrochem. Solid State Lett.*, **8**, p. A389-391（2005）
10) J. W. Yan, H. Matsumoto, T. Akbay, T. Yamada and T. Ishihara, *J. Power Sources* **157**, 714（2006）
11) J. W. Yan, M. Enoki, H. Matsumoto and T. Ishihara, *Electrochem. Solid State Lett*, in press.

第5章 ナノイオニクス構造高機能固体酸化物形燃料電池の創製

水崎純一郎*

1 はじめに

 ナノテクノロジーというと，人工的にナノ領域の構造を設計したり，ナノ粒子の持つ高機能性などに注目したりして，良い話を全面に打ち出した話題が多い。しかるに，数百度を超えるような温度では，金属材料の焼き鈍が起き，ガラスが軟化し，材料の鋭いエッジは鈍化する。要するに，ナノ領域の微細構造は平滑化される方向に向かう。固体酸化物形燃料電池（SOFC）は，この様な高温で使用される電池である。ナノ構造は保持できないのではないかとも考えられる。本章では，SOFC技術にナノイオニクスの考え方が果たして使えるのか，使えるとすればどの様に，ということを主題に，SOFCの動向をまとめる。

2 SOFCの大局的開発課題

2.1 社会的背景

 CO_2排出量の削減，地球温暖化の抑制，都市部のヒートアイランド化の抑制，大気汚染の防止，そして石油に代表される化石燃料の枯渇化に対応するため，高効率エネルギー変換・利用の技術開発が先進国の最重要課題である。一般家庭レベルにまで範囲を広げた分散発電や，燃料電池自動車の本格利用など，高効率可搬燃料電池は，課題解決の決め手となる近未来技術として，早期実現が望まれている。

 発電所の効率は年々上昇している。しかし，発電所で50％の発電効率を達成しても残りの50％のエネルギーは熱として捨てられてしまう。一方では，電力利用者は，電気を使う傍らで，給湯，調理，暖房のため化石燃料も燃やしている。電力利用者が自ら発電し，その熱を利用すれば，総合的なエネルギー効率は上昇する。

 自動車の場合，ガソリンエンジンを用いた現行車の効率は10％以下とされ，必要なエネルギーの9倍以上のエネルギーが熱として捨てられている。もしエンジンを燃料電池に置き換えるこ

＊ Junichiro Mizusaki 東北大学 多元物質科学研究所 教授

第5章 ナノイオニクス構造高機能固体酸化物形燃料電池の創製

とでこの効率を燃料電池の効率として期待されている50％程度に上げることができれば，捨てられるエネルギーは必要なエネルギーと同量で済む。自動車を動かすときに捨てられる無駄なエネルギーが1/9に削減される。

情報技術の展開に伴い，ノートパソコンなどの情報機器を長時間充電操作なしに使えるようにする携帯小型電源として，カセットガスボンベで運転できるような小型燃料電池への潜在ニーズは高くなっている。この様な燃料電池では，ガスボンベの容積を減らしたり運転時間を長くしたりするためにも，また電池からの余計な発熱を防止するためにも，高効率化が必須になる。高効率燃料電池の実用化への社会の期待は大きい。

2.2 燃料電池の原理・種類と開発動向

燃料電池は電解質に一対の多孔性電極を取り付け，片方に燃料ガス，他方には酸化性ガスを流して，燃焼エネルギーを電気化学的に外部に取り出す装置である。図1は，電解質に酸素イオン導電体を用いた，いわゆるSOFCの基本構成（単セル）の模式図である。

しかし，1対の燃料電池（単セル）の起電力は，外部回路を繋がない状態で1Vを超える程度，電気を取り出している状態では高々0.7V程度であり，実用的な起電力を得るためには，多数の電池を直列に繋がねばならない。直列に繋いだときの様子を模式的に示したのが図2である。この様な単電池の集まりをスタックと呼ぶことが多い。また，単電池を接続する部

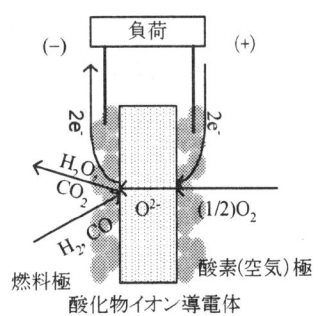

図1　SOFC構成の模式図

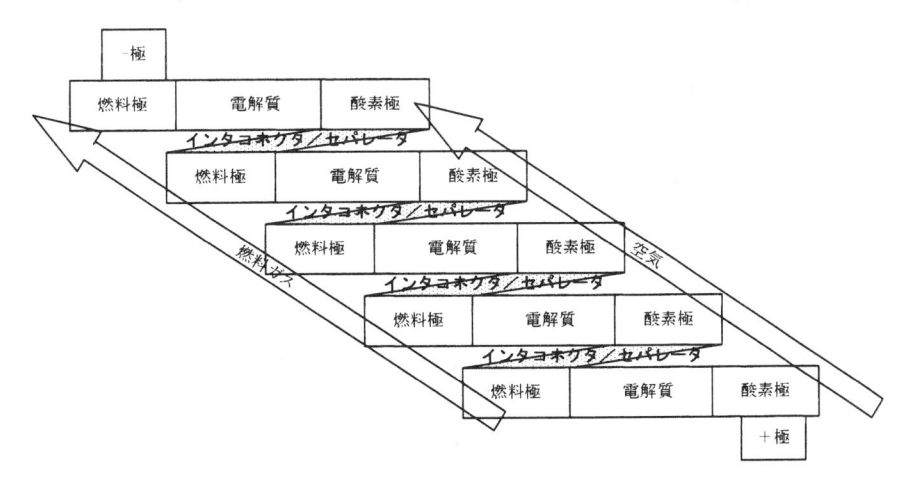

図2　燃料電池スタック構成とインターコネクタの役割[1]

材はインターコネクタ、あるいはセパレータなどと呼ばれる。

　模式的な平面図であるにもかかわらず、図2は燃料電池の中でのインターコネクタの重要な役割を端的に表している。つまり、
　① 燃料極と空気極を結ぶ良好な電子導体である。
　② 燃料ガスと空気を分離保持する緻密体である。
　③ 燃料ガスの還元雰囲気と空気の酸化雰囲気に耐えねばならない。

　これらの条件を満たす材料は限られており、様々なタイプの燃料電池の何れについてでも設計への大きな制約になっている。

　ここでは先ず、燃料電池全体の中でSOFCがどの様な位置づけにあるのかを鳥瞰しよう。燃料電池は使用する電解質によって作動温度や用途が大きく特徴づけられる。表1には主な燃料電池の種類と特徴をまとめてある。

　月へ行ったアポロ宇宙船やスペースシャトルなどに搭載されている濃厚アルカリ水溶液を電解質とする80℃程度で作動するもの、コジェネ（温水併給発電）用に商用化されているがコストパーフォーマンスの面で苦戦している濃厚燐酸を電解質として180～220℃で作動するものなどは、水を含んだ液体を電解質とする燃料電池である。共通するのは白金を電極に使うこと、COに弱いこと、空気極側で、酸素を分解するのが難しいため、エネルギー損失が大きいこと等である。

　炭化水素を燃料にする場合はそこからできるだけ純度の高い水素を得るために、大型の改質装置が必要になる。そして、炭素剤がセパレータ（インターコネクタ）や電極の骨格に用いられて

表1　燃料電池の種類と特徴

電解質	略称	作動温度	燃料等の制限・課題	出力レベル	用途
アルカリ水溶液	AFC	RT～250℃	純水素・純酸素、炭化水素と空気（炭酸ガス）がだめ	12kWx3（スペースシャトル）	宇宙、軍その他特殊用途
酸性水溶液	（燐酸型）PAFC	～200℃	COを嫌う。化石燃料には大型改質装置が必要	最高記録：11MW 据置用	コジェネ、オンサイト
イオン交換膜	PEMFC	～80℃	COを嫌う。純水素が必要	～100kW PC用小型も可	宇宙・家庭・自動車
溶融炭酸塩	MCFC	～650℃	炭酸ガス循環システムが必要。溶融塩による腐食、クリープ損失、Niの溶融塩中への析出	最高記録：1000kW	コジェネ
固体酸化物	SOFC	500～1000℃		～250kW PC用小型も可	宇宙・家庭・自動車・基幹電力

第5章 ナノイオニクス構造高機能固体酸化物形燃料電池の創製

いることがほぼ共通している。炭素剤は本来，空気中では酸化してしまい不安定であるが，200℃程度以下であると酸化速度が充分に遅いため，燃料電池の中で空気極側にも燃料極側にも良導体として利用されているのである。

固体高分子形燃料電池（PEMFC）は宇宙飛行の始めの段階で利用されたものの，寿命が短いことからアポロ以降はアルカリ型にその座を譲った。然るに，この15年間，電気自動車用電源として集中的に研究が再構築されてきた。しかし，膜の導電率を保つため80℃程度の飽和水蒸気下で運転する必要があり，付帯設備等の複雑さは液体電解質型に近い。白金触媒の削減も量産する自動車に対応できるレベルにはなっていない。膜寿命もそれほどは改善されてきていない。

メタノールを直接導入するDMFCは，マイクロ燃料電池として電子機器用の電源としても期待されている。しかし現状では，高分子膜の安定性や出力密度，寿命等の点で本質的な技術的課題に直面している。

溶融炭酸塩形は，白金が不要（実際は，溶融炭酸塩と白金が激しく反応するため使えない）であり，炭化水素利用が改質装置無しにできるなど，有意な特徴もある。しかし，唯一の空気極材料である酸化ニッケルからニッケルが電解質中に溶けだし，中で析出するなどの原理的な問題を抱えている。表1に示すようにその他の問題も多い。

安定化ジルコニアなど，酸素イオンあるいはプロトン導電性の酸化物を電解質に用いたSOFCは500℃以上の高温作動であり，まだプロトタイプの試験的な販売が一部で行われている段階であるが，小型化可能，燃料前処理や電解質濃度管理の為の付帯設備がいらない，などの特徴から機動性のある発電装置として多様な応用が期待されている。表1に見られるように，原理的には大きな課題も無い。また，SOFCはセラミックスのみ，あるいはセラミックスと金属を組み合わせた多層膜を基本的な構造としているため，可搬型小型電源として要求される次のような要件を原理的に備えている。

① 構成要素が全て固体であるため安定であり，長期作動下でのメンテナンスが容易。
② 様々な形状の電池を作ることができる。
③ 高温作動であるため液体燃料を含む様々な燃料に対する適応性がある。
④ 高価な触媒を用いなくても高出力密度が可能。
⑤ 電池単体で高効率であるだけでなく，高品位な廃熱により高い総合効率が見込まれる。

2.3 SOFCの構成[3]

SOFCは高温材料科学の集大成であるといわれ，プロセッシングから物性制御にいたるセラミックス技術の全てが駆使される。SOFC単セルは，図1に示したように，二つの電極と固体電解質の三層構造で構成され，電解質あるいは何れかの電極が，この三層構造を保持する役割を果た

す。イオン導電体のイオン導電率と燃料極と酸素極の反応過程とによってほぼ電気化学的な特性が決まる。電極過程は更に図3に示すように電極表面と気相との間での吸着解離過程，電極表面・内部の拡散過程，電極と電解質との界面現象からなる。

SOFCの燃料電極にはニッケルと電解質材料のサーメットなど，酸素電極には（La，Sr）MnO₃，（La，Sr）CoO₃など遷移金属を含むペロブスカイト型の導電性酸化物多孔体が一般に用いられる。電解質は酸素イオン導電体である安定化ジルコニア，LaGaO₃系固溶体などが用いられるのが一般的である。三価希土類酸化物を固溶させた酸化セリウム（セリア）は還元雰囲気で電子伝導が顕著になるため，ジルコニアと組み合わせて酸素極側に利用される。このセリア相を介在させることで，コバルト系や鉄系の酸化物電極材料とジルコニアとの反応を防ぐことができるためである。インターコネクタ／セパレータは，1000℃での運転を目指す大型システム用には（La，Sr）CrO₃系ペロブスカイト型酸化物

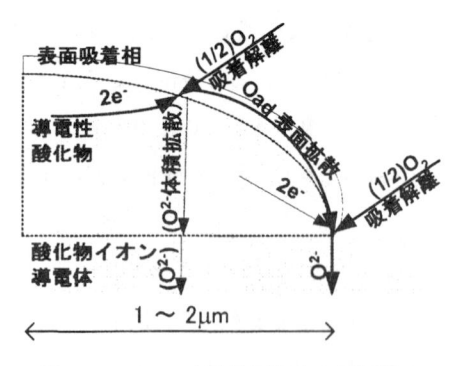

図3 SOFCの多孔性電極上の電極反応モデル[2]

図4 急速昇温マイクロSOFC単セルのデモンストレーション実験[5]

が試験されてきていた。しかし，最近ではチタン酸系の酸化物など，更により低温作動するシステムでは種々の耐熱合金材料が利用されるようになってきている。

電解質には，SrCeO₃系固溶体などのプロトン導電体を利用することも実験室レベルでは検討されている。酸素空孔に水分子が入る形でプロトンが格子酸素に配位し，高温でプロトン導電性を示す。

2.4 技術開発動向[4]

SOFCは現状技術において，既に単セルのレベルでは7年間連続運転で劣化が許容範囲に留まるという作動実績があり，また冷起動から数分で発電が始まるという機動性も持ち合わせている。また，片手で持ち運べる小型電池から系統電力をまかなう大型発電システムに至るまで，様々な規模・動作仕様の電池が可能であるなど，他の形式の燃料電池にはない優れた特徴を持っている。

SOFCの技術開発動向は大きく3つに分けられる。1つは，ジーメンスウェスティングハウス社の大型SOFC開発に代表されるMWクラスの発電システムである。このシステムは100KWレ

第5章　ナノイオニクス構造高機能固体酸化物形燃料電池の創製

ベルのオンサイト発電としても利用できる。電池内の最高温度は1000℃程度になり，廃熱を利用したマイクロガスタービン発電と組み合わせた超高効率発電が目指され，200kW程度のシステムが試験運転中である。わが国で，1980年代後半からの国家プロジェクトの中で経済産業省・NEDOが目指してきた研究開発はこの方向のものである。

　もう一つは数kWから数十kWのレベルの連続運転を目指した，事業所，家庭用，遠隔地での発電などの熱併給燃料電池である。宇宙ステーション用電源として集積度の高い平板型の燃料電池の概念が米国で1986年頃発表された。民生用としてのこの系統のシステムが欧州を中心に注目され，少数ではあるが，家庭用冷蔵庫サイズのKWレベルの熱併給発電システムが実用試験に供されている。日本のガス会社，とくに東京ガスの開発したSOFCスタックはこの方向の研究の展開に，先導的で多大な影響を与えている。

　さらに近年，単セルを小型化（マイクロSOFC）することで，数秒での立ち上げと停止が可能となることが実証されている。SOFCの電解質である安定化ジルコニアは1970年代の終盤から自動車用の酸素センサーに用いられ始め，極めて強い熱衝撃の下で作動している。SOFCも原理的に熱衝撃に強く作れるはずである。このことに我が国で最初に提起したのは山田興一教授（東大），筆者などのグループであり，1991年頃，NEDOの調査研究において燃料電池自動車，特にSOFC-EVの実現性が詳細に検討された[6]。その調査研究の成果は，第4回SOFC国際会議で発表された[4]。世界最初のSOFC-EV概念の発表である。1992年頃，ケンダル教授（現バーミンガム大学／英国）は，直径2mm程度の安定化ジルコニアのチューブが，室温で直接炎にかざして赤熱しても割れない強い耐熱衝撃性を持っていることを示した。水崎，山田，ケンダル等で1998～2000年度に電気自動車用急速昇温SOFCに関する国際共同研究（NEDO）を進め，試験的な単セルによる微小電力発電ではあるが，図4に示すような形でマイクロSOFCによる急速昇温発電の実証を行った[5,7]。直径3mm程度の安定化ジルコニア系電解質を基体管にした小型円筒型SOFC単セルを用いれば，常温で大気開放されていた単セルを10秒程度で昇温して最大出力発電に至らせることができ，更に，この急速冷起動と自然放冷を繰り返すことができることが実証された。この発想は，その後，国内外の様々なグループでそれぞれに展開されている。

　しかし，大型あるいは一般汎用向けにSOFCを本格的実用化の軌道に乗せるためには，まだコストが高すぎる。また，小型用途に対してはサイズが大きすぎるなどの問題が残されている。非常に単純な整理ではあるが，小型化のためには高エネルギー密度化，そして更に一段と進んだ低コスト化のためには，部品点数の半減，あるいは原料の半減などが期待される。部品点数，原料の削減は，単位あたりの出力密度を上げることでしか解決できない。つまり，現在のSOFCの課題は高エネルギー密度化の一言に尽きる。

　昨今，ナノテクが高機能化の決め手のように言われることが多い。果たしてそれはSOFCにも

当てはまるのであろうか．

3 SOFCとナノ設計

ここではナノ構造設計という立場から，SOFCにはどの様なナノ構造設計が役立つ可能性があるのか，またどの様な問題が生じるのか，そして何より重要なのは，どの様にすれば高温で安定にナノ構造を保つことができるのか，という課題について検討する．

3.1 SOFCの反応プロセスとナノ設計による高機構化の可能性

SOFCの空気極における電極反応は図3に示した様な形で進行する．また，燃料電極での炭化水素ガスは図5に示したように，ニッケル表面で分解したあと水素が三相界面まで到達して反応する一方，COは三相界面で発生した水蒸気とシフト反応を起こし，水素を生成するという中間生成物的な役割で反応に寄与すると考えられる．図5でも図3と同様，数ミクロンから数十ミクロンの領域を視野にしている．

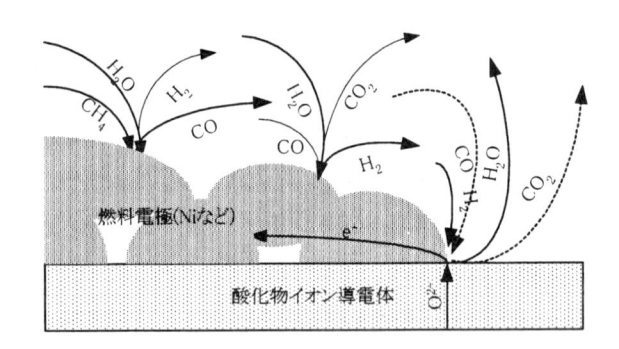

図5 燃料電極でのメタンの反応模式図

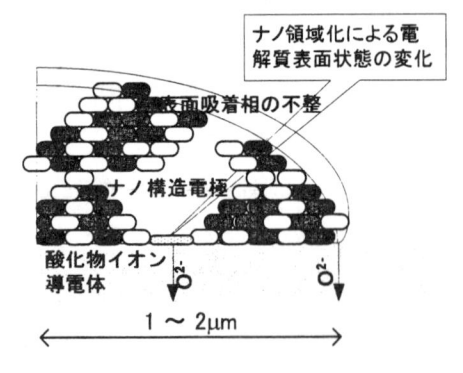

図6 ナノヘテロ構造を有する電極の模式図

第5章　ナノイオニクス構造高機能固体酸化物形燃料電池の創製

さて，この様な電極をナノヘテロ構造に構築すると，どの様なことが起こるであろうか。ニッケル-ジルコニアサーメット電極を念頭に，その様子を模式的に図6に示した。模式図にもかかわらず，図3や図5と図6を対比するだけで，ナノ構造電極に予想される長所と短所が自明になっている。

まず，表面拡散過程やバルク内拡散が反応の中で大きな役割を果たしてきたような電極系の場合，その有効な反応経路が分断されてしまう。そして，反応ガスが楽に電極表面に来られる開放された面に吸着した反応ガスは，経路が分断されているため，吸脱着を繰り返しながら，動きにくい細孔状になった内表面に入り，電解質との界面にたどり着くことになる。これは，若干誇張した表現ではあるが，ナノヘテロ構造電極がもたらす可能性のうちで最も拙い例である。

勿論，その反対に多数の三相界面ができるから電極は高機能化するに違いないという楽観的な見通しも出てくるかも知れない。いうまでもなく，重要なのは，この様な定性的な水掛け論を脱却して，ピッタリとした定量的な議論をすることができるような基礎科学的知見を完備することである。

3.2　高温で安定なナノヘテロ構造構築の可能性

SOFCが作動する温度域は500〜1000℃である。冒頭で述べたように，この温度域では多くのセラミックス微粒子は焼結し始め，金属は焼鈍される。つまり，大局的にいえば，ナノ粒子は互いにくっつき，ナノオーダーでの微細構造は失われる。しかし，高温でも粒成長が起こらず，設計したナノ構造が上手く保たれる場合もある。幾つかの例を挙げて見よう。

（1）異方性のある結晶構造，あるいは強い晶癖を持った酸化物の焼結体

強い晶癖を持った材料は，互いに異なった結晶軸方向で接した結晶粒相互が融合しにくいため，粒成長を起こしにくくなることがある。SOFC電解質の安定化ジルコニアは，立方晶で，大きく粒成長することが知られている。その一方，若干導電率が低い正方晶ジルコニア，特に，溶液からの共沈法で合成した3mol％Y_2O_3添加ZrO_2は，ガラス状の沈殿を400℃程度で軽く焼いただけで均一な正方晶ジルコニアになり，殆ど粒成長しない。図7は最近筆者等が確認したデータの一部がある。

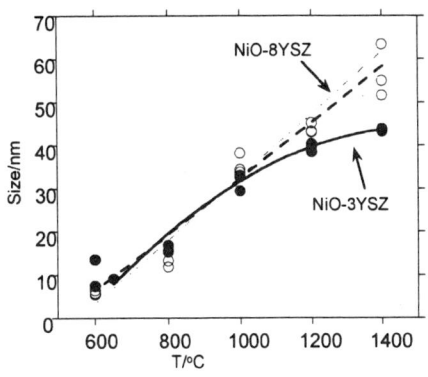

図7　共沈法で作製したNiO-YSZ系サーメットの焼成温度と粒成長
立方晶8mol％Y_2O_3添加ZrO_2は焼成温度が上昇すると粒成長していく。しかし，正方晶3mol％Y_2O_3添加ZrO_2は粒成長が40nm程度で止まってしまう[8]。

223

類似の難焼結性が現れるものに層状化合物がある。代表例は，高温超電導に絡んで発見された多数の銅系ペロブスカイト関連層状構造である。この様な例は，他にも様々あると思われ，高温で安定なナノ構造体作製のためのヒントの一つであると考えられる。

(2) 融液・固溶体からの均一分散析出，スピノーダル分解

ナノ構造が高温で保たれると考えられる様々な例を一纏めで括ってみた。ここに含まれる事例として筆者が考えているものを箇条書きしてみよう。

① 複酸化物の還元分解と再酸化

ペロブスカイト型酸化物$LaFeO_3$を粉末法で合成するために人為的に Fe 粉末と La_2O_3 を粉砕混合し，焼成した場合，粉砕混合過程を何度も繰り返さないと単一相はできない。これは良く知られた古典的なセラミックス製法の一つである。然るに，$LaFeO_3$ 単一相を 1000 ℃程度で還元すると，La_2O_3 と Fe になる。その混合物の固まりを，混合粉砕などせず，そのまま酸化すると迅速に $LaFeO_3$ 単一相に戻る。$LaFeO_3$ を還元分解すると，極めて均質なナノコンポジットになったと推定される。$LaMnO_3$ を還元すると，La_2MnO_4 と MnO の混合物になる。このときも，再酸化によって速やかにペロブスカイト単一相に戻る。類似例は無数にあると考えられる。もし，何らかの原因で分解混合物から MnO だけ抜けてしまうようなことが起これば，もちろん元には戻れない。

② 混合相組成の均質前駆体からのナノコンポジット生成

均一固溶体を作製するため，液相からの合成法が広く用いられている。共沈法，凍結乾燥法，噴霧熱分解法などである。アモルファス状の前駆体から結晶が出るとき，最初から単一相の目的化合物になっていることがこの手法での合成が成功したか否かを判定する基準である。

では，この手法で最初から混合物になることが判っている組成を結晶化させたら，均質ナノ分散したコンポジットができるのではないか。図7のデータは，実はその様な試みの結果の一部でもある。図7では Ni あるいは NiO のデータは出ていないが，そちらの方は焼成温度によらず 50nm 程度になるという興味ある結果も出ている。

③ 高温均質体からの析出の利用

例は無数にある。ペロブスカイト型酸化物を例に取れば，$SrFeO_3$ は酸素が大きく欠損した組成をもち，800 ℃の1%酸素雰囲気では，$SrFeO_{2.5}$ というような組成になっている。この組成を保ちながら，温度を 700 ℃程度まで下げると，二相分離を起こし，ペロブスカイト相から酸素が規則的に抜けたブラウンミュラライト $SrFeO_{2.5}$ 相と，より酸素を多く含むペロブスカイト相になる。ブラウンミュラライト相がナノ粒子としてペロブスカイト相中に分散析出すると考えられる。

(3) 構造相転移とマルテンサイト変態の利用

マルテンサイト状の変態は，本来は2相分離で生ずる混合相がとる組織形状として知られてい

第5章 ナノイオニクス構造高機能固体酸化物形燃料電池の創製

るものであるが，立方晶系の結晶が低温で歪んだ構造に変態する時，原子が大きな移動をするより双晶面を作る方がエネルギーが少なければ，多数の双晶面ができ，マルテンサイト状の組織になる。巨視的な結晶形状は変わらない。電極材料などの固体表面機能を制御するときのシーズの一つと考えられる。図8に，筆者等が見つけた$LaCoO_3$系ペロブスカイト型単結晶のマルテンサイト変態の例を掲げておく。この様な表面に第2相をエピタキシャルに成長させると，特異な微構造を有する機能表面が形成されるのではないかと考えられる。

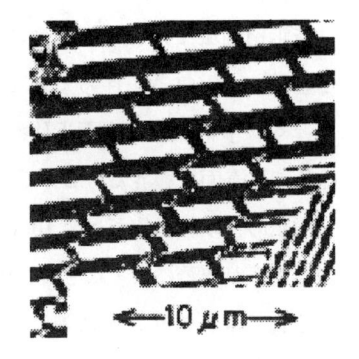

図8 浮遊溶融帯法で作製した$La_{0.9}Sr_{0.1}CoO_3$単結晶に現れた立方晶から菱面体晶への相転移に伴うマルテンサイト変態 1000℃でもこの縞模様は変化しない[9]。

4 それぞれのSOFC反応過程におけるナノヘテロ構造制御と特性改善

SOFCの高機能化を目指した研究の展開の中では既に，ナノイオニクス現象が特性を阻害している現象や，予期しない形で高機能を与えることが示された例が出てきている。ここでは，それらの例を紹介し，今後の学術展開について簡単に考察しよう。

4.1 燃料電極とインターコネクタ材料

現在，SOFCの燃料極にはニッケルと電解質のサーメットが用いられている。しかし，燃料供給が止まったり，燃料電池での燃料利用率が高くなったりすると，ニッケルを金属状態で保つことができなくなり，酸化ニッケルへ酸化されてしまう。これを防ぐためには，酸化物の電極材料が望まれる。酸化雰囲気にも還元雰囲気にも耐える材料は殆どなく，原理的に考えられる唯一に近い材料が価数の高いイオンで一部を置換することで得られるn型の$SrTiO_3$である。インターコネクタ材料としても有望である。

しかし，実際には，多結晶体では，空気中など酸化雰囲気では，図9の●や■で示したように，白抜きの印で示した単結晶体より導電率が低下し，しかも温度上昇に伴って導電率が上程するという熱活性的な挙動に変化してしまう。高温での平衡を外挿すると，1000℃程度以下では，酸化雰囲気で金属空孔生成を伴う酸素過剰組成になる。第1近似としては，チタンとストロンチウムの位置に同じだけ空孔ができるはずである。しかし，空孔はSr位置の方にできやすいためチタン位置には空孔はできず，その代わりにSrの一部が入り込む。何れにしても，金属空孔生成に伴い，電子導電率は低下する。従って，多結晶体の示している挙動の方が平衡測定の結果に近くなっていると考えられる。

酸素過剰域では，平衡は金属空孔生成と金属イオン拡散を伴っているため極めて遅く，単結晶では表面近傍だけ，多結晶体では表面や粒界だけしか緩和しない。そのため，多結晶体だけで1000℃以下での導電率が顕著になったものと思われる。

それでは，チタンを過剰に添加するとなぜ電子伝導が単結晶体に近くなるのか。チタンを過剰に入れたため，チタン空孔の生成が押さえられ，初めからSr空孔が一定量存在する組成になってしまう。そのため，酸素過剰による空孔生成の平衡がより酸化性の雰囲気（高い酸素分圧下）でないと現れにくくなり，その結果，1000℃以下でも金属空孔生成に伴う導電率の低下が現れず，酸素不足域での挙動が続くものと考えられる。

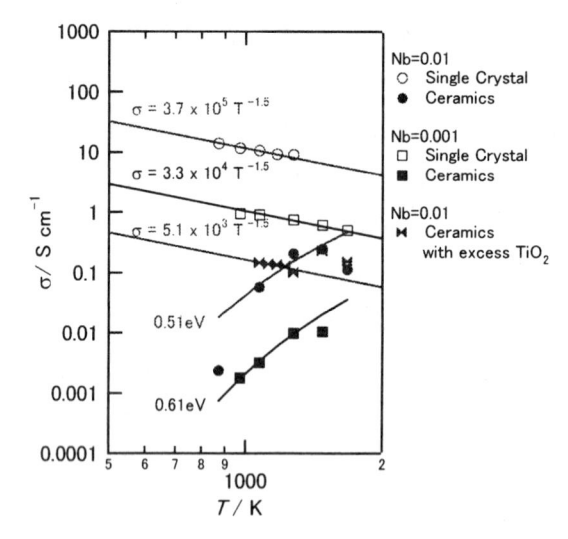

図9 Nb添加$SrTiO_3$の導電率

単結晶（白抜きシンボル）では温度とともに導電率が下がる金属的あるいは出払い領域の伝導挙動を示す。それに対して，多結晶体では，温度上昇とともに導電率が上がり，キャリアが熱励起される半導体的な振る舞いを示す。Tiを過剰に入れた多結晶体では，単結晶と同様の温度依存に戻る[10]。

何れにしても，粒界制御で電子物性が制御でき，チタン系酸化物のインターコネクタや電極への応用の可能性が展開されてきている。

4.2 空気電極と214相

空気極の反応過程は電極表面での酸素吸着解離過程が律速となることが知られている。マンガン系ペロブスカイト型酸化物は，酸素空孔量が少なくバルクの酸素拡散が遅いため，電極反応は三相界面を介して起こる。しかし，鉄系やコバルト系のペロブスカイト型酸化物などのように酸素空孔が大量に導入された系では，電極バルク内の酸素移動が電解質と同程度に容易なため，電極表面全体が反応場になり，微構造設計が不要になることが期待されている。ところが，鉄系やコバルト系では，酸素が還元される反応がマンガン系に比べて遅い（逆に酸素発生反応は極めて速やかで，電解セル向きである）。最近，筆者等のグループでは，コバルト系ペロブスカイト型酸化物を，安定範囲の限度に近い1300℃程度に処理した後，表面に正方晶のペロブスカイト関連コバルト酸化物（(La, Sr)$_2$CoO$_4$（214相と略称）の粒子が析出していることを見いだし，その様な状況では214相とペロブスカイト型相との接した線上で，高い表面活性があることを電気化学的手法や同位体拡散を利用して確認した。214相は異方性があり難焼結性であることが知ら

第5章 ナノイオニクス構造高機能固体酸化物形燃料電池の創製

れている。図6の模式構造がそのまま実現された形である。実験者間でもこの原因についての意見はまとまっていないが，筆者が個人的に考えているのは"高温に上げすぎたため，一部のコバルト酸化物が蒸発してしまい，(La, Sr) が若干過剰な組成のペロブスカイト相になっていた。それを冷却した過程で，表面近傍に214相が析出した。"という可能性である。

4.3 第2相を分散した電解質によるイオン導電率変化

電解質のナノ構造化の場合，層状の人工超格子を作製すると，面内方向での拡散が増大することがしばしば見いだされている[12]。また，イオン導電体にアルミナなど絶縁性の第2層を分散させた場合，イオン導電性が加速されることが古くから知られている[13]。しかし，酸化物イオンやプロトンによる導電性が関連する分散系では，第2層の分散によって導電性が向上したという明確な例は本稿執筆時点ではまだ無い。逆に，松本等は$SrCeO_3$系導電体に白金を分散させると，プロトン導電性が極端に抑制されることを見いだした[14]。従来の分散系と異なり，金属が分散した系で，イオン導電率が制御される効果が出たということで，この関連学理の新たな展開の端緒になるのではないかと期待されている。

5 薄膜と物性

ナノ構造化すると，表面効果が大きく誇張されてくることは良く知られている。然るに，筆者のグループでSOFC関連の電極特性の実験を行ったり，他の研究者の研究結果を学会等で見たりしてきた経験から，微粒子化・薄膜化によって，表面効果が及ぶと通常考えられる領域を越えて，ミクロン領域にも及んだ物性変化があるのではないかと考えられる事例が少なくなかった。代表例は用捨によって作製された膜の性質とバルク物性とのちがいなどである。

最近レーザアブレーションで作製したペロブスカイト型酸化物の不定比量が，バルクの不定比性と異なっていることが見いだされ，このバルクと薄膜との物性の相異が存在することが充分に予見される状況になった。この現象の本質は近々解明されることが期待される。

文　　献

1) 水崎純一郎，電学論A, **110**(4), 221 (1990)
2) 水崎純一郎，表面, **27**(12), 977 (1989)
3) SOFCの基礎と研究開発動向についての良い参考書として次を上げておく。

田川博章, 固体酸化物燃料電池と地球環境, アグネ承風社 (1998)
4) SOFCの最新研究開発動向は以下にほぼ網羅されている。
   ・SOFC研究発表会, 毎年開催, 講演要旨集は各講演2～4ページ, 電気化学会SOFC研究会主催
   ・NEDO報告シンポジウム, OHPのコピーなど充実した要旨集あり, NEDO主催
   ・SOFC国際会議, 隔年開催, proceedingsは米国電気化学会のmonographの一つとしてシリーズ化している。国内対応は電気化学会SOFC研究会
5) K. Yashiro, N Yamada, T. awada, J.-O. Hong, A. Kaimai, Y. Nigara, J. Mizusaki, *Electrochemistry*, 7012, 958-960 (2002)
6) NEDO「国際共同研究シーズ発掘のためのFS調査 (1991-94年度)」(委員長:山田興一, 委員:水崎純一郎, 横川晴美, 石谷久, 山崎陽太郎ほか)
7) 水崎純一郎, Kevin Kendall, Niegel Sammes, Jan Van herle, 山田興一, 酒井夏子 NEDO国際共同研究「化石燃料有効利用のための電気自動車用高効率電源"DH-Q-SOFC"その概念と試作」FY1998-2000
8) G.-J. Park *et al.*, 第45回セラミックス基礎討論会国際セッション 1S04. 2007. 1. 22 (仙台)
9) T. Matsuura *et al.*, *Jpn. J. Appl. Phys.*, 23(9), 1197-1201 (1984)
10) F. Horikiri, L. Han *et al.*, SOFC-X. ed. K. Eguchi, S. C. Singhal, H. Yokokawa, J. Mizusaki, *ECS Transactions*, 7(1), 1639-1644 (2007)
11) K. Yashiro, M. Sase *et al.*, SOFC-X, ed. K. Eguchi, S. C. Singhal, H. Yokokawa, J. Mizusaki, *ECS Transactions*, 7(1), 1287-1292 (2007)
12) N. Sata, K. Eberman, K. Ebert and J. Maier, *Nature*, 408, 946 (2000)
13) C. C. Liang, *J. Electrochem. Soc.*, 120, 1289 (1973)
14) 松本広重ほか, 第31回固体イオニクス討論会 1B13, 2005, 11, 28 (新潟)

第6章 ナノ粒子活物質へのリチウムイオンの挿入脱離反応のダイナミクス

入山恭寿*

1 はじめに

　次世代ハイブリッド自動車や電気自動車用電源としてリチウムイオン二次電池が期待されており，出入力密度の向上，高エネルギー密度化，安全性・信頼性の向上等が課題にあげられている。リチウムイオン二次電池の電極活物質には，リチウムイオンが可逆的に挿入脱離できるインサーション材料が一般に用いられる。活物質を微粒子化することは，電極/電解質界面の接触面積を増大させると共に，活物質内でのイオン拡散距離の短縮をもたらす。これらは，界面で起こる電荷移動反応と，固体内イオン拡散に伴う抵抗を低減することにつながり，電池内部抵抗の飛躍的な低減が期待できる。ナノ粒子を用いたリチウムイオン二次電池の材料開発は，ナノ粒子添加による電解質の導電率の向上[1]，界面ナノ制御による反応の安定化[2]など研究報告例が数多いが，本章では電極活物質のナノ粒子化に焦点を絞り，その研究開発について概説する。特に，電極活物質をナノ粒子化することで生まれる新しい機能性について，著者の研究成果も多少含めながら述べる。

2 リチウムイオン二次電池のナノ活物質材料の開発と機能

2.1 ナノ粒子活物質材料の合成

　リチウムイオン二次電池の電極活物質には正極にリチウム含有酸化物材料，負極に炭素材料が一般に用いられる。これらのナノ粒子材料開発について，報告されているいくつかの例を表1に示す[3〜10]。様々な合成手法が検討されており，既に10 nm以下の微粒子材料も報告されている。粒子径を小さくするだけでなく，その形状を制御した報告もある。例えば炭素材料では，微粒子化に加えて活物質の表面がベーサル面で覆われる特異な構造を持たせることが可能となるが（図1），これによりプロピレンカーボネート溶液中でも充放電が可能な電極活物質となる[10]。共沈法[11]や水熱合成法[12]を用いた$LiFePO_4$粒子の合成では，材料内でのリチウムの拡散距離を低減でき

　＊　Yasutoshi Iriyama　京都大学　大学院工学研究科　物質エネルギー化学専攻　助教

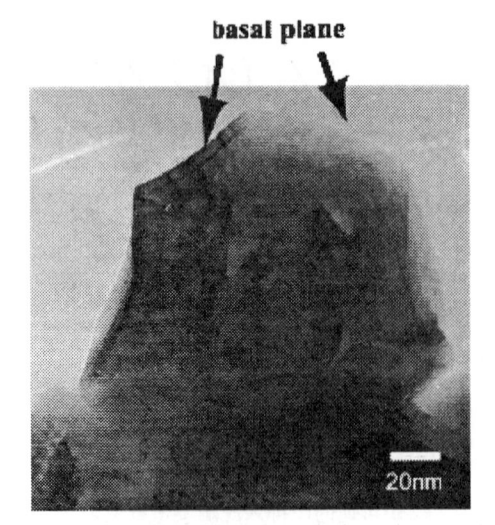

図1 CVD法で作製された炭素微粒子の TEM像[10]
(Reproduced by permission of John Wily & Sons)

表1 リチウムイオン二次電池活物質のナノ粒子合成の例

合成手法	試料	粒子径	文献
固相法（リチウム過剰）	$LiCoO_2$	20-30nm	3)
水熱合成法	$LiCoO_2$	6nm	4)
溶液燃焼法	$LiMn_2O_4$	40-70nm	5)
噴霧熱分解法	$LiMn_2O_4$	10-20nm	6)
ゾル－ゲル法	$LiFePO_4$	20-30nm	7)
ポリオール法	$LiFePO_4$	10nm	8)
静電噴霧法	$Li_4Ti_5O_{12}$	10nm	9)
CVD	C	100nm	10)

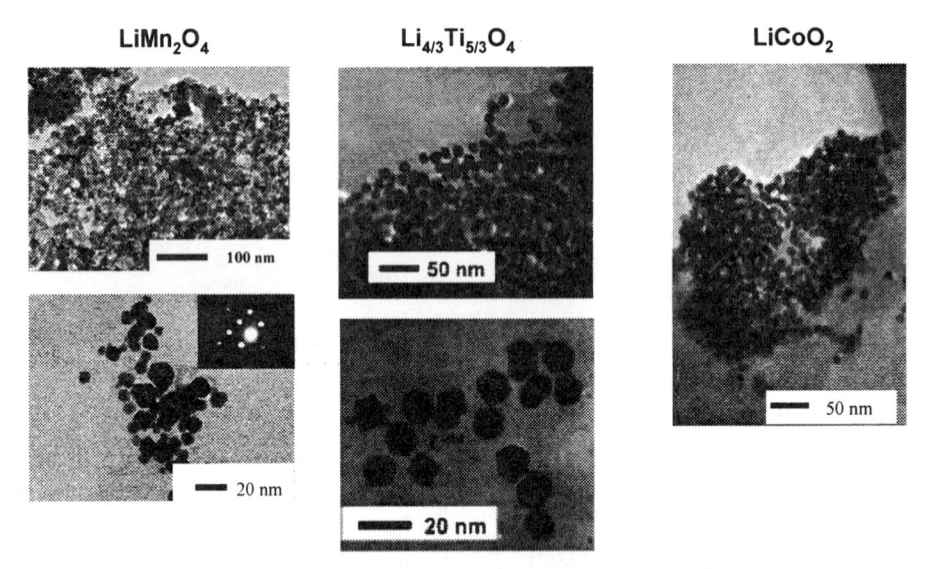

図2 噴霧熱分解法で合成した各種リチウム含有遷移金属酸化物粒子

るようにプレート状粒子が合成されている。また，超臨界水熱合成を用いて単結晶微粒子の合成も報告されている[13]。このように結晶性が極めて高い微粒子材料を噴霧熱分解法を用いて合成することが可能であり，各種超微粒子の合成に関しては奥山らによる先駆的な研究がある[14]。著者らも噴霧熱分解法を用いて，図2に示すように微粒子表面がファセットで覆われて結晶性が高く，サイズ分布が小さな$LiCoO_2$，$LiMn_2O_4$，$Li_{4/3}Ti_{5/3}O_4$の電極活物質の微粒子を合成することに成

第6章 ナノ粒子活物質へのリチウムイオンの挿入脱離反応のダイナミクス

功している。また、テンプレート法を用いてファイバー状電極[15]や三次元多孔性電極[16]も合成されている。

2.2 ナノ粒子活物質の電気化学的挙動

電極活物質が微粒子化した際に示す興味深い現象の一つに、酸化コバルトや酸化鉄などのリチウムを含まない遷移金属酸化物へのリチウム挿入脱離反応があげられる[17]。例えばCoOは岩塩型構造を有し、構造内にリチウムイオンを格納するホストとしての機能がない。しかし、CoOへのリチウム挿入脱離反応を行うと、次のような反応が起こる。

$$CoO + 2Li \underset{2}{\overset{1}{\rightleftarrows}} Co + Li_2O$$

この充電反応(2)で、CoとLi$_2$Oがナノサイズで相分離して形成される。Li$_2$Oは一般には電気化学的に不活性な物質と考えられるが、放電反応(1)ではLi$_2$Oの分解反応が起こる。これは、ナノサイズで微粒子が分散している効果に起因すると考えられる。相分離した状態に更にリチウムイオンを供給すると、低電位側にはこの分解反応から予測される以上の容量成分が出現する。金属とLiとの合金形成が起こらない材料系でもこの容量が認められ、この現象の説明として粒子表面でのSEIの形成及び分解によるモデル[18]と、金属/Li$_2$Oのヘテロ界面でのリチウムイオン吸蔵モデル[19]が提案されている。これら酸化物材料が示すエネルギー密度は代表的な負極活物質である黒鉛の理論容量(372 mAh g^{-1})の2～3倍程度にまで達し、新規負極材料として期待されている[20]。粒子系が大きい場合には可逆性に優れない反応が、ナノ粒子化することで飛躍的に特性向上する例が報告されている[21]。また、微粒子化により相転移機構自体が変化することで可逆性が出現するケースもある[22]。更に、微粒子化と充放電電位との相関性も予測されている[19,23]。これらの例は、微粒子化・微粒子複合材料とすることで電極特性を向上する新しい機能として注目される。

一方、活物質を微粒子化することに対する問題点も指摘されている。Ohkuboらは水熱合成法を用いてサイズの異なるLiCoO$_2$ナノ粒子を合成し、粒子系と容量及びサイクル特性の相関を見いだしている[24]。後述のように微粒子化により充放電のレート特性が向上するものの、可逆容量の減少、初回充放電時の非可逆容量の増大、サイクル特性の劣化等の問題が生じることを報告している。微粒子化に伴う可逆容量の減少は、LiMn$_2$O$_4$でも認められている[22]。また、サイクル特性の劣化は微粒子活物質と液体電解質との界面反応に起因する問題と指摘されている。溶媒分解反応は活物質の表面状態に影響される現象が報告されており[25]、各種表面修飾でその影響を低減できる可能性もある[2]ことから、粒子サイズの制御と共に界面・形態制御が重要な因子になることが示唆される。

2.3 ナノ粒子活物質と相変化

リチウムイオンの挿入脱離反応に伴って固相内のリチウム組成が変化すると，活物質の相変化も起こる。この相変化のうち，特に興味深いのは二つの相が共存して反応が進行する二相反応であり，この反応はリチウムイオン二次電池の多くの電極活物質で一般的に認められる。この相変化が実用電池で問題となる一つの理由は，相変化に伴う相境界の移動速度が遅いために，反応が高速に進行しにくいことである。一例として，黒鉛中での化学拡散係数の電位依存性を図3に示す[26]。黒鉛の充放電反応では，その大半がステージ構造が共存する二相反応で進行し，この際に電位平坦部が形成される。図3中で点線の電位で二相が共存し，各点線の間では単相反応が進行するが，単相領域での化学拡散係数の値に比べて，二相共存の電位ではその値が著しく低下することがわかる。同様な現象が$LiCoO_2$[27]，$LiMn_2O_4$[28]等の電極活物質についても認められている。即ち，二相反応の速度論は，電池の出入力密度と直結する課題であり，この反応速度を高速化することは，電池の出入力密度を飛躍的に向上するための一

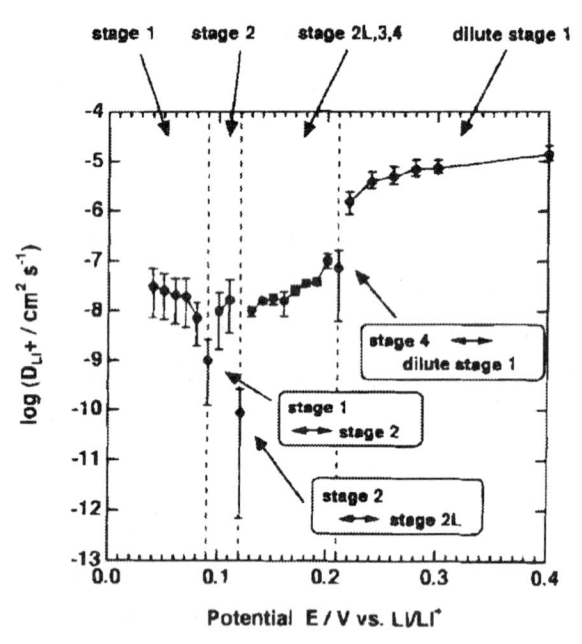

図3 黒鉛中でのリチウムイオンの化学拡散係数の組成依存性[26]
(Reproduced by permission of The Electrochemical Society)

(a)大粒子で進む相変化

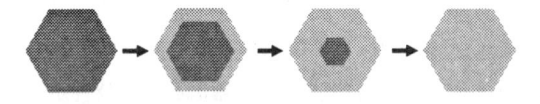

相境界移動が遅い（速度論的な制約）

(b)ナノ粒子で期待される相変化

相境界移動に律速されない超高速反応が期待！

図4 ナノ粒子化による超高速相変化のイメージ図

第6章　ナノ粒子活物質へのリチウムイオンの挿入脱離反応のダイナミクス

つの鍵と考えられる。

　この二相反応には，反応メカニズム，反応形成過程，速度論等について明らかでない部分が多い。一般的には，図4(a)に示すように活物質内外にそれぞれの相が形成され，二相共存領域では両相中のリチウム組成は変化せず，相の割合のみが変化して相境界の移動を伴って反応が進行するモデルで説明される。ところが，相が形成される初期過程に着目すると，必ずしも図4(a)に示すような相境界が明確に形成されるわけではなく，例えば層状材料では相境界が形成されるよりも層方向への挿入反応が高速に進行しやすい現象が認められている[29〜31]。一例として，著者らが層状構造を有するα-MoO_3で起こる二相反応の初期過程で見いだしたTEM像を図5に示す[32]。層方向へのリチウム挿入反応が優先的に進行し，図4(a)で示されるような相境界が界面には形成されていないことがわかる。最近，$LiFePO_4$で形成される二相境界近傍を電子顕微鏡[33]やEELS[34]を用いて調べられた結果では，相境界に不規則相が形成されていることが指摘され，粒子径が比較的小さな場合でも10 nm程度のオーダーを持つ。こうした相境界領域の形成機構は，粒子形状や二相間の体積膨張・収縮に伴うストレスと相関する可能性がある[35,36]。

　微粒子化と二相反応挙動の間に相関性があることが最近の報告から強く示唆される。例えば層状構造を有する$LiCoO_2$の場合，その放電曲線の粒子サイズ依存性が調べられているが，17 nm程度まで粒子系が小さくなると二相反応領域が明確でなくなり，高速なリチウム挿入脱離反応が進行する[24]。次世代の正極活物質として期待されている$LiFePO_4$は，b軸方位へリチウムイオン

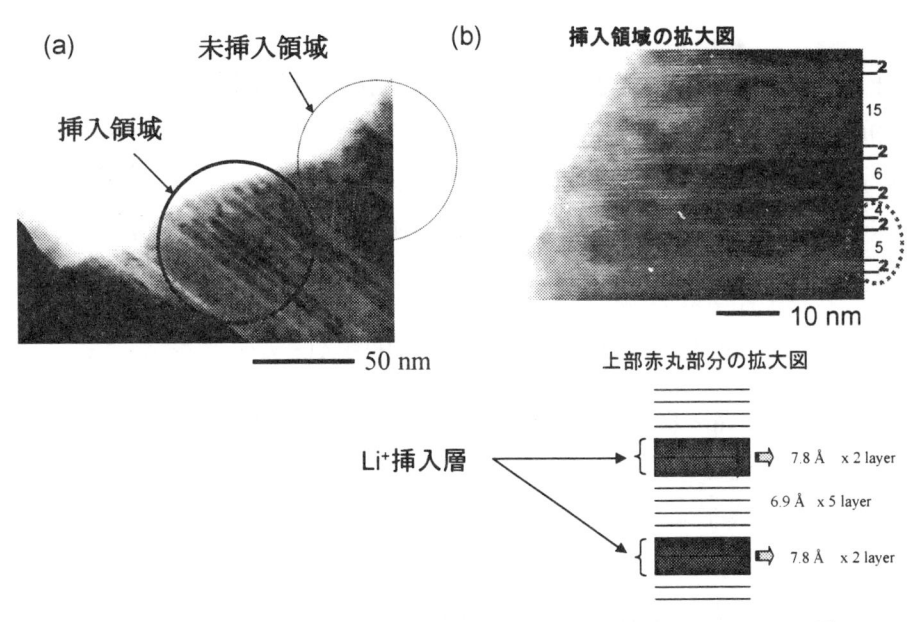

図5　α-MoO_3へのリチウム挿入初期過程で生じる二相反応過程での格子変化[32]
（Reproduced by permission of Elsevier）

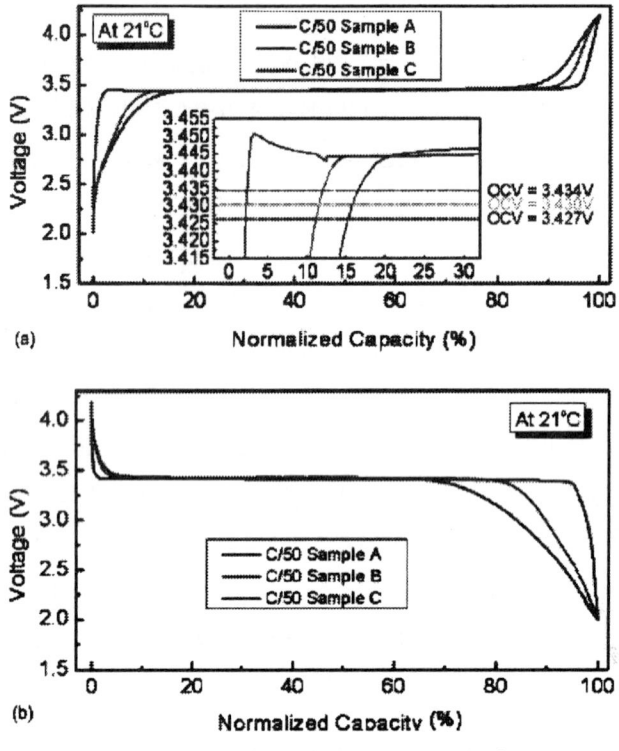

図6 LiFePO₄の充放電曲線の粒子サイズ依存性
Sample A：34 nm, Sample B：42 nm, Sample C：113 nm[37]
(Reproduced by permission of The Electrochemical Society)

が移動する一次元伝導経路を有する電極活物質と考えられている。この活物質の充放電反応は大半が二相反応で進行する（図6）が，粒子系を40 nm程度まで小さくすると，リチウム脱離初期と後期に組成に対して電位が単調に変化する単相領域の幅が増大する[37]。アナターゼTiO_2へのリチウムイオン挿入反応の微粒子化に伴う二相反応挙動の変化では，次式に示す二相混合による自由エネルギーを用いて熱力学的に説明されている[36]。

$$\Delta G_{mix}(x) = (x_2 - x_1)^{-1}(x_2 - x)G_1 + (x - x_1)G_2) - G(x) + A(x)\gamma_A / v_{Li}V \quad x_1 < x < x_2 \quad (1)$$

ここで，x_1及びx_2は二相を構成するリチウム組成，G_1及びG_2は各相での自由エネルギー，G_xは$x_1 < x < x_2$の任意の組成での固溶体（単相）形成に対する自由エネルギー，$A(x)$は二相の界面面積，γが歪みによる表面エネルギー，v_{Li}がリチウムイオンのモル体積，Vが粒子体積である。(1)式の最終項で，$A(x)$及びVはそれぞれ粒子半径(r)のr^2及びr^3に比例する。従って，rが小さくなると最終項の値が増大する。即ち，粒子系が大きい場合にはこの項の影響が小さく相を分離するに十分なエネルギーが稼げる（$\Delta G_{mix}(x) < 0$）が，粒子系が小さくなると相を分離するエネル

第6章　ナノ粒子活物質へのリチウムイオンの挿入脱離反応のダイナミクス

ギーが稼げなくなり，$\Delta G_{mix}(x) > 0$になると二相分離が熱力学的に不安定となる。上述のように，微粒子化による二相反応挙動の変化は実験的及び熱力学的観点から活発に研究されつつある。粒子内に相境界を形成させずに反応を進行させることができれば，相境界移動に律速されない超高速リチウム挿入脱離反応が期待できる（図4(b)）。

微粒子化に伴う二相反応挙動の変化に加えて，これら微粒子が凝集した場合にはその粒界も電気化学的挙動に強く影響を与える。著者らは噴霧熱分解法を用いて直径10～20 nmの$LiMn_2O_4$微粒子を合成し，その電気化学的挙動を検討した[7]。微粒子を電気集塵装置を用いて回収すると，ドライ雰囲気でメッシュ上に微粒子を堆積でき，このメッシュを集電体として用いることができる。作製した電極を種々の温度で加熱処理してXRD測定を行うと，図7に示すようにいずれもスピネル型の回折スペクトルが認められる。500度までの加熱処理では平均結晶子系に大きな変化はないが，TEMで試料を観察すると500度の熱処理で粒子が著しく凝集する様子が分かる。一方，700度まで加熱温度を上げると平均結晶子径が増大するが，これはTEM像とも一致する。熱処理した電極のリチウム挿入脱離反応を水溶液中で行うと，図8に示すようなボルタモグラム

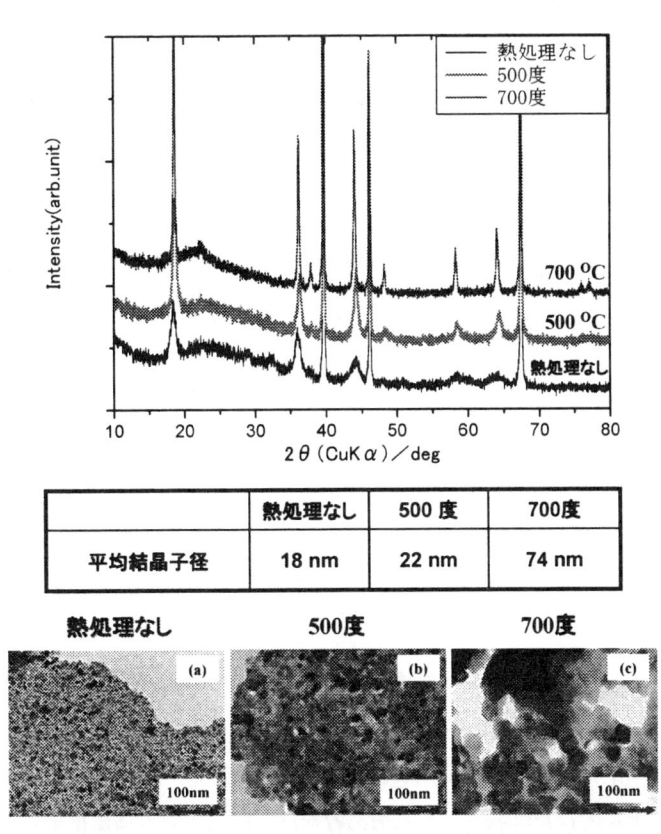

	熱処理なし	500 度	700度
平均結晶子径	18 nm	22 nm	74 nm

図7　白金メッシュ上に堆積した$LiMn_2O_4$微粒子の熱処理に伴うXRD，平均結晶子径，およびTEM像の変化

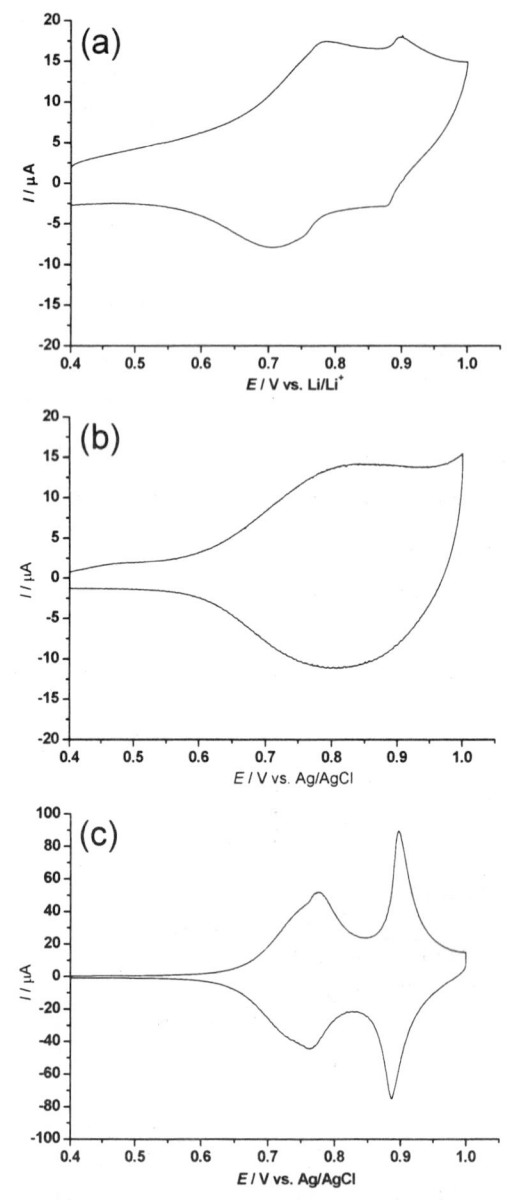

図8 種々の温度で加熱処理したLiMn$_2$O$_4$微粒子の水溶液中で測定したサイクリックボルタモグラム
(a)熱処理なし，(b)500度，(c)700度

を示す。合成直後のものと700度で熱処理した試料ではLiMn$_2$O$_4$の相変化に対応する酸化還元電流が認められる。一方，500度で熱処理した試料では，これら相変化が明確に認められない。粒子径や結晶性に特徴がないことから，凝集過程での粒界形成に影響されてリチウムの規則配列が起こりにくくなるためだと思われる。粒界の存在は，反応速度を高速化する上では大きな障害となる[38]が，相変化を制御する新しい因子ともなりそうである。

第6章　ナノ粒子活物質へのリチウムイオンの挿入脱離反応のダイナミクス

3　おわりに

　微粒子を電極活物質に用いることの利点は，電荷移動反応と固相内リチウム拡散に起因する抵抗を低減して反応を高速化させるだけではなさそうである。微粒子化に伴う相変化の高速化，相変化の制御，高容量化など，今後リチウムイオン二次電池の性能を飛躍的に向上するためのブレークスルーが微粒子材料の活用から生まれてくることが期待される。そのためには，粒径を小さくすることで生じる本質的な問題点を明確化する必要がある。特に，活物質材料の表面状態とそこで起こる副反応，容量とサイズ等の相関を明らかにすると共に，これらの問題点を克服するための微粒子の表面・形態制御が重要と思われる。遷移金属酸化物へのリチウム挿入脱離反応に認められるように，これまで常識的には材料として扱われなかったものが，ナノ粒子化することで超高性能材料となる系が今後も見いだされると期待する。

文　献

1) Bhattacharyya *et al., Advanced Materials*, **16**, 9-10, 811 (2004)
2) Fu *et al., Solid State Sciences*, **8**, 2, 113 (2006)
3) Kawamura *et al., Journal of Power Sources*, **146**, 1-2, 27 (2005)
4) 本間格, 第60回新電池構想部会要旨, 東京理科大, 1 (2006)
5) Lu *et al., Journal of Physics and Chemistry of Solids*, **67**, 4, 756 (2006)
6) Iriyama *et al., Journal of Power Sources*, in press (2007)
7) Hsu *et al., Journal of Materials Chemistry*, **14**, 17, 2690 (2004)
8) Kim *et al., Electrochemical and Solid State Letters*, **9**, 9, A439 (2006)
9) Doi *et al., Chemistry of Materials*, **17**, 6, 1580 (2005)
10) Wang *et al., Advanced Materials*, **17**, 23, 2857 (2005)
11) Delacourt *et al., Chemistry of Materials*, **16**, 1, 93 (2004)
12) Yang *et al., Electrochemistry Communications*, **3**, 9, 505 (2001)
13) Adschiri *et al., High Pressure Research*, **20**, 1-6, 373 (2001)
14) Okuyama *et al., Chemical Engineering Science*, **58**, 3-6, 537 (2003)
15) Sides *et al., Advanced Materials*, **17**, 1, 125 (2005)
16) Yan *et al., Journal of the Electrochemical Society*, **150**, 8, A1102 (2003)
17) Poizot *et al., Nature*, **407**, 6803, 496 (2000)
18) Laruelle *et al., Journal of the Electrochemical Society*, **149**, 5, A627 (2002)
19) Balaya *et al., Journal of Power Sources*, **159**, 1, 171 (2006)
20) Tarascon *et al., Nature*, **414**, 6861, 359 (2001)
21) Park *et al., Electrochimica Acta*, **51**, 19, 4089 (2006)

22) Kanzaki et al., *Journal of Power Sources*, **146**, 1-2, 323 (2005)
23) Yamaki et al., *Journal of Power Sources*, **153**, 2, 245 (2006)
24) Okubo et al., *Journal of the American Chemical Society*, **129**, 51 (2007)
25) Matsushita et al., *Journal of Power Sources*, **146**, 1-2, 360 (2005)
26) Funabiki et al., *Journal of the Electrochemical Society*, **145**, 1, 172 (1998)
27) Dokko et al., *Journal of the Electrochemical Society*, **148**, 5, A422 (2001)
28) Rho et al., *Journal of Power Sources*, **157**, 1, 471 (2006)
29) Biberacher et al., *Materials Research Bulletin*, **17**, 11, 1385 (1982)
30) Cai et al., *Materials Science and Engineering a-Structural Materials Properties Microstructure and Processing*, **238**, 1, 210 (1997)
31) McKelvy et al., *Solid State Ionics*, **63-5**, 369 (1993)
32) Iriyama et al., *Solid State Ionics*, **135**, 1-4, 95 (2000)
33) Chen et al., *Electrochemical and Solid State Letters*, **9**, 6, A295 (2006)
34) Laffont et al., *Chemistry of Materials*, **18**, 23, 5520 (2006)
35) Prosini, *Journal of the Electrochemical Society*, **152**, 10, A1925 (2005)
36) Wagermaker et al., *Journal of American Chemical Society*, **129**, 14, 4323 (2007)
37) Meethong et al., *Electrochemical and Solid State Letters*, **10**, 5, A134 (2007)
38) Funabiki et al., *Carbon*, **37**, 10, 1591 (1999)

第7章　ゾル-ゲル法による電極—電解質ナノ固体界面形成

忠永清治*

1　はじめに

　液相系から酸化物，無機—有機ハイブリッドを作製するゾル-ゲル法が機能性材料の作製法として盛んに検討されている[1]。イオニクス材料についてもゾル-ゲル法の特徴を生かした固体電解質や電極材料などの作製が数多く報告されており，ゾル-ゲル法をベースとするイオニクス材料の研究分野は「ゾル-ゲルイオニクス」[2]と呼ばれている。

　ゾル-ゲル法においては，金属アルコキシドを出発原料として用いる場合を例にすると，まず，金属アルコキシドをアルコール溶媒中で加水分解する。この際，シリコンアルコキシドのような安定なアルコキシドの場合には，酸または塩基などの触媒を必要とする。一方，無機—有機複合材料の合成においては，有機鎖がシリコンに直接結合したオルガノアルコキシシランが出発材料としてよく用いられる。この場合は結合する有機鎖の種類がアルコキシ基の反応性に大きく影響を及ぼすので，その加水分解速度を制御する必要がある。

　金属アルコキシドの加水分解過程と引き続いて起こる重縮合過程は，次のように表現することができる。

$$M(OR)_n + nH_2O \rightarrow M(OH)_n + nROH$$
$$2M(OH)_n \rightarrow (HO)_{n-1}M\text{-}O\text{-}M(OH)_{n-1} + H_2O$$
$$(HO)_{n-1}M\text{-}O\text{-}M(OH)_{n-1} \rightarrow MO_{n/2} + H_2O$$

　ただし，これらの式はあくまでも反応の概略を示すものであり，実際の反応機構は非常に複雑である。重合度が低い段階では，無機微粒子が溶媒中に分散したゾル状態であり，反応が進行して重合度が高くなって無機骨格が発達すると流動性を失ってゲルとなる。この状態を「ウェットゲル」と呼び，ゲル内には大量の溶媒が含まれている状態である。ウェットゲルを乾燥，あるいは熱処理することによって，ほとんどの溶媒が留去された多孔質の「ドライゲル」と呼ばれる状態になる。このゾルからウェットゲル，さらにドライゲルへの過程において，加水分解・重縮合

---

*　Kiyoharu Tadanaga　大阪府立大学　大学院工学研究科　応用化学分野　准教授

反応，乾燥・熱処理過程を制御することによって，様々な状態，そして細孔構造を有するゲルを得ることができる。近年では，ゾル中にテンプレートとなる界面活性剤を添加することによって非常に規則正しい大きさの細孔を有する多孔質ゲルも合成されている。

このように，ゾル-ゲル法によって非常に多様な状態，細孔構造を有するゲルを作製することが可能である。筆者らのグループでは，ゾル-ゲル法によって得られるこの無機系ゲル材料が，巨視的には固体でありながら親水性の連続細孔を有し，プロトン伝導体のホストマテリアルとして理想的な構造を有していることをいち早く指摘し，数多くのプロトン伝導性材料を開発してきた[3～8]。さらに，テトラエトキシシランとオルトリン酸から作製したホスホシリケートゲルが150℃，低加湿度下で高いプロトン伝導性を示すことを報告している[9～11]。

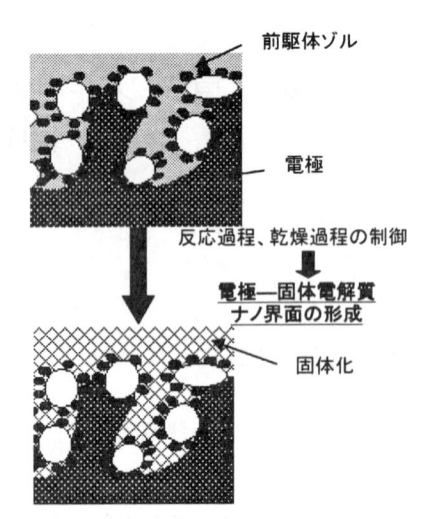

図1 ゾル-ゲル法による電極—電解質ナノ固体界面形成の概念図

現在，様々なイオニクス素子には液系電解質が用いられているが，この液系電解質を固体電解質に置換することができれば，素子の安全性，信頼性の向上が大きく期待される。そのためには，良好な電極—電解質界面の構築が必須である。ゾル-ゲル法を用いれば溶液状態から固体を作製することができるので，例えば，固体電解質の前駆体溶液が固体電極との間に形成する良好なナノメートルオーダーでの固—液界面を，そのまま良好な固体—固体間のナノ界面に変化させることができると考えられる。図1にその概念図を示す。一方，多様な状態，細孔構造を有する酸化物を作製できるという特徴は，様々な電極の作製にも応用できると考えられる。

本稿では，これらのことに着目し，全固体電気化学素子の構築に必要な電極—固体電解質ナノ界面を形成することを目的として行っている研究のうち，全固体型大容量電気二重層キャパシタと中温作動型燃料電池について紹介する。

2 ゾル-ゲル法による全固体型大容量キャパシタの構築

蓄電素子の一種である電気二重層キャパシタは，急速充放電が可能，出力パワー密度が大きい，充放電による劣化が少ないなどの長所を有している。そこで現在，電気二重層キャパシタは家電製品のメモリー等のバックアップ電源，ハイブリッド自動車の補助電源などに利用されている。

電気二重層キャパシタは，分極性電極と電解質の界面で電気二重層を形成して電荷を蓄積する。

第7章 ゾル-ゲル法による電極−電解質ナノ固体界面形成

この電解質には，現在ではKOH水溶液などの水溶液または有機溶媒などをポリマーに含浸させた液体系電解質が用いられている。液体系の電解質を用いているために，液漏れなどの危険性や，100℃を超える環境で用いる場合には冷却が必要となるなどの問題点があり，安全で幅広い温度域で使用可能な電気二重層キャパシタの開発が求められている。その方法の一つとして，液体の電解質を固体電解質に置換する方法を挙げることができる。例えば，これまで液体の電解液が用いられてきたアルミニウム電解コンデンサはその液体部分を導電性高分子に置き換えることによって安全性，耐熱性が大きく向上し，幅広く用いられるようになってきている。電気二重層キャパシタにおいても，液体系電解質を固体電解質に置換することが可能となれば安全性，耐熱性，信頼性の大きな向上が期待できるが，分極性電極として用いられている活性炭の細孔を蓄電のために効果的に用いるためには，細孔の内部まで電解質が浸透することが必要である。従って，固体電解質を用いた電気二重層キャパシタを実用化するためには，良好な電極−固体界面を形成し，スムーズなイオンの移動を可能とすることが重要であることはいうまでもない。

我々はこれまでに，様々な酸をドープしたシリカゲルを用いた全固体型電気二重層キャパシタの構築について報告してきた。ここでは，高いプロトン伝導性を有するホスホシリケートゲルを電解質に，ホスホシリケートゲルと活性炭の複合体を分極性電極に用いた全固体型電気二重層キャパシタを作製し，室温から150℃における電気化学特性について紹介する[12]。

電極部分はホスホシリケートゲルの前駆体ゾルに市販の活性炭とアセチレンブラックを加え，室温でゲル化させて作製した。これらを用いて，分極性電極/電解質/分極性電極の三層ペレット構造の全固体型電気二重層キャパシタを構築した。

図2には，ゾル中に活性炭を加え混合して電極を作製した場合と，あらかじめホスホシリケートゲル粉末を作製し，その粉末と活性炭を混合して，電気二重層キャパシタを構築したときのサイクリックボルタノグラムを示す。これより，ゾル状態で活性炭を混合した場合に大きな容量が得られており，ゾルが活性炭の細孔にまで染み込んだ後，ゲル化することによって，良好な電解質−電極界面が得られたものと考えられる。

次に，150℃での特性評価を行った。0.5Vで30分充電した後のOCVの変化を測定したところ，25℃では，1時間経過後も大きな電位の変化が見られなかったのに対し，150℃では約10分で約0.1Vまで電位が低下することがわかった。温度の上昇によって自己放電過程が活性化されたと考えられる。

図3に，作製したキャパシタの室温および150℃における容量の走査速度依存性を示す。キャパシタの容量はCV測定により計算した。25℃に比べ150℃の方が大きな容量を示し，150℃の場合，例えば10 mVs^{-1}において，約10 Fg^{-1}の容量を示した。これは電解質に用いたホスホシリケートゲルの導電率が，室温より150℃の方が高いことによると考えられる。また，走査速度

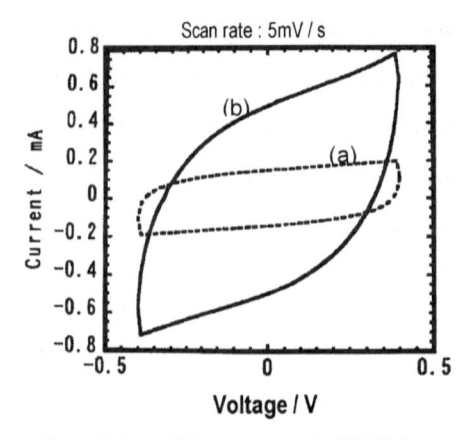

図2 電気二重層キャパシタの電極部分を(a)ゲル粉末とカーボン粉末を混合した試料,(b)ゾルの段階でカーボン粉末を混合し,ゲル化させた試料,のサイクリックボルタノメトリーの測定結果

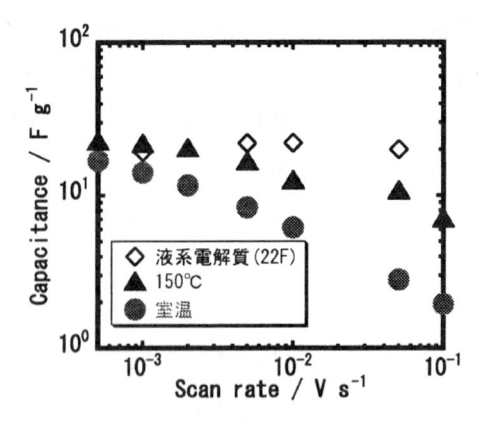

図3 25℃と150℃における電気二重層キャパシタ容量の走査速度依存性

が大きくなるにつれて容量は低下するが,150℃の場合,100 mVs^{-1}においても,6 Fg^{-1}以上の容量を維持することがわかった。自己放電特性の改善,イオン導電率の向上など,まだまだ多くの改善の余地があるが,このような全固体型電気二重層キャパシタは,固体であることによって信頼性が向上し,耐熱性の要求される用途に非常に有効であると考えられる。

3 無機系ベース複合体電解質を用いた中温作動型燃料電池の構築と評価

固体高分子形燃料電池の作動温度が100℃以上となると,Pt触媒のCO被毒の減少や,エネルギー利用効率の向上などが見込めるため,作動温度の高温化が望まれている。さらに,より小型化するために,加湿器が不要な,無加湿あるいは低加湿条件下で使用できる電解質膜の開発が望まれている。これまでに様々な中温領域で使用可能な電解質が報告されている[13〜17]。我々はこれまでに,ホスホシリケートゲル粉末を様々な有機ポリマー前駆体と混合し熱処理することによってシート状の膜を作製することが可能であることを報告している[18〜20]。一方,様々な親水基を末端に有するシランカップリング剤とリン酸を出発原料とすることで柔軟性を有する無機—有機ハイブリッドプロトン伝導性膜を作製することが可能であることも報告している[21〜23]。

これら無機—有機複合体膜を電解質として用いた燃料電池の中温・低加湿条件での発電特性を検討する場合,触媒,電極をどの様に電解質に塗布するのかが大きな問題となる。通常の固体高分子形燃料電池の場合,膜電極複合体(MEA)を作製する場合には,Nafion溶液に白金担持カ

第7章　ゾル-ゲル法による電極-電解質ナノ固体界面形成

ーボンを分散させたインクを作製し，これを塗布することで電極が形成される。しかし，中温領域において使用する場合には触媒層においても中温領域で高いプロトン伝導性を示す材料を用いることが望ましい。

　ゾル-ゲル法から作製されるプロトン伝導体の場合，前駆体ゾルから電解質が得られるので，Nafion溶液と同じように用いることが可能である。従って，ゾル-ゲル法によって中温温度域で高いプロトン伝導体を作製すること，およびその導電機構の解明は極めて重要である。

　ここでは，室温から180℃までの温度域において，リン酸とテトラエトキシシランなどからゾル-ゲル法によって作製したホスホシリケート（SiO_2-P_2O_5）ゲルと耐熱性高分子であるポリイミドと複合化させ，作製したコンポジット膜の導電率と加湿条件の関係についてまず考察を行い，そのコンポジット膜を電解質膜に用いた燃料電池の評価を行った例について紹介する。

　MEAを作製する場合，ホットプレス後に中温領域で高い導電率を示すホスホシリケートゲルの前駆体ゾルを用いた。複合体膜の両面をそれぞれの前駆体ゾルを浸透させた白金担持カーボンペーパーで挟み込み，ホットプレスすることでMEAを作製した。

　ホスホシリケートゲル含量が最大75 wt%，膜厚約100 μmの柔軟な淡黄色の膜が得られた。ホスホシリケートゲル含量の増加に伴い，コンポジット膜の導電率は上昇した。ホスホシリケートゲル75 wt%含有の膜は，30℃，相対湿度60%において10^{-3} S cm^{-1}以上の高い導電率が得られた。

　図4には，このコンポジット膜を前処理として30℃，相対湿度60%に3時間保持後，180℃，

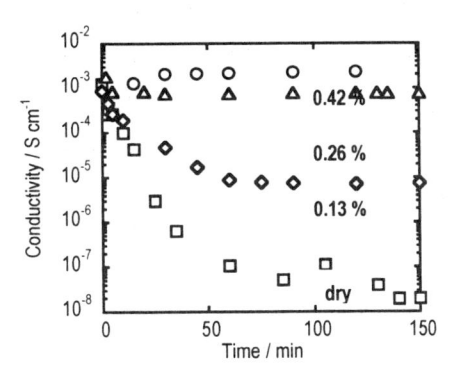

図4　ホスホシリケートゲル-ポリイミド系コンポジット膜の180℃，相対湿度 0.42%（○），0.26%（△），0.13% R. H.（◇），および乾燥窒素中（□）における導電率の経時変化

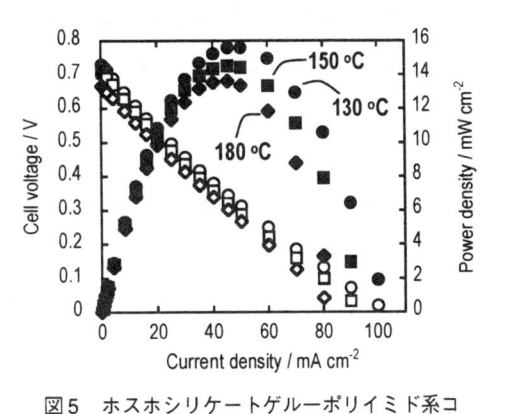

図5　ホスホシリケートゲル-ポリイミド系コンポジット膜を用いて構築した燃料電池の電流-電圧特性
水蒸気分圧を150 mmHg一定とし，130℃（●，○），150℃（■，□），および180℃（◆，◇）で測定した結果。

様々な湿度下に保持したときの導電率の経時変化を示す。乾燥条件下で，導電率は10^{-7} S cm^{-1}以下という低い値を示した。しかし，わずかに加湿することによって導電率は高い値を保持し，180℃，相対湿度0.3％において7.7×10^{-4} S cm^{-1}，180℃，相対湿度2.0％においては2.5×10^{-3} S cm^{-1}を示した。導電率測定と同じ条件下に保持した膜のXRD測定を行ったところ，180℃，乾燥条件下に保持した膜のXRDパターンには$Si_5O(PO_4)_6$の結晶ピークが強く観測された。また，保持する相対湿度の上昇に伴い，$Si_5O(PO_4)_6$の結晶ピーク強度は小さくなり，180℃，相対湿度3％に保持した膜には$Si_5O(PO_4)_6$の結晶ピークは確認されなかった。このことから，180℃，低加湿条件下で，時間経過に伴ってコンポジット膜の導電率が低下したことは，膜中のホスホシリケートゲルが結晶化したことに関係していると考えられる。

図5には，ホスホシリケートゲルの前駆体ゾルを浸透させた白金担持カーボンペーパーでコンポジット膜を両側から挟みこむことによって作製したMEAを用いた燃料電池の，中温（130～180℃）低加湿条件下（水蒸気分圧 150 mmHg）における発電特性を示す。作動温度の上昇に伴い，相対湿度の低下もあり出力は低下する傾向がみられる。しかし，180℃，相対湿度2.0％の条件下においてもOCV 約0.67 V，最大電力密度13.6 mWcm^{-2}を示し，燃料電池が作動することを確認できた。したがって，このコンポジット膜が中温用の電解質膜として有効であり，電極—電解質界面の構築にホスホシリケートゲルを用いることが効果的であることが示された。

4 おわりに

全固体電気化学素子の構築に必要な電極—固体電解質ナノ界面をゾル-ゲル法を用いて形成することを目的として行っている研究のうち，全固体型大容量電気二重層キャパシタと中温作動型燃料電池について紹介した。イオニクス素子の全固体化は，イオニクス素子の発展のためには必須の課題である。従って，ゾル-ゲル法による電極—電解質ナノ固体界面形成に関する研究がさらに発展し，イオニクス素子の発展に大きく貢献することが期待される。

文　献

1) 例えば，作花済夫，「ゾル-ゲル法の科学」，「ゾル-ゲル法の応用」アグネ承風社
2) J. Livage, *Solid State Ionics*, **50**, 307 (1992)
3) M. Tatsumisago and T. Minami, *J. Am. Ceram. Soc.*, **72**, 484 (1989)
4) M. Tatsumisago, Y. Sakai, H. Honjo and T. Minami, *J. Ceram. Soc. Jpn.*, **103**, 189 (1995)

5) A. Matsuda, H. Honjo, M. Tatsumisago and T. Minami, *Chem. Lett.*, 1189 (1998)
6) M. Tatsumisago, K. Kishida and T. Minami, *Solid State Ionics*, **59**, 171 (1993)
7) A. Matsuda, H. Honjo, M. Tatsumisago and T. Minami, *Solid State Ionics*, **113-115**, 97 (1998)
8) A. Matsuda, H. Honjo, K. Hirata, M. Tatsumisago and T. Minami, *J. Power Sources*, **77**, 12 (1999)
9) T. Kanzaki, A. Matsuda, Y. Kotani, M. Tatsumisago and T. Minami, *Chem. Lett.*, 1314 (2000)
10) A. Matsuda, T. Kanzaki, Y. Kotani, M. Tatsumisago and T. Minami, *Solid State Ionics*, **139**, 113 (2001)
11) A. Matsuda, T. Kanzaki, K. Tadanaga, M. Tatsumisago and T. Minami, *J. Ceram. Soc. Jpn.*, **110**, 131 (2002)
12) 忠永清治, 宮田明, 辰巳砂昌弘, 電気化学会第73回大会講演要旨集, p. 279 (1L22) (2006)
13) I. Gautier-Luneau, A. Deonyelle, J. Y. Sanchez and C. Poinsignon, *Electrochim. Acta*, **37**, 1615 (1992)
14) Y. Park and M. Nagai, *J. Electrochem. Soc.*, **148**, A616 (2001)
15) H. Nakajima and I. Honma, *Solid State Ionics*, **148**, 607 (2002)
16) B. Bonnet, D. J. Jones, J. Roziere, L. Tchicaya, G. Alberti, J.M. Casciola, L. Massinelli, B. Bauer, 29 Peraio and E. Ramunni, *J. New Mater. Electrochem. Systems*, **3**, 87 (2000)
17) P. Heo, M. Nagao, T. Kamiya, M. Sano, A. Tomita and T. Hibino, *J. Electrochem. Soc.* **154**, B63 (2007)
18) A. Matsuda, N. Nakamoto, T. Minami and M. Tatsumisago, *Solid State Ionics*, **162-163**, 247 (2003)
19) N. Nakamoto, A. Matsuda, K. Tadanaga, T. Minami and M. Tatsumisago, *J. Power Sources*, **138**, 51 (2004)
20) A. Matsuda, N. Nakamoto, K. Tadanaga, T. Minami and M. Tatsumisago, *Solid Sate Ionics*, **177**, 2437 (2006)
21) K. Tadanaga, H. Yoshida, A. Matsuda, T Minami and M. Tatsumisago, *Chem. Mater.*, **15**, 1910 (2003)
22) K. Tadanaga, H. Yoshida, A. Matsuda, T Minami and M. Tatsumisago, *Electrochem. Commun.*, **5**, 644 (2003)
23) K. Tadanaga, H. Yoshida, A. Matsuda, T. Minami and M. Tatsumisago, *Electrochim. Acta*, **50**, 705 (2004)

第8章　ナノ分極型高選択反応性電極の創製

長尾征洋[*1]，日比野高士[*2]，佐野　充[*3]

1　はじめに

　プロトンや酸化物イオンなどが固体内を高速で移動するイオン導電体と，イオンと電子の混合導電体である電極が，イオンが導電可能な条件下で接合すると，その界面においては「ナノイオニクス」と定義する，ナノスケールの導電現象が観察される。特に気相中の特定のガス，固体内のイオンおよび電子が会する界面では，高い反応活性を示す電気化学的な反応場が生成する。この反応場では通常の反応過程とは異なり，高い反応活性，選択性，反応効率を得ることが期待できる。このように特異的な反応特性を得るためには，反応に必要な温度域における高イオン導電体を開発し，ナノスケールでデザインした電極触媒によって電気化学反応を促進することが必要である。

　150～300℃の中温，しかも無加湿条件で高プロトン導電率（～10^{-2} S cm^{-1}以上）を示す無機，有機系，もしくはそれらのコンポジット体材料の開発が試みられている。この内，含水系プロトン導電体はこれまで数多く報告されているが，それらの多くは高い導電率を示すには至っていない[1]。これは含水系のプロトン導電体では，プロトンがH_3O^+の形で導電するため，水分の脱離によってH_3O^+で導電できないためである。一方，非含水系のプロトン導電体では，プロトンの形で導電するため，水の蒸発する100℃以上の温度領域でも高プロトン導電率を示すことが可能である；プロトンは固体内の格子酸素と結合しているが，伝導の際には格子酸素の回転によって隣の格子酸素へ容易に移動できる。これらの非含水系プロトン導電体の多くはオキシアニオン（SO_4^{2-}あるいはPO_4^{3-}）から構成される。SO_4^{2-}イオンをもつプロトン導電体は，S^{6+}イオンが200℃以上の温度領域で水素によって還元されるため，燃料電池などの電解質材料として使用するには限界がある。一方，PO_4^{3-}イオンはそのような還元を起こさないので，リン酸塩系プロトン導電体（無機系結晶体，無機系非晶質体（ガラス），または無機・有機コンポジット体）が注目されている。その中でもCsH_2PO_4は有望な中温プロトン導電体の一つであり，作動温度

　＊1　Masahiro Nagao　名古屋大学　大学院環境学研究科　助教
　＊2　Takashi Hibino　名古屋大学　大学院環境学研究科　教授
　＊3　Mitsuru Sano　名古屋大学　大学院環境学研究科　教授

第8章 ナノ分極型高選択反応性電極の創製

235℃, 水蒸気分圧0.3atmで2.0×10^{-2} S cm^{-1}という高プロトン導電率を示すことができる[2]。そこで, より低加湿の条件で, 高プロトン導電率を示すことができる物質の開発を目的として, リン酸二量体SnP_2O_7の性質に着目した[3]。この物質は立方晶系に属し, Sn^{4+}イオンと$P_2O_7^{4-}$イオンが交互に面心位置に配置したNaCl型結晶構造を有している(図1)。リン種がP_2O_7イオンの形で存在するため, 他のリン酸化合物と比較してプロトンサイトが豊富で, 伝導パスが多岐にわたっていると考えた。プロトン導電率は200から300℃の無加湿条件において10^{-2} S cm^{-1}以上(6×10^{-2} S cm^{-1} at 250℃)であった。SnP_2O_7は固体内にプロトンを有していないが, 雰囲気中に水蒸気が存在すると(1)式に従ってプロトンが固体内に溶解していた。

$$H_2O + 2h^{\cdot} \rightarrow 2H^+ + 1/2 O_2 \tag{1}$$

図1 SnP_2O_7の構造

ここで$h^{\cdot}$とH^+はそれぞれ電子ホールとプロトンを意味する。この機構に従うと, SnP_2O_7のプロトン導電率は固体内の電子ホール濃度を増加させることで高められるはずである。このためには固体内のSn^{4+}の一部を低原子価カチオンで置き換えることによって電子ホールを生じさせることが有効であると考えられる。予備実験からIn^{3+}イオンがドーパントとして適していることが分かった:プロトン導電率はIn^{3+}イオン量が10 mol%まではドーピングとともに増大し, それ以上では逆に減少した(XRD測定から, In^{3+}イオンの固溶限界量が10 mol%であることが確認された)。結果として, 10 mol% In^{3+}イオンをドーピングしたSnP_2O_7は250℃で1.95×10^{-1} S cm^{-1}の高いプロトン導電率を示した。また, プロトンがどの様にIn^{3+}ドープSnP_2O_7固体内を伝導するのかを確認するために, プロトン導電率に対するH/D同位体効果を測定した。In^{3+}ドープSnP_2O_7はH_2O雰囲気ではD_2Oに比べて1.32倍高い導電率を示した。H_2O中での導電率とD_2O中での導電率の比が, 1.32($\fallingdotseq\sqrt{2}$)であるということは, 電荷担体がH^+であることを支持する結果である(H_3O^+とD_3O^+では質量数の比が19:22と小さいのに対して, H^+とD^+では1:2と大きい)。また, H_2O雰囲気およびD_2O雰囲気において, その差は0.03eVであった。この値はX-HとX-D結合(Xはこの場合に酸素イオンと考えられる)の零点エネルギーの差約0.05eVに近い値であることから, X-H結合の解裂がプロトン伝導の律速段階であることが示唆される。以上のことから, (1)式に従って溶解したプロトンはP_2O_7基から成るネットワークに沿って, 水素結合の解裂と形成という一連の操作を繰り返しながら伝導していると考えられる。この機構はこれまでの含水系・非含水系プロトン導電体で見出されたプロトン導電機構とは

異なるものであり，このことがIn^{3+}ドープSnP_2O_7に高いプロトン導電率をもたらしたと解釈される[4]。

本研究では，このIn^{3+}ドープSnP_2O_7を電解質や触媒担体に使用した例として，①燃料電池電解質への応用，②白金代替触媒の開発，③NOx電解リアクタおよびセンサへの応用，および④局所電池型NOx電解触媒の研究，について述べる。

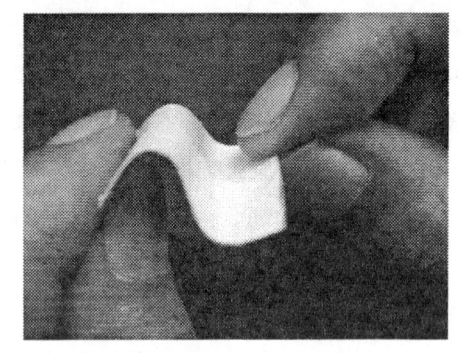

写真1　有機無機ハイブリッド膜

2　燃料電池電解質への応用

固体高分子形燃料電池（PEFC）は100℃以下での作動が求められるため，①加湿条件を必要とする，②一酸化炭素（CO）によってアノード触媒が被毒する，③電極反応が遅いため高価な白金触媒を必要とする。その他，熱交換の効率が悪く，排熱利用が給湯に限られることも問題視されている。このような課題は燃料電池の作動温度を200℃以上に高めることによって解決できると期待されている。

In^{3+}ドープSnP_2O_7を電解質，市販の白金／カーボンを電極に使用して中温作動燃料電池を構成したところ，作動温度250℃，無加湿条件で0.92 Vの開回路電圧，264mW cm^{-2}の最大出力密度が得られた。この性能はPEFCの80℃における性能に匹敵する。ただし，測定された開回路電圧の値は理論値1.1Vより下回っていた。この現象はIn^{3+}ドープSnP_2O_7が難焼結性であったため，その粉体を加圧成形して使用したことにより，水素が電解質を透過したためであると考えられる。実用的な観点からすれば，このプロトン導電体の膜化は必須の条件である。電解質膜に対して要求される基準としては，緻密性，柔軟性，耐熱性等が高く，しかもプロトン導電率が最低でも10^{-2} S cm^{-1}以上必要なことである。In^{3+}ドープSnP_2O_7粉末，シリコン系高分子バインダー，テフロン等から成る有機／無機ハイブリット膜を作成した（写真1）。この電解質膜を用いて水素／空気燃料電池を作製したところ，開回路電圧は1.0 Vになった。導電率が目標値の約7割である点を除き，上の基準を満たしていることが分かった[5]。

3　白金代替触媒の開発

中温領域で作動する燃料電池では，白金がCOによって被毒されないことが期待できる。先に示した燃料電池に5％と10％のCOを含んだ水素ガスを供給したところ，放電曲線はCO濃度に関わらず，全く同じ特性を示した。この結果から，CO除去器が不要になることが期待できる。

第8章 ナノ分極型高選択反応性電極の創製

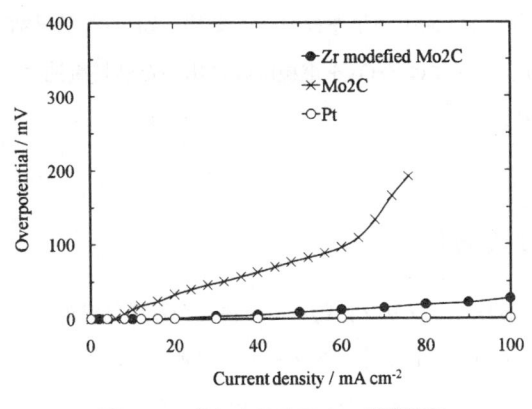

図2 300℃におけるアノード過電圧
○：Pt／C，●：Mo_2C／C，×：ジルコニア修飾 Mo_2C／C

写真2 ジルコニア修飾Mo_2C／CのTEM写真

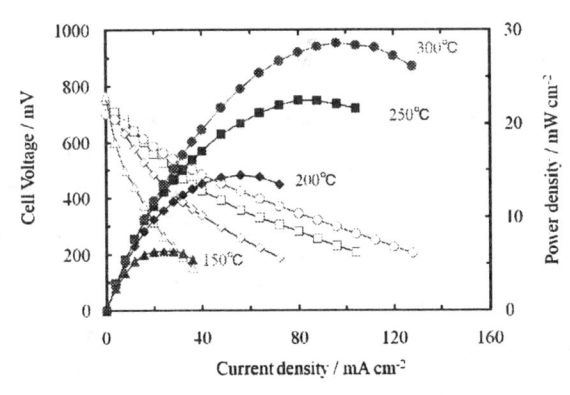

図3 水素／空気燃料電池における放電性能の温度依存性
アノード：ジルコニア修飾 Mo_2C／C，カソード：ZrO_2／C

さらに，PEFCより高い温度で作動するため，白金代替触媒を使用できる可能性もある。特に，アノードでは反応過電圧が小さいため，安価な材料による白金の代替化が期待できる。そこで，遷移金属酸化物や炭化物のアノード活性を評価したところ，炭化モリブデン（Mo_2C）が中温領域において白金を代替する触媒であることがわかった。Mo_2Cの電子状態と白金のそれとは類似していると考えられており，白金と同様に水素酸化活性をもたらしたと考えられる。また，触媒調製時に塩化酸化ジルコニウム（$ZrCl_2O・8H_2O$）を少量添加することで，アノード過電圧がさらに小さくなった（図2）。XRD測定から，Zr種はジルコニア（ZrO_2）として存在していることがわかった。また，TEM観察の結果，Mo_2Cの粒成長が抑制されているのが観察された。ZrO_2は触媒活性をほとんど示さないことから，ZrO_2添加によるMo_2Cの微粒子化がアノード触媒活性

を高めたと思われる（写真2）[6]。次にカソードでの白金代替化を検討した結果，ZrO_2が触媒活性を示した。アノードにはZrO_2添加Mo_2C，カソードにはZrO_2を電極触媒に用いた燃料電池は，300℃で約28.6mWcm^{-2}の出力を示した（図3）。

4 NOx電解リアクターおよびセンサの開発

NOxは酸性雨と光化学スモッグの原因物質であり，ガソリン自動車では古くから浄化対策が施され，大気中へのNOx排出が最小限に抑えられていた。しかし，ディーゼル自動車では排ガス中にO_2を大過剰含むため三元触媒が使えず，尿素などの還元剤を使用しなければならなかった。そこで，In^{3+}ドープSnP_2O_7を電解質に使用したNOx電解リアクタを検討した。その結果，250℃で800 ppm NOと5%O_2の混合ガスをPt/C電極に供給し，カソーディックに分極したところ，電流密度に比例して出口ガス中のNO濃度が減少することを見出した（図4）。これは次のような反応がPt触媒上で進行していることを意味した：$NO+2H^++2e^-\rightarrow 1/2N_2+H_2O$。続いて，共存する$O_2$に対してNO電解の選択性を高めるために，Pt触媒に助触媒としてRh，さらに$BaCO_3$を添加したところ，電流効率が2～4倍に改善し，効率よくNOを電解することができた。各触媒の役割として，Ptは水素過電圧を低下させ，RhはNOを効率よく水素還元し，$BaCO_3$はNOを選択吸着させると考えられた[7]。

次に，上記の電解リアクタで使用した電極が起電力（混成電位）式のNOxセンサーにも応用できる点に注目した。上の三つの電極は酸素過剰下でNOとNO_2の濃度変化にともない起電

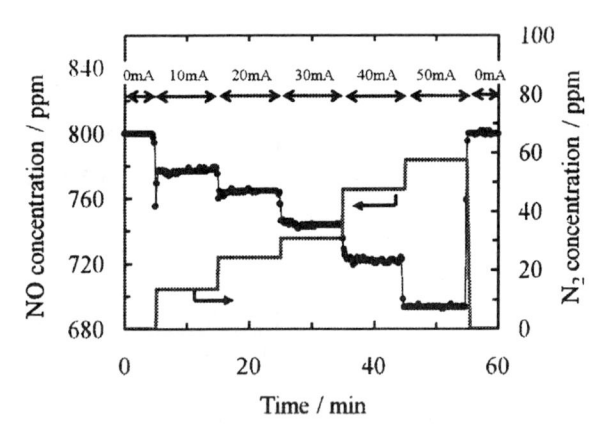

図4 カソードにおけるNOxの電解特性（250℃）

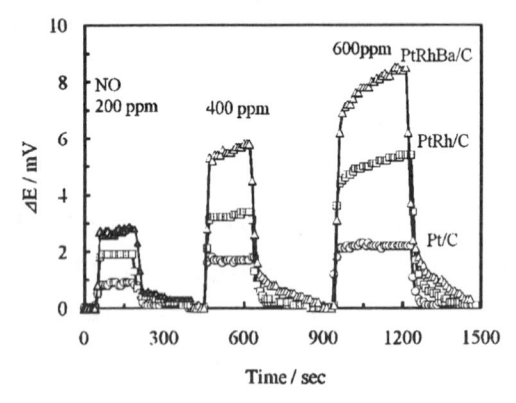

図5 NOに対する電位応答
電極：Pt/C，PtRh/C，PtRhBa/C，温度：250℃，サンプルガス：NO：0～600 ppm，water vapor：2.7%，O_2：4%

第8章　ナノ分極型高選択反応性電極の創製

反応を示し，そのときの感度はPt＜PtRh＜PtRhBaCO₃の順であり，これは上のNOx電解における電流効率の順と一致していた（図5）。従って，NOx電解活性がそのままセンシングにも寄与することが分かった。このセンサの特徴は，NOとNO₂に対して電位がともに正方向に応答した点である。これは安定化ジルコニアを電解質に使用したNOxセンサと異なる挙動であり，トータルNOxを検知できる点で実用上大いに意義がある[8]。

5　局所電池型NOx電解触媒の開発

上記のNOx電解リアクターは，外部電源からの電力供給により，反応場へH^+を供給することでNOxを電解するものであった。次に，外部電源を使用せずにNOxを選択還元する方法を考える。これまで述べてきたように，①燃料電池ではPt系アノードでのH_2酸化反応が速い速度で進行していた，②NOx電解ではPt系カソードがNO還元反応に対して高い触媒活性を示していた。これら二つの事実から，もしPtを触媒，In^{3+}ドープSnP_2O_7を触媒担体に使用すると，NO，H_2，O_2混合ガス系において，触媒／担体界面に局所電池が形成し，しかもそれが自己短絡することで以下のNO分解反応が自発的に進行することが期待される（図6）。

$$H_2 \rightarrow 2H^+ + 2e^- \tag{2}$$

$$NO + 2H^+ + 2e^- \rightarrow 1/2N_2 + H_2O \tag{3}$$

このことを確かめるために，In^{3+}ドープSnP_2O_7電解質とPt/C電極で半セルを構成し，そこへ5％O_2と8400 ppm H_2もしくは1600 ppm NOからなる混合ガスを供給した。電極電位はH_2がある場合には負の値（－180 mV）を示し，NOがある場合には反対に正の電位（＋60 mV）を示した。これらの電位はともに非ネルンスト的であり，上の反応がその他の反応に比べて選択的に進行したことを意味する（混成電位機構）。さらに，800 ppm NOと5％ O_2混合ガス中に少量のH_2を加えたときのNOx転化率を測定した。NOx転化率はH_2濃度とともに増加し，NOxがH_2によって還元されたことが分かった。また，同じH_2濃度におけるNOx転化率の大きさは，電解質のプロトン導電率に強く依存しており，特にプロトン導電性を示さないSiO_2や安定化ジルコニア（YSZ）では転化率の値が極端に低かった。これは，上に示す反応スキームを支持する結果である（図7）。

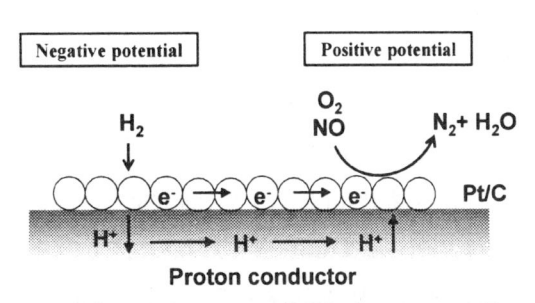

図6　局所電池における短絡現象（NO，H_2，O_2混合ガス）

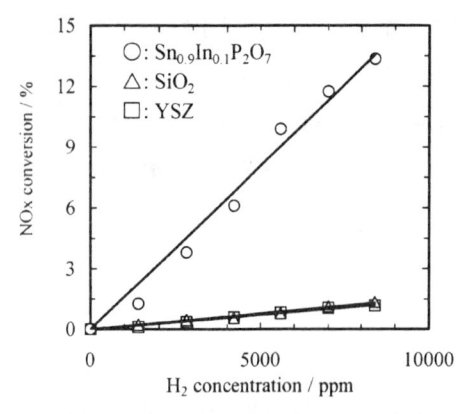

図7 H_2を還元剤に用いた時のNOx転化率
触媒：Pt，担体：silica glass，$Sn_{0.9}In_{0.1}P_2O_7$，YSZ，温度：250℃

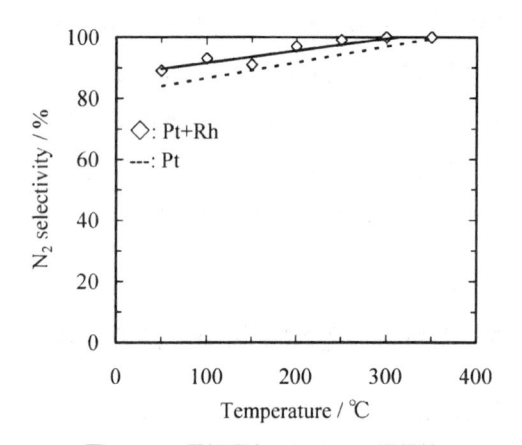

図8 NOx電解反応におけるN_2選択性
電極触媒：$PtRh/Sn_{0.9}In_{0.1}P_2O_7$，$Pt/Sn_{0.9}In_{0.1}P_2O_7$

　上の反応では，Pt/C電極の卑な部分で(2)式のH_2のアノード酸化反応，貴な部分で(3)式のNOのカソード還元反応が進行していたと考えられる。従って，電極の触媒活性を高めるには，これら二つの反応を最適化することが有効である。そこで，Ptの他にいろいろな金属を助触媒として添加し，上と同様にNOx転化率測定を行った。試験した電極のうち，PtRh/C電極が唯一のポジティブな効果を示した。この際，Rh添加効果はPtとの複合の仕方で異なり，Pt/CとRh/Cを単純に混合したものではその効果が小さく，PtとRhを同じカーボン担体に担持したもの（PtRh/C触媒）が転化率を高めることがわかった。これは二つの金属がナノレベルで複合することによって，局所電池の短絡現象が有利に進行したためであると考えられる。ここで，Rh添加効果がH_2のアノード酸化とNOのカソード還元のどちらに働いていたのかを明らかにするため，8400 ppm H_2と800 ppm NO（どちらもAr希釈）に対してそれぞれのアノードとカソード分極特性を測定した。H_2アノード分極曲線はPt/CとPtRh/C電極でほとんど違いがなかったが，NOカソード分極曲線はRhの添加によって反応抵抗が小さくなった。このことはRhが(3)式の反応速度を選択的に速めたことを示している。以上のことより，Pt上ではH_2酸化反応，Rh上ではNO還元反応が主として起こっていたと結論される。

　これまではPtRh/C電極を使用した半セル内でのNOx選択還元反応であったが，次に，$Sn_{0.9}In_{0.1}P_2O_7$に担持したPt触媒とPtRh触媒について検討した。その結果，$Sn_{0.9}In_{0.1}P_2O_7$を担体に用いてもPtRhがNOx選択還元反応に対して高い活性を示した。さらに，PtRh触媒は50～350℃の広い温度範囲で高い触媒活性を示した。これまでに報告されているH_2を還元剤に使用したNOx選択還元法においては，作動温度領域がおおよそ50～200℃と限られており，今回測定した温度領域（特に200～300℃）はこの点において特徴的であると言える。一方，図8は

第8章　ナノ分極型高選択反応性電極の創製

NOx還元生成物中のN$_2$の割合（N$_2$選択率）を示す。ここでもPtRhがPtと比較してNOxをN$_2$へ幾分選択的に還元しており，Rhを添加することによりNOx還元活性だけでなくN$_2$選択性にも効果があることが分かった。温度の減少とともにN$_2$選択率は小さくなる傾向にあったが，試験した温度領域においてはPtRh触媒を用いるとN$_2$選択率が90％以上であり，従来報告されている触媒系に比べて特徴的な結果であった。

6　総括

これまでに述べてきたように，中温で高いプロトン導電率を示すSn$_{0.9}$In$_{0.1}$P$_2$O$_7$電解質の開発により，新規な電気化学デバイスへの応用が可能になった。特に，燃料電池への応用においては，これまでの白金触媒に代わり，遷移金属触媒が使用可能になった。現時点では白金触媒には及ばないが，白金代替触媒のナノサイズ化により触媒活性が向上し，燃料電池特性の向上が期待できる。

また，ナノレベルで複合化したPt系触媒によって，局所的な短絡現象を利用することで，従来のNOx還元触媒に比べて，高いNO選択率およびN$_2$選択率を得ることができた。さらにNOxに対する選択性をあげる添加剤（例えば，炭酸バリウム）により，より高効率なNOx浄化が可能になると考えられる。

文　　献

1) T. Norby, *Solid State Ionics*, **122**, 145 (1999)
2) D. A. Boysen et al., *SCIENCE*, **303**, 68 (5654)
3) M. Nagao et al., *Electrochem. Solid-State Lett.*, **9**, A105 (2006)
4) M. Nagao et al., *J. Electrochem. Soc.*, **153**, A1604 (2006)
5) P. Heo et al., *J. Electrochem. Soc.*, **154**, B63 (2007)
6) P. Heo et al., *J. Electrochem. Soc.*, **154**, B53 (2007)
7) M. Nagao et al., *Electrochem. Solid-State Lett.*, **9**, J1 (2006)
8) M. Nagao et al., *J. Electrochem. Soc.*, **9**, H48 (2006)

第9章 ナノヘテロ接合界面の特異的ガス認識機能を用いた高性能センシングデバイス

三浦則雄[*1], 上田太郎[*2], プラシニツァ・ブラディミル[*3]

1 はじめに

近年,人類は多くの有害ガスに取り囲まれながら生活していると言えよう。なかでも,自動車からの排ガスに由来する大気汚染は,低公害車の最近の急速な普及にもかかわらず依然大きな社会的課題である。図1には,欧州,米国,日本におけるガソリン車に対する窒素酸化物(NOx),炭化水素(HCs),一酸化炭素(CO)の排出規制値の推移をまとめた[1, 2]。これから,現状でも十分厳しい規制値が,今後さらに厳しくなる様子が見て取れる。最近は,バイオマス燃料と呼ば

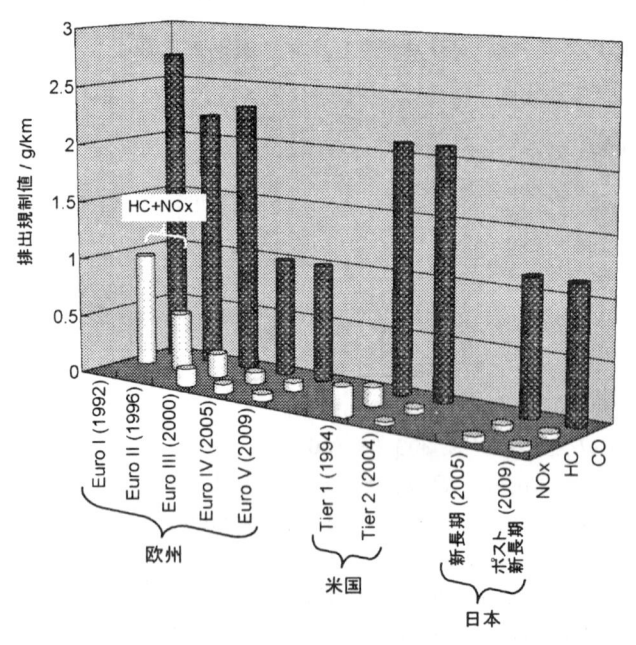

図1 欧州,米国,日本におけるガソリン自動車の排ガス規制値の推移

[*1] Norio Miura　九州大学　産学連携センター　教授
[*2] Taro Ueda　九州大学　大学院総合理工学府　博士後期課程
[*3] Plashnitsa Vladimir　九州大学　産学連携センター　特任助教

第9章　ナノヘテロ接合界面の特異的ガス認識機能を用いた高性能センシングデバイス

れる植物由来燃料を従来のガソリンと混合することで地球温暖化対策と石油資源の枯渇に対応しようとする動きも広がりつつある。この場合，燃料に含まれる成分は必ずしも一定ではないため，エンジンや排ガス処理装置の作動状態を燃料ごとに最適化させる必要がある[3]。一方で，近年成長の著しい新興工業国による新たな大気汚染も問題になりつつある。これらの国は大気汚染関連の法律の整備が遅れているために，十分な環境保全対策がなされていないようである。そのために，大気中に排出される排ガスが国境を越え，隣接国で新たな大気汚染を引き起こす可能性がある。例えば，1970年代以降は国内ではほとんど発令されていなかったオキシダント濃度上昇に伴う光化学スモッグ注意報が，2007年になって主に西日本地区で相次いで発令されている。この現象は，中国で発生したNOxや炭化水素などの環境汚染ガスが海を越えて日本に移動したためと報道されている[4]。さらに最近は，シックハウス症候群という言葉もよく耳にする。これは，家屋を新築，改築した際に，建材関連品に接着剤や防腐剤として使用されている揮発性有機化合物（VOC）によって引き起こされる[5]。

　以上のような代表的な大気環境汚染の例からもわかるように，大気環境汚染物質の把握，監視，制御のためには，それらを高感度，高選択的，迅速，小型，低コストで検出できる高性能ガスセンサの開発が是非とも必要である。

2　安定化ジルコニアセンサの代表的研究例

　我々はこれまでに，固体電解質を用いた種々のガスセンサについて数多くの研究を精力的に行ってきた。特に，酸化物イオン導電体であるイットリア安定化ジルコニア（YSZ）をベース材料に用い，これに半導体的性質を有する酸化物を検知極材料として接合して，図2に示すようないわゆ

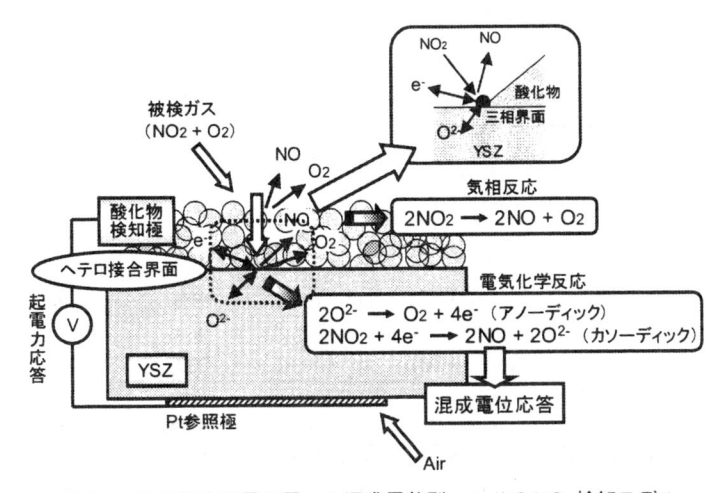

図2　ヘテロ接合界面を用いた混成電位型センサのNO$_2$検知モデル

るヘテロ接合界面を形成させたセンサ素子を主に取り上げてきた。図では，NO_2検知を目指した後述する混成電位型センサのヘテロ接合界面を代表例として示している。このヘテロ界面に被検ガスが接触することにより，電解質／電極／ガスの三相界面において電気化学反応が起こり，その際の状態変化を電位，電流，インピーダンスなどのセンサ応答信号として取り出すことができる。ベース材料としたYSZは，これまでに自動車用空燃比（酸素）センサとして30年以上にわたって実用されてきた実績があるため，高温での耐久性に関しては抜群に優れた材料であると言える。

このYSZをベース材料とする固体電解質センサは，応答信号の種類によって平衡電位型，混成電位型，電解電流型，複素インピーダンス型に分類することができる。このうち，最も基本的な応答方式である平衡電位型センサは，固体電解質を隔壁（膜）としたガス濃淡電池を形成し，両電極界面での電気化学反応の平衡に基づくネルンスト式に従う平衡起電力をセンサ信号としている。電極材料には主にPtが使われる。このタイプのセンサは，前述の車載用空燃比（酸素）センサとして実用され，世界で年間約1億個以上が製造されている。我々は主に，環境汚染ガス検知用ジルコニアセンサとして，平衡電位型以外の他の3つの方式について検討を行ってきた。特にこの場合，Ptなどの貴金属電極ではなく，酸化物系材料を検知極として用いてヘテロ接合界面を形成することにより，高いガス感度や優れたガス選択性を達成している。表1には，筆者らのグループがこれまでに検討した3つの方式のジルコニアセンサについて，使用した代表的酸化物系検知極材料，作動温度，検知対象ガスをまとめて示した。このように，500℃以上の高温において，検知方式，検知極材料および作動温度を変化させることにより，種々のガスの検知が可能なことがわかる。以下では，ここで示した各検知方式についての代表的な研究例を示す。

まず，我々がこれまでに最も力を入れて研究を進めてきたのが混成電位型センサである。これは電極界面において，例えば図2に示したように，酸素の関与する電気化学的酸化（アノード）反応または還元（カソード）反応が進行すると同時に，被検ガス（NO_2）の関与する電気化学的

表1 酸化物系検知極を用いたジルコニアセンサの研究例

検出方式	検知極材料	作動温度	検知ガス	年
混成電位型	$CdCr_2O_4$	500-600℃	NOx	1997
	$CdO-SnO_2$	600℃	CO	1997
	WO_3	500-700℃	NO_2	1998
	CdO	600℃	C_3H_6	2000
	$ZnFe_2O_4$	600-700℃	NO_2	2002
	NiO	800-900℃	NO_2	2005
	NiO（+Rh）	800-900℃	NO_2	2006
電解電流型	$CdCr_2O_4$	500-550℃	NOx	1999
	ZnO（+Pt）	550-650℃	C_3H_6	2007
複素インピーダンス型	$ZnCr_2O_4$	600-700℃	NOx	2002
	ZnO	600-700℃	C_3H_6	2006

第9章　ナノヘテロ接合界面の特異的ガス認識機能を用いた高性能センシングデバイス

還元（カソード）反応または酸化（アノード）反応が進行し，両者の反応速度が等しい，すなわち電流値が逆向きに等しいときに現れる電位（混成電位，一種の定常電位）をセンサの応答信号として取り出す方式である。酸素が共存する条件下で種々の還元性あるいは酸化性ガスの検出が可能であるため，特に我々は，自動車排ガス中のNOx検知を目指して検討を行ってきた[6~8]。この場合，混成電位型NOxセンサの作動上限は通常は600℃程度であるが，NiOを検知極に用いることで850℃というかなりの高温でも，他の材料と比べてかなり高いNO₂感度が得られることを最近，見出している（図3）[9,10]。この方式では，電極界面における電気化学反応に対する触媒活性と検知極材料自体の被検ガスの気相反応に対する触媒活性が，感度や選択性を決定する要因となっている。そのため，それらをうまくバランスさせて優れた応答特性を引き出すには，ヘテロ接合界面およびその近傍の状態，組成，形態の制御が特に重要である。

第2の応答方式である電解電流型では，検知極に電位を印加した際に電極界面で起こる電気化学反応に対応する電流を，応答信号として取り出す。この場合，被検ガスのヘテロ界面への拡散が律速過程となるように素子構造を設計すれば，電流値は被検ガス濃度に直接比例する応答を示す。我々は最近，通常の定電位印加方式に比べて電流応答の大幅な増大が可能なパルス電位印加法を新たに提案している。検知極としてはZnO（+Pt）を用い，0.3秒という短いパルス電位を印加することにより，通常法よりも約1000倍大きな電流応答を得るとともに，図4に示すようにC₃H₆に対する高い選択性も引き出すことができた[11]。

第3番目の複素インピーダンス型についても，我々が最近，新規に提案，検討したものである。図5には，この方式のYSZセンサに対するモデル的な等価回路と複素インピーダンスプロットを示した。高周波数側の小さな半円弧の左側のZ'切片の値が，YSZバルク抵抗を示しており，低周波数領域の大きな半円弧における直径の長さが，ヘテロ界面におけるO₂の関与する電極反応に

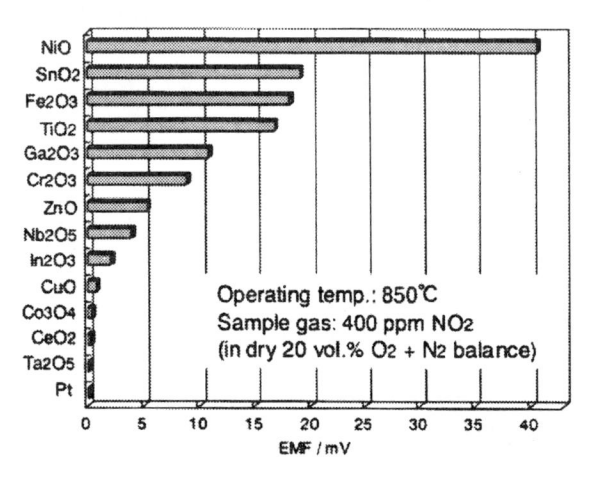

図3　種々の金属酸化物を検知極に用いた混成電位型センサのNO₂応答感度の比較[9]

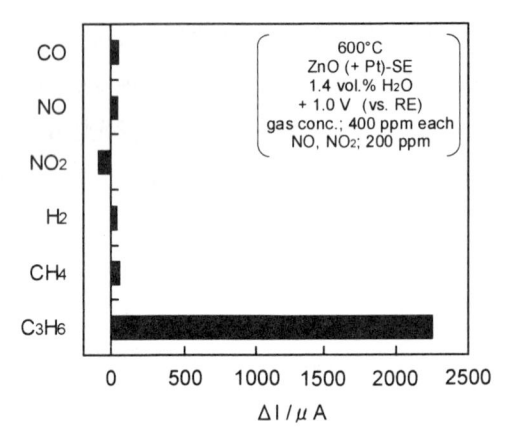

図4 ZnO (+8.5 wt.% Pt) を検知極に用いた電流検出型センサのガス選択性[11]

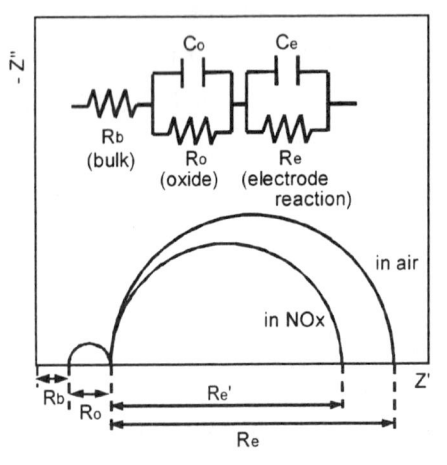

図5 酸化物検知極を用いたYSZセンサに対するモデル的な等価回路と複素インピーダンスプロット

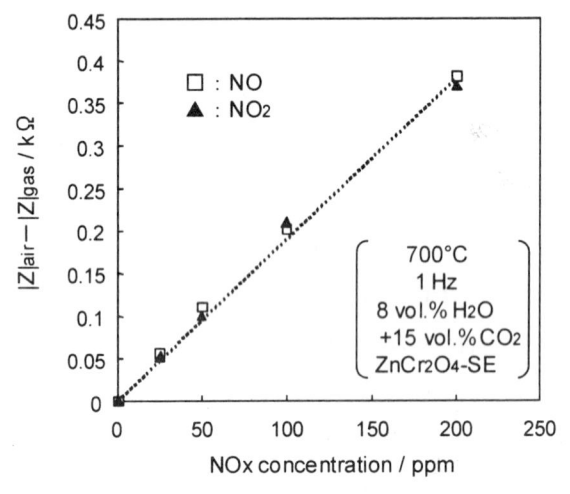

図6 ZnCr$_2$O$_4$検知極を用いた複素インピーダンス応答型センサのNOx濃度依存性[13]

対する抵抗を表している。被検ガスの導入により，この大きな半円弧が縮小して反応抵抗が大きく減少するが，この現象をセンサ応答としてうまく利用している[12]。この時，測定周波数を1 Hz程度に固定しておけば，複素インピーダンスは被検ガスの濃度とともに低下し，その減少幅は濃度にほぼ比例する。この方式でも，ヘテロ接合界面近傍での反応をいかに制御するかにより応答特性が決まってくる。例えば，検知極材料にZnCr$_2$O$_4$を用いて700℃で作動させた場合には，図6に示すように高濃度のCO$_2$および水蒸気共存下においてもNOとNO$_2$に対する感度がほぼ等しく，しかも応答値と濃度がほぼ比例することを見出した。そのため，本センサはトータルNOx濃度の直接測定も可能というこれまでにない特徴を有する[13]。さらに，本方式においてヘテロ界面を制御することにより，高濃度の炭化水素[14]，広い濃度域での水蒸気[15]，ppbレベルの超低濃度

第9章　ナノヘテロ接合界面の特異的ガス認識機能を用いた高性能センシングデバイス

の炭化水素[16]などの検知もできることを報告している。

3　センシングデバイスに対するナノサイズ効果の期待

このようにいずれの応答方式においても，応答信号はヘテロ接合界面（または三相界面）やその近傍での電気化学反応の状態を反映しており，センサの応答特性を引き出したり改善したりするためには，ヘテロ界面の組成，形態，状態を制御する必要がある。その際，このような制御にナノ技術を導入することにより，特異的ガス認識機能の発現による応答特性の大幅な改善が期待できる。そのために我々は，以下に示す3つの具体的な手法に着目した。すなわち，①検知極材料のナノ粒子化，②検知極膜厚のナノ薄膜化，③センサ素子の超小型化である。

このうち①については，NiOを検知極材料として用いた混成電位型NO_2センサを主な検討対象とした。まず，NiOを水酸化物の加水分解により合成することで，図7に示すように，800℃焼成後も平均粒径を100 nm程度にナノサイズ化できた[17]。これを検知極材料として用いることで，市販の700 nm粒径のNiO粒子を用いた場合よりもNO_2感度が向上した。さらに，このナノサイズ化したNiO微粒子にCuOを10 wt.%添加することにより，NO_2感度が大幅に向上することがわかった（図8）。これは，ヘテロ接合界面近傍に高分散担持されたCuOが，NiO検知極の電気化学反応活性に影響を与えているためと考えられる。そこで，混成電位型センサの応答メカニズムを議論するのに最も強力な手段である分極曲線の測定を行い，その結果を図9に示した[17]。この場合，混成電位は，O_2の関与するアノード反応に対する分極曲線とNO_2の関与するカソード反応の分極曲線の交点より求まる。図より，CuO添加により特にO_2に対するアノード反応活性が低下して曲線が下方にシフトしており，そのために交点より求まる混成電位値（NO_2感度）が大きく

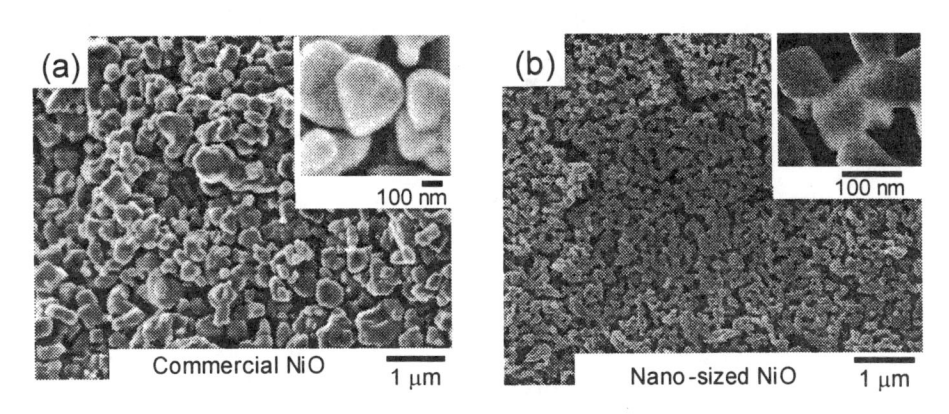

図7　NiO粉末のSEM写真[17]
(a) 水酸化物の加水分解による粉末，(b) 市販粉末

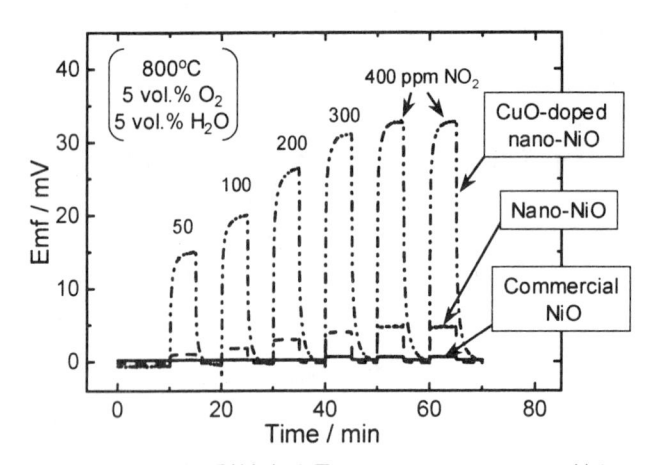

図8 種々のNiO系検知極を用いたYSZセンサのNO₂に対する応答曲線

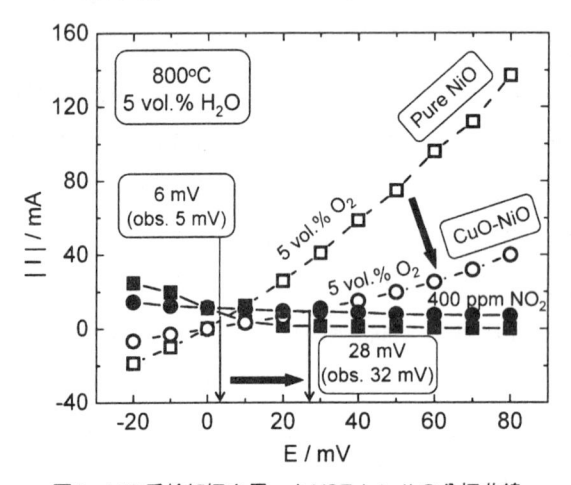

図9 NiO系検知極を用いたYSZセンサの分極曲線

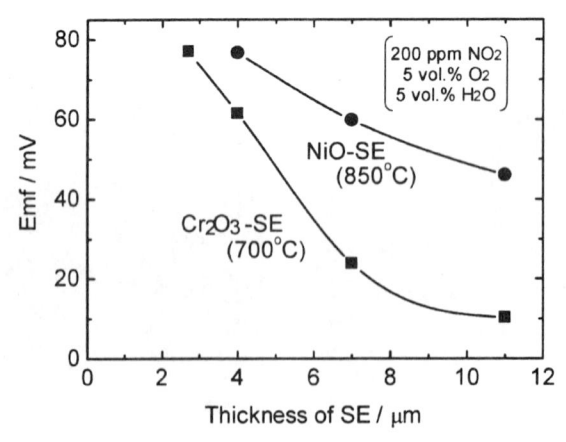

図10 酸化物検知極を用いた混成電位型NO₂センサにおける起電力応答の検知極膜厚依存性[18]

第9章　ナノヘテロ接合界面の特異的ガス認識機能を用いた高性能センシングデバイス

増加していることがわかる。

次に②の手法については，検知極膜厚がセンサ特性に与える影響を検討するために，まず転写印刷法を用いることでNiO検知極膜厚を3，7，11 μmと変化させた厚膜素子について，200 ppm NO_2に対する起電力応答値の測定を行った（図10）[18]。これより，検知極膜厚によりセンサ応答は大きく影響を受け，膜厚が薄いほど大きな応答値が得られることがわかる。これは，膜厚が薄いほどNO_2の気相分解反応が抑制されて，ヘテロ界面に到達するNO_2の実効濃度があまり低下しないためと思われる。そこで，検知極膜厚をナノサイズまで下げたナノ薄膜検知極を用いたセンサの応答特性の検討を行った結果を次節で述べる。最後の③の素子の超小型化については，後述する次世代のマイクロマルチアレイセンサとして実現が期待される。

4　検知極膜厚をナノサイズ化したセンサ素子

検知極材料にナノ薄膜を用いた素子を以下のように作製して，NO_2に対する応答特性を調べた。素子基板には，ドクターブレード法により作製したYSZ薄板（厚さ：200 nm）を用い，この基板上にマグネトロンスパッタ装置を用いて，真空中，室温でNi，Au，Ptの各薄膜を形成した。NiO検知極（SE）としては，Niを10〜60分間スパッタリングすることにより膜厚を変化させ，大気中，400℃で焼成した後，1000℃で高温焼成することによりNiを酸化させた。得られた薄膜上に集電体としてのPtをくし形にスパッタした。一方，積層構造のNiO-Au検知極を作製する場合には，スパッタしたNi薄膜を上記と同様に焼成した後，生成したNiO表面上にさらにAu薄膜をスパッタした。参照極（RE）については，YSZ板裏面にPtをスパッタして，950℃で焼成することにより形成した。図11には，作製した平板型センサ素子の模式図を示した。(a)は

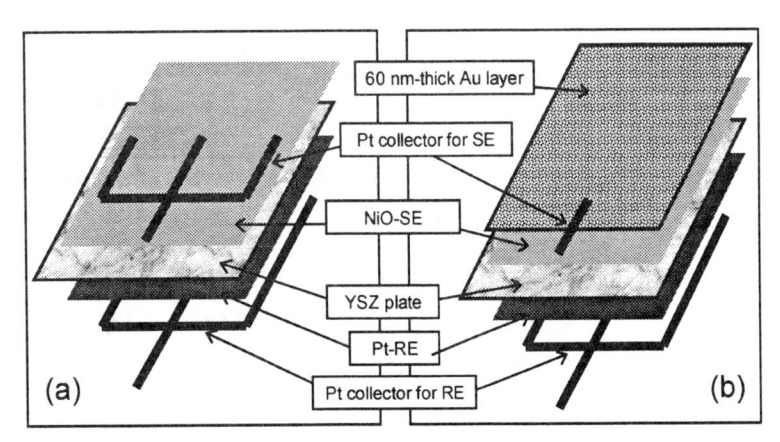

図11　平板型ジルコニアNO_2センサ素子の模式図
(a) NiO単層検知極，(b) NiO-Au積層検知極

NiO単層検知極，(b)はNiO-Au積層検知極を用いた素子を示す．これらの各素子に，600～800℃の作動温度において加湿したNO_2ガス（50～400 ppm）を流通させ，SEとRE間の電位差（起電力）をセンサ信号として測定した．

図12には，Niのスパッタ時間を20，40，60分と変化させ，1000℃で焼成した薄膜断面のSEM写真を示した．スパッタ時間と膜厚とは良好な相関関係を示し，膜厚はそれぞれおよそ60，120，

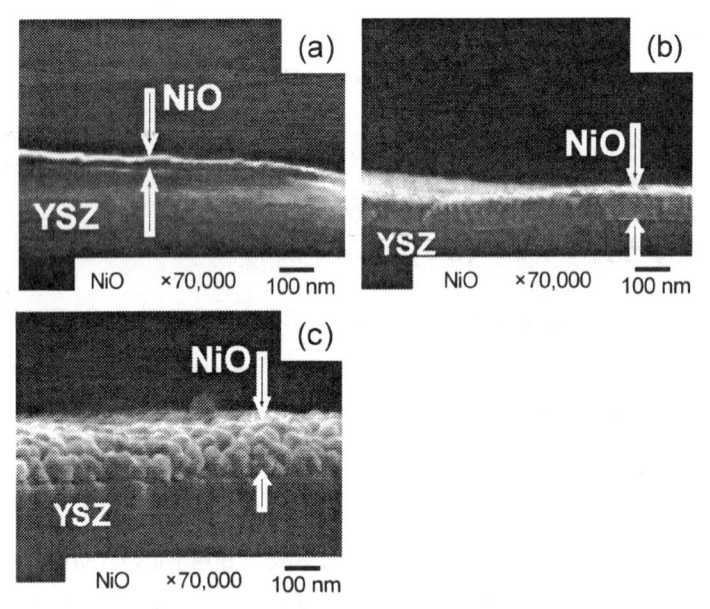

図12 スパッタ時間を変化させたNiO薄膜断面のSEM写真
スパッタ時間：(a) 20分，(b) 40分，(c) 60分

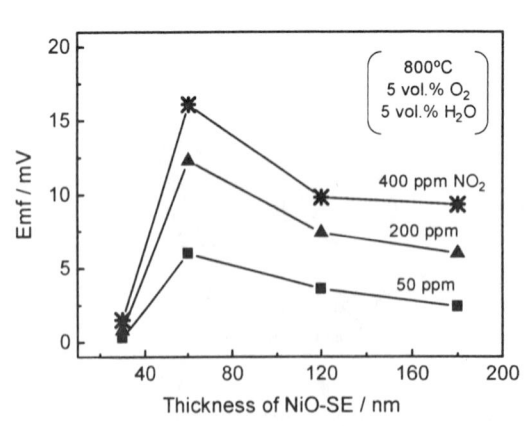

図13 NiO薄膜検知極を用いたYSZセンサに対するNO_2感度の膜厚依存性

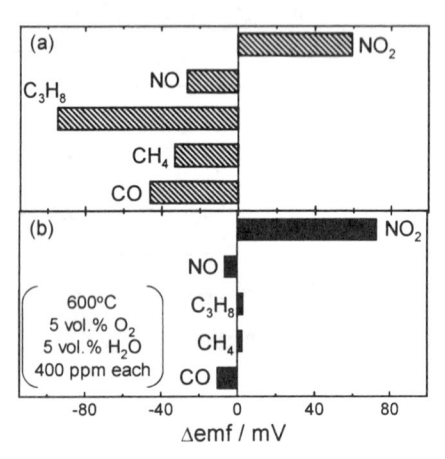

図14 ナノ薄膜検知極を用いたYSZセンサのガス選択性
(a) NiO単層，(b) NiO-Au積層

第9章 ナノヘテロ接合界面の特異的ガス認識機能を用いた高性能センシングデバイス

180 nmであることがわかる。スパッタ時間を10分とした場合には良好なSEM写真は得られなかったが，厚さはスパッタ時間に比例すると仮定して約30 nmとした。スパッタしたNiはすべて酸化されてNiOで存在していることをXPSにより確認した。また，膜厚が増加するほどNiOの平均粒子径が増加した。これは，NiO/YSZ界面での相互作用が膜表面に及びにくくなるために粒子の焼結が進み，粒子径が増加したためと思われる。これら各膜厚のNiO検知極を用いた素子について，膜厚と800℃でのNO_2応答との関係を図13にまとめた。これより，膜厚は起電力応答に影響を与え，60 nmまでは膜厚が小さいほど大きな起電力応答を示した。ただし，30 nmの場合には起電力応答は極端に低下した。これは，膜厚が薄すぎるために，集電体としてスパッタしたPtがNiO/YSZ界面まで到達しているためと推測される。また，いずれの膜厚の場合でも，感度はNO_2濃度の対数と良好な直線関係を示した。

ところで，混成電位型センサのガス応答に大きな影響を与える因子の1つは測定温度であり，一般的に測定温度が低い方がより大きな応答を示す。本センサでも，測定温度を800℃から600℃へと低下することにより応答，回復速度はやや低下するが，約3倍以上の起電力応答が得られることがわかった。そこで以下では，600℃でのガス選択性について検討した。図14には，60 nmのNiO薄膜単層を検知極として用いた素子について，5 vol.% H_2Oを含む湿潤ガス中におけるCO，C_3H_8，NO，NO_2（各400ppm）に対する600℃での感度を比較して示した。これより，NiO単層ではこれら他ガスの感度が大きく，NO_2選択性はほとんどないことがわかる。そこで，NiO薄膜上にAuをさらに60 nmスパッタすることにより，積層検知極（図11(b)）を作製した。この素子は，図14に示すように，NiO単層の場合よりもNO_2選択性を大きく向上できることがわかった。これは，積層したAuが他の還元性ガスの気相酸化触媒として有効に働き，これらのガスの感度を大幅に低下させるが，NO_2気相分解（還元）反応の活性は低いためにNO_2感度の低下があまり起こらず，単層検知極の場合に比べてNO_2選択性が大幅に改善されたものと考えている。

5 次世代高性能センシングデバイス

上記したように，安定化ジルコニア／酸化物半導体のヘテロ接合界面を利用した混成電位型NO_2センサにおいて，検知極材料の粒子径や組成，あるいは薄膜の厚さをナノレベルで制御することにより，センサ特性を大きく改善できることがわかった。

そこで，このような手法を現在開発中の自動車排ガスセンサに適用すれば，次世代の車載センサが実現する可能性もある。図15に示すように，通常，ガソリン自動車には排ガス（CO，HCs，NOx）浄化用三元触媒の前後に，空燃比（酸素）センサが取り付けられている。ところが，燃費

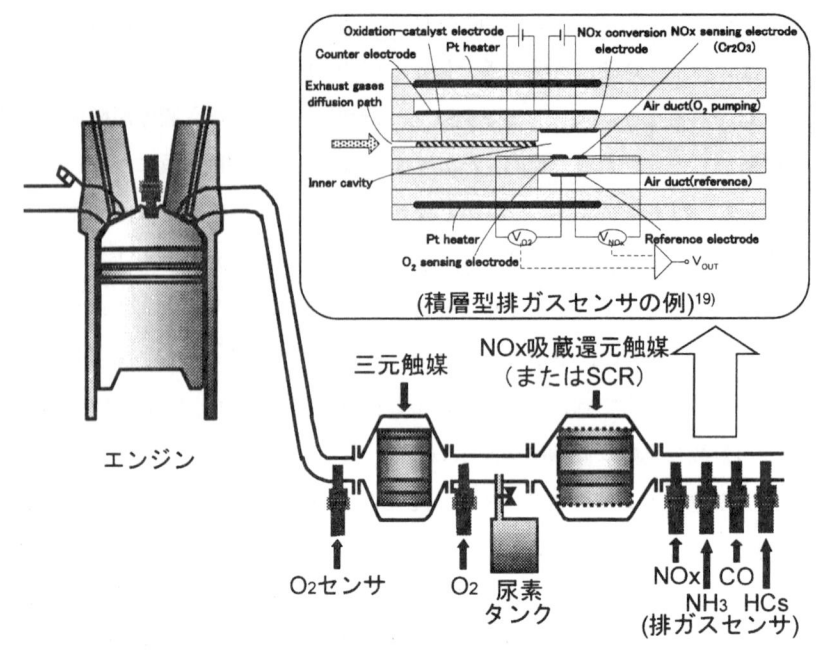

図15 新型エンジンシステムに求められる各種排ガスセンサ

図16 排ガス成分が運転席でモニターできる次世代乗用車

がより改善できるウルトラリーンバーン（空気超過剰燃焼）方式のエンジンや次世代ディーゼルエンジンには，別にNOx浄化用触媒が必要となる。その触媒の性能監視のためには，高性能な排ガス用NOxセンサやNH3センサが是非とも必要である[19]。また，CO及びHCsを選択的に検知可能なセンサも必要であるが，いずれもまだ実用化には至っていない。さらに，最近の自動車には車載診断（OBD）システムが搭載されて，車両からの排ガスレベルの診断，処理を行って

第9章 ナノヘテロ接合界面の特異的ガス認識機能を用いた高性能センシングデバイス

いるが，酸素センサだけから得られる酸素濃度情報を利用しているにすぎない。そこで，前節で検討したようなガス選択性の高いナノ薄膜検知極を用いた各種ガスに対するセンサをそれぞれ開発し，排ガス浄化触媒の後方に取りつければ，排ガス成分を個別に検出可能となるために飛躍的に高精度な排ガスの検出，処理，制御が可能となる。このような各種排ガスセンサを用いた新型OBDシステムでは，図16に示すように運転手が運転席にいながらにしてナビゲーションモニターで排出ガスの状態をその場で知ることが可能となる。

一方，近年，MEMS（Micro Electro Mechanical Systems）技術を用いて作製したマイクロガスセンサ素子が報告されるようになった。例えば，電極幅10μm，電極間隔8μmのくし形電極状に，カーボンナノチューブ（CNT）を滴下したFET型の小型センサが提案されている[20]。また，MEMSマイクロヒーターを半導体型ガスセンサと組み合わせることでセンサ素子全体の小型化が可能となる。さらに，このMEMSマイクロヒーターをパルス駆動することで大幅な省電力化が達成できるため，コードレスの乾電池駆動型ガスセンサが開発されている[21]。現在のところ，これらMEMS技術を用いたセンサの報告は，半導体ガスセンサが主であるが，固体電解質センサにおいてもこの技術を用いることにより，ヘテロ接合界面を最適に制御，形成することが可能である[22]。また同時に，測定方式についても混成電位型，電解電流型，複素インピーダンス型等を被検ガスの種類に応じて組み合わせれば，図17に示すような多成分同時検出が可能な超小型複合センサ（マルチアレイセンサ）が実現できる可能性もある。

さらに，このマルチアレイセンサを超小型化すると同時に，上述したマイクロヒーター技術とパルス駆動方式を採用することにより，超低消費電力タイプの電池駆動センサも作製できよう。このような超小型センサは，携帯電話内部に搭載（図17）することも可能と思われるため，街中でのオゾン量を測定して光化学スモッグの発生予想をしたり，種々の大気汚染ガスのモニタリングもできる。センサが携帯電話に内蔵されているため，取り込んだ情報をネットワークを通じて基幹サーバーに送り，それらの情報を共有したり，全国の大気汚染状況をマップ化することも可能である。また，これらのセンサを信号機に取り付けることも可能となろう。従来の大気汚染

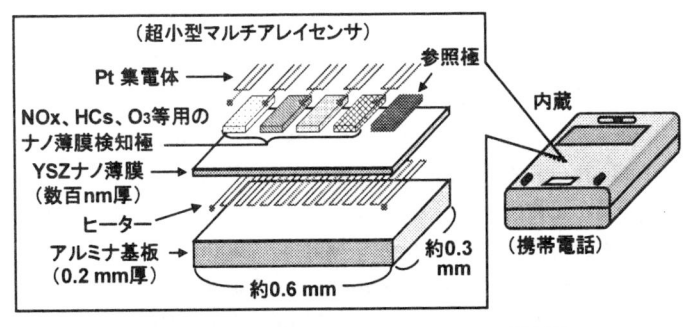

図17 超省電力型マルチアレイセンサの概念図

ガスの測定局では，大型で高価なザルツマン式吸光光度計を主に用いているため，設置スペースの確保，メンテナンスの必要性，30分間隔の間欠計測という難点がある。一方，超小型センサが実現すれば，信号機を設置場所とすることにより，従来よりもはるかに多くの計測ポイントでのデータを収集することができる。また，1秒間隔での測定も可能であるため，道路周辺の汚染ガス濃度を各道路ごとにリアルタイムで測定できるし，道路渋滞情報の提供も可能になる。さらに，この情報を個々の自動車のカーナビゲーションシステムに送信できるようになれば，ITS（高度道路情報システム）のさらなる発展にも寄与できることになろう。

　以上のように，イオン導電体／半導体のヘテロ接合界面を用いたガスセンサにおいてナノイオニクス技術を適用することにより，地球規模での大気汚染の監視や保全に役立つ次世代高性能センシングデバイスを提供できる可能性がある。今後の発展に大いに期待したい。

謝辞

　本研究の一部は，文部科学省科学研究費補助金「特定領域研究」領域番号（449）によって行った。

文　　献

1) DieselNet：http://www.dieselnet.com/standards/
2) 環境省：http://www.env.go.jp/air/car/gas_kisei.html
3) ㈶新エネルギー財団：http://www.nef.or.jp/what/whats04-2.html
4) 朝日新聞2007/5/13：http://www.asahi.com/science/
5) 愛知県衛生研究所：http://www.pref.aichi.jp/eiseiken/5f/sickhouse1.html
6) N. Miura, G. Lu, N. Yamazoe, H. Kurosawa, M. Hasei, *J. Electrochem. Soc.*, **143**, 133（1996）
7) N. Miura, G. Lu, N. Yamazoe, *Solid State Ionics*, **136-137**, 533（2000）
8) N. Miura, K. Akisada, J. Wang, S. Zhuiykov, T. Ono, *Ionics*, **10**, 1（2004）
9) N. Miura, J. Wang, M. Nakatou, P. Elumalai, M. Hasei, *Electrochem. Solid-State Lett.*, **8**, H9（2005）
10) N. Miura, J. Wang, M. Nakatou, P. Elumalai, S. Zhuiykov, M. Hasei, *Sens. Actuators B*, **114**, 903（2006）
11) T. Ueda, V. V. Plashnitsa, M. Nakatou, N. Miura, *Electrochem. Commun.*, **9**, 197（2007）
12) N. Miura, M. Nakatou, S Zhuiykov, *Sens. Actuators B*, **93**, 221（2003）
13) M. Nakatou, N. Miura, *J. Ceram. Soc. Jpn.*, **Suppl. 112**(5), S532（2004）
14) M. Nakatou, N. Miura, *Sens. Actuators B*, **120**, 57（2006）
15) N. Nakatou, N. Miura, *Electrochem. Commun.*, **6**, 995（2004）
16) R. Wama, M. Utiyama, V. V. Plashnitsa, N. Miura, *Proc. of The 8th CSS*, 309（2006）

第9章　ナノヘテロ接合界面の特異的ガス認識機能を用いた高性能センシングデバイス

17) V. V. Plashnitsa, T. Ueda, N. Miura, *Internat. J. Appl. Ceram. Tech.*, **3**(2), 127 (2006)
18) P. Elumalai, V. V. Plashnitsa, T. Ueda, T. Hasei, N. Miura, *Ionics*, **12**, 331 (2006)
19) 小野敬, 長谷井政治, 厳永鉄, 国元晃, 三浦則雄, 電気学会論文誌 E, **124**(11), 428 (2004)
20) J. Li, Y. Lu, Q. Ye, L. Delzeit, M. Meyyappan, *Electrochem. Solid-State Lett.*, **8**(11), H100 (2005)
21) T. Sasahara, A. Kido, T. Sunayama, S. Uematsu, M. Egashira, *Sens. Actuators B*, **99**, 532 (2004)
22) Y. L. Bang, K. D. Song, B. S. Joo, J. S. Huh, S. D. Choi, D. D. Lee, *Sens. Actuators B*, **102**, 20 (2004)

第10章 ナノプローブ加工技術を用いた
ナノイオニクス素子の開発

寺部一弥[*1], 長田 実[*2], 長谷川 剛[*3]

1 はじめに

ナノスケール，さらには原子スケールで制御された半導体や金属材料の極微細構造を利用して新たな機能や性能を引き出そうとする研究は，次世代のナノ電子素子やナノ光学素子などの開発研究の分野ではすでに盛んに行われている。これらの電子伝導性ナノ材料に着目した研究の現状と比べると，イオン伝導性材料を対象としたナノスケールでの研究，すなわち固体ナノイオニクス研究は始まったばかりである。もしもイオン伝導性材料や電極の構造をナノスケールで制御して，イオン伝導体と電極とのナノヘテロ界面におけるイオンと電子とのやり取りを制御することが可能になれば，従来の半導体デバイスの性能限界を克服する，あるいは半導体素子では得られないユニークな性質を持った新たなナノイオニクス素子やセンサの創製が期待される。例えば，イオン伝導体内で個々のイオンの移動を制御したり，あるいは個々のイオンと電子との相互作用を利用することによって，単電子トランジスタのような単原子（イオン）素子や究極的な情報記録である単原子メモリなどの開発が期待される。確かに，固体内での電子の移動速度と比べると，イオンの移動速度は桁違いに遅いが，ナノイオニクス素子では数ナノメートル程度のイオン移動で動作するため十分に高速で動作させることが可能である。また，ナノイオニクス素子では，電子と比べて大きな質量を持つイオンの移動が生じるため，この物質移動を巧みに利用することによって半導体素子では得られない新たな機能の発現も期待される。

イオン伝導体内のイオンの移動を利用した新規なナノイオニクス素子を創製するためには，イオン伝導体や電極などのナノ材料の作製，ナノ領域での解析や計測，ナノ領域でのイオンや電子の制御などの技術開発が大変に重要となってくる。本稿では，これらの技術開発に関して筆者らが行っている研究を紹介する。主に，イオン伝導体／金属のヘテロ接合を有するナノワイヤの作

[*1] Kazuya Terabe （独）物質・材料研究機構　ナノシステム機能センター　主席研究員
[*2] Minoru Osada （独）物質・材料研究機構　ナノスケール物質センター　主幹研究員
[*3] Tsuyoshi Hasegawa （独）物質・材料研究機構　ナノシステム機能センター　アソシエートディレクター

第10章　ナノプローブ加工技術を用いたナノイオニクス素子の開発

製，およびナノプローブ技術を利用したナノワイヤの評価，トンネル電子によるイオンと電子の相互作用の局所的な制御について述べる。

2　多孔質アルミナテンプレートを利用したイオン伝導体ナノワイヤの作製[1〜4]

アルミニウムを酸性溶液中で陽極酸化することによって，ナノスケールの規則的な多孔質構造のアルミナ膜が得られる。この細孔は表面から底面まで貫通しており，その直径は酸化条件によって制御することが可能である。筆者らは，陽極酸化法で作製した多孔質アルミナをテンプレートに利用する電気化学堆積法によって，金属／イオン伝導体のヘテロ接合を有するナノワイヤの作成を行った。その作成過程を図1に示す。陽極酸化法によって作製した多孔質アルミナの細孔の直径は数十から数百ナノメートルのサイズで制御が可能であり，図1(a)では細孔径が約50nmの多孔質アルミナの走査型電子顕微鏡（SEM）写真を示す。この多孔質アルミナをテンプレートとして利用するために，貫通している細孔の底面をAgまたは白金（Pt）でスパッタ蒸着により塞いだ。次に，ポテンショスタット／ガルバノスタット装置を使用して，作用電極として多孔質アルミナテンプレート，対向電極としてPt板を用い，硝酸銀（$AgNO_3$）水溶液中でこれらの電極間に定電流を流すことによって生じる電気化学的反応を利用してテンプレートの細孔内をAgで充填した。さらに，$AgNO_3$水溶液をNa_2S水溶液に替えて，同様に定電流を流すことによって細孔内のAgの一部を硫化した。この時の硫化反応は，図1(b)に示すよう，固液界面におい

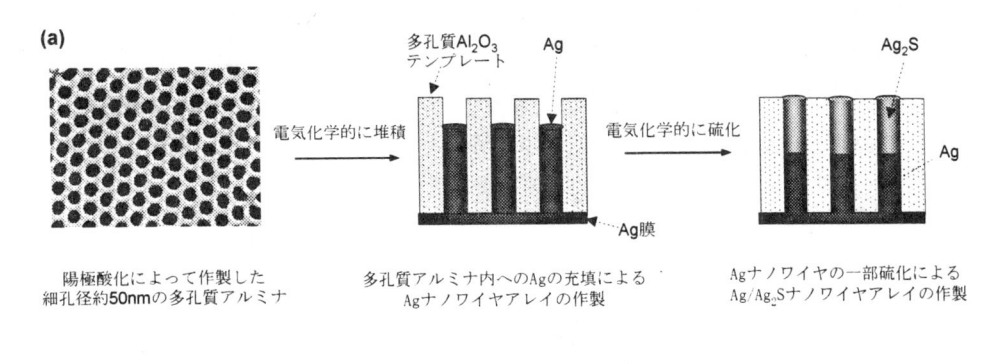

硫化反応: $2Ag + HS^- + OH^- \leftrightarrow Ag_2S + H_2O + 2e^-$

図1　(a)多孔質アルミナをテンプレートに用いた電気化学堆積法によるAg/Ag_2Sナノワイヤの作成法，(b)Agナノワイヤの部分的硫化によるAg/Ag_2Sナノワイヤの生成過程

てAg$_2$S内を伝導してきたAgイオンと水溶液中のHSイオンが反応することによって進行すると考えられる。多孔質アルミナ内に作成したAg/Ag$_2$Sのヘテロ接合を有するナノワイヤ・アレイのSEM像を図2に示す。多孔質アルミナの表面像(a)と底面像(b)に示すように，アルミナ内の細孔の多くはAg/Ag$_2$Sナノワイヤによって充填されている。多孔質アルミナ内に成長したAg/Ag$_2$Sナノワイヤは，アルミナテンプレートを水酸化ナトリウム水溶液（NaOH）で選択的に溶解することによって取り出すことができる。得られたナノワイヤの透過電子顕微鏡（TEM）像を図3に示す。ナノワイヤの直径は約50nmであり，アルミナテンプレートの細孔のサイズと一致する（図3(a)）。また，一方向のみのAgおよびAg$_2$S結晶構造に対応する制限視野電子回折パターンが得られることから，ナノワイヤは高配向性のAg結晶およびAg$_2$S結晶からなることが明らかになった。さらに，Ag/Ag$_2$Sの接合部分のTEM像観察（図3(b)）から，接合界面は密接な構造をしていることが確認された。このことから，多孔質アルミナをテンプレートに利用した電気化学堆積法によって，金属電極と混合伝導体が密接した界面を有する高配向性Ag/Ag$_2$Sナノワイヤの作成が可能であることがわかる。その他のイオン伝導体材料として，筆者らはこの電気化学堆積法を用いて，Ag/AgI，Cu/Cu$_2$S，Ag/AgBrなどのナノワイヤの作製を行っている。

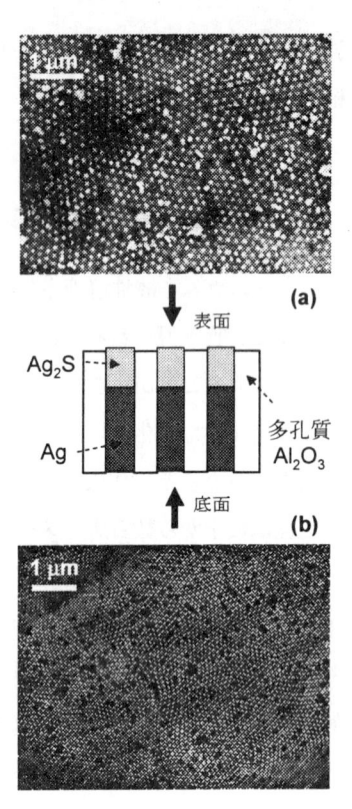

図2 多孔質アルミナの細孔内に作製したAg/Ag$_2$SナノワイヤアレイのSEM観察，(a)Ag$_2$Sナノワイヤを充填した表面像，(b)Agナノワイヤを充填した底面像

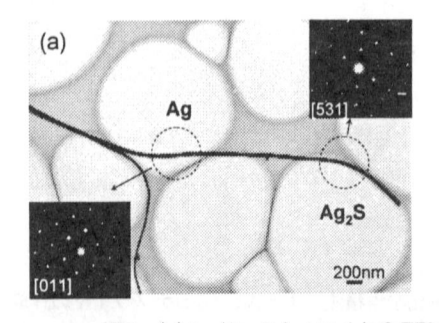

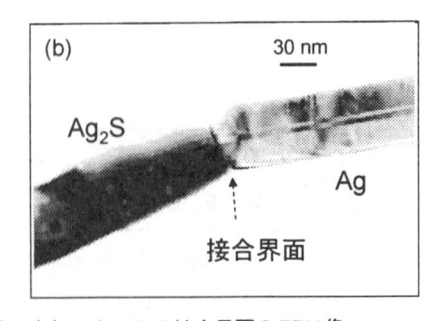

図3 (a)Ag/Ag$_2$SナノワイヤのTEM像，(b)Ag/Ag$_2$Sの接合界面のTEM像

第10章　ナノプローブ加工技術を用いたナノイオニクス素子の開発

3　ナノプローブ法によるイオン伝導体ナノワイヤの評価

3.1　近接場光学顕微鏡によるAg/Ag$_2$Sナノワイヤの分光測定

　イオン伝導体ナノ材料の特性評価や機能探索をするためのナノ計測や解析技術は，新たなナノイオニクス素子を開発する上で不可欠である。例えば，金属／イオン伝導体のナノ界面での組成，欠陥構造，サイズ効果などを評価することは重要な課題である。筆者らは，ナノスケールでの光学特性の複合評価を可能とする近接場分光システムを利用して，Ag$_2$S/Agナノワイヤの結晶性およびナノ界面の欠陥構造の評価を行った。Ag$_2$SおよびAg/Ag$_2$Sナノワイヤは，前節で記述したように，多孔質アルミナをテンプレートに利用した電気化学堆積法によって作製した。一本一本のナノワイヤは，多孔質アルミナに充填したナノワイヤアレイを作製した後，アルミナテンプレートを選択的に溶解除去することによって得た。作製したナノワイヤをシリコン基板上に分散させることによって測定試料とした。ナノワイヤの光学特性評価は，OMICRON製Twin SNOMをベースにして，高感度分光測定用に改良を加えた近接場分光システム[5]により行った。励起光源にはAr-Kr波長可変レーザを使用し，先端に約30nmの微小開口を持つファイバープローブにより，近接場光（ナノスケールの光スポット）を試料上に誘起した。この光プローブを試料の近接場（試料─短針間距離1～10nm）において走査しながら，プローブからの光を反射モードで検出することで，ナノスケールの極微小領域における反射およびラマン測定の複合評価が可能となる。実際，近接場分光により様々なナノ材料の評価が試みられており，特にカーボンナノチューブでは，1本のナノチューブの化学構造の評価や30 nmの空間分解能でイメージングが可能であることが報告されている[6]。

　図4は，ラマン分光により，Ag$_2$Sナノワイヤ（直径約50nm）の構造を評価した結果である。併せて，比較のために数ミリサイズのバルク状Ag$_2$S結晶のスペクトルも示す。ホスト構造に起因するメインバンドに着目すると，ナノワイヤおよびバルク状結晶に共通して，439 cm^{-1}および474 cm^{-1}のピークが観測されている。これらのモードは，それぞれSイオンが作る6面体と4面体の内部に位置するAgイオンの格子振動と対応しており，これよりナノワイヤがバルク状結晶と同様に低温相の単斜晶構造であることが確認された。さらに，Ag$_2$Sナノワイヤで特徴的なことは，バルク状結晶でみられない，数多くのラマンバンド

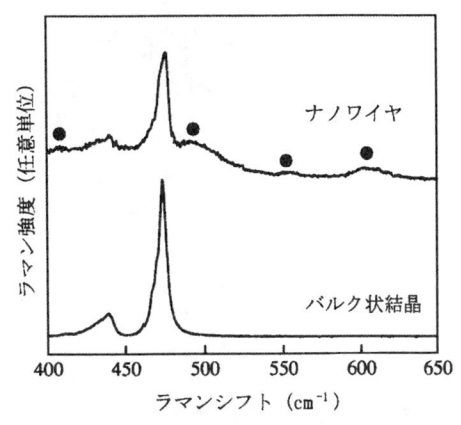

図4　直径約50nmのAg$_2$Sナノワイヤとバルク状Ag$_2$S結晶のラマンスペクトル

(●印)が観測されることである。類似の現象は，高伝導性を有する一次元ナノ構造体でも観察されており，低次元系の強い電子—格子相互作用に起因した表面プラズモンモードあるいは欠陥により誘起されたモードと考えられる。

Ag/Ag$_2$Sナノワイヤのヘテロナノ界面の領域における近接場反射測定の結果を図5に示す。この反射測定では，電気伝導性の違いに起因した反射率の違いから相同定や欠陥構造などを評価することができる。実際に，Ag/Ag$_2$Sナノワイヤの反射測定像（図5(b)）では，Ag$_2$S領域（A）と界面領域（B）で反射率が大きく異なり白黒のコントラストが現れている。これは，Ag/Ag$_2$Sナノワイヤにおいて，ナノ界面とそこから離れた領域ではAg$_2$Sの欠陥構造に違いがあり，その欠陥構造に起因する電気伝導度の違いによってコントラストが現れているものと考えられる。詳細に欠陥構造のナノ評価を行うために，先端径30nmの金コートプローブを走査して，反射像においてコントラスト変化が現れたAおよびB領域でラマン測定（図5(c)）を行った。反射強度の弱いA領域では，図4で示したように，Ag$_2$S結晶特有のラマンスペクトルが観測された。これと比較して，Ag/Ag$_2$S界面付近のB領域ではラマンバンドが分裂したブロードなスペクトルが観測された。この原因は，一部のAgイオンが本来非占有な準安定サイトに移動して，これに伴い局所的に超イオン伝導性を示す高温相あるいは不規則構造が形成したためと考えられる。また，ラマンスペクトルの面分析の結果，このような高温相あるいは不規則構造は，Ag/Ag$_2$S界面から20nm程度の範囲で形成していることが確認された。こうした構造の詳細な同定にはさらなる検討が必要であるが，今回のようなナノ界面における局所構造や伝導イオンのダイナミクスの評価は，今後，ナノイオニクス素子の開発や特性設計の上で重要な知見を提供するものと期待される。

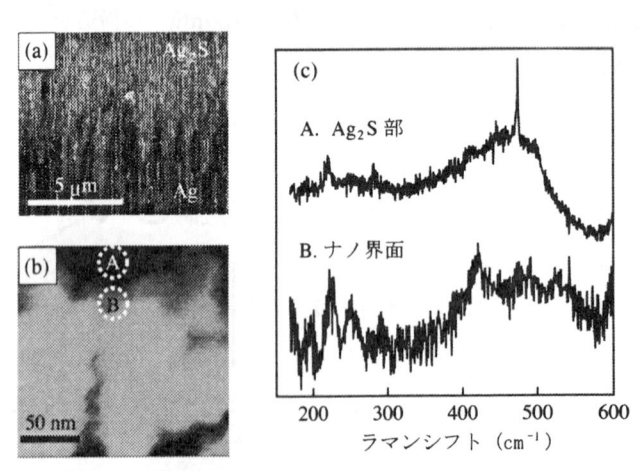

図5 Ag/Ag$_2$Sナノワイヤのナノ界面の領域における近接場分光評価，(a)多孔質アルミナテンプレート内のAg/Ag$_2$Sナノワイヤの断面SEM像，(b)Ag/Ag$_2$Sナノ界面付近における近接場反射測定像，(c)反射像においてコントラスト変化が現れたAおよびB領域におけるラマンスペクトル

第10章　ナノプローブ加工技術を用いたナノイオニクス素子の開発

3.2　原子間力顕微鏡によるAg/Ag$_2$Sナノワイヤの電流―電圧特性の評価

　イオンと電子が結晶内を移動する混合伝導体膜を用いて，その両端に適切な電極を取り付けて正負のバイアス電圧を印加すると高抵抗と低抵抗を示すスイッチ特性が得られる[7,8]。例えば，図6に示すように，混合伝導体Ag$_2$Sの片側に物質交換が可能であり化学ポテンシャルを規制するAg電極をつけ，もう一方にはAg$_2$Sとは物質交換がない白金（Pt）を配置する。Ag電極に適切な大きさの正の電圧を印加すると，Ag/Ag$_2$S界面ではAgの酸化反応が進行し，Ag$_2$S/Pt界面でAgイオンの還元反応が進行する。そのため，Ag$_2$S/Pt界面上ではAg原子の析出が起こり，遂には電極間でAgフィラメントによる架橋が形成される。Ag$_2$S内でのAg架橋の形成により，電極間の抵抗は著しく減少する。この状態でAg電極に印加している電圧の極性を正にすると，架橋を形成しているAgが酸化されてAgイオンになることより架橋が切断され，電極間の抵抗は元の値へと増加する。

　このような混合伝導体の電気化学的現象を利用したスイッチ特性が低次元構造のナノワイヤにおいても得られるか興味深い。筆者らは，ナノワイヤの電流―電圧特性の評価を先端径15nmの導電性カンチレバーを用いた原子間力顕微鏡（AFM）を利用して行った。測定試料には，多孔質アルミナテンプレートに充填したAg/Ag$_2$Sナノワイヤ・アレイを用いた。AFMの表面トポグラフィック像によってナノワイヤの位置を確認した後，カンチレバーをナノワイヤに接触させながら測定を行った（図7(a)）。図中の横軸はAg電極に印加した電圧を示す。電圧を±1Vの間で3回スイープしながら印加することにより，0.1V付近で高抵抗から低抵抗へのスイッチが生じ，−0.3V付近で低抵抗から高抵抗へのスイッチが生じた。また，比較のために先端径30μmのプローブを用いて測定した電流―電圧特性も合わせて示す（図7(b)）。この場合には，0.2V付

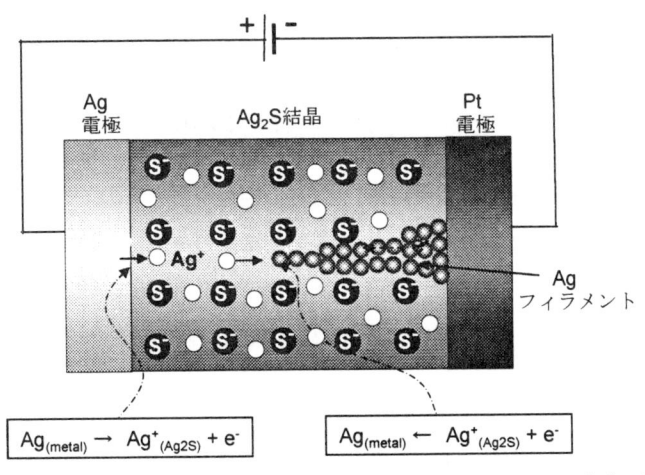

図6　混合伝導体Ag$_2$Sの固体電気化学的現象によるAgフィラメント生成の概念図

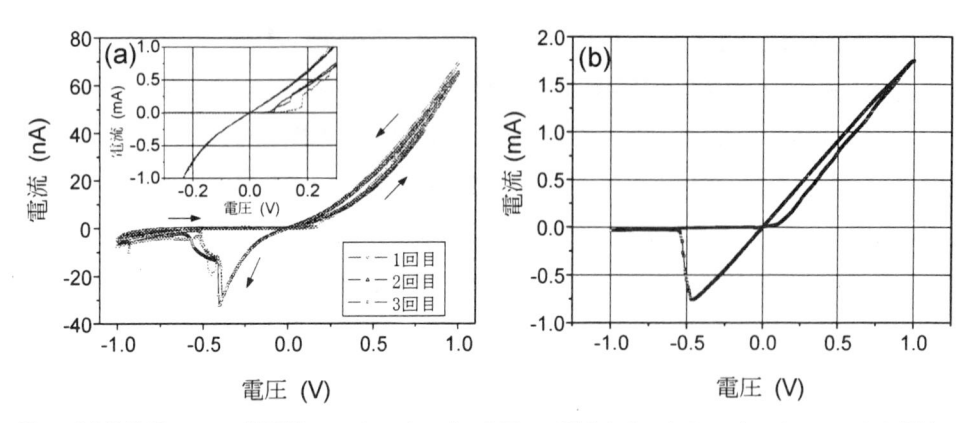

図7 (a) 先端径15nmの導電性AFMカンチレバーを用いて測定した1本のAg/Agナノワイヤの電流—電圧特性，(b) 先端径30μmのプローブを用いて測定したAg/Agナノワイヤ束の電流—電圧特性

近で高抵抗から低抵抗へスイッチが生じ，−0.5V付近で低抵抗から高抵抗へのスイッチが生じた。これらの測定から見積られたナノワイヤの抵抗値は，高抵抗で数百GΩであり，低抵抗で数十MΩであった。低抵抗の状態ではAgの析出によって電極間にAg架橋が形成されており，もし架橋がAg原子一個の点接触によって形成されているとすると抵抗値は量子化伝導現象により12.9kΩになる。この抵抗値は点接触の面積が大きくなるにつれて12.9kΩから次第に減少する。しかし，Ag/Ag$_2$Sナノワイヤは架橋が形成されている状態においても数十MΩを示す。この原因として，ナノワイヤ内で形成されるAg架橋は，緻密で一様な金属フィラメントでなく，多くの点接触や非接触箇所を含んだ欠陥構造をしているためと考えられる。低次元性構造のAg$_2$Sナノワイヤは，2次元構造のAg$_2$S膜に比べると体積が小さいために結晶内に存在するAgイオンの数が少なく，そのため比較的に少量のAgイオンの還元反応によって析出するAg原子数では構築されるAg架橋内に欠陥構造が生じやすいと考えられる。

4 ナノ領域でのイオンと電子との相互作用の制御

局所領域でイオンや電子の移動，あるいはそれらの相互作用を制御することはナノイオニクス素子を動作させる上で重要な技術である。これらの制御法の一つとしては，低次元性のイオン伝導体や金属電極のナノ構造（例えばナノ粒子やナノワイヤ）を利用して，イオンや電子の伝導パスを構造的に制御することである。前述のAg/Ag$_2$S構造などのナノワイヤはそのための応用材料として期待される。他の制御法として，筆者らはトンネル電子を利用する方法を見出している[8〜10]。トンネル電子を利用することにより，ナノスケールさらには原子スケール領域でイオンと電子の相互作用を制御することが可能である。さらに，走査型トンネル顕微鏡（STM）や

第10章　ナノプローブ加工技術を用いたナノイオニクス素子の開発

AFMなどのナノプローブ技術を利用すれば，任意の位置にプローブを移動して，そこでイオンと電子の相互作用を制御することも可能である。STMを用いた場合の概念図を図8に示す。STMに用いる試料は，電子伝導性が必要であるために混合伝導体材料に限られる。探針から試料へのトンネル電子によって混合伝導体内の金属イオンが還元されて，混合伝導体の表面に金属原子が析出する。この時，試料と探針に印加する電圧と電流の大きさと印加時間を制御することによって，混合伝導体の表面に析出する金属原子の数を制御することができる。さらに，印加する電圧の極性を反転させることによって，析出した金属原子を再固溶させることもできる。筆者らは，図8の配置とは反対であるが，探針にAg_2S結晶，基板にPt板を用いて，基板からのトンネル電子によってAg_2S探針上でAgクラスタを生成させたり，さらに電圧の極性を反転させることにより生成したAgクラスタをAg_2S内へ再固溶している。

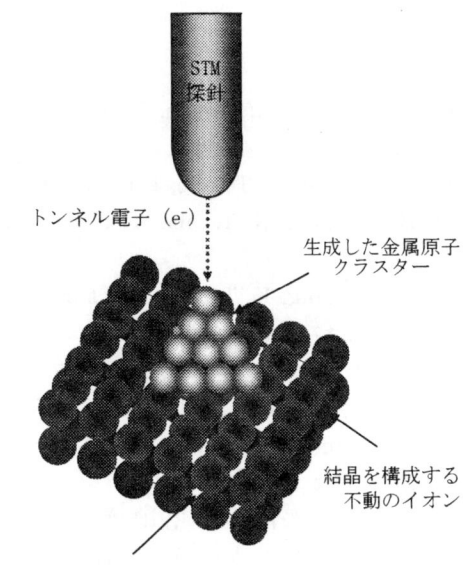

図8　STMによるトンネル電子を利用したイオンと電子の相互作用の局所的な制御
例として，トンネル電子によって混合伝導体中の金属イオンが還元されて金属クラスタが生成する様子を示す。

5　おわりに

従来の半導体デバイスの性能や機能限界の克服が期待され，新たな原理で動作する次世代のナノデバイスとして，固体内のイオンの移動を利用したナノイオニクス素子は大変に有望である。本稿では，ナノイオニクス素子の開発に不可欠な基礎基盤技術である，イオン伝導体や電極などのナノ材料の作製，ナノ領域での解析や計測，ナノ領域でのイオンや電子の制御に関して，これまでに筆者らが文部科学省科研費特定領域研究「ナノイオニクス」で行ってきた研究を中心に述べた。尚，これらの研究の一部は，科学技術振興機構 戦略的基礎研究推進事業「人工ナノ構造の機能探索」，基礎的研究発展推進事業「量子効果スイッチの機能素子化」各代表青野正和における研究成果[7～10]を元に展開した。

文　　献

1) C. H. Liang, K. Terabe, T. Hasegawa, R. Negishi, T. Tamura, M. Aono, *Small*, **1**, 971 (2005)
2) C. H. Liang, K. Terabe, T. Hasegawa, M. Aono, *Solid State Ionics*, **177**, 2527 (2006)
3) C. H. Liang, K. Terabe, T. Hasegawa, M. Aono, *Jpn. J. Apl. Phys., Part 1*, **45**, 6046 (2006)
4) C. H. Liang, K. Terabe, T. Tsuruoka, M. Osada, T. Hasegawa, M. Aono, *Adv. Funct. Mater.*, **17**, 1466 (2007)
5) 長田実, セラミックスデータブック 2004, 32巻, 97 (2004)
6) 長田実, 垣花眞人, 炭素 Tanso, 228巻, 174 (2007)
7) T. Sakamoto, H. Sunamura, H. Kawaura, T. Hasegawa, T. Nakayama, M. Aono, *Appl. Phys. Lett.*, **82**, 3032 (2003)
8) 寺部一弥, 長谷川剛, 中山知信, 青野正和, 表面科学, 27巻, 第4号, 232 (2006)
9) K. Terabe, T. Nakayama, T. Hasegawa, M. Aono, *J. Appl. phys.*, **91**, 10110 (2002)
10) K. Terabe, T. Hasegawa, T. Nakayama, M. Aono, *Nature*, **433**, 47 (2005)

第11章 アルミナ薄膜を固体電解質とした水素センシングデバイス

栗田典明*

1 はじめに

　一般にアルミナ，特にコランダム構造を持つαアルミナは古くより「絶縁体」として取り扱われており，高温装置における構造材，所謂「耐火物」として用いられてきた。しかしながら，最近の研究[1,2]によりαアルミナは高温かつ高水素雰囲気では，主な電荷担体がプロトンとなり，プロトン導電性固体電解質として取り扱うことが可能であることがわかってきた。したがって，そのプロトン導電性を上手に利用すれば，高温，強還元雰囲気で利用可能な電気化学的水素センサー等への応用が期待され，αアルミナの利用における新しい分野が開拓される可能性がある。しかしながら，αアルミナは「絶縁体」として取り扱われてきたように，一般にはインピーダンスが高いため，プロトン導電体として広く応用するためにはインピーダンスの低減が不可欠と考えられる。

　αアルミナのインピーダンスを低減する手段としては，①薄膜化，②プロトン導電率の向上，③電極抵抗の低減，等の方法が考えられる。むろんこれらは，αアルミナに限った手段ではなく，電池としての一般的な性能向上のための手段である。これらの中で本章では特にαアルミナの薄膜化に着目して，電池型の水素センシングデバイスの開発を行った（以降，本章では，特に断りのない限りコランダム構造のαアルミナを単にアルミナと称する）。

2 アルミナと水素

　アルミナに水素がプロトンとして存在することは，古くより知られており，特に誘電体を取り扱う分野においては，アルミナ中の水素が誘電特性に影響を及ぼすため，アルミナへの水素の溶解に関する研究[3]がなされている。一方，イオン導電体の分野においてアルミナは1970年代のK. Kitazawa and R. L. Coble[4,5]の一連の研究によりその導電機構が議論されているが，この時はまだ導電特性に対する溶解プロトンの影響は考慮されなかった。しかしながら，1973年E. W. Roberts[6]によりアルミナの水素透過が報告されているのを始め，1977年J. D. Fowlerら[7]によ

＊ Noriaki Kurita　名古屋工業大学　大学院おもひ領域　准教授

りトリチウム遮蔽材としての利用のため，アルミナ中のトリチウムの拡散が測定されている。また，1979年R. M. Robertsら[8]により水素透過量の測定がされている。その後，1982年にM. M. El-Aiat and F. A. Kroger[9]により分極法を用いた電気伝導度測定によって，プロトンがアルミナの導電特性に無視できない寄与があることが報告された。また，1988年T. Norby and P. Kofstad[10]によりプロトン，ネイティブイオン，正孔を考慮した詳細な導電メカニズムが提案された。この報告は雰囲気の温度やガス成分のポテンシャルを制御すればアルミナはプロトン導電性固体電解質となる可能性を示唆するものであった。

このような過去の研究に対し，最近の我々の研究[1,2,11]により，アルミナは所謂「絶縁体」というよりは，高温・水素雰囲気においてはプロトン導電性固体電解質として取り扱うべきであることを明らかにしてきた。図1はアルミナのプロトン導電率のアレニウスプロットを，また図2にアルミナ中のプロトン輸率の温度依存性を示す。図1より高温作動型の酸化物プロトン導電体として良く知られたペロブスカイト構造を有する$SrCeO_3$や$CaZrO_3$系の酸化物に対して4～6桁程度小さく，プロトン率そのものは非常に低いことがわかる。しかしながら図2に示すようにプロトン輸率そのものはペロブスカイト型の酸化物よりも高温まで高い。また，ペロブスカイト構造酸化物はプロトン輸率の低下に伴い酸化物イオン導電性が出現し，電池に生じる起電力や燃料電池としての取扱いが複雑になるが，アルミナの場合は酸化物イオン導電性が現れないのでその取扱いは比較的容易である。したがって，高温で使用する電気化学的センサー等のデバイスとして利用を考えた場合，むしろアルミナの方が優位に立つ可能性があると考えられる。

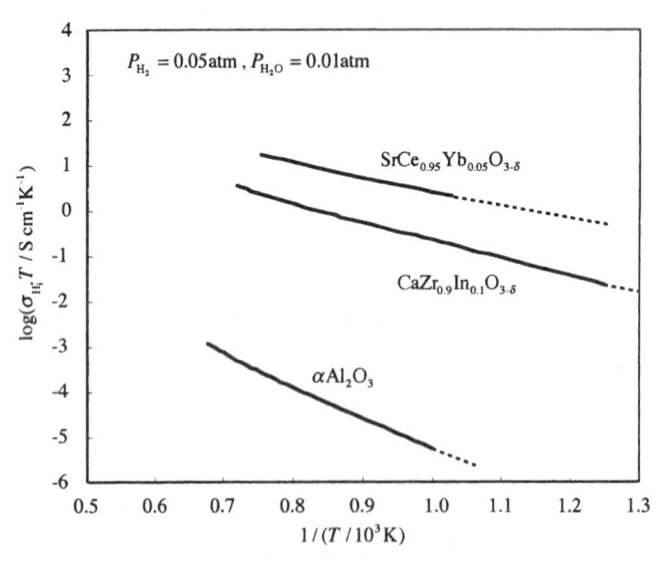

図1 高温型酸化物プロトン導電体のプロトン導電率
（プロトンが優勢な温度範囲のみ記載）

第11章　アルミナ薄膜を固体電解質とした水素センシングデバイス

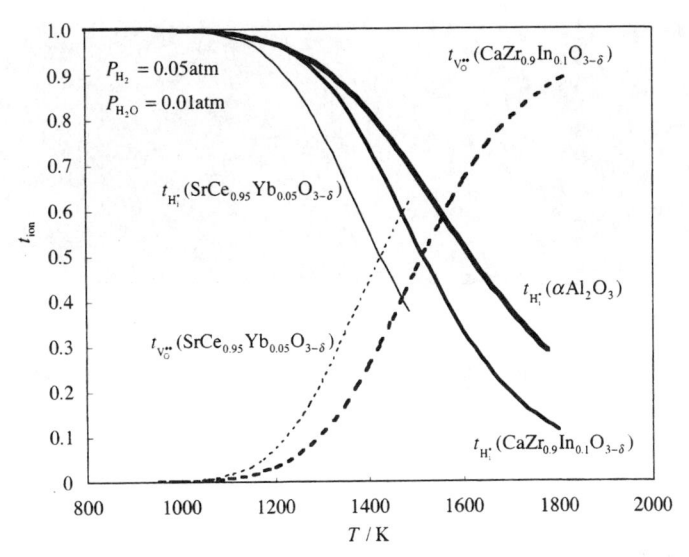

図2　高温型酸化物プロトン導電体のプロトンおよび酸化物イオン輸率

3　アルミナの薄膜化

薄膜のアルミナを作製する方法としては，一般にスパッタ法，レーザーアブレーション法，化学的なコーティング方法等があるが，今回用いた方法は金属の酸化，特に高温における酸化によりその表面にアルミナ膜を自己生成させる方法である。電池式を以下に示す。

(ref.) Al-containing metal (H) | α-Al_2O_3 film (H^+) | H_2, electrode (meas.)

左極はアルミニウムを含む金属が電極を兼ねた構成となっている。電解質としたアルミナは左極の金属の酸化により生成させたものである。このような構成をもつ電池としては，既にK. Kawamuraら[12]がジルコニウム表面に生成したジルコニア膜により酸素濃淡電池を構成し，発生する起電力の測定を行っている。また，アルミナ膜に関してもD. Nicolas-Chaubetら[13]によりβNiAl表面に生成したアルミナ膜に起電力が生じていることを報告している。しかしながら，その時点ではまだアルミナがプロトン導電性固体電解質である，という観点からの考察はなされていない。一方，我々は[14]はアルミニウム溶湯表面に生成したアルミナ膜の起電力を測定し，プロトン導電性固体電解質という観点で考察を行っている。これらの報告から酸化により生成したアルミナ膜を固体電解質としたセンサーの可能性は十分にあると思われる。

酸化膜を自己生成させる方法の利点として，①一般にアルミニウムあるいはアルミニウムを含む合金は耐酸化性をもつ緻密なアルミナ膜を生成しやすい。②自己生成のため膜の破壊時には再酸化により修復が可能，などが期待される。良く知られていることではあるが，アルミニウムは

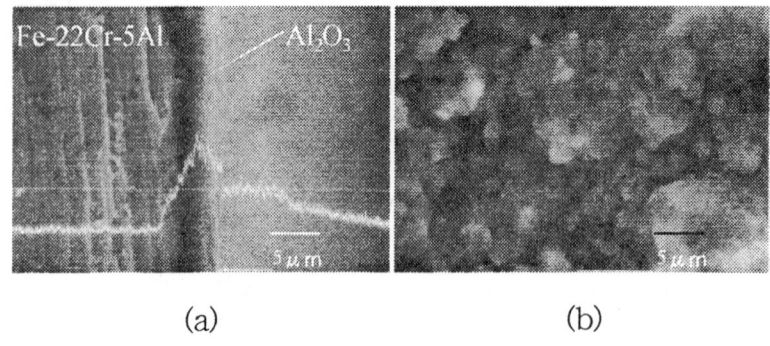

図3 1150℃，100h大気中で焼鈍したFe-22Cr-5Al合金の表面酸化膜
(a)断面，(b)表面SEM写真

本来大気中では酸化物の方が極端に安定な元素である。しかし実際にはアルミニウム溶湯を大気に曝しても殆ど酸化が進行しない。この理由はアルミニウムの初期の酸化により生成したアルミナ膜が非常に緻密で酸素を殆ど通さないためである。また，アルミニウムを含む合金，特にFe-Cr-Al系の合金[15]は耐熱材料としてアルミニウムの優先酸化により，表面に緻密なアルミナ膜を生成し基材の金属を酸化より保護している。図3(a)(b)は1150℃で大気中に100h，Fe-22Cr-5Al合金を曝した場合の断面(a)および表面(b)のSEM写真である。数μm程度のアルミナ膜が生成し，内部の合金を酸化より防いでいるのがわかる。最近ではβNiAlを耐熱合金の耐酸化のコート層として用いる研究[16]も盛んに行われているが，この合金も同様なメカニズムで内部を酸化より保護している。このように保護層として自己生成した酸化膜は，熱膨張や衝撃により酸化膜が剥がれ落ちた場合でも，再酸化により酸化膜が生成するため，「自己修復型」のセンサーとなり得ると期待される。

4 酸化膜を利用した場合の課題

自己生成させた酸化膜型の水素センサーを実現するためには検討すべき課題も多い。例えば，①自己生成膜のため使用環境によっては膜が成長し続けることの影響。②生成したアルミナ膜／金属ヘテロ界面における電荷移動の影響。特にこれら2つのことはナノスケールの膜である場合には影響が大きいと思われる。③標準極側の水素活量の値，すなわち水素は標準極を構成する基材金属の結晶構成元素ではないために所定の値に制御できるかどうかという問題。④アルミナ膜と基材となる金属との密着性の問題。⑤生成したアルミナ膜中への基材金属元素の混入によるプロトン導電性への影響などが考えられる。これらの課題を如何に解決するかがデバイスの実現への鍵になると思われる。以下でこれらの課題に対し考察を加える。

第11章　アルミナ薄膜を固体電解質とした水素センシングデバイス

4.1　酸化膜の成長の問題

　高温酸化を利用して金属表面にアルミナ膜を生成させる場合，初期においては準安定アルミナが生成する。Fe-22Cr-5Al合金においても初期はγ型が生成しその後，安定なα型のアルミナに結晶構造が転移する[15]。また，α型に転移した後も徐々に膜が成長してゆく。図4は1150℃

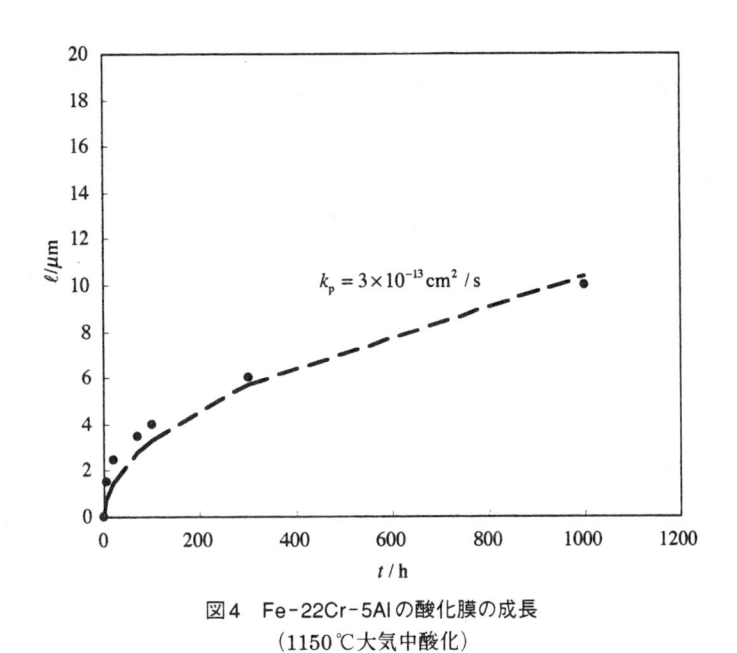

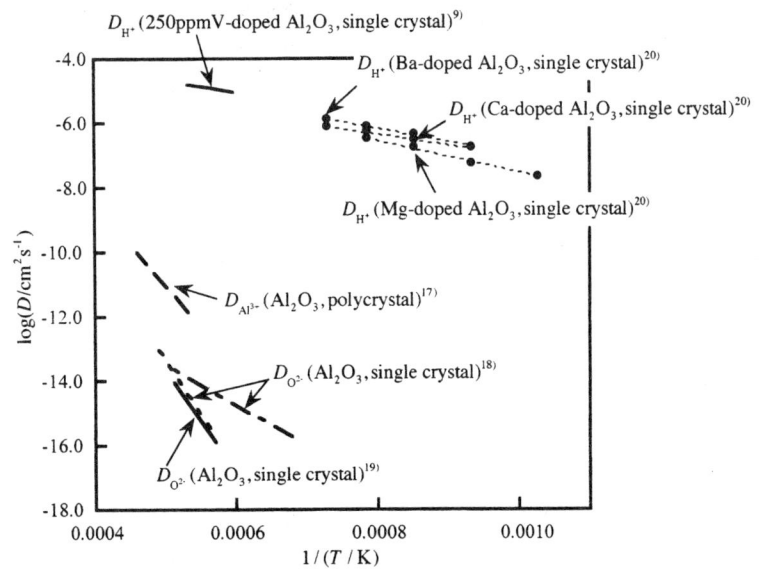

図4　Fe-22Cr-5Alの酸化膜の成長
（1150℃大気中酸化）

図5　アルミナ中の各種イオンの自己拡散係数

でFe-22Cr-5Al合金表面のアルミナ膜の成長を示す。図4よりほぼ放物線則に従い膜が成長しており拡散過程が律速しているようすがわかる。図5にアルミナ中のアルミニウムイオンおよび酸化物イオンの拡散係数を示す。本来アルミナ中のネイティブイオンの拡散は非常に遅く，一旦α型に転移させた後，使用する温度を低下させることで，事実上アルミナ膜の成長を無視することが可能になると期待される。

4.2 アルミナ膜／金属ヘテロ界面における電荷移動の影響

生成したアルミナ膜がナノスケールであれば，半導体／金属ヘテロ界面接合による空間電荷層の影響が考えられる。松本ら[21]はヘテロ界面効果によるプロトン導電性の低下を報告している。また，一方でS. J. Songら[22]はヘテロ界面効果による水素透過量の増加を報告している。しかしながら，今のところ本研究における酸化膜生成時にヘテロ界面生成による空間電荷層の影響がどの程度あるのかよくわかっていない。この点に関しては測定データを解析する際には注意が必要と思われる。

4.3 標準極側の水素活量の問題

K. Kawamuraら[12]によって報告されたように，ジルコニウム表面に生成したジルコニアを酸化物イオン導電性固体電解質とした場合，標準極であるジルコニウム／ジルコニア界面の酸素活量は，平衡酸素活量で固定されると考えられる。一方，アルミナ膜をプロトン導電性固体電解質として用いた場合は，水素はどちらの構成元素にもなっておらず，かつ，揮発性であるため，標準極の水素活量は単純には決まらないと思われる。ところで空気中で溶解したアルミニウム中の

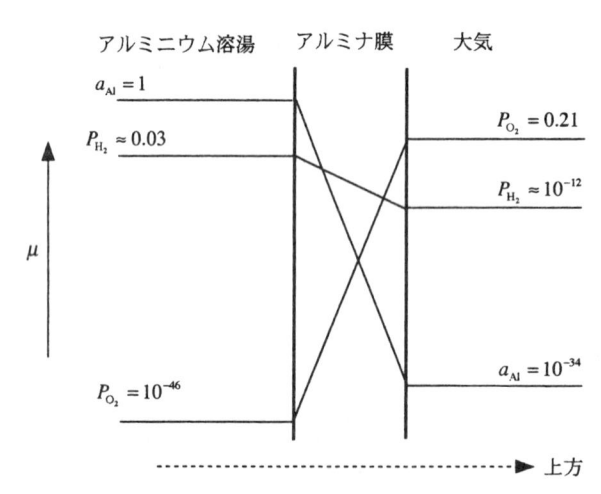

図6 アルミニウム溶湯表面に生成したアルミナ膜中のポテンシャル分布の模式図

第11章　アルミナ薄膜を固体電解質とした水素センシングデバイス

水素活量は0.1～0.01程度であり，同じ温度での空気中の酸素，水蒸気により計算される水素活量約10^{-12}に比べて非常に大きな値で安定していることは良く知られている。従来はこの理由として$2Al(l)+3H_2O(g) \rightarrow Al_2O_3(s)+2\underline{H}\downarrow$による水素溶解反応と酸化膜内で一時的に割れた部分からの$2\underline{H}(in\ Al) \rightarrow H_2(g)\uparrow$による水素放出反応により速度論的に水素活量が決まっていると考えられてきた[23]。しかしながら，我々は[14]次のような提案を行った。図6に示すようにアルミニウム溶湯表面に生成したアルミナ膜は一方の界面は大気に，もう一方の界面はアルミニウムに曝されている。アルミナ膜がプロトン導電性固体電解質として機能しているのであれば，薄いアルミナ膜中に存在している非常に大きなアルミニウム（あるいは酸素）活量の勾配が，その水素活量差を支えているのではないかと考えた。本研究も酸化によりアルミナを自己生成させているので同様に考える事が可能であると考えられる。すなわち，酸化膜中のアルミニウムの活量勾配によって，水素が基材金属側にポンプアップされるということである。図5に示すように，アルミナ中の拡散係数はプロトンが最も高く，酸化物イオンやアルミニウムイオンに比べ，5～10桁程度大きい。したがって，アルミニウム活量の勾配によって，アルミニウムイオンがアルミナ内を表面方向に拡散する場合は，両極性拡散によってプロトンが基材金属方向に拡散することが予想される。結果として基材金属内に水素が溶解し，図6に示すように所定値まで水素活量が上昇すると思われる。この効果は生成したアルミナ膜が薄いほど，すなわちナノスケールであるほど効果が大きいと思われる。しかしながら，この点に関する知見もまだあまり十分ではなく，測定データを解析する際には十分な配慮が必要と思われる。

4.4　アルミナ膜の密着性の問題

酸化により生成するアルミナ膜は緻密ではあるが，膜の成長により金属／酸化膜界面でのボイドの形成やアルミナに酸化した場合の体積変化によるアルミナ膜の剥離などが生じる。先に述べたFr-22Cr-5Al合金においてもそのままでは剥離が生じるため，膜の密着性を改善するためYなどの金属に添加する[15]。これらの問題に対する検討も必要となると思われる。

4.5　生成したアルミナ膜への他元素の混入の問題

アルミナは本来それだけではプロトン導電性を発現しない。3価のアルミニウムイオンに対しMg，Ca，Sr，Ba等の低原子価のアクセプターとなる金属イオンをドープすることでプロトン導電性を発現する[1,2,11,20]。4.4項で述べたように生成したアルミナ膜の密着性の改善のため基材金属に各種の元素の添加が必要となることが考えられる。これらの元素が生成したアルミナ膜にも混入するとアルミナ膜のプロトン導電特性に影響があると思われ，特にアルミナに対しドナーイオンとして機能すると考えられる4価以上にイオン化する元素が含まれる場合には注意が

必要と考えられる。

5　βNiAlにおける実験と考察

　4節で検討したように金属表面に生成したアルミナ膜を水素センサー等のデバイスとして応用するためには多岐に亘る課題が存在する。本節においては，それらを踏まえ，基材金属としてβNiAlを選択した場合の例について解説を行う。基材金属にβNiAlを選択した場合，①既にβNiAlは耐熱合金の耐酸化保護膜としてアルミナ膜を生成させるコート層として様々な研究がされている。②生成したアルミナ膜にはNiが2価あるいは1価のイオンとして存在していると考えられるが，Niをドープしたアルミナにプロトンが存在していることが報告されている[3]。③βNiAl表面に生成させたアルミナ膜に起電力が生じていることが報告されている[13]，等のため実用化の可能性は十分にあると考える。ただし，本節で取り上げたβNiAlは4.5項で述べた問題から第3元素を添加せずに実験を行っている。

5.1　Niをドープしたアルミナのプロトン導電特性

　一般にプロトン導電性が優勢な場合，水素を含む雰囲気と重水素を含む雰囲気において電気伝導度に$\sqrt{2}$倍の差が生じる。これはプロトンとデューテロンの質量の違いによる効果である。図7にNiをドープしたアルミナ焼結体の電気伝導特性の同位体効果について調べたものを示す。雰

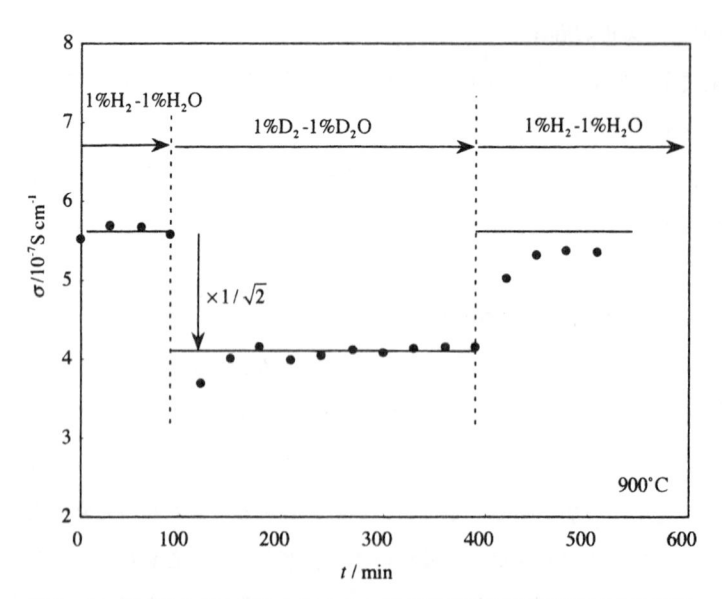

図7　1mol%Niをドープしたアルミナ焼結体の電気伝導度の同位体効果

第11章 アルミナ薄膜を固体電解質とした水素センシングデバイス

囲気を水素/水蒸気雰囲気から重水素/重水蒸気雰囲気に切り替えた場合,電気伝導度が減少しその比は約$\sqrt{2}$であった。再び水素/水蒸気雰囲気に戻すと電気伝導度が上昇し,可逆的な変化が観察された。このことからNiをドープしたアルミナは水素雰囲気においてはプロトン導電性固体電解質であることがわかる。

5.2 βNiAl表面に生成したアルミナ膜の性状

図8にアルミナ膜の膜厚の変化を,図9にβNiAlを1100℃,100h,湿潤酸素中で曝した場合の断面写真を示す。数百nm～数μmの膜厚のアルミナ膜の成長がみられた。また成長は放物線則に従っており,アルミナ膜の成長が拡散過程に従っていることがわかる。図8より求められる放物線速度定数は$1 \sim 4 \times 10^{-13} \mathrm{cm}^2 \mathrm{s}^{-1}$であった。この値はD. Nicolos-Chaubetら[13]の報告し

図8 βNiAlの酸化膜の成長

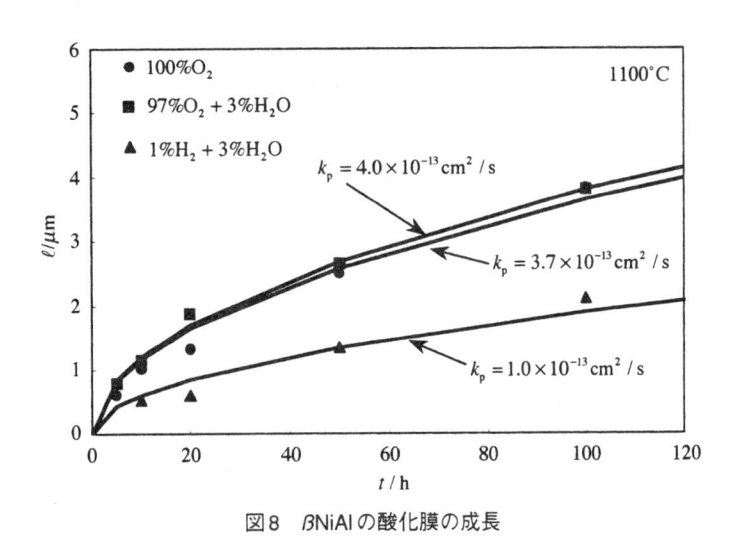

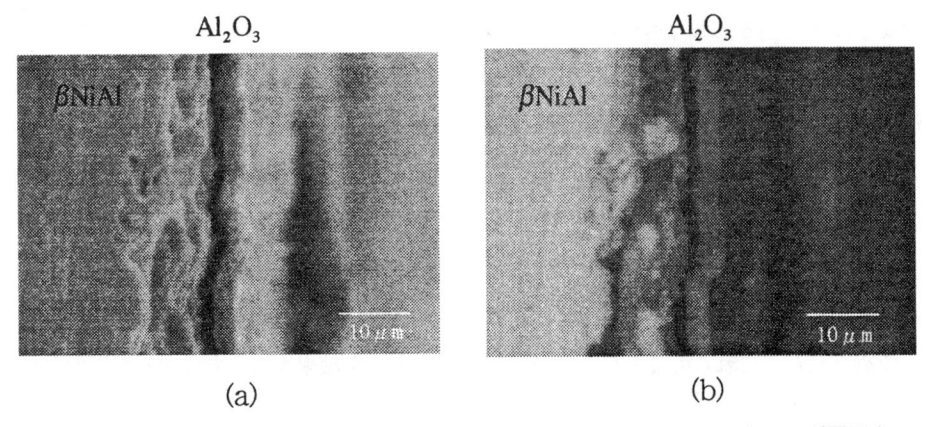

図9 1100℃,100h,3%H$_2$O+97%O$_2$中で焼鈍したβNiAl合金の表面酸化膜の断面写真
(a)SEM像,(b)COMP像(同じ位置)

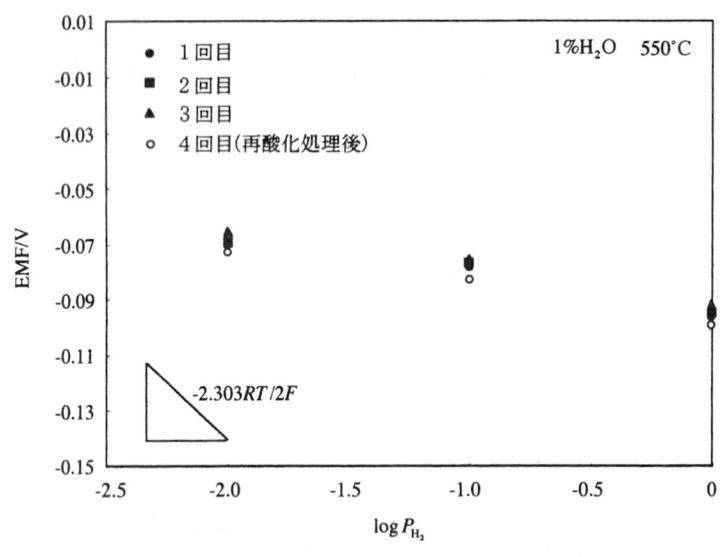

図10 測定極の雰囲気変化に対する起電力の依存性

た$2.8 \times 10^{-13} cm^2 s^{-1}$とほぼ同じ値であり、$\beta$NiAl表面には緻密なアルミナ膜が成長していることが伺える。

5.3　βNiAl表面アルミナ膜を固体電解質とした電池の起電力特性

起電力測定に用いた電池を以下に示す。

(ref.) Ni-Cr, βNiAl($\underline{H}$) | α-Al$_2$O$_3$ film (H$^+$) | H$_2$, Pt (meas.)

標準極側のβNiAlに溶解した水素が標準極の水素活量を決め、同時にβNiAlが電極として機能をする構成となっている。またNi-Crは電位を取り出すためのリード線である。測定極側は多孔質白金を電極としている。4.1項で述べたように高温ではアルミナ膜は成長を続けるため、1100℃で大気中でアルミナ膜を生成させ、起電力測定は550℃で行った。図10は起電力の測定極側の気相中の水素活量に対する依存性を示す。水素活量に対して起電力の変化が観察された。しかしながら、その依存性は、理論起電力のそれと比べて1/3～1/4程度であり、起電力の再現性もあまり良くなかった。測定終了後、上記の電池をSEM観察を行ったところ、膜表面に新たに準安定アルミナの生成やアルミナ膜／βNiAl界面におけるボイドの生成、一部アルミナ膜の剥離が認められた。これらのことにより当初期待したような結果が得られなかったものと思われる。

第11章　アルミナ薄膜を固体電解質とした水素センシングデバイス

6　おわりに

今回はβNiAlに生成したアルミナ膜を用いて実験を行ったが，期待したような成果は得られなかった。酸化により生じたアルミナ膜を電気化学的機能性素子として用いるためには，酸化膜の作製方法，膜の密着性，基材金属の種類や添加元素，膜の成長，機能性素子としての使用条件など，解決すべき課題は多いと思われる。仮に今回期待したようなデバイスが実用化すれば，プリント技術などを利用してより小型で機能的な水素デバイスの作製が可能となると思われる。この研究はまだ始まったばかりである。現在はアルミナ膜の作製方法そのものからの再検討を行っている。今後の展開が期待される。

文　献

1) N. Kurita, N. Fukatsu, N. Miyamoto, M. Takada, J. Hara, M. Kato, T. Ohashi, *Solid State Ionics*, **162-163**, 135 (2003)
2) N. Fukatsu, N. Kurita, Y. Oka, S. Yamamoto, *Solid State Ionics*, **162-163**, 147 (2003)
3) R. Muller, H. H. Gunthard, *J. Chem. Phys.*, **44**, 365 (1966)
4) K. Kitazawa, R. L. Coble, *J. Am. Ceram. Soc.*, **57**, 245 (1974)
5) K. Kitazawa, R. L. Coble, *J. Am. Ceram. Soc.*, **57**, 250 (1974)
6) E. W. Roberts, *Sci Ceram.*, **7**, 319 (1973)
7) J. D. Fowler, D. Chandra, T. S. Elleman A. W. Payne, K. Verghese, *J. Am. Ceram. Soc.*, **60**, 155 (1977)
8) R. M. Roberts, T. S. Elleman, H. Palmour III, K. Verghese, *J. Am. Ceram. Soc.*, **62**, 495 (1979)
9) M. M. El-Aiat, F. A. Kroger, *J. Appl. Phys.*, **53**, 3658 (1982)
10) T. Norby, P. Kofstad, *High Temo. High Press.*, **20**, 345 (1988)
11) Y. Okuyama, N. Kurita, N. Fukatsu, *Adv. Mat. Res.*, **11-12**, 145 (2006)
12) K. Kawamura, A. Kamimai, Y. Nigara, T. Kawada, J. Mizusaki, *J. Electrochem. Soc.*, **146**, 1608 (1999)
13) D. Nicolas-Chaubet, A. M. Huntz, F. Millet, *J. Mat. Sci.*, **26**, 6119 (1991)
14) N. Fukatsu, N. Kurita, N. Ishikawa, N. Okabayashi, T. Ohashi, *Electrochemistry*, **68**, 709 (2000)
15) C. Badini, F. Laurella, *Sur. Coat. Tech.*, **135**, 291 (2001)
16) D. Zimmermann, M. Bobeth, M. Ruhle, D. R. Clarke, *Z. Metallkd.*, **95**, 2 (2004)
17) A. E. Paladino, W. D. Kingery, *J. Chem. Phys.*, **37**, 957 (1962)
18) Y. Oishi, W. D. Kingery, *J. Chem. Phys.*, **33**, 480 (1960)

19) K. P. R. Reddy, A. R. Cooper, *J. Am. Ceram. Soc.*, **65**, 634 (1982)
20) 奥山勇治, 栗田典明, 武津典彦, 第32回固体イオニクス討論会講演要旨集, 284 (2006)
21) 松本広重, 古谷佳久, 石原達己, 井坂真也, 大竹隆憲, 八代圭司, 川田達也, 水崎純一郎, 第31回固体イオニクス討論会講演要旨集, 62 (2005)
22) S. J. Song, T. H. Lee, E. D. Wachsman, L. Chen, S. E. Dorris, U. Balachandran, *J. Electrochem. Soc.*, **152**, J125 (2005)
23) 今村守, 軽金属, **22**, 120 (1972)

第12章 イオン伝導体微小界面を反応場とした物質創製・加工技術の開発

鎌田 海*

1 はじめに

「固体イオニクス」は固体内のイオン移動現象を取り扱う分野である。研究対象となるのは必然的にイオン輸送能を有する物質であり、これらは「イオン伝導体（固体電解質）」と称される。イオン伝導体は2次電池やセンサー・フォトクロミック表示素子など電気化学リアクターの電解質・電極としての実用化が検討されている。換言すれば利用分野がこれらに限定されているため、イオン伝導体の利用分野の開拓は「固体イオニクス」の発展に欠かすことのできない課題である。一般的にイオン伝導体を心臓部とするデバイスはイオン伝導体を隔壁として両端の可動イオンの化学ポテンシャル差を起電力として取り出すことで駆動している。対照的に、伝導体両端に電位勾配を与え一方から他方へ物質を輸送（ポンプ）することも行われる。このようにイオン伝導体は物質の三態のうち最も低温相である固体でありながら、電場を駆動力として人間が操れる範囲内での物質形成の最小単位であるイオンを輸送可能な特殊な材料群である。

近年、溶液系の電気化学分野で発展してきた微小電極法が固体イオニクスで利用されるようになってきた。「イオン伝導体」と「微小界面」の2つのキーワードについて、研究情勢は2つに大別できる。一つは微小電極の局所性を利用して、セラミックスなど不均質な材料の物性を空間分解評価（粒界／粒内）する分野である[1]。二つ目は微小電極を用いることで、電極応答する範囲を界面周辺の微小領域に制限して緩和時間を短縮し、イオン伝導のような緩慢な過程を高速測定する分野である[2]。

最近、電子デバイスの小型化、高容量化に対する要望から、マイクロ～ナノメートル領域の高精度な形状加工・組成制御技術が求められている。筆者らのグループでは「イオン伝導体」・「微小界面」のキーワードに全く新しい3つ目の分野、すなわち「微細加工技術」を追加すべく研究を行っている。イオン伝導体は電子やホールではなくイオンを電荷担体としている。つまり、図1のように電位勾配下で界面にイオンを供給したり、あるいは界面からイオンを抽出できるのである。微小界面で発生するイオンの反応性、異種固体内への拡散、あるいは伝導体自身のイオ

---

* Kai Kamada　九州大学　大学院工学研究院　応用化学部門　助教

ン受容能を利用して，固相状態においてマイクロデバイス構築のための微細加工技術を創出するのである。ここで，加工技術とは物理的な形状加工だけではなく，局所的な組成制御も対象としている。本章ではイオン伝導体と異種固体の微小界面を反応場とした微小部組成制御法や微細加工法に関する最近の成果を解説する。

2 イオン伝導体微小界面を利用した局所イオン注入法

固体材料の機能性はおおよそ化学組成と形態に依存するといっても過言ではない。さらに，3次元固体中に局所的に異相を形成することで新規な機能性が発現する。例えば透明材料に対して部分的に異種組成を導入すると屈折率が変化する。これを利用してイメージセンサとしてのマイクロレンズアレイや光導波路が作製されている。また，分相処理により相分離したガラスの組成の異なる2相間の溶解度差を利用して多孔体が合成されている。一般的に，固体表面の部分的な組成制御は気相を介したイオン注入や液相でのイオン交換のように，導入イオンを含有する流体に固体表面を作用させることで行われる。

イオン伝導体と固体材料の固相界面に直流電圧を印加すると，固体材料にイオン注入が起こると予想される。さらに，界面の接触面積を微小化すれば局所的なイオン導入が起こり，全固体系の局所イオン注入（組成制御）が可能となる[3]。図2に提案する手法の模式図を示している。イオン伝導体と異種固体材料から構成される固体電気化学セルに通電すると，微小界面に到達したイオンは電圧勾配の下で固体内部へと移動する。対象材料としてイオン受容性固体つまりイオン伝導経路を有する物質を選択すれば，低い過電圧で容易にイオン注入が進行して組成を変えることができるのである。

本手法においてアルカリ金属含有ガラスはイオン注入の対象材料として有望である。なぜなら，ガラス転移温度以下でアルカリ金属イオン伝導性を示すからである。図2のように輸送されたイオン（M^{n+}）は電位勾配の下でガラス内のアルカリ金属イオン（Na^+）サイトを置換する。このような局所的な組成変化は屈折率変化を誘起し，上述の光学的応用へと展開可能である。ガラス内に異種金属イオンを導入する既往法として溶融金属塩にガラスを浸漬するイオン交換法が一般的であった。しかし，特定箇所にイオン交換を施すためには精細なマスキングパターンの形成が必要となる。一方，イオン伝導体微小界面を利用す

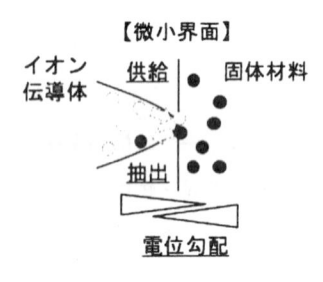

図1 イオン輸送性微小界面

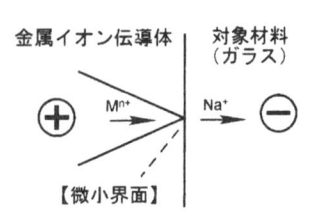

図2 金属イオン伝導体微小界面を利用した固相イオン注入法

第12章　イオン伝導体微小界面を反応場とした物質創製・加工技術の開発

れば固相界面でのみイオン移動が起こり，紙に鉛筆で文字を描くように組成分布をガラスに直接描画できるのである。

　図3にイオン伝導体として鋭利な先端を有するピラミッド型のベータアルミナを用いて銀イオンを導入したアルカリケイ酸塩ガラス断面の元素分布を示している。ベータアルミナはスピネルブロック層間をカチオンが二次元的に移動するイオン伝導体である。ガラス転移点以下の温度で銀イオンを含むベータアルミナとガラスに直流電圧を加えると，ベータアルミナ中の銀イオンが微小界面を介してガラス内へと移動した[4]。また，ガラス構成元素であるナトリウムは銀の存在位置で濃度が低下した。よって，図2のイオン移動機構に応じて銀イオンがガラス内のナトリウムイオンを置換することでイオン注入が進行したのである。ガラス内で銀イオンは接触点を中心として表面に対して円状に，断面に対して半円状に分布していた。つまり，銀はガラス内部で半球状に分布しているのである。このような組成分布は通電時にガラス内部に発生する電位分布を直接反映していると考えられる。陽極側の微小接触部に対して陰極側の面積が極めて大きいため，銀イオンが微小界面から放射状にガラス内を拡散し，結果として半球状の分布が形成されたのである。従って，両極の相対的な位置関係や面積比，あるいはそれぞれの接触形状をかえることで様々な形の組成分布が作製できると考えられる[5]。以上の結果，イオン伝導体微小界面を利用して固体材料の局所組成を制御できることが明らかとなった。図2の電気化学セルではイオン以外の電荷担体の移動がブロックされており，ガラスへの銀イオン注入では90％以上の高い電流効率を示した[6]。イオンの導入量や分布径はセルに与える電気量によって精密に調節することができた。また，イオン伝導体の種類により銀以外の様々な金属イオンがガラスおよびセラミックス材料へ注入できることも判明している。

　図2ではガラス表面に対してピラミッド型イオン伝導体を固定した状態で電圧印加を行った。つまり，これは0次元のイオン注入に相当する。一方，電圧印加状態においてガラス表面に沿った微小界面の移動（走査）を組み合わせれば，その軌跡に応じて導入イオン分布のパターンが形

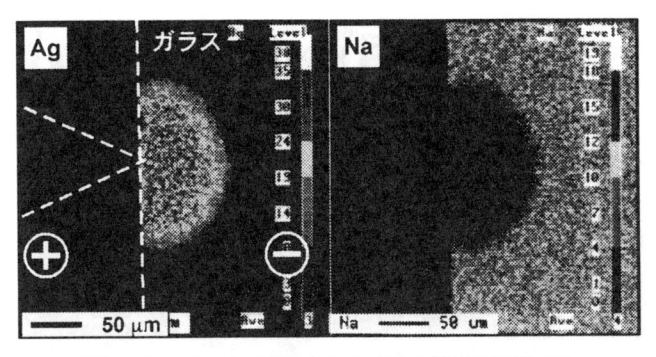

図3　銀イオンを局所注入したガラス断面の元素分布

成されるだろう。これは1〜2次元のイオン注入と考えられる[7]。図4はピラミッド型ベータアルミナの一方向走査と同時に銀イオンを導入したガラス表面の元素分布である。予想通り銀イオンはベータアルミナの軌跡に沿って線状に分布しており，断面に対しては図3と同様に半円状の元素分布が得られた。線幅は接触径や微小界面の移動速度および電流値に依存しており，最小で数マイクロメートルのパターン描画ができた。もちろんドットやラインパターンばかりではなく複雑形状にも対応でき，マスキング処理なしで容易にパターン形成ができるのである。さらに，あらかじめ表面に組成パターンを描画した後に別の金属イオンを再注入することで，ガラス表面近傍だけではなく内部への組成分布の封入も実現した。すなわち，本手法ではガラス内部の組成およびその分布形状を自由に操れるのである。

　金属イオン伝導体微小界面を用いた位置選択的な固相イオン注入法を開発し，固体材料の局所組成分布の制御を試みた。固相法ではイオンの導入速度を電気化学パラメータにより制御でき，サイズ差の大きいイオンをガラスに導入する場合でも，適当な導入速度の選択によりクラックレスでプロセスが進行するといった長所も見いだしている[8]。今後はイオン伝導体先端の高精度加工により注入サイズの精細化・高密度化が期待される。

3　イオン伝導体微小界面を利用した固体電気化学微細加工法

　電子機器の小型化，高密度化に伴って，金属，ガラス，セラミックスなどの無機固体材料に対する生産性の高い微細加工技術が求められるようになってきた。これらの材料は高硬度，高脆性，高融点のものが多いため機械加工では加工能率，精度，加工品質において不十分な点が多い。現状では固体表面への制御された微細形状の作製はマイクロリアクター，電極アレイなどマイクロデバイス構築に必要不可欠であり，マイクロ〜ナノメートル領域での高精度な加工技術が必須となる。最近，レーザーや電子ビームを励起源としたエッチングなど微細加工技術が高度化への道

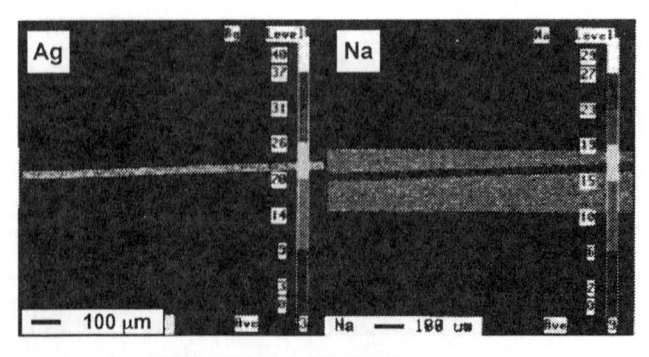

図4　銀イオン分布の線状パターン

第12章 イオン伝導体微小界面を反応場とした物質創製・加工技術の開発

を辿ると同時に，電気化学プロセスを利用した手法も低エネルギー負荷かつ高効率のソフトプロセスとして注目を集めている。一般的に電気化学微細加工法は電解質を含む溶液中で対象材料（金属などの電気伝導体）を陽極として，アノード溶解反応により局所エッチングが行われる。一方，電解質を液体からイオン伝導性固体で置き換えること，および電極／電解質界面の接触面積を微小化することで新規な固体電気化学的微細加工法が考案された[9]。図5に本手法の模式図を示している。ここでは前項の局所イオン注入法とは逆にイオン伝導体を陰極側に配置するのである。金属板とイオン伝導体の固体間微小界面に直流電圧を印加し，金属の電気化学的酸化反応によって生成した金属イオンを伝導体中へと抽出する。連続的な電圧印加により金属表面には窪みが生成し微細加工が進行する。固体電気化学的手法の特長を下に列記する。

① 固体同士の異種接合界面だけで加工が進行……マスキングを要しない
② イオン伝導体の先端形状を対象材料表面に直接転写可……高アスペクト比の実現
③ 多種の金属イオン伝導体が開発されている……多くの対象材料に適用可能

本手法の利点は前述のイオン注入法とよく似ている。固体のイオン伝導体を用いることでパターン形成のためのマスキング処理など多段階にわたる工程が省略され，より簡便なプロセスでの微細加工の実現が期待される。また，微小イオン伝導体の形状・サイズを変えることで，任意の加工形状が容易に作製可能になると考えられる。ここでは金属イオン伝導体を用いた固体電気化学微細加工法についていくつかの実施例とともに紹介する。

ピラミッド状のベータアルミナセラミックスを，金属板に接触させ，高温（〜600℃）で金属側を陽極として通電した。一定の電流を固体電気化学セルに与えた場合，発生電圧は時間経過とともに減少する傾向が見られた。微細加工の進行につれてピラミッド型ベータアルミナが金属板内に埋め込まれて接触面積が増大し，過電圧が減少したことを示唆している。図6に示すように通電後の金属表面を観察するとベータアルミナの先端形状を反転させた加工跡の生成が確認された。元素分析によりベータアルミナ内部から対象金属元素の存在が検出され，図5の機構により金属が電気化学的に加工されていることが明らかとなった。また，電気量によって加工体積が連続的に変化し，電流値や時間を制御することで加工サイズを調節できた。しかし，微細加工の電流効率は最大で約40％に留まった。高電圧印加によりベータアルミナが電気分解し，電子伝導が発現したために電流損失が起こったと考えられる。微小界面に電圧を印加しながらベータアルミナピラミッドを金属表面に沿って移動させると線状の加工溝が生成し，点加工だけではなくパターン化された微細加工も可能であった。

上述のように全固体系の電気化学微細加工が実現したが，ベ

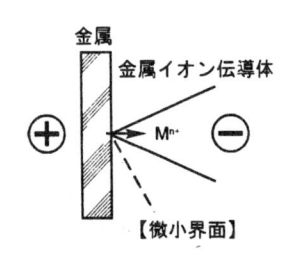

図5　固体電気化学微細加工法

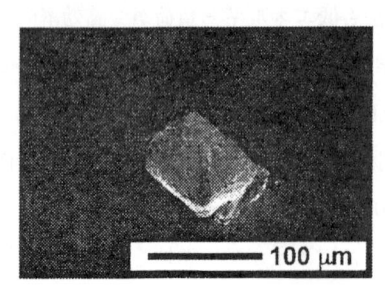

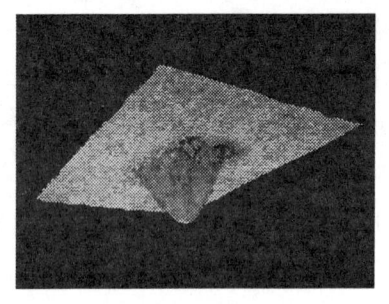

ナノイオニクス―最新技術とその展望―

図6 ベータアルミナ微小界面で微細加工を行った銀板表面の電子顕微鏡写真（左）および表面の凹凸形状（右）

ータアルミナは高温でのみ高速イオン伝導性を示すために，高温雰囲気での操作が必須であった。このことは低融点金属や易酸化金属を微細加工する上で不利な点である。また，セラミックス体であるために鋭利な先端形状の制作が困難であり，結果的に加工精度も高くならない。そこで，室温で高い金属イオン伝導性を有する固体高分子型電解質の使用を検討した。この材料は通常プロトン伝導体として用いられるが，他のカチオン（金属イオン）の輸送媒体としても機能する[10]。先端の曲率半径が

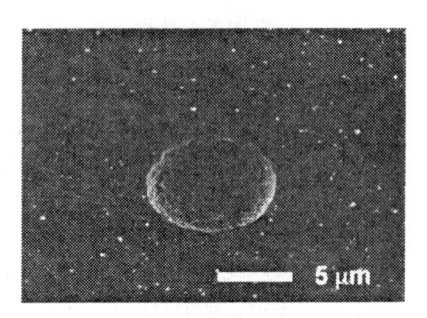

図7 固体高分子型電解質微小界面で微細加工を行った銀板表面の電子顕微鏡写真

$1\mu m$の金属針を電解質ゾル中に浸漬し，高分子被覆することで電極を作製した後，微小界面を構築して微細加工を行った[11]。室温での通電により金属板には微小な凹凸が生成した（図7）。同時に電解質内部への金属イオンの移動も確認された。金属針電極を被覆した固体高分子型電解質を利用することで$1\sim 10\mu m$と高い加工精度を達成し，電流効率も最大で60％以上に到達した。電流損失は電解質中のプロトン伝導が原因であると推察された。また，高温では加工が不可能であった亜鉛（低融点）や鉄，マグネシウム（易酸化性）など様々な金属に対して適用可能であった。局所イオン注入法と同様に電極走査を組み合わせることで，図8に示すように幅$1\mu m$以下のパターン形成にも成功した。一方，アルミやチタンなど陽極処理によって表面に安定な酸化物を形成する金属では溶解は進行せず，酸化皮膜の生成のみが起こった。以上の結果，固体高分子型電解質の利用により，室温で高精度な全固体系電気化学微細加工が可能であることが明らかとなった。固体高分子型電解質を用いる場合，微細加工の成功の可否は金属自体の化学的特性だけではなく，雰囲気の水蒸気圧（湿度）や電解質自身が保有する水分量にも依存しており，今後詳細な電気化学反応機構を調査する必要がある。

　イオン伝導性固体を用いた金属の微細加工技術の提案と実証試験について述べた。これまで，

第12章　イオン伝導体微小界面を反応場とした物質創製・加工技術の開発

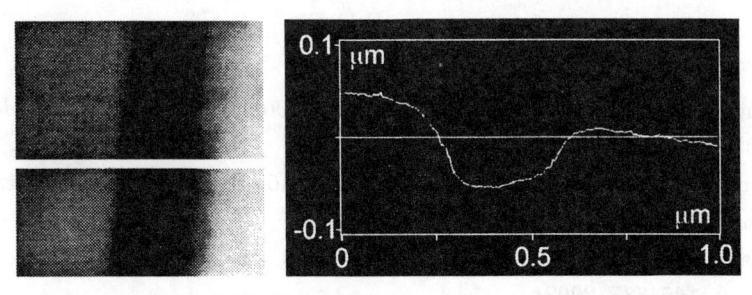

図8　固体高分子型電解質微小界面により作製した銀表面の線状加工跡

電解質溶液を用いた電気化学的手法により，金属基板の微細加工が行われてきた。しかし，溶液を媒質に用いるため電流分布の広がりから対極サイズよりも加工サイズが大きくなるという欠点がある。対照的に，提案する手法では固体間の接触部でのみ電気化学反応が進行するため，表面粗さも含めたイオン伝導体の形状を金属基板に完全に転写することができる。従って，液相や気相を介したエッチング技術で問題となるマスキング下のサイドエッチングは皆無であり，アスペクト比の制御が容易となる。イオン伝導体には金属イオンだけではなく酸化物イオンなどのアニオンを伝導する材料も数多く報告されている。酸化物イオン伝導体を用いれば酸素との反応によって揮発性あるいは昇華性物質を生成する材料の固体電気化学微細加工へと展開できると期待している。

4　おわりに

本章ではイオン伝導体と各種固体材料のヘテロ界面におけるイオン輸送現象を利用した独自の微細技術の創出について述べてきた。これまで，2次元平面全体に取り付けられてきた電極を単にマイクロメートル領域に微小化（低次元化）するだけで，新しい理論や現象を持ち出すまでもなく新規な応用展開が芽生えるのである。最近の進歩が著しい走査型プローブ顕微鏡は固体間微小界面の構築に適したツールである。プローブもしくはターゲットのいずれかにイオン伝導体を使用して電位勾配を与えれば，ナノメートルスケールの微小界面におけるイオン移動現象を容易に誘導することができる[12]。今後，これらのツールを有効に利用することで微細技術のさらなる高精度化が期待できる。

文　　献

1) A.S. Škapin *et al.*, *Solid State Ionics*, **133**, 129 (2000); J. Fleig, *Solid State Ionics*, **161**, 279 (2003)
2) W. Zipprich *et al.*, *Solid State Ionics*, **101-103**, 1015 (1997); S. Wienströer *et al.*, *Solid State Ionics*, **101-103**, 1113 (1997)
3) K. Kamada *et al.*, *Electrochem. Solid-State Lett.*, **5**, J1 (2002); K. Kamada *et al.*, *Solid State Ionics*, **146**, 387 (2002)
4) C. Thévenin-Annequin *et al.*, *Solid State Ionics*, **80**, 175 (1995)
5) K. Kamada *et al.*, *J. Electrochem. Soc.*, **151**, J33 (2004)
6) K. Kamada *et al.*, *Solid State Ionics*, **160**, 389 (2003)
7) K. Kamada *et al.*, *J. Mater. Chem.*, **13**, 1265 (2003)
8) K. Kamada *et al.*, *Solid State Ionics*, **176**, 1073 (2005)
9) K. Kamada *et al.*, *Chem. Mater.*, **17**, 1073 (2005): *correction*, **18**, 1713 (2006); K. Kamada *et al.*, *Electrochim. Acta*, **52**, 3739 (2007)
10) N. Yoshida *et al.*, *Electrochim. Acta*, **43**, 3739 (1998)
11) O. E. Hüsser *et al.*, *J. Vac. Sci. Technol. B*, **6**, 1873 (1988)
12) M. Lee *et al.*, *Appl. Phys. Lett.*, **85**, 3552 (2004)

第13章　イオン伝導体／溶融塩間のイオン交換反応を用いた機能性物質の創製

稲熊宜之[*1], 勝又哲裕[*2], 鶴井隆雄[*3]

1　緒言

固相／液相間のイオン交換として，イオン交換樹脂をはじめゼオライト，ガラス，粘土鉱物[1]，β-およびβ''-アルミナ[2〜8]，無機リン酸塩[9, 10]，ケイ酸塩[11]などスケルトン構造，層状構造またはトンネル構造をもつ固相と交換イオンを含む液相との間のイオン交換が知られている。近年では，二次元的なイオン伝導性酸化物や磁性酸化物の合成をめざして，α-$NaFeO_2$型酸化物[12]やRuddlesden-Popper型酸化物[13, 14]，Dion-Jacobson型酸化物[15]などの層状酸化物を母体としたイオン交換が精力的に行われている。これらイオン交換反応の共通点は，固相の骨格構造をある程度維持したまま（トポタクティックに），室温から数百℃という比較的低温で反応が進行することである。この中でもβ-およびβ''-アルミナは，高いナトリウムイオン伝導性を持ち，さまざまなイオンで交換できることが知られている。YaoとKummer[2, 3]は，$Na^+$$\beta$-アルミナにおける高い$Na^+$イオン伝導性を発見すると同時に，$K^+$，$Ag^+$，$Rb^+$および$Li^+$イオンを含む溶融塩を用いることにより$Na^+$イオンと交換できることを見出し，それらのイオン伝導について言及している。さらにFarrington, Dunnらは[4〜8]$Na\beta''$-アルミナにおける2価のイオンBa^{2+}，Sr^{2+}，Ca^{2+}，Cd^{2+}，Hg^{2+}，Pb^{2+}，Zn^{2+}，Mn^{2+}や3価のCr^{3+}や希土類イオンとのイオン交換，イオン交換体のイオン伝導性および光学特性について報告している。β-およびβ''-アルミナでは，最密充填したAlとOからなるスピネルブロックの間にNaとOからなるNa^+イオン伝導面が存在する。この伝導面のNa-O間の結合が弱いため，容易にイオン交換が起こるものと考えられる。

一方，中村ら[16]は，一般に密な構造と考えられているペロブスカイト型酸化物（一般式ABO_3）においても式(1)に示すように溶融塩化物との反応によりAイオンが置換することを見出している。このことについて，共有結合的なBO_6酸素八面体に対して，A-Oはイオン的で結

---

*1　Yoshiyuki Inaguma　学習院大学　理学部　化学科　教授
*2　Tetsuhiro Katsumata　学習院大学　理学部　化学科　助教
*3　Takao Tsurui　東北大学　金属材料研究所　産学官連携研究員

合が弱く，イオン交換されやすいことに起因すると説明している。そして，そのイオン交換反応の駆動力は，交換に伴う混合エントロピーの増大というよりむしろ，格子サイズの減少に伴う固相のエンタルピー変化が支配的であることを見出した。

$$BaTiO_3(固相)+CaCl_2(液相) \rightarrow CaTiO_3(固相)+BaCl_2(液相) \tag{1}$$

β-およびβ''-アルミナなどのイオン伝導体では，緩やかに結合した可動イオンとのイオン交換反応を制御することによりイオン伝導体表面または内部に他のイオンをドープし，イオン伝導体の表面改質や交換イオンに基づく新たな機能性を発現させることが可能となる。また，ナノ粒子または薄膜を母体として用いることにより，イオン交換を速やかにおこなうことができ，母体の形状を維持したまま機能性ナノ粒子または薄膜が合成できる（図1参照）。さらに，骨格構造の再配列がないことから，比較的低温で反応が起こり，通常の固相反応法では得られない準安定相の合成が可能になる。

我々はこれまでイオン伝導体中の可動イオンとのイオン交換反応に着目し，ペロブスカイト型リチウムイオン伝導性酸化物を用いたイオン交換に関する研究をおこなってきた。$La_{2/3-x}Li_{3x}TiO_3$をはじめとするペロブスカイト型リチウムイオン伝導性酸化物は，Aサイト欠陥型ペロブスカイトであり，Aサイト付近に存在するLiイオンの欠陥を介した擬2次元または3次元のパーコレーション的な拡散により（図2参照），室温で10^{-5}-$10^{-3}Scm^{-1}$という高いイオン伝導度を示す[17~20]。このパーコレーション伝導経路はイオン交換に非常に適しており，Li^+イオンと種々のイオンとのイオン交換が可能だと考えられる。本稿では，これまで報告された研究結果および当グループで得られた研究結果を中心にペロブスカイト型リチウムイオン伝導性酸化物と溶融塩化物を用いたイオン交換反応，イオン交換によって得られた新規化合物の機能性について述べたい。

2節では，ペロブスカイト型リチウムイオン伝導体を用いたイオン交換反応について巨視的およびナノスケールオーダーの微視的な見地から述べる。3節では，イオン交換体の機能性の発現，

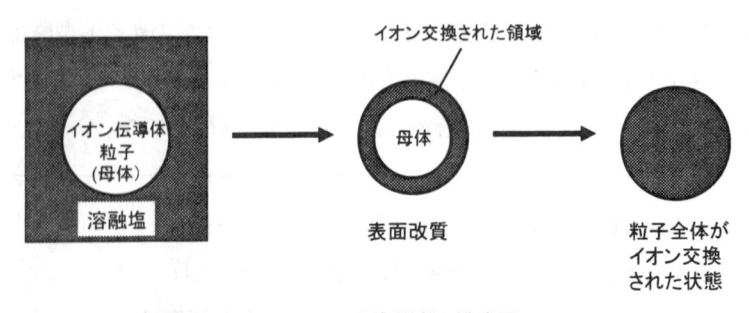

図1 イオン交換反応の模式図

第13章 イオン伝導体／溶融塩間のイオン交換反応を用いた機能性物質の創製

具体的には，Mg^{2+}およびZn^{2+}イオン交換体のイオン伝導性，遷移金属イオンMn^{2+}，Fe^{2+}イオン交換体の磁性，そして蛍光体への応用の可能性について述べる。最後に総括するとともに問題点と今後の展望について述べる。

2 ペロブスカイト型リチウムイオン伝導体を用いたイオン交換反応

2.1 プロトンとのイオン交換

Bhuvaneshら[21)]は，HNO_3水溶液を用いてペロブスカイト型リチウムイオン伝導体$La_{2/3-x}Li_{3x}TiO_3$におけるH^+/Li^+イオン交換について報告している。しかし，顕著なプロトン伝導性は観測されていない。また，勝又ら[22)]は同様に$La_{0.28}Li_{0.16}NbO_3$において

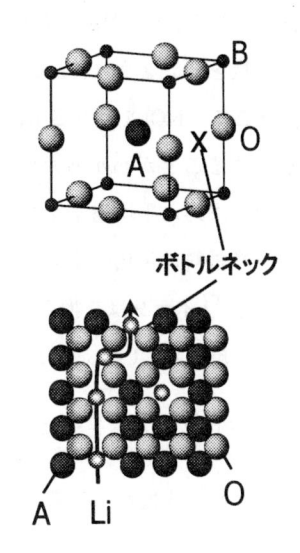

図2 ペロブスカイト型リチウムイオン伝導体における欠陥を介したパーコレーション拡散の模式図

HNO_3水溶液を用いたH^+/Li^+イオン交換をおこなっている。その伝導度は，$2.1\times10^{-9}\,Scm^{-1}$（400K）とペロブスカイト型酸化物プロトン伝導体に比べて非常に低い。また，どちらの場合も，高温アニールにより脱水した試料で伝導性の向上が見られているが，その伝導種は同定されていない。

2.2 2価イオンとのイオン交換—マクロな描像とナノ構造から見たイオン交換挙動

ペロブスカイト型酸化物ABO_3において，Mg^{2+}，Zn^{2+}，3d遷移金属イオンは通常Bサイトに位置し，Aサイトに含む物質は($A'Cu^{2+}_3)B_4O_{12}$，$(A'Mn^{4+}_3)B_4O_{12}$等，Cu^{2+}およびMn^{4+}などのJahn-Tellerイオンを含む場合を除いて超高圧下でのみ安定であり，通常の固相反応法では合成できない。一方，これまでの研究で，溶融塩を用いたイオン交換によりこれらのイオンがペロブスカイトのAサイトに導入できることが明らかになった[23～27)]。ここでは化学組成や平均構造からみたイオン交換反応のマクロな描像とナノ構造から見たイオン交換挙動について紹介する。

母体であるリチウムイオン伝導性酸化物$La_{2/3-x}Li_{3x}TiO_3(x=0.12)$，$La_{0.55}Li_{0.35}TiO_3$（以下LLT）の合成は，$La_2O_3$(4N)，$Li_2CO_3$(3N)，$TiO_2$(3N)を出発原料として，空気中，800℃および1100～1300℃の温度で固相反応法により行った。Li^+イオンとのイオン交換は，塩化物とLLT粉末またはペレットをガラス管中に真空封入し，塩化物の溶融温度以上で熱処理することによりおこない，その後水洗して交換試料を得た。それぞれの交換イオンについて代表的なイオン

交換条件を表1に示す。Mg^{2+}イオン交換試料の場合，$MgCl_2$（融点714℃）のみを用いて720℃でイオン交換をおこなうと，$MgTiO_3$等の不純物が見られ，イオン交換反応とともに分解反応が起こる。そこで，KClを共存させ溶融温度を下げることにより，分解反応が見られずイオン交換反応が進行することがわかった[23]。イオン交換前後の試料のICPによる組成分析結果およびX線回折により求めた平均格子定数（ペロブスカイト格子の3乗根）を表2に示す。X線回折によりイオン交換試料は単相であり，母体のLLTの骨格構造が保たれていることが確認できた。化学組成からLa^{3+}イオンは交換されず，式(2)のように電気的中性条件を満たしてLi^+/M^{2+}イオン交換反応が起こっていることが示唆される。

$$\{2Li^+/ペロブスカイト母体\} + M^{2+} \rightarrow \{M^{2+}/ペロブスカイト母体\} + 2Li^+ \tag{2}$$

さらに平均格子定数を見てみると，交換イオンのイオン半径[28]の大小に関係なく，イオン交

表1 代表的なイオン交換条件

交換イオン	試料	溶融塩	温度	時間
Mg^{2+}	Powder	$MgCl_2$-KCl	450℃	2時間
	Pellet	（モル比＝1：2）	450℃	12時間2回
Zn^{2+}	Pellet	$ZnCl_2$	500℃	24時間2回
Mn^{2+}	Powder	$MnCl_2$-KCl（モル比＝2：3）	500℃	24時間
Fe^{2+}	Powder Pellet	$FeCl_2$-KCl（モル比＝2：3）	400℃	24時間

表2 イオン交換前後の組成，平均格子定数，aとイオン半径（Shannonによる）

交換イオン	組成	色	a/nm	イオン半径/nm	
LLT	$La_{0.56(1)}Li_{0.34(1)}TiO_{3.01(2)}$	白	0.38701(1)	Li^+(IV)	0.0590
				Li^+(VI)	0.076
Mg^{2+}	$La_{0.56(1)}Li_{0.05(1)}Mg_{0.13(1)}TiO_{3.00(2)}$	白	0.38639(2)	Mg^{2+}(IV)	0.057
	$La_{0.56(2)}Li_{0.02(1)}Mg_{0.16(1)}TiO_{3.01(2)}$		0.38617(3)	Mg^{2+}(VI)	0.0720
Zn^{2+}	$La_{0.55(1)}Li_{0.0037(2)}Zn_{0.15(1)}TiO_{2.98(2)}$	白	0.38609(7)	Zn^{2+}(IV)	0.060
				Zn^{2+}(VI)	0.0740
Mn^{2+}	$La_{0.55(2)}Li_{0.058(2)}Mn_{0.14(1)}TiO_{2.99(3)}$	黄土色	0.38648(6)	Mn^{2+}(IV)HS	0.066
				Mn^{2+}(VI)HS	0.0830
				Mn^{2+}(VI)LS	0.067
Fe^{2+}	$La_{0.54(2)}Li_{0.018(1)}Fe_{0.17(1)}TiO_{2.98(2)}$	こげ茶	0.38674(6)	Fe^{2+}(IV)HS	0.063
				Fe^{2+}(VI)HS	0.0780
				Fe^{2+}(VI)LS	0.061
	$La_{1/2}K_{1/2}TiO_3$	白	0.3907	K^+(IV)	0.137
				K^+(VI)	0.138

参考として$La_{1/2}K_{1/2}TiO_3$のデータを示す。組成の括弧内の数字は最後の桁の誤差を示す。イオン半径の括弧内のローマ数字は配位数を示す。

第13章 イオン伝導体／溶融塩間のイオン交換反応を用いた機能性物質の創製

換後で格子定数の減少が見られる。また，Zn^{2+}イオン以外は塩化物の溶融温度を下げるためにKClを加えているが，交換試料中にはK$^+$イオンは検出されなかった。これらのことから，イオン交換の駆動力は，中村らが提案したエンタルピー（格子エネルギー）の利得が支配的だと考えられる。イオン半径の大きいK$^+$がイオン交換すると格子サイズが大きくなり，エネルギー損が生ずることになるのでK$^+$イオンとの交換が起こらなかったと考えられる。以上，ICP分析による化学組成やX線回折分析の結果から巨視的にはイオン交換反応が起こっていることが示唆された。

つぎに透過型電子顕微鏡（JEOL製JEM-4000EXおよびJEM-3000F）による微構造観察の結果について説明する[26, 27]。図3(a)に亜鉛イオン交換試料（Zn-LLT）の走査透過電子顕微鏡－暗視野像（DF-STEM像）とそれに対応するZnの分光された特性X線（EDS）マップを示す。Znは粒界に偏析することなく，母相に均一に分散していること，不純物相である$Li_2Ti_3O_7$にはZnが取り込まれていないことが確認できる。図3(b)に［100］方向から電子線を入射したZn-LLTの高分解能透過型電子顕微鏡像（HRTEM像）を示す。このHRTEM像は，弱位相物体近似が成り立つように，試料が十分に薄い領域で，最適フォーカス条件（シェルツァーフォーカス付近）で撮影しているために，金属原子の位置が黒い点と1対1の対応をしている。ペロブスカイト格子のAサイトに，一層おきに，La1層（La-rich層）とLa2層（La-poor層）が現れていることが確認できる。イオン交換前の母体試料LLTのHRTEM像との比較から，Znは主にLa2層に配置されていると考えられる。同様に，イオン交換により合成したMn^{2+}イオン交換試料（Mn-LLT）においても，Mnイオンが母

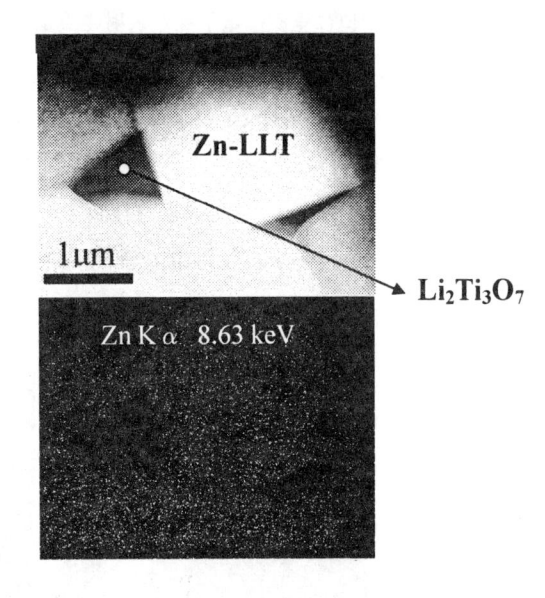

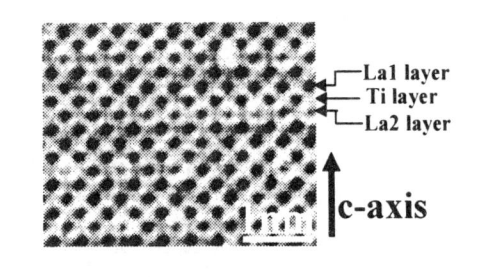

図3 亜鉛イオン交換試料Zn-LLTの(a) DF-STEM像とそれに対応するZnのEDSマップ，(b)［100］方向から電子線を入射したときのHRTEM像

相に均一に取り込まれていることが明らかとなった。

一方，Fe^{2+}イオン交換試料（Fe-LLT）[26]はZn-LLTおよびMn-LLTとは異なる。図4(a)に試料のDF-STEM像，およびEDS元素マッピングによるFe分布を示す。STEM像より，1〜2μmサイズの結晶粒とともに，幅が数十nm程度の結晶粒界が存在していることがわかる。FeのEDSマップ像より，Feは粒内に存在している一方で，Feが粒界に偏析していることがわかる。また，粒内においても，Feの分布はやや不均一である。さらに詳細な情報を得るために，結晶粒界に電子線を入射して，結晶粒界近傍で局所領域の分析を行った。図4(b)に，マトリックス結晶粒の[110]方位に垂直に電子線が入射するように方位を合わせたときの結晶粒内および結晶粒界の代表的なEDSスペクトルをそれぞれ示す。EDSスペクトルにおいて，塩素Clが観察されないことから，イオン交換反応により，Feが粒内に取り込まれていることが確認できる。図5に粒界付近のHRTEM像およびマトリックス結晶粒の[110]方位からの電子線回折図形を示す。結晶粒界に，5nmサイズのナノ結晶が存在していることがわかる。このナノ結晶の格子面間隔は0.203nmであり，bcc-Feの(110)面の面間隔（$d_{110}=0.203$nm）に一致する。以上の結果から，粒界には，bcc-Fe相がナノ結晶として存在し，母相と整合性を保ちつつも，理想的な結晶より

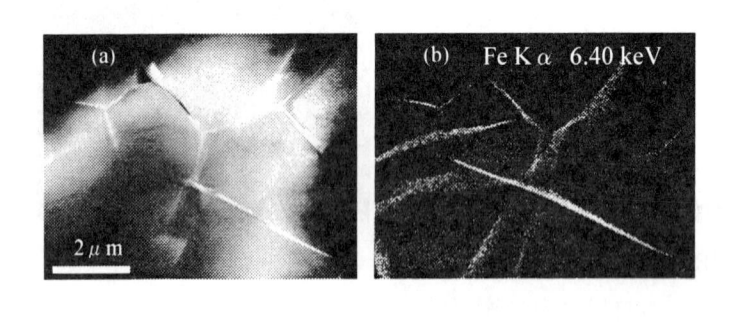

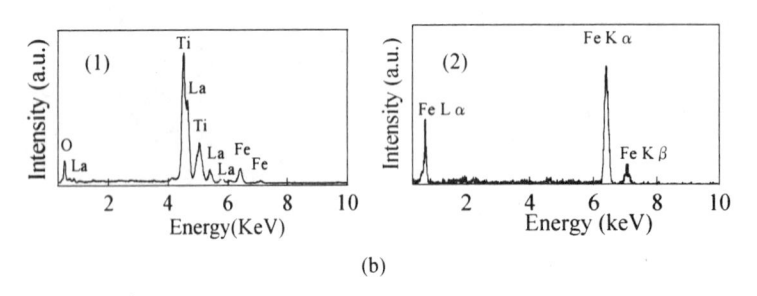

図4 Fe^{2+}イオン交換試料Fe-LLTの（a）STEM暗視野像（DF-STEM），およびEDS元素マッピングによるFe分布，（b）マトリックス結晶粒の［110］方位に垂直に電子線が入射するように方位を合わせたときの結晶粒内（1）および結晶粒界（2）の代表的なEDSスペクトル

第13章 イオン伝導体／溶融塩間のイオン交換反応を用いた機能性物質の創製

も歪んでいることが明らかとなった。これらの結果は，あとで述べるFe-LLTが強磁性的挙動を示す原因の一つとして粒界に存在するbcc-Feの可能性があることを示唆している。2.3項で示すイオン伝導度からわかるように2価イオンはLiイオンに比べて拡散係数が小さいため，イオン交換

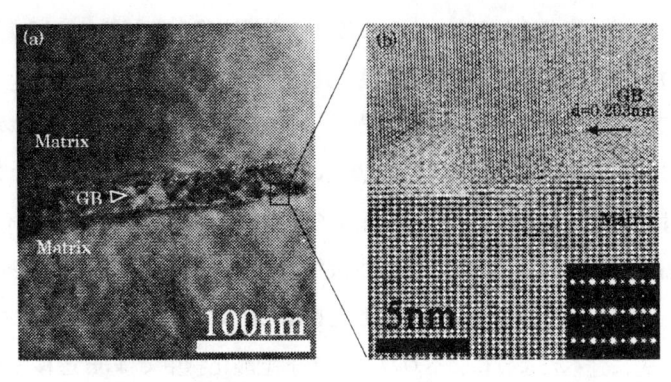

図5 Fe^{2+}イオン交換試料Fe-LLTの粒界付近のHRTEM像およびマトリックス結晶粒の［110］方位からの電子線回折図形

反応は2価イオンの拡散律速となると考えられる。特にイオン伝導体／溶融塩界面や粒界での拡散が起こりにくいと考えられるので，ペレット中では粒界の近傍にFeイオンは偏析しやすいことになる。しかし，なぜ金属Feが見られたのか，その生成メカニズムについてはまだ明らかになっていない。

2.3 イオン交換による機能性の発現

イオン交換による方法では，交換イオンはAサイト付近に存在するLiイオンと置換するため，通常の固相法で得られる酸化物とは配位環境の異なるサイトに位置し，特異な物性の発現が期待される。特に遷移金属イオンや希土類イオンが交換した場合，磁性，光学特性（光吸収，蛍光など），触媒活性等の機能性が期待できる。

本項では，LLTのLi^+イオンを2価イオンMg^{2+}およびZn^{2+}イオンでイオン交換した試料Mg-LLTおよびZn-LLTのイオン伝導性，そしてMn^{2+}およびFe^{2+}イオンでイオン交換した試料Mn-LLTおよびFe-LLTの磁性について述べる。

(1) イオン交換した2価イオンMg^{2+}およびZn^{2+}イオン交換体のイオン伝導性[23〜25]

一般に価数の高いイオンはクーロン力による束縛が大きく，サイト移動のための活性化エネルギーが高いため，そのイオン伝導性は低い。したがって，電池の固体電解質としての応用が難しく，多価カチオン伝導体は，H^+，Li^+，Na^+，K^+，Ag^+，Cu^+などの1価のカチオン伝導体に比べて研究が非常に少ない。「イオン伝導体の高速拡散経路は他のイオンにおいても同様に拡散経路になりうる」と考え，2価イオンMg^{2+}およびZn^{2+}イオン交換体を合成し，そのイオン伝導性について調べた。

LLTの多結晶体ペレットを用いてMg^{2+}とZn^{2+}でイオン交換したイオン交換体Mg-LLTおよびZn-LLTに，金ブロッキング電極またはMgおよびZn可逆電極を施し，直流法と交流法によ

りイオン伝導性を測定したところ，イオン交換した試料は，Mg^{2+} および Zn^{2+} イオン伝導体であり，電子伝導性はイオン伝導性に比べて小さいことが確認できた。そのイオン伝導性とこれまで報告されているイオン伝導体[29～31]との比較を表3に示す。表3からわかるようにMg-LLTおよびZn-LLTは，最もイオン伝導度の高い Mg^{2+} および Zn^{2+} イオン伝導体に匹敵する伝導度を示すことがわかる。これらの結果から，ペロブスカイトにおけるイオン拡散経路は，Mg^{2+} および Zn^{2+} イオンにとっても有効な拡散経路になっていることがわかった。

(2) イオン交換により合成したMn-LLTおよびFe-LLTの磁性とナノ構造との関係

先に述べたように，ペロブスカイト型酸化物中では3d遷移金属イオンがAサイトに存在することは稀であり，これまで主にBサイトに存在する3d遷移金属イオンの酸素を介したB-O-B超交換相互作用またはB-B直接相互作用に基づく磁性について検討されてきた。一方，イオン交換による方法では，3d遷移金属イオンはAサイト付近に存在すると考えられ，特異な磁性が期待できる。そこで，今回，Mn^{2+} および Fe^{2+} イオンでイオン交換したMn-LLT[25]およびFe-LLT[26]の磁性について調べた。

Mn-LLTの直流磁化率の温度依存性は常磁性的であり，キュリーワイス則（$\chi=C/(T-\Theta)$）にフィッティングしたところ，有効Bohr磁子 $\mu_{eff}=5.86\mu_B$，Weiss温度 $\Theta=-19K$ であった。この μ_{eff} は全スピン $S=5/2$ とした時の $5.92\mu_B$ に近く，Mnイオンは2価（$3d^5$）で，highスピン状態にあると考えられる。またWeiss温度が負であることから，Mn^{2+} イオン間には反強磁性的相互作用が働いていると考えられる。Weiss温度の絶対値は低く，低温まで常磁性であったことから，Mn間の相互作用は弱いと考えられる。

一方，Fe-LLTについては，室温においても強磁性成分の存在が確認された。図6に300Kの磁化曲線を示す。図に示すように磁化は磁場に対して直線的でなく，わずかにヒステリシスも見られ，強磁性成分を含むことがわかる。計算した磁化から磁気モーメントを見積もったところ，

表3 Mg-LLT，Zn-LLTおよび代表的な Mg^{2+} および Zn^{2+} イオン伝導体とそのイオン伝導度

伝導イオン	化合物	イオン伝導度（Scm^{-1}）	Reference
Mg^{2+}	$MgZr_4(PO_4)_6$	2.9×10^{-5}（400℃）交流インピーダンス 6.1×10^{-3}（800℃）交流インピーダンス	池田ら[29]
	$Mg_{1+x}Zr_4P_6O_{24}+$ $Zr_2O(PO_4)_2$ ($x=0.4$)	2×10^{-5}（500℃）交流インピーダンス	今中ら[30]
	Mg-LLT	4.1×10^{-6}（285℃）交流法（Mg電極） 2.0×10^{-6}（285℃）直流法（Mg電極）	23～25
Zn^{2+}	$ZnZr_4(PO_4)_6$	1.34×10^{-6}（500℃）交流ブリッジ 2.3×10^{-6}（500℃）交流インピーダンス 1.57×10^{-3}（900℃）交流ブリッジ 1.20×10^{-2}（900℃）交流インピーダンス	池田ら[31]
	Zn-LLT	1.7×10^{-6}（425℃）直流法（Zn電極）	24，25

第13章 イオン伝導体／溶融塩間のイオン交換反応を用いた機能性物質の創製

$0.01\mu_B$ であり，鉄イオン Fe^{2+} のスピンが飽和したときの値，$4\mu_B$ に比べて0.2％程度と非常に小さい。この強磁性は，イオン交換された結晶内のFeによるものでなく，TEM観察で見られた粒界に偏在するbcc-Feに由来すると考えられる。

Fe-LLTにおいてFeナノ粒子の偏析が見られ，強磁性が発現した。もし，このような現象が制御できれば強磁性ナノFe粒子を試料中に分散できる可能性がある。

3 イオン交換による遷移金属イオンまたは希土類イオンのドーピングとナノ粒子蛍光体への応用の可能性

イオン交換により，固体中に遷移金属イオンや希土類イオンを添加することができれば蛍光体への応用が期待できる。Farrington，Dunnら[8]は $Na\beta''$-アルミナに希土類イオンをドープし，発光特性について調べている。われわれも，KCl-LiCl-交換イオンの塩化物溶融塩を用いたイオン交換によりLLTに Mn^{2+}，Pr^{3+}，Eu^{3+} および Tm^{3+} イオンを1％ドープし，発光特性を調べた。どの試料も顕著な発光は観測されなかったが，Eu^{3+} および Pr^{3+} をイオン交換した試料では1000℃，2時間，空気中で熱処理することによりそれぞれのイオンの $f-f$ 遷移に対応する発光が見られた。この理由として，①Eu^{3+} や Pr^{3+} イオンは拡散が遅く，粒界または粒子表面に偏析しており，高温で熱処理したことにより母体に固溶し発光を示した，②イオン交換は起こっているが，発光サイトに存在しておらず，熱処理したことにより発光サイトに移動し，発光を示した，などが考えられる。もし，①が原因だとすると，母体の粒子サイズを小さくすれば必要な拡散距離を小さくでき，活性イオンを粒子全体に均一に分布させることが可能になる。

図7にクエン酸錯体を用いた錯体重合法により

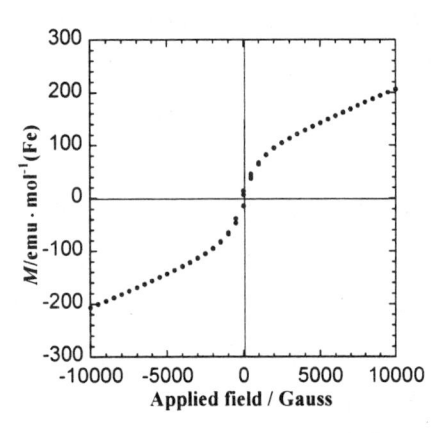

図6 Fe-LLTの300Kにおける磁化曲線

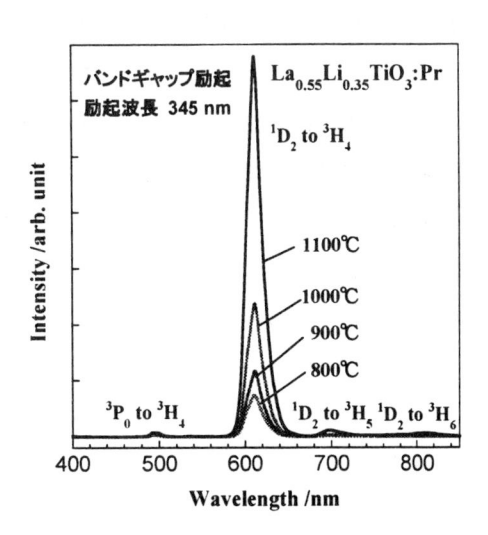

図7 クエン酸錯体を用い錯体重合法により合成したPrドープLLT粒子の発光スペクトル

合成したPr^{3+}ドープLLT粒子の発光スペクトルを示した。図に示すように粒子サイズが減少するとともに発光強度は減少しているが，800℃の焼成温度で得られる粒子サイズ数十nmのPrドープLLT粒子においても顕著な発光が観測された。

この結果は，イオン交換によりLLTナノ粒子に活性イオンを添加し蛍光体を合成できる可能性を示唆している。

4 総括および今後の展望

本稿では，ペロブスカイト型リチウムイオン伝導体／溶融塩化物間のイオン交換に関する研究を中心に，そのイオン交換挙動，リチウムイオンの高速イオン伝導経路を利用した他のイオン伝導体の創製，遷移金属イオンまたは希土類イオンのドーピングによる磁性体や蛍光体創製の可能性について述べた。今回は触れなかったが，遷移金属イオン交換体は触媒としても期待できる。Bサイトに遷移金属イオンを含むペロブスカイト型酸化物は排ガス浄化触媒など多くの触媒に応用されているが，Aサイトに遷移金属イオンを含むペロブスカイトも同様に高い触媒活性を有するならば，ナノイオン伝導体粒子のイオン交換により高性能な触媒を創製できる。

溶融塩を用いたイオン交換では，①イオン交換温度が高いと副反応が起きる，②固液ヘテロ界面におけるイオンの拡散および交換イオンの酸化物内での拡散が律速となるため，イオン交換体の熱力学的安定性が高い場合でもイオン交換反応速度が遅いことがある，などの問題点がある。一方，①水溶液系に比べ反応温度を高くすることが可能であり，骨格構造，交換イオン，母体のイオン伝導性の制約が少なくなりさまざまな酸化物に応用できる，②共存する塩化物の組成を変化させることによりその溶融温度を調節でき反応温度が可変である，③無機塩は水溶性であるので後処理が容易であるという大きな利点を備えており，今後も溶融塩を用いたイオン交換により新規物質や新しい機能性が見出されるにちがいない。

最後に，ここで紹介したイオン交換に関する我々のグループにおける研究成果は，奥山望，厚海ゆり，池ノ谷千絵子，益子渉，山川秀充，渡邊正人，大場友則各氏との共同研究によるものである。ここに感謝する。

文 献

1) H. Laudelout, R. Van Bladel, G.H. Bolt, A.L. Page, *Trans. Faraday Soc.*, **64**, 1477 (1968)

第13章 イオン伝導体／溶融塩間のイオン交換反応を用いた機能性物質の創製

2) Y-F. Y. Yao and J.T. Kummer, *J. Inorg. Nucl. Chem.*, **29**, 2453 (1967)
3) J.T. Kummer, *Prog. in Solid State Chem.*, **7**, 141 (1972)
4) B. Dunn and G.C. Farrington, *Mater. Res. Bull.*, **15**, 1773 (1980)
5) G.C. Farrington and B. Dunn, *Solid State Ionics*, **7**, 267 (1982)
6) R. Seevers, J. Denuzzio, G.C. Farrington and B. Dunn, *J. Solid State Chem.*, **50**, 146 (1983)
7) S. Sattar, B. Ghosal, M.L. Underwood, H. Mertwoy, M.A. Saltzberg, W.S. Frydrych, G.S. Rohrer and G.C. Farrington, *J. Solid State Chem.*, **65**, 231 (1986)
8) G.C. Farrington, B. Dunn and J.O. Thomas, "High Conductivity Solid Ioic Condoctors Recent Trends and Applications" ed.T. Takahashi, World Scientific, p327 (1989)
9) A. Clearfield, J.M. Troup, *J. Phys. Chem.*, **74**, 2578 (1970)
10) S. Allulli, N. Tomassini, M.A. Massucci, *J. Chem. Soc., Dalton. Trans*, 1816 (1976)
11) D.B. Minor, R.S. Roth, W.S. Brower, C.L. McDaniel, *Mater. Res. Bull.*, **13**, 575 (1978)
12) B.L. Cushing, A.U. Falster, W.B. Simmons, J.B. Wiley, *J. Chem. Soc., Chem. Commun*, 2635 (1996)
13) K. Toda, S. Kurita, M. Sato, *Solid State Ionics*, **81**, 267 (1995)
14) R.A. McIntyre, A.U. Falster, S. Li, W.B. Simmons, J.C. O'Connor, J.B. Wiley, *J. Am. Chem. Soc.*, **120**, 217 (1998)
15) T.A. Kodenkandath, J.N. Lalena, W.L. Zhou, E.E. Carpenter, C. Sangregorio, A.U. Falster, W.B. Simmons, Jr., C.J. O'Connor, J.B. Wiley, *J. Am. Chem. Soc.*, **121**, 10743 (1999)
16) 中村哲朗, セラミックスと熱, 山口喬, 柳田博明編, 技報堂出版, p191 (1985)
17) L. Latie, G. Villeneuve, D. Conte, G.L. Flem, *J. Solid State Chem.*, **51**, 293 (1984)
18) A.G. Belous, G.N. Novitsukaya, S.V. Polyanetsukaya, Yu. I. Gornikov, *Izv. Akad. Nauk SSSR, Neorg. Mater.*, **23**, 470 (1987); A.G. Belous, G.N. Novitsukaya, S.V. Polyanetsukaya, Yu. I. Gornikov, *Russ. J. Inorg. Chem.*, **32**, 156 (1987) [translated from *Zhurnal Neorganicheskoi Khimii*, **32**, 283 (1987)]
19) Y. Inaguma, L. Chen, M. Itoh, T. Nakamura, T. Uchida, H. Ikuta, M. Wakihara, *Solid State Commu.*, **86**, 689 (1993)
20) ペロブスカイト型リチウムイオン伝導体に関して多くの文献がある。たとえば，以下の総説を参照されたい。O. Bohnké, J. Emery, J.L. Fourquet, J.C. Badot, Recent Research Developments in Solid State Ionics Vol.1 (2003) (Edt S.G. Pandalai) ISBN 81-7895-069-3, S. Stramare, V. Thangadurai, W. Weppner, *Chem. Mater.*, **15**, 3974 (2003) and Y. Inaguma, *J. Ceram. Soc. Jpn.*, **114** (12), 1103 (2006)
21) N.S.P. Bhuvanesh, O. Bohnke, H. Duroy, M.P. Crosnier-Lopez, J. Emery and J.L. Fourquet, *Mater. Res. Bull.*, **33**, 1681 (1998)
22) T. Katsumata, C. Ikenoya and Y. Inaguma, Proceedings of the 9th Asian Conferece on Solid State Ionics, 943 (2004)
23) Y. Inaguma, N. Okuyama, Y. Atsumi and T. Katsumata, *Chem. Lett.* 1106 (2002)
24) W. Mashiko, T. Katsumata and Y. Inaguma, Proceedings of the 9th Asian Conferece on Solid State Ionics 1019 (2004)

25) Y. Inaguma, W. Mashiko, M. Watanabe, Y. Atsumi, N. Okuyama, T. Katsumata and T. Ohba, *Solid State Ionics*, **177** (26-32), 2705 (2006)
26) T. Tsurui, M. Watanabe, T. Katsumata and Y. Inaguma, *Solid State Commun.*, **142** (1-2), 45 (2007)
27) 鶴井, 勝又, 稲熊, 第32回固体イオニクス討論会講演要旨集, p104 (2006)
28) R.D. Shannon, *Acta Crystallogr.*, **A32**, 751 (1976)
29) S. Ikeda, M. Takahashi, J. Ishikawa and K. Ito, *Solid State Ionics*, **23**, 125 (1987)
30) N. Imanaka, Y. Okazaki and G. Adachi, *J. Mater. Chem.*, **10**, 1431 (2000)
31) S. Ikeda, Y. Kanbayashi, K. Nomura, A. Kasai and K. Ito, *Solid State Ionics*, **40/41**, 79 (1990)

ナノイオニクス
―最新技術とその展望―《普及版》 (B1035)

2008年2月20日 初　版　第1刷発行
2013年5月10日 普及版　第1刷発行

監修	山口　周	Printed in Japan
発行者	辻　賢司	
発行所	株式会社シーエムシー出版	
	東京都千代田区内神田1-13-1	
	電話 03（3293）2061	
	大阪市中央区内平野町1-3-12	
	電話 06（4794）8234	
	http://www.cmcbooks.co.jp/	

〔印刷　豊国印刷株式会社〕　　　　　　　　　　©S. Yamaguchi, 2013

落丁・乱丁本はお取替えいたします。

本書の内容の一部あるいは全部を無断で複写（コピー）することは，法律で認められた場合を除き，著作者および出版社の権利の侵害になります。

ISBN978-4-7813-0717-6　C3058　¥5000E